創業管理
慕課與翻轉課堂

主　編／左仁淑
副主編／楊澤明、楊　安

ENTREPRENEURSHIP
MOOC AND
FLIPPED CLASS

財經錢線

前言

　　在互聯網、人工智能等新技術應用的背景下，在社會經濟文化深入變革「大眾創業、萬眾創新」的新時代，各類組織必須具有創新創業精神，必須要有系統的創業知識和方法，必須要有一批具有創新創業能力的人才。

　　本教材突出在新時代新環境的創業理論和方法，突出創業者的新案例，突出互聯網教育的新思想，突出慕課與翻轉課堂技術的新運用，突出知學練和產教的深度融合。本教材基於創業的實施路徑，從創業者應具備是素質能力出發，通過創業機會分析、創業市場行銷、創業商業模式、創業營運管理、創業人力資源管理、創業財務計劃與融資和創業計劃書撰寫來構成課程的結構和內容。

具體編寫分工如下：導論——左仁淑、楊澤明；第一章 創業新生代——楊安；第二章 創業新機會——黃春艾；第三章 創業行銷——左仁淑、姚勇；第四章 創業商業模式——楊澤明；第五章 創業營運管理——黃毅；第六章 創業人力資源——羅堰；第七章 創業財務與融資——池兆念；第八章 創業計劃書——周星桔；統稿及編寫組織工作——左仁淑、楊安。

因作者水準有限，本教材若有不足之處，盼批評指正為謝

傾 情 推 薦

- 敢於有夢，勇於追夢，勤於圓夢；這本教材能助力你的創業夢想。

　　　———于偉萍 教授

- 這本教材是新時代的呼喚，是國家持續發展的需要，是中華民族偉大復興的必然。它告訴年輕人：創新！創業！你能行！

　　　———朱欣民教授

- 這是一本集多年創業教學實踐的教材，更是回應21世紀信息時代倡導和「大眾創業，萬眾創新」時代呼喚的藍寶書。

　　　———袁先智博士

- 大眾創業，創新先行；創新設計，產品先行；產品未動，專利先行；市場行銷，品牌先行；品牌打造，商標先行；品牌創新，企業長青。

　　　———張廷元教授

- 這本教材難能可貴地在眾多創業類教材中推陳出新、脫穎而出，尤其是慕課與翻轉課堂的特色，做得很用心！

　　　———蔣朝雄教授

● 作為新時代的創業者，能夠深切體會到本教材帶給創業者的價值。本課程一定能為創業者和新創企業的管理者提供有力的支持和幫助，祝願大家創業成功！

——找我網聯合創始人：龍　宏

● 在創業的道路上，越往後越覺得理論知識的重要。這本教材的出版非常及時，值得創業者下載到手機上，放在枕頭邊反覆研究，會極大地提升創業成功概率並少走彎路。

——本該如此品牌創始人：劉洪燕

● 我們的創業就是從《創業計劃書》開始的，通過參加左老師指導的創業計劃競賽，在校獲得了寶貴的累積。後來把業務做到全球，也一直受益錦城的創業教育。

——輕團網創始人：陳明俊

目錄

0	導論	1
0.1	創業教育新環境	1
0.2	創業教育新課程	3
0.3	慕課與翻轉課堂設計	5
	參考資料	7
1	創業新生代	8
	學習目標	8
	章節概要	8
	本章思維導圖	9
	慕課資源	9
	翻轉任務	9
1.1	創業者概述	10
1.2	創業者的特質	12
1.3	創業者的能力	20
1.4	創業新生代所需的特質與能力	29
1.5	創新與創業精神	32
1.6	創新與創業想法	35
1.7	案例分析：創業新生代	40

實用工具	42
復習思考題	42
章節測試	43
參考資料	43

2　創業新機會　44

學習目標	44
章節概要	44
本章思維導圖	45
慕課資源	45
翻轉任務	45
2.1　創業機會新形態	46
2.2　創業機會的識別	50
2.3　創業機會的評估	69
2.4　案例分析：「本該如此」大米	75
實用工具	76
復習思考題	76
章節測試	77
參考資料	77

3　創業行銷　78

學習目標	78
章節概要	78
本章思維導圖	79
慕課資源	79
翻轉任務	79

3.1	市場細分	80
3.2	目標市場選擇	88
3.3	市場定位	89
3.4	行銷組合策略	92
3.5	新行銷	106
3.6	案例分析：找我婚禮	111
實用工具		115
復習思考題		115
章節測試		115
參考資料		115

4 創業商業模式 116

學習目標		116
章節概要		116
本章思維導圖		117
慕課資源		117
翻轉任務		117
4.1	商業模式概述	118
4.2	商業模式畫布	125
4.3	商業模式設計	149
4.4	案例分析：某花木園藝基地	155
實用工具		156
復習思考題		157
章節測試		157
參考資料		157

5　創業營運管理　158

學習目標　158
章節概要　158
本章思維導圖　159
慕課資源　159
翻轉任務　159
5.1　產品設計　160
5.2　採購和供應商管理　183
5.3　產品配送和售後服務設計　189
5.4　案例分析：客戶訂制的「華潤盒子」　195
實用工具　196
復習思考題　197
章節測試　197
參考資料　197

6　創業人力資源　198

學習目標　198
章節概要　198
本章思維導圖　199
慕課資源　199
翻轉任務　199
6.1　創業團隊　200
6.2　創業組織設計　207
6.3　創業企業基本制度　218
6.4　案例分析：小米和真功夫的創業團隊　224
實用工具　227

復習思考題	227
章節測試	228
參考資料	228

7 創業財務與融資　229

學習目標	229
章節概要	229
本章思維導圖	230
慕課資源	230
翻轉任務	230
7.1 企業營運與財務報表	231
7.2 創業財務計劃	244
7.3 創業融資計劃	257
7.4 案例分析：摩拜「賤賣」的背後	275
實用工具	277
復習思考題	278
章節測試	278
參考資料	278

8 創業計劃書　279

學習目標	279
章節概要	279
本章思維導圖	280
慕課資源	280
翻轉任務	280
8.1 創業計劃書概述	281

5

8.2 創業計劃書的基本結構 　　　　　　　　　　　　283
8.3 創業計劃書的寫作技巧 　　　　　　　　　　　　294
8.4 創業路演 　　　　　　　　　　　　　　　　　　301
8.5 案例分析：創業計劃書範文 　　　　　　　　　　305
實用工具 　　　　　　　　　　　　　　　　　　　　326
復習思考題 　　　　　　　　　　　　　　　　　　　326
章節測試 　　　　　　　　　　　　　　　　　　　　326
參考資料 　　　　　　　　　　　　　　　　　　　　326

附錄　期末測試題及答案 　　　　　　　　　　　　　327

0 導論

創業是一個發現和把握商業機會，通過創建企業或組織創新，籌集和配置資源，創造出新穎的產品或服務，最終創造價值並承擔風險的活動過程。在技術不斷創新、產業不斷發展、經濟社會不斷變革的今天，創新創業活動本身也在不斷地迭代裂變，創業教育面臨全新的環境、全新的機會和挑戰。

● 0.1 創業教育新環境

新技術、新產業的變革給創新創業帶來了巨大的機會和挑戰，「大眾創業、萬眾創新」形成了中國創新創業的新常態，新形勢下的創新創業需求對中國創業教育提出了新需求。

0.1.1 新變革

第四次工業革命，是以人工智能、清潔能源、機器人技術、量子信息技術、虛擬現實以及生物技術為主的全新技術革命。新一輪的世界科技革命和產業變革孕育興起，正在對人類社會帶來難以估量的作用和影響，將引發未來世界經濟政治格局深刻調整，顛覆現有很多產業的形態、分工和組織方式，實現多領域融通，重構人們的生活、學習和思維方式，乃至改變人與世界的關係。這些變革給創業帶來了巨大的機會和挑戰，甚至從根本上改變了創業的內容和模式。從近年的發展趨勢看，基於互聯網+、大數據、雲計算、人工智能、虛擬現實、生物技術、信息技術、新材料、新能源等新技術創業企業蓬勃發展，新戰略、新市場、新經濟、新產業、新業態、新模式、新製造、新貿易、新零售、新組織不斷湧現，創新創業發生了前所

未有的變革，面臨新的機會和挑戰，創業教育要主動適應新形勢。

0.1.2 新常態

在 2014 年 9 月的夏季達沃斯論壇上，李克強提出，要在 960 萬平方公里土地上掀起「大眾創業」「草根創業」的新浪潮，形成「萬眾創新」「人人創新」的新勢態。2015 年李克強總理在政府工作報告中又提出，推動大眾創業、萬眾創新，「既可以擴大就業、增加居民收入，又有利於促進社會縱向流動和公平正義」，強調「讓人們在創造財富的過程中，更好地實現精神追求和自身價值」。國家先後出抬了《國務院關於大力推進大眾創業萬眾創新若干政策措施的意見》〔2015〕32 號、《國務院辦公廳關於發展眾創空間推進大眾創新創業的指導意見》（國辦發〔2015〕9 號）、《國務院關於積極推進「互聯網+」行動的指導意見》（國發〔2015〕40 號）、《大眾創業萬眾創新示範基地的實施意見》（國辦發〔2016〕35 號）、《關於強化實施創新驅動發展戰略進一步推進大眾創業萬眾創新深入發展的意見》（國發〔2017〕37 號）、《國務院辦公廳關於建設第二批大眾創業萬眾創新示範基地的實施意見》（國辦發〔2017〕54 號）等，各個部委、各省市也出抬了更多的細則和相關支持和扶持政策，推動「雙創」事業健康發展。相關資料顯示，中國已經形成以北京、天津為中心的華北創業中心，以上海、杭州、蘇州、南京為核心的華東創業中心，以深圳、廣東為中心的華南創業中心，以武漢為核心的中部創業中心和以成都、西安為核心的西部創業中心。《2017 年中國創新創業報告》指出，中國雙創平臺爆發式增長，目前中國共 2,226 家國家級「雙創」平臺，包括 1,354 家國家級眾創空間和 872 家國家級科技企業孵化器、加速器以及產業園區，共同組成了持續有序的創業生態，2016 年增加的國家級眾創空間幾乎是此前幾年的一倍，此外，各省、各市、各區縣、各個高校、各大企業也建設了一大批雙創平臺、創業園區、孵化器或者眾創空間，形成了對創新創業的有效支撐。在新常態下如何有效推進創業教育是一個全新的課題。

0.1.3 新需求

《2016 安利全球創業報告》針對全球 45 個國家所做的創業態度的調查研究報告顯示，在中國 86%的公眾對創業抱有積極態度，更有 51%的人有創業意願，中國的創業潛力高於國際平均水準；騰訊研究院《2016 年創新創業白皮書》顯示，在「政府推動+市場驅動」的雙重作用下，創業者數量、創業風投項目和創業投資出現爆發式增長，中國人創業意願全球最高，達到 85%。中國人民大學《2017 年中國大學生創業報告》，大學生創業意願持續高漲，大學生創業的層次也在不斷上升，近 9 成大學生考慮過創業，26%的在校大學生有較強的創業意願，3.8%的大學生表示一定要創業；《中國青年創業現狀報告》（2016）指出，受政策鼓勵開始創業的人數占

20.9%，說明鼓勵創業的政策效應已經在一定程度上顯現。「大眾創業、萬眾創新」不只是創業熱潮，更是一種思想解放、價值取向的改變，創業者的素質進一步提高，創業動機和創業目的更加理性和明確，在創業項目投資和管理營運決策方面與市場更加貼近，創業項目的經濟性、可行性和可持續發展以及企業戰略發展考慮更加充分，創業成功的概率有所提升。相關的研究表明，目前創業者面臨的主要制約因素有：第一是缺乏資金，沒有有效的融資渠道，導致創業企業很難籌集事業發展需要的資金，也在環境變化中變得更加脆弱，一旦創業失敗，家庭壓力和生存風險將會增大；第二是缺乏創業經驗，特別是大學生和年輕人，缺乏必要的商業經驗、市場經驗和管理能力，往往會導致創業失利；第三是缺乏針對性的指導，包括有針對性的創業指導和技能培訓。《2017年中國大學生創業報告》顯示高校中沒有或者很少開設創業課程的比例達到54.5%，系統開設創業課程的高校比例更低。強化高校創業生態環境要素的培育和發展，加強對創業者的創業教育和指導任重而道遠。

0.2　創業教育新課程

《創業管理》課程是資源共享課程，2005年開始就面向四川大學錦城學院全院學生開設，創業教育通過十幾年的發展已經具有相對完善的體系，「創業課程+創業設計大賽+模擬公司經營」三位一體的架構，並形成概念植入期、知識累積期、實踐孵化期、服務反饋期等四個全程化創業教育和輔導階段，構建了五位一體的「金字塔創業教育模式」，即「基於個體的創業教學→基於團隊的創業方案設計→創業模擬經營→創業實體孵化→創業後續支持」。從在校生的創業教學，到創業校友、校外專家的信息反饋和參與創業教育的改進，形成了全方位的創業教育循環閉合系統和生態圈。在課程建設方面，已經正式出版創業管理相關教材和專著5本，創業管理慕課建設已經進入4.0版。

0.2.1　新資源

本課程為參與課程的師生和學員提供了「O2O」體系化的新資源。主要包括：

（1）視頻資源。課程提供了18個視頻，覆蓋全部課程的重要知識點。視頻製作精良、主題突出、內容精彩，通過學習平臺流媒體播放，實現共享學習、隨時學習、移動學習、自主學習、互動學習，也可以與線下課堂進行翻轉，為教師授課提供了全新的視頻資源。

（2）教材資源。本課程同時出版線下和線上教材，為師生和學院提供實體教材和電子教材，教材內容豐富具體，根據創業者素質和創業實際營運，包括從創業機會到企業創辦全方位的實用性操作性內容，同時還為學員提供了大量的思維和應用

工具。

（3）課件資源。本課程提供全課程電子課件，與教材和視頻配套並相互融合補充，方便教師的教學和學員的學習。

（4）案例資源。本課程結合每章節內容，結合新技術、新產業的發展，提供大量的案例，有助於教師組織翻轉課堂進行教學討論、理論加實戰進行課堂教學、便於學員進行知識的鞏固和應用。

（5）考試資源。課程的每個章節均有單元練習題、思考題，並且提供創業管理題庫，可以直接在線上完成單元練習、作業和考試，系統自動評定成績，方便學生學習任務的完成和教師的課程考核。

0.2.2　新模式

本課程是「互聯網+教育」的重要實踐，是對教學方法改革的重要探索，其中比較突出的形式為「慕課教育」和「翻轉課堂」。

（1）慕課（MOOC）。MOOC（Massive Open Online Courses）即大規模開放型在線課程。第一是大規模，與傳統的課堂不同，本課程可以完成面向上萬名學生的開放學習；第二是開放性，突破學校和教室、教師的限制，不分國籍、不分區域、不分學校、不分職業，只要想學習的人，都可以學習；第三是在線課堂，學習不受時空的限制，隨時隨地學習，同時也可以通過線上線下的結合，方便教師進行課堂組織、授課、課堂組織、課程管理、考核等有更多、更智能的方式，形成線上線下相互融合的教學和輔導體系，大大提升學習效果。

（2）翻轉課堂。翻轉課堂（Flipped Class）是指重新調整課堂內外的時間，將學習的決定權從教師轉移給學生。在這種教學模式下，教師不再占用課堂的時間來講授信息，學生通過在線課堂包括視頻、電子書、電子課件的學習預先掌握所需要的知識完成自主學習，或者提前完成老師布置的任務，課堂的時間重點用於強化、檢驗、交流、討論，學生也可以在線與教師和其他同學進行交流和討論，教師也能有更多的時間與每個人交流。在課後，學生自主規劃學習內容、學習節奏、風格和呈現知識的方式，教師則採用講授法和協作法來滿足學生的需要和促成他們的個性化學習，其目標是為了讓學生通過實踐獲得更真實的學習。翻轉課堂與混合式學習、探究性學習等其他教學方法和工具綜合運用，讓學習更加靈活、主動，讓學生的參與度更強，是對傳統課堂教學結構與教學流程的變革，由此將引發教師角色、課程模式、管理模式等一系列變革。

0.2.3　新內容

本課程採用全新的內容體系，基於創業實際操作教育，組織應用性、操作性的內容，並提供在創業實踐中可以運用的工具和方法；在建設過程中，盡可能引入新

0　導論

技術、新產業以及相關領域的前沿研究和應用，在內容上，體現互聯網+、大數據、AI 等相關技術的應用，體現新興產業、新型業態的創新和變革，並在創業者、市場行銷、人力資源管理、營運管理、財務管理、商業模式等方面應用前沿的研究；同時，引入課程新團隊，設立專門的創業管理教研室從事教學和科研，形成了專職的創業教育和輔導師資團隊，全校 3 名教師入選「全國萬名優秀創新創業導師人才庫」、12 位教師入選「省級創新創業導師人才庫」。

 ## 0.3　慕課與翻轉課堂設計

0.3.1　學員對象

創業管理開課的對象主要包括三類：第一是在校大學生，作為各專業學生學習創業管理和企業營運管理知識、訓練創新創業意識的基礎課程；第二是創業者，系統掌握創業的知識體系，培養創業能力；第三是各類企業管理人員，拓展創業知識和企業管理營運能力。

0.3.2　教學目標

（1）知識目標。系統學習創業者素質與能力要求、掌握市場行銷、商業模式、戰略管理、營運管理、人力資源管理、財務管理等基本理論，形成全面的創業管理的理論知識體系。

（2）能力目標。通過課程的學習培養戰略規劃能力、創新能力、決策能力、計劃和執行能力、組織和協調能力、表達和傳播能力，以及在市場行銷、人力資源、財務管理、生產營運等領域的專業能力。

（3）素養目標。培養創新意識，培養創業思維，培養企業家精神，培養商業素養和戰略的視角以及敏銳的市場視野，培養吃苦耐勞、不怕失敗的品質，為今後的創業和事業發展奠定基礎。

0.3.3　內容體系

本課程按照創業的關鍵環節構建內容體系，包括創業者、創業機會、創業行銷、創業商業模式、創業營運管理、創業人力資源管理、創業財務與融資、創業計劃書等章節。

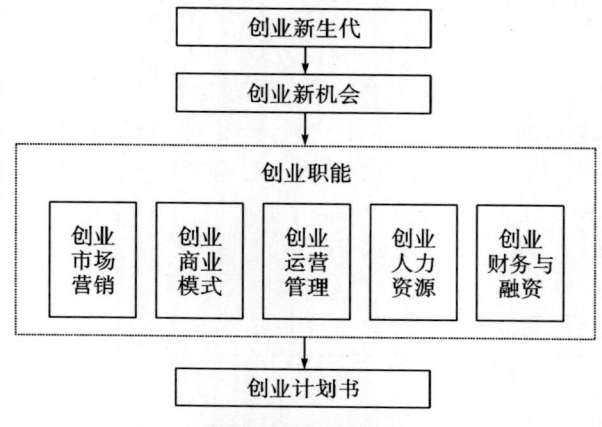

課程內容體系思維導圖

0.3.4 教學資源

1. 教學課件：詳見各章二維碼內容
2. 教學視頻：詳見各章二維碼內容
3. 每章測試題及答案：詳見各章二維碼內容
4. 期末測試題：詳見本書的結尾處二維碼
5. 參考資料：詳見教材各章節

0.3.5 教學方法

本課程基於「互聯網+教育」，綜合採用以下的教學方法：

（1）翻轉教學法。清華大學信息技術中心錢曉流認為翻轉課堂就是在信息化環境中，課程教師提供以教學視頻為主要形式的學習資源，學生在上課前完成對教學視頻等學習資源的觀看和學習，師生在課堂上一起完成作業答疑、協作探究和互動交流活動的一種新型教學模式。本課程通過慕課建設，實現師生角色翻轉、學習地點翻轉、學習時間翻轉、學習流程翻轉、學習內容翻轉等多種翻轉教學的形式。

（2）案例分析法。課程每個章節均有實際的創業案例，學生在線上學習可以對案例進行充分的瞭解和準備，在課堂教學或者在線討論的環節進行案例分析，充分應用課程知識並訓練實際應用的能力。

（3）以賽促學法。鼓勵學生參加校內、省市和國家級的創新創業大賽，通過大賽，系統學習、鞏固和綜合應用課程知識，訓練創業管理需要的各種能力。四川大學錦城學院的每一位學生都必須完成1個學分的創業計劃大賽項目。

（4）任務驅動法。針對在校學生的教學過程中，可以組建教學小組或者學生個人，針對創業的具體環節，每個章節布置任務，或採用問題導向法，在課外和線下

完成，在課堂上進行展示和討論交流，相互提升。

0.3.6 考核方式

（1）在校學生考核。任課教師可以將在線課程的完成情況作為平時成績，另專門出卷作為期末考試成績，成績比例教師自由設置，以滿足各個學校具體教學的要求，也可以直接使用慕課系統考核和測試的結果。

（2）社會學員。直接使用慕課系統的學習、單元練習和考試系統，平臺根據學員的學習狀況進行成績評價並發放合格證書。

 參考資料

［1］左仁淑. 創業學教程：理論與實務［M］. 北京：電子工業出版社，2014.

［2］唐果. 大學生創業基礎教程［M］. 北京：電子工業出版社，2011.

［3］邁爾·舍恩伯格. 大數據時代［M］. 杭州：浙江人民出版社，2013.

［4］道格·約翰遜. 從課堂開始的創客教育：培養每一位學生的創造能力［M］. 北京：中國青年出版社，2016.

［5］喬納森·伯格曼，亞倫·薩姆斯斯. 翻轉課堂與慕課教學：一場正在到來的教育變革［M］. 北京：中國青年出版社，2015.

［6］魏忠. 教育正悄悄發生一場革命［M］. 上海：華東師範大學出版社，2014.

［7］中國人民大學，等. 2017年中國大學生創業報告［R］. 2017.

［8］GEM. 全球創業觀察 2016/2017 報告［R］. 2017.

［9］騰訊. 2016年互聯網創新創業白皮書［R］. 2016.

［10］標準排名城市研究院和優客工場. 2017中國創新創業報告［R］. 2017.

1　創業新生代

學習目標

1. 知識學習
   (1) 理解創業者與創業新生代的概念
   (2) 掌握創業者應具備的特質
   (3) 掌握創業者應具備的能力
   (4) 掌握新生代創業者應具備的特質與能力
2. 能力訓練
   (1) 新生代創業者的態度、氣度、自識力
   (2) 創新創業想法產生能力
3. 素質養成
   (1) 培養創業者的創新思維
   (2) 培養創業者的做事態度、氣度
   (3) 培養創業者的合作分享精神

章節概要

1. 創業者概述
2. 創業者的特質
3. 創業者的能力
4. 新生代創業者的特質與能力

1　創業新生代

5. 創新與創業精神
6. 創新與創業想法

本章思維導圖

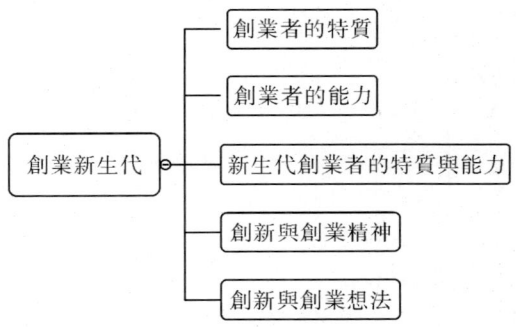

慕課資源

第 1 章 創業新生代教學視頻（上）

第 1 章 創業新生代教學視頻（下）

本章教學課件

翻轉任務

1. 個人：提前觀看慕課視頻，準備回答課後復習思考題，課堂提問。
2. 團隊：團隊在一起圍繞選題進行頭腦風暴討論，在討論過程中相互尊重、鼓勵、合作、協同、分享，共同產生一兩個具有創新性的創業想法。

9

創業管理

● 1.1 創業者概述

研究創業（Entrepreneurship）一個最簡單的理論是創業者成就創業。用公式表達就是：創業是創業者函數，即 $E=f(e)$，或 Entrepreneurship $=f($ entrepreneur $)$，創業 $=f$（創業者），創業者成就創業。

「創業者」這個詞來源於法語詞彙「enter」（意思是「中間」）和「printer」（意思是「承擔」），即買賣雙方之間承擔風險的人，或承擔創建新企業風險的人。按照字面去理解就是「仲介人」的意思。在英語中，「entrepreneur」一詞有多種含義，包括企業家、創業者、創業等，因此，理解創業者的含義就有必要與企業家概念聯繫起來，它們之間有一個共同之處就是討論了企業家的某種行為，包括首創精神，組織或重組社會的、經濟的機制以將資源轉化為可獲得的利益；承受風險或失敗。這裡的首創、組織、獲利、承擔風險等，都與創業息息相關。因此，要想從定義上嚴格區分二者，是一件非常困難的事情。

同樣，要想把「entrepreneur」一詞準確地譯成中文也絕非易事。舉一個例子，德魯克（Peter Drucker）的名著 *Innovation and Entrepreneurship* 一書，最初的中文譯本為《創業精神與創新》，後來又有另一個版本，標題為《創新與企業家精神》。由於創業學在中國還是一個新鮮事物，所以出現這樣的現象也在所難免。漢字文化的一個重要特徵就是在歷史的演變過程中，賦予原有漢字及其組合新的內涵，使之能夠具有包容性。所以，與其在「entrepreneur」究竟是「創業者」還是「企業家」這一問題上爭論，倒不如把精力放在理解其內涵上。基於以上理解，本書分別用「創業者」表示「entrepreneur」，用「創業」來表示「entrepreneurship」。

關於創業者的一些定義如下：

① 17世紀，與政府簽訂固定價格合同，承擔盈利和風險（虧損）的人。

② 1775年，理查德·坎蒂隆（Richard Cantillon）提出，創業者和企業家是承擔了與資本供應者不同風險的人。

③ 1800年，薩伊（Say）首次給出了創業者的定義，他將創業者描述為將經濟資源從生產率較低的區域轉移到生產率較高區域的人，並認為創業者是經濟活動過程中的代理人。

④ 1921年，弗蘭克·奈特（Franck Knight）認為企業家應該是那些在不確定性環境下承擔風險並進行決策的人。

⑤ 1934年，約瑟夫·熊彼特（Joseph Schumpeter）認為企業家是創新者，是開發從未嘗試過的技術的人，能夠改革和革新生產的方式，創業是資本主義經濟增長的推動力。

⑥ 1964年，彼得·德魯克（Peter Drucker）認為創業者就是賦予資源以生產財

1 創業新生代

富的能力，使機會最大化的人。

⑦1972年，科斯納（Kimner）認為企業家是「經紀人/商人」（man of business）。

⑧1985年，羅伯特·希斯里克（Robert Heathledger）提出，企業家是通過付出必要的時間和努力去創造新價值，承擔相應的經濟、心理和社會風險，並獲取相應的金錢報酬和個人滿足的一類人。

⑨1999年，斯蒂文森（Stevenson）認為創業者是一位希望攫取所有的報酬，並將所有的風險轉嫁他人的聰明人。

⑩創業教育之父蒂蒙斯（J. Timmons, 1999）認為創業者是那些能夠創造、識別、抓住商機並將其塑造成一個高潛力企業的人。

本書認可蒂蒙斯的概念，對創業者理解如下：

第一，創業者是那些能夠創造、識別、抓住商機的人。

無論哪一個層面內的創業者概念，都需要創新、創造、尋覓機會、規避風險、獲得回報。因此，Timmons認為創業的核心是商業機會。

第二，創業者是那些能夠駕馭風險並獲取回報的人。

從創業的本質特徵來看，創業是通過企業創造新的事業的過程，而要完成這一過程，要求潛在創業者具有創新精神。創業意味著創造某種新事物，這種新事物是有風險的。這些新事物不僅對創業者有風險，而且對其創建的企業也是有風險的。創業者通常會選擇高風險高回報的事業作為創業內容。他們在付出努力、承擔風險的同時，期待在事業成功之後獲得較高的回報。這種回報可以是金錢，也可以是理想的實現，還可以是榮譽、成就感、得到認可和尊重等。

第三，創業者是那些創建企業或開創事業的人。

在中國，創業者和企業家是兩個相關聯的概念。創業者是企業家的青少年時期，是成長的初期階段。創業者伴隨著企業成長能轉變成企業家，也有可能不能成為企業家。從企業生命週期看，當一個企業達到成熟時，如果企業不能夠保持創新，就會走向衰退，因此，成功轉變為企業家的人，也需要保持創新精神。從這個意義上講，企業家和創業者屬於同一個概念。企業家本質上也是創業者，是現有企業中具有創新精神和創業行為的領導者，而不是執行日常管理職能的經理人員。但在特定的研究環境下，當著重研究新創企業或新業務的發動者時，更多使用「創業者」這一術語；當泛指具有創新精神和創業行為的商業行為者時一般用「企業家」。對於一個新創企業，伴隨著企業的成長，創業者所扮演的角色毫無疑問會發生巨大轉變，創業者應當發展成為企業家。

蒂蒙斯（J. Timmons）將創業者分為三類：企業創始人、創業團隊成員、創業企業經理人。本書將創業者分為四類：除創業者（冒險捕捉機會的人）的內涵外，還可拆分為企業創始人（創立者）、企業經理人或創業團隊成員、創新者（發明人）。這四種人具備不同的創造力和革新能力，不同的管理技巧、商業知識和關係網。

創業管理

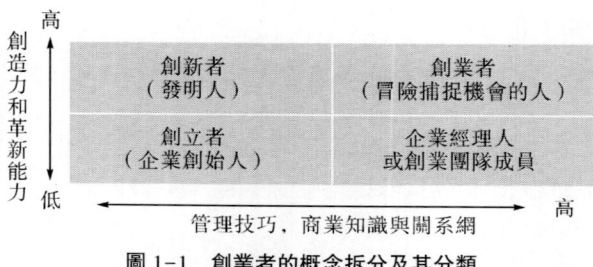

圖1-1　創業者的概念拆分及其分類

● 1.2　創業者的特質

　　創業者的特質簡言之即創業者的特有的內在素質或者說創業者的內在特徵。托爾斯泰曾說：「幸福的家庭都是相似的，不幸的家庭則各有各的不幸。」如果用這句話來概括那些創業者，我們也可以說：「成功的創業者都是相似的，失敗的創業者則各有各的原因。」也就是說，雖然成功的創業者他們所從事的行業不同、經營方式各異，但是他們仍有著共同的特質。通過研究瞭解這些共同的特質有助於幫助我們認識自己是否適合創業，應該從哪些方面去培養自己的創業素質。關於創業者的特質或特徵的研究有很多，這些研究對我們把握創業者的特質很有借鑑意義。

　　蒂蒙斯（J. Timmons）認為成功創業者具有一些共同的態度和行為，通過對哈佛商學院傑出創業者學會的第一批21位學員的跟蹤研究，總結出成功創業者表現出了一些共同的創業特質，他將其歸納為「六大特質」和「五種天賦」。六大特質是「可取並可學到的態度和行為」，五種天賦是「其他人向往的，但不一定學得到的態度和行為」。其中隱含著創業者品質一部分是天賦，另一部分是後天學習形成的含義。與此相對應，蒂蒙斯還歸納了八種非創業特質，見圖1-2。

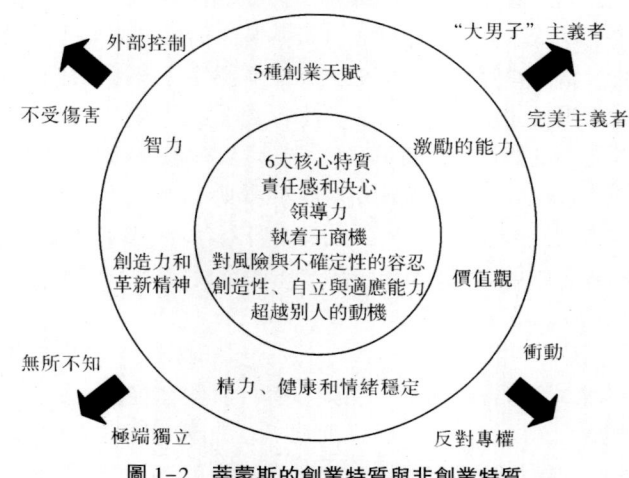

圖1-2　蒂蒙斯的創業特質與非創業特質

1 創業新生代

1.2.1 創業者的六大特質

蒂蒙斯認為創業者應該具備以下六大核心特質：

（1）責任感和決心。這一點比其他任何一項因素都重要。有了責任承諾和決心，創業者可克服不可想像的障礙，並彌補其他缺點。

（2）領導力。成功的創業者是富有耐心的領導者，能夠勾勒出組織的遠景，根據長遠目標進行管理。他們無須憑藉正式的權力，就能向別人施加影響，並能很好地協調企業內部及與顧客、供應商、債權人、合夥人的關係，與他們友好相處，共同分享財富和成功。

（3）執著於商機。創業者受到的困擾是陷入商機裡不能自拔，意識到商機的存在可以引導創業者如何抓住重要問題來處理。

（4）對風險、模糊性和不確定性的容忍度。既然高速變化和高度風險、模糊性和不確定性幾乎是不可避免的，成功的創業者們能容忍它們，並善於處理悖論和矛盾。

（5）創造性、自立與適應能力。成功創業者們相信自己，他們不怕失敗，並且善於從失敗中學習。

（6）超越別人的動機。成功創業者們受勝出別人的動力驅使。他們受到內心強烈願望的驅動，希望和自己定下的標準競爭，追尋並達到富有挑戰性的目標。

需要說明的是並非一定具備這些特質才可以創業，或只要具備了這些特質就一定能夠創業成功，擁有這些特質並不是成為創業者的必要條件。如果缺乏上面的某些態度和行為，是可以通過經驗和學習來得到開發、實踐或歷練出來的。

1.2.2 創業者的五種天賦

蒂蒙斯認為創業者應該具備以下五種天賦：蒂蒙斯將下面五種態度和行為描述為一個特殊企業家天生的才能，它們是令人向往但不一定學得到的。事實上，蒂蒙斯通過研究發現，一些相當成功的企業家，他們缺少其中幾項特徵，或每種特徵都不突出，並且，幾乎沒有哪個企業家擁有下面所有方面的特殊才能。但是，如果企業家擁有了這些天生的才能，那麼無疑會大大增加創業成功的可能性。

（1）精力、健康和情緒穩定。企業家面臨特殊的工作壓力和極高的工作要求，這使他們的精力、身體和心理健康變得十分重要。它們雖然可以通過運動、注意飲食習慣和休息稍做調整來保持，但每一項都和遺傳有很強的相關性。

（2）創造力和革新精神。創造力一度被認為是只有通過遺傳才可獲得的能力，而且大多數人認定它本質上是遺傳而來的。但新的研究表明，創造力、革新精神與制度、文化有很大的關係。它們只可誘發不能模仿。

（3）才智、智慧和概念化。沒有哪一家成功的或具有高發展潛力的企業其創始

創業管理

人是不具備才智或只有中等才智的,這些才智包括高度靈敏的嗅覺、企業家的直覺及老鼠般的狡猾。這種才智猶如藝術家和作家的才情、靈性,十分稀缺和珍貴。

(4)激勵的能力。遠見是一種天生的領導素質,它具有超凡的魅力。沒有人認為這種特殊的品質是後天培養的。所有偉大的領導者都是通過這種能力傳遞他們的影響力。成功的企業家通過這種能力激發靈感,激勵其員工為其設下的目標團結奮鬥。

(5)價值觀。個人的價值觀和倫理價值由企業家生活的環境和背景決定,在人生的早期就形成了。這些價值構成了個人不可分割的部分,進而影響其企業及企業的價值。

這些特質的形成,既有先天的因素,也有後天的因素,如教育、工作經歷和環境等。

1.2.3　八種非創業特質

前面討論了創業者一般所具備的創業特質,事實上還存在一些非創業特質,它們會妨礙創業者的創業活動。蒂蒙斯總結了八種非創業特質,「它會給新企業帶來麻煩,或成為置企業於死地的因素」。這八種非創業特質分別是:

(1)不會受傷害。這種思想方式是指,有些人覺得沒有什麼災難性的事會發生到他們頭上。他們容易冒一些不必要、不明智的風險,這種行為顯然會形成嚴重的隱患。

(2)「大男子」主義者。這是指有些人總想證明他們比別人強,並能擊敗別人。為了證明這點,他們可能會冒極大的風險,也可能會為了給別人留下深刻印象而置身險地。雖然這和過分自信相關,但這種思想方式已經超越了自信的定義範圍。愚蠢的以硬碰硬的競爭和非理性的接管戰就是典型的例子。

(3)反對權力。有些人反對外部權力控制他們的行動。他們的態度可以用下面這句話來總結:「別跟我說該幹什麼。沒有人可以對我說該幹什麼!」通過比較這種思想和成功企業家的特質,我們會發現後者會積極尋求並運用反饋信息來達到目標,並提高自己的表現,他們更傾向於尋求團隊成員和其他必要的資源來利用商機。

(4)衝動。在面臨決策的時候,有些人認為無論如何都必須做些什麼,並且迅速去做。並沒有考慮他們的行動有何意義,在行動之前也沒有思考其他可選方案。

(5)外部控制。成功企業家的特徵之一是相信自己的內部控制力,外部控制正好與此相對立。相信外部控制的人覺得,他們根本無法控制將要發生的事,即使在可以有所作為的情況下也是如此。如果事情進展順利,就把它歸功於運氣好,反之亦然。

(6)完美主義者。完美主義者是企業家的敵人,這一點已經被反覆證實過。若想要達到完美就必須要付出相當多的時間和成本,這必定導致機會窗口被另一個決

1 創業新生代

策更迅速、行動更敏捷的競爭者砰然關上,或者由於技術的提高而消失。

(7)無所不知。認為自己什麼都知道的企業家一般知之甚少。更糟糕的是,他們常常不能發現自己不知道的是什麼,而能夠發現良好商機的創業者往往並非如此。

(8)極端獨立。極端獨立是個嚴肅的問題,對企業家來說會限制其思維方式。決心完全靠自己來成就大事,拒絕任何的外來幫助,這樣的企業家通常是毫無建樹。

1.2.4 成功與失敗的創業者特徵

除蒂蒙斯在創業者特徵上的研究外,史蒂文森(Howard H. Stevenson)等人概括了創業組織的主要特徵,如想像力、靈活性和勇於承擔風險。加特納(William B. Gartner)通過研究文獻,發現創業者的特徵多種多樣。霍納代(Robert W. Hornaday)查閱各種研究資料,在上述研究的基礎上,列出了一張包含創業者42個特徵的表。戴維(David E. Rye)在上述研究的基礎上,歸納出了成功和失敗的創業者特徵,很值得我們借鑑和參考。

(1)成功創業者的特徵

戴維的研究指出,成功創業者的特徵可歸納為以下幾點,如表1-1所示。

表1-1　　　　　　　　　戴維的成功創業者特徵

獲得成功的特徵	具體表現
自主性強	願意對每一件事都有自主權
喜歡有事情做	願意從事具有明確目標的各種活動
有較強的自我把握力	有很強的成功慾望,能夠自我激勵
實行目標管理	能夠很快地把握目標所必須解決的具體工作
善於分析機會	能夠對各種選擇做出分析以保證事業獲得成功,承擔的風險最小
善於安排個人生活	知道個人生活比自己的事業更重要
具有創新思維	總是在尋求解決問題的最佳途徑
善於解決問題	善於以各種途徑解決前進道路上遇到的任何問題
善於客觀地看待問題	不怕承認錯誤

(2)導致創業者失敗的特徵

戴維的研究認為導致創業者失敗的特徵可歸納為以下幾點,如表1-2所示。

表1-2　　　　　　　　戴維的導致創業者失敗的特徵

導致失敗的特徵	具體表現
缺乏管理經驗	他們對關鍵性的企業管理知識掌握不夠
財務計劃不周	他們低估了開辦企業所需的資金
企業選址不當	開辦企業時選址不當
內部控制不善	他們未能把握住關鍵的經營機會

表1-2(續)

導致失敗的特徵	具體表現
花錢大手大腳	開辦企業時缺乏精打細算，一下子購進許多本可在以後逐步添置的東西，導致開銷過大
應收帳款管理不當	對應收帳款未給予足夠的重視，導致企業資金流動困難
缺乏獻身精神	低估了為開辦一家企業所應投入的時間和精力
盲目發展	在準備不足的情況下盲目擴大企業的經營規模

通過蒂蒙斯和戴維的研究，我們發現獨立自主、自律或自我控制能力非常重要，能夠管理好自己的人，更容易管理好一個企業。

1.2.5 創業者綱領與創業者宣言

蒂蒙斯（J. Timmons）研究表明，若給創業者們提一個開放式問題：今後5年經營企業最關鍵的概念、技能和訣竅是什麼？多數人回答認為是創業態度上的一些思想認識和理念。這些回答匯集起來，可稱之為創業者綱領。

創業者綱領（節選）——蒂蒙斯（J. Timmons）

做能給你能量的事情——要從中得到樂趣。
找出使它發揮作用的方法。
韌性和創造力將會勝利。
如果你不知道這件事不能做，那麼你會繼續下去，並去干這件事的。
杯子是半滿的，而不是半空的。
不要冒不必要的風險——但如果有適合你的機會，要有計劃地冒險。
讓商機和結果成為困擾你的因素，而不是金錢。
金錢是在合適的時間、合適的商機下，向合適的人提供的工具和記分卡。
賺錢比花錢更有趣。
在他人中塑造英雄：團隊可以建立企業；個人只能掙錢度日。
為你的成就感到自豪，自豪感是會感染人的。
總結出對成功起關鍵作用的詳細細節。
正直和可信等同於可長期使用的油和黏合劑。
把蛋糕做得大，而不要把時間浪費在試圖分割小塊。
以長遠目標競爭，快速致富的可能性很小。
別付費太多，但也別失去它。
成功是指得到你想要的；幸福是指想要你已得到的。
……

下面是阿爾貝特·施威茨爾（Albert Schweitzer）發表的著名的《創業者宣言》。這首廣為流傳的詩歌曾喚醒了全世界多少人的創業激情，鼓舞著多少人勇敢地攀登創業高峰。成功創業者共有的一個特徵是擁有創業激情，這種激情來自創業者堅信其企業將發揮積極的影響這種信念。這種激情解釋了人們為什麼捨棄安定的工作而

去創建自己企業的原因，也解釋了許多億萬富翁諸如微軟的比爾·蓋茨、戴爾電腦公司的邁克爾·戴爾、甲骨文公司的拉里·埃里森等人，為什麼有了財務保障後還在不停工作的原因。

創業者宣言　　　作者：施威茨爾（Albert Schweitzer）
我怎會甘於庸碌，　　　　　　　　　　一點小錢， 打破常規的束縛是我神聖的權利，　　怎能買通我高貴的意志。 只要我能做到。　　　　　　　　　　面對生活的挑戰，我將大步向前， 賜予我機會和挑戰吧，　　　　　　　安逸的生活怎值得留戀， 安穩與舒適並不使我心馳神往。　　　烏托邦似的寧靜只能使我昏昏欲睡 不願做個循規蹈矩的人，　　　　　　我更向往成功，向往振奮和激動。 不願唯唯諾諾麻木不仁。　　　　　　舒適的生活，怎能讓我出賣自由， 我渴望遭遇驚濤駭浪，　　　　　　　憐憫的施舍更買不走人的尊嚴 去實現我的夢想，　　　　　　　　　我已學會，獨立思考，自由地行動， 歷經千難萬險，哪怕折戟沉沙，　　　面對這個世界，我要大聲宣布， 也要為爭取成功的歡樂而衝浪。　　　這，是我的杰作。

從《創業者綱領》和《創業者宣言》中，我們也能讀出創業者應該具備什麼樣的特質了。

1.2.6　創業者的其他重要特質

（1）勤奮甚至痴迷

辛勤付出，是獲得成功的唯一必經道路。任何成功的創業背後，都是創業者們用辛勤的汗水和刻苦的努力換來的。創業的成功需要堅韌不拔之志、頑強的毅力、吃苦耐勞的執著精神、忘我的熱情、甘於奉獻的獻身精神。幾乎每一個創業者都近乎是工作狂。正像愛迪生所說：「創辦一家成功的企業所需要的遠不止是好的主意、市場和資金，新創企業所需要的是那種一旦公司誕生就能夠夜不能寐的產品鬥士」。痴迷，也是對創業的目標忘我的、如痴如醉，將其全身心融進創業行動之中。

1984年，國內最大的英語培訓機構「新東方」的創始人俞敏洪從北京大學畢業留校任教。他為了掙足4萬元留學費，在校外一個民辦外語培訓機構教課，被校方發現並通報批評。於是，俞敏洪選擇了辭職創業。1993年11月，俞敏洪在租來的簡陋建築裡，開始了新東方艱辛的發展歷程。俞敏洪至今都難忘創業之初，新東方的「落魄」景象：中關村二小的一個平房裡只有一張桌子、一把椅子，以及冬天小廣告還未刷完就結冰的糨糊桶。那個冬天，俞敏洪是自己拎著糨糊桶，騎著自行車穿行在中關村的大街小巷，在零下十幾度的冬夜去貼廣告。北京的冬夜經常刮大風，廣告還沒貼上去，糨糊就凍成冰了。經過艱苦環境磨煉的俞敏洪，終於依靠勤勞苦干造就了今天的新東方。憑著逐漸累積出的口碑，新東方逐漸完成了從「手工作坊」向現代公司轉變的過程，並逐步發展成為今天英語培訓界的第一品牌。

創業管理

(2) 對機會和變化敏感

機遇對創業者來說，無疑是最重要的外部因素。由於機會本身具有很大的偶然性和不確定性，所以機會也成為創業者最關注的要素之一，而成功的創業者大多都能夠正確地認識和把握住稍縱即逝的機會。比爾·蓋茨的成功在很大程度上取決於他對機會的成功把握。他準確地預見了計算機軟件的巨大前途。而麥克爾·戴爾的成功也歸功於他對「直銷」這種商業模式的成功把握。現在有很多人經常會怨天尤人，總哀嘆上天不眷顧自己，幸運女神不垂青自己。其實，仔細分析一下，就會發現這裡存在兩個問題：其一，機會其實是無處不在的，但要懂得認識機會和把握機會。比爾·蓋茨和戴爾在發現這個巨大商機後果斷抓住機會、輟學經商，才成就今天的偉業。如果在機會面前猶豫不決、停步不前，那肯定是沒有收穫的。其二，不能光看到比爾·蓋茨和戴爾的輟學，他們在學校裡都是非常優秀的學生，勤奮好學，並且對計算機都有著濃厚的、忘我的興趣。這也正驗證了那句古話，「機會總是垂青那些有所準備的人」。所以，在機會來臨之前，要做好充分的準備，努力提升自己的能力，迎接幸運女神的垂青。

創業者是喜歡變化的，沒有變化就沒有機會。你必須為新時代中發生的神奇變化做好準備。如果你像一塊吸墨紙那樣接受和吸納種種變化，它們就會以極為和諧寧靜的方式在你的身內身外發生。你將發現，自己會隨著種種變化而變化，卻不會受到它們過多的影響。儘管變化的速度迅疾得令人驚訝。你應始終將盡善盡美當作自己的生活目標，然後不斷地前進，不斷地接近那看似不可能到達的終點。創業機會對於創業者來說稍縱即逝，必須能夠敏銳地從不斷變化的環境中發現創業機會。

(3) 樂觀自信積極心態

自信是對自我評價的一種積極性。「創業始於自信，成於誠信」。創業者一般對自己的評價比較高，自信心足。所以很多人認為創業者是「自負的人」「瘋子」等。但是創業者必須有足夠的自信。創業者在創業初期往往會遇到很多困難：資源的不足、環境惡劣、旁人的嫉妒和責難等。在這些困難面前，創業者需要擁有自信，不斷給自己增加動力，渡過難關。特別在創業融資階段，創業者面對融資者一定要對你的項目、團隊和成功保持足夠的自信。創業者要用自信給投資者增加投資信心。曾有記者問張朝陽：「你在IT產業的成功，讓中國的年輕人看到了從一無所有到擁有巨大財富的夢想的活生生的範例。當年，你能說服美國風險投資家把美金押在你這樣一個無名小卒身上，你認為是你身上什麼樣的特質打動了他們呢？」張朝陽回答道：「自信，我對自己的成功有堅定的信念，使他們也對我產生了信任。」由此可見，自信是創業的前提，也是成功經營一家企業的基礎。

積極的創業心態能發現潛能、激發潛能、拓展潛能和實現潛能，進而幫助他獲得事業上的成就和巨大的財富。積極的創業心態應包括：一是擁有巨大的創業熱情；二是要清除內心障礙；三是要努力克服困難、創造條件變不可能為可能。健康的態度、積極的想法會促使你把今天變成你曾擁有的最奇妙無比的一天。明白哪些想法是積極肯定、充滿愛意的，那麼你會發現自己正在用著積極、仁愛的方式談話、行

1　創業新生代

動。事實上，你所有的觀念都會是樂觀的，你的生活將充滿愛、歡樂、幸福、健康、成功與和諧。

（4）慾望

慾望，其實就是一種願景使命，一種人生理想。拿破侖‧希爾曾說：「每一個人到了某一個年齡，都會開始明白金錢的重要性與意義，因而對它產生『渴望』，但僅如此是不會導致財富的出現；相反，對金錢有著濃烈的『願望』，並執著於自己的理想，按照既定的路線去創造財富，用堅忍不拔的精神來支撐自己，永不言敗、不勝不歸，你將會創造出驚人的財富。」由此可見，慾望是創業者成功創業的強大內驅力。當然，創業者的慾望與普通人慾望不同，他們的慾望往往超出他們的現實。這往往需要打破他們現在的立足點，打破眼前的樊籠，才能夠實現其慾望。所以，創業者的慾望往往伴隨著行動力和犧牲精神。

（5）堅韌

堅韌就是要有頑強的創業意志。創業意志指個體能百折不撓地把創業行動堅持到底以達到目的的心理品質。創業意志包括：一是創業目的明確；二是決斷果敢；三是具有恒心和毅力。不要被世間的煩惱和世人困窘的處境嚇倒。你一旦屈服，便會捲入混亂與動盪之中。當世間的黑暗變得愈加濃重，你內心的光必須汲取能量，變得更加明亮，這樣，它才會幫你戰勝黑暗，顯示光明與永生。不要讓消極的情緒遮擋了你心中的燭光，要讓它爆出亮麗的火花。外界的任何威脅都不會湮滅心靈的光芒，無論世事如何變遷，心靈之光只會一刻不停地燃燒，永遠明亮。

（6）冒險

創業者需要勇於冒險，要敢於「第一個吃螃蟹」。機遇與風險經常是相伴而行的，風險與利潤總是一致的。對於創業者來說，敢於承擔風險就意味著有可能把握機遇。敢冒風險。創業的價值就在於創造出自己獨特的東西，要敢於冒險，敢於走前人和別人沒有走過的路。敢於冒險是理智基礎上的大膽決斷，是自信前提下的果敢超越，是對新目標的不斷追求。

高風險伴隨著高收益，這是經濟生活中的一條公理。只要創業者正確認識到風險的存在，合理地管理創業風險，就有可能在獲得高收益的同時把風險降到最低限度。創業者應正確地認識商場中的風險，而不是想極力逃避風險。創業者都需要承擔一定風險，只有具有風險的意識，才能夠在創業初始就能夠合理地規避風險，並把握創業過程中核心要素管理；也只有具有一定的風險意識，才能夠使新產品、新技術或新的服務走向實際化運作，才能夠使新創企業度過艱難的創業過程而迅速成長，走向創業成功。

風險的魅力在於風險報酬的存在。風險報酬是指冒險家因冒風險而得到的額外收益。人們迎向風險，並不是喜歡看到自己的損失，而是希望看到成功後的風險報酬。風險報酬與風險程度是同向遞增關係。這就是為什麼要發揚冒險精神的意義所在。

（7）良好的商業道德

儘管社會上流傳著所謂「無商不奸」，但事實上，真正的商人是最講信用的。

19

創業管理

作為創業者，首先強調誠實守信。通過欺瞞誘詐獲得資本的創業者或許能取得一時的「成就」，但這種有缺陷的人格將失去作為市場主體應當具備的基本要件——商業信用。失去商業信用的創業者要繼續生存和經營下去是不可能的。因此，創業者應當按照「先做人，後做事」的良訓，只有樹立好良好的道德素質，才能在今後的創業歷程中獲得市場信任和長足發展。如果沒有一個好的品德，或創業就是為了自己的個人私利，肯定不能創立起事業，即便能夠把企業辦起來，甚至也「輝煌」一時，但終歸曇花一現。良好的商業道德是成功創業者的共同特徵。

值得一提的是，創業者要有正確的世界觀、人生觀、金錢觀和社會責任。創業者特別要正確地面對金錢，培養對金錢正確的認識。創業者要喜歡金錢，這和中國傳統的道德觀念並不違背，「君子愛財，取之有道」，金錢是創業最大的動力之一；但也不可以盲目地奉行拜金主義，視金錢為一切。

此外，創業者也許還有很多重要特徵，比如喜歡一個人安靜地思考，在這裡不多論述。需要說明的是，不是一定具備這些特質才可以創業，也不是每個成功的創業者都具有這些特質。但是，有些特質是需要的，如果欠缺的話，應著重培養。

● 1.3 創業者的能力

1.3.1 創業者所應當具備的「T」形知識結構

創業者掌握的知識與能力對創業起著舉足輕重的作用。創業者要進行創造性思維，要做出正確決策，必須掌握廣博知識，具有一專多能的知識結構。具體來說，創業者應該具有以下幾方面的知識：市場機會分析、行銷策劃、財務會計、融資、理財、企業營運管理、企業人力資源管理、溝通與激勵、領導力、產品設計、核心技術等。如圖1-3所示，在創業者所應當具備的「T」形知識結構中，專業技能被放在最突出的重要位置。

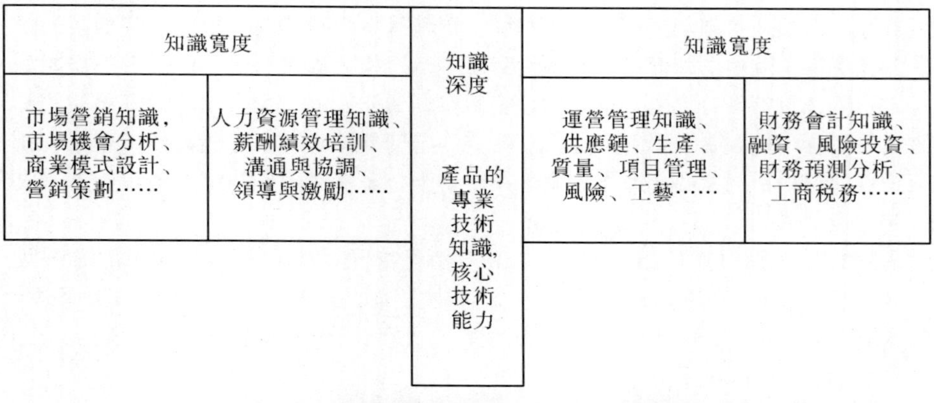

知識寬度		知識深度	知識寬度	
市場營銷知識、市場機會分析、商業模式設計、營銷策劃……	人力資源管理知識、薪酬績效培訓、溝通與協調、領導與激勵……	產品的專業技術知識，核心技術能力	運營管理知識、供應鏈、生產、質量、項目管理、風險、工藝……	財務會計知識、融資、風險投資、財務預測分析、工商稅務……

圖1-3 創業者所應當具備的「T」形知識結構

1 創業新生代

創業能力指擁有發現或創造一個新的領域，致力於理解創造新事物（新產品，新市場，新生產過程或原材料，組織現有技術的新方法）的能力，能運用各種方法去利用和開發它們，然後產生各種新的結果。創業能力分為硬件和軟件，硬件就是人力、物力和財力；軟件就是創業者的個人能力，包括專業技能和創業素質。關冬梅2008年在《創業技能》一書中指出無論從事哪一種創業活動，都離不開的幾種關鍵技能，即「創業核心技能」。創業七項核心技能：職業生涯規劃能力、自我學習能力、數據與信息處理能力、溝通能力、解決問題能力、創新能力、團隊建設與管理能力。

當然，這並不是要求創業者必須完全具備這些素質才能去創業，但創業者本人要有不斷提高自身素質的自覺性和實際行動。提高素質的途徑：一靠學習，二靠改造。要想成為一個成功的創業者，就要做一個終身學習者和改造自我者。

值得注意的是，這些知識和能力都是非常重要的，但還不是最重要的，因為後天可以補充學習。正如蒂蒙斯的創業特質模型一樣，決定創業成功與失敗的主要原因並不是知識，而往往是特質與天賦。因此，我們要繼續學習創業過程模型、素質冰山模型和洋蔥模型。

1.3.2 蒂蒙斯創業過程模型

蒂蒙斯創業過程模型被視為創業學中最重要的模型之一，該模型由三個基本要素組成，但都是由創始人在底部進行支撐。如圖1-4所示，創始人支撐著一個「動態的蹺蹺板」，在整個創業的過程中，創始人都必須保持「平衡木」維持整體的平衡。在「平衡木」的上邊，直接頂著「創業團隊」，創始人必須和創業團隊保持高度一致性。在創業團隊的左上部是「商業機會」，右上部是「商業資源」。由此，形成了一個動態的「三角形」，創始人及其創業團隊，必須玩轉這個三角形，維持左上部「商業機會」和右上部「商業資源」的動態平衡。

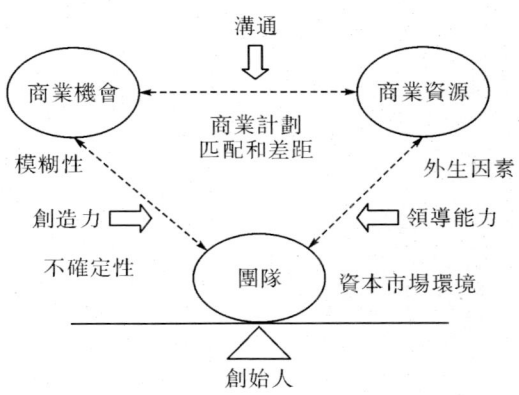

圖1-4　蒂蒙斯創業過程模型中的創業者能力

創業管理

因此，創業者需要的一些能力，被蒂蒙斯特別標註了出來。創始人及其創業團隊必須在推進創業的過程中，要能忍受模糊和不確定的動態環境，要具備創造力、捕捉商機、整合資源、溝通解決問題的能力。

圖1-5是蒂蒙斯創業過程模型中的創業初期形態，這也被視為識別創業機會或者好的創業項目評判標準。這個階段是考驗創業者能力的關鍵時期，一方面，創始人很難維持「平衡木」的左右平衡，巨大的「商業機會」使得「蹺蹺板」嚴重向左傾斜。創始人必須使勁溝通不穩定的創業團隊，充分發揮團隊的創造力，突破對模糊性的迷霧，冒著不確定性的風險，去捕捉稍縱即逝的巨大商業機會；另一方面，創始人還要充分發揮自己的領導能力，在資本市場環境中為自己贏得更多的資源，雖然資源很緊缺，但通過精心的商業計劃，在市場和管理方面投入大量的工作，還是可以不斷匹配機會和資源，並逐漸縮小二者的差距。

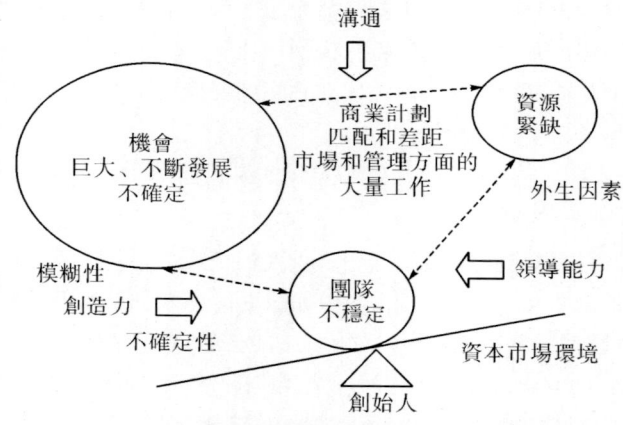

圖1-5　蒂蒙斯創業過程模型中的創業初期形態

當機會和資源又重新回到圖1-4的平衡狀態時，創業者才度過最具風險的時期，開始實現盈利。而且，蒂蒙斯認為，整個創業的過程，都是在機會和資源的不斷匹配和差距的動態變化中度過的，創始人必須努力掌控其團隊一直維持機會和資源的平衡，這對創業者的能力要求非常高。

1.3.3　素質冰山模型與洋蔥模型

1973年，麥克利蘭（McClelland）提出素質冰山模型，認為人的素質就像海洋中的冰山，只有極小部分裸露在海平面之上可讓我們觀察到，而另外很大一部分隱藏在海平面之下，難以觀察。海平面上下的部分稱之為「勝任力」，海平面之下的底部稱之為「內驅力」。冰山浮在水準面上面部分：容易學習、容易觀測，但不是決定性力量，有知識、經驗、技能、行為表現等。創業者的勝任力有：專業技術知識、企業管理知識、財務金融知識、人際溝通能力、信息處理能力、學習能力等。

1 創業新生代

冰山沉在水準面下面部分：不易學習、不易觀測，卻是決定性力量，有個性、動機、態度、氣度等。

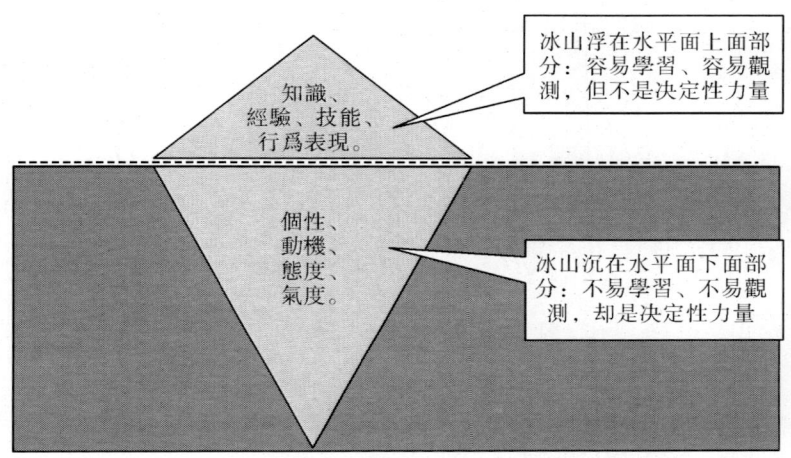

圖1-6 麥克利蘭的素質冰山模型

　　麥克利蘭認為，勝任力（Competency）是指能將優異者與表現平平者區分開來的個人的表層特徵與深層特徵，主要包括知識、技能、社會角色、自我概念等任何可以被可靠測量或計數的，並且能顯著區分優秀績效和一般績效的個體特徵。羅茨（Losey，1999）提出勝任力方程式：勝任力＝智力＋教育＋經歷＋道德規範＋興趣。這些剛好是冰山水準面以上的部分。

　　在觀測創業者應具備的知識與能力時，Timmons認為：有些素質是SAT、IQ、GMAT和其他測試都無法衡量的。比如：領導技能、人際交往能力、團隊建設和合作能力、創造力、動機、學習技能、毅力和決心、價值觀、自我約束、簡樸、足智多謀、對付逆境的能力與恢復力、可信、可靠、幽默感等。這些剛好是在冰山水準面以下的部分。

　　博亞特茲（Boyatzis）對麥克利蘭的素質理論進行了變化，提出了「素質洋蔥模型」。在洋蔥的正中央是內驅力，內驅力包括：動機、個性、自我形象、社會角色、態度。動機是推動個體為達到目標而採取行動的理由；個性是個體對外部環境及各種信息等的反應方式、傾向與特性；自我形象是指個體對其自身的看法與評價；社會角色是個體對其所屬社會群體或組織接受並認為是恰當的一套行為準則的認識；態度是個體的自我形象、價值觀以及社會角色綜合作用外化的結果。

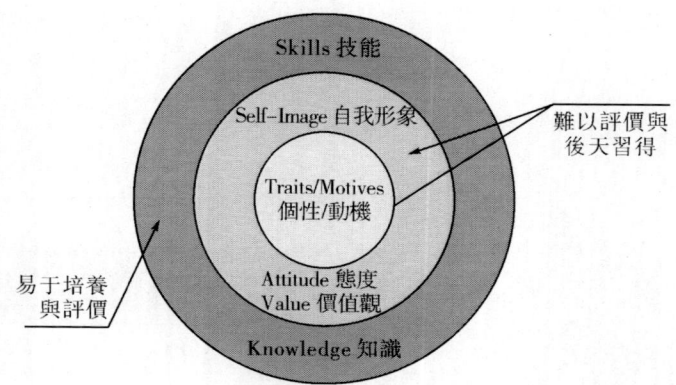

图 1-7 博亚特兹的洋葱模型

1.3.4 其他重要的创业能力

（1）忍受压力

创业者在遇到困难和压力时，要能够挺得住，要有足够的抗压能力，不要被困难吓倒，也不要被压力压垮。创业者要能够用客观的态度、稳重处理任何事情，做到不以物喜、不以己悲。面对成功和胜利不沾沾自喜，得意忘形；在碰到困难、挫折和失败时不灰心丧气，消极悲观。创业不是为了一时的意气用事而去证明什么，创业者是在实实在在地开创一番事业，要冷静、客观、公平地对待每一个人、每一件事。

心理素质是创业者的心理条件，包括自我意识、性格、气质、情感等心理构成要素。作为创业者，他的自我意识特征应为自信和自主；他的性格应刚强、坚持、果断和开朗；他的情感应更富有理性色彩。成功的创业者大多是不以物喜，不以己悲。

身体素质是指身体健康、体力充沛、精力旺盛、思路敏捷。创业与企业经营是艰苦而复杂的，创业者工作繁忙、时间长、压力大，如果身体不好，必然力不从心、难以承受创业重任。

（2）学习能力

一方面，创业需要各种各样的知识与技能，除了专业知识外，创业者还要掌握社会知识、法律知识、财务知识、行销知识、人事管理技能等各方面的能力。而这些技能创业者无法保证在创业之前就已全都掌握，只能在创业过程中一边做一边学，这就需要很强的学习能力。

另一方面，在竞争日趋激烈、科技发展日新月异、知识更新不断加快的今天，对新知识的学习就显得更加重要。科技不断在进步，国内外对新产品的研发也从未间断过，再加上政策的改变、市场的变化，你无法保证在创业初期拥有的知识技能

1　創業新生代

兩年後仍然有效。這就要求創業者要有超強的學習能力，隨時準備更新自己的知識與信息庫，才能跟上時代的步伐，保證創業的成功。

第二次世界大戰之後，善於學習的日本人創造出了無數創業奇跡。1949年，索尼公司創始人之一的井深大，到日本廣播公司辦事，偶然發現一臺美國制的磁帶錄音機，當時這種產品在日本還鮮為人知，但是井深大馬上意識到這種新產品巨大的市場潛力，於是立即買下專利。通過對該專利技術的學習和研究，僅用了一年時間，公司就向市場上推出了新產品，最終使錄音機成為熱門貨，為公司的發展奠定了基礎。1955年，美國人發明了半導體收音機，隨後在日本國家電視臺進行展示。井深大又在其中發現了商業機會，購買了該項技術的專利，通過學習和研究，然後進行批量生產，很快反過來占領了美國市場。索尼公司就這樣一步步發展成全球很有影響力的大企業。

（3）機會分析能力

成功的創業者所採用的關鍵要素可歸納為三條指導方針：第一，快速篩選機會，將沒有前途的創業項目淘汰；第二，仔細分析創意，集中關注一些重要的事項；第三，將行動與分析結合起來，不要老是等待所有的問題的答案，要準備隨時改進進程。

硅谷曾有一家數字研究公司，開發出了第一個可運行的PC操作系統CP/M。但是其創辦者加里·基爾多不願意把該技術轉讓給IBM。IBM非常看好這個操作系統，希望把CP/M應用於它新生的個人電腦產品上。在IBM拜訪的時候，加里·基爾卻舍不得將成果轉讓出來共同收益，雙方再也沒能達成協議。當時另外一家不知名的創業公司微軟公司對IBM的提議做出了回應，雖然它需要從別人那裡購買一個操作系統來做這件事。這就成為MS-DOS、Windows的前身，而數字研究公司只成了別人的一個註腳。實際上，對創業者來說，面臨的挑戰就是準確界定一個尚無人利用、能有所發展的市場機會。如思科就是成功地採納了一個簡單的主意，像交警一樣把電子信息導向指定目標的路由器，從而在不到十年的時間裡發展成為一個擁有幾十億美元資產的企業。

（4）風險預測能力

當創業者必須要面對兩個或更多的結果不明確的備選方案進行主觀評估、決定取捨的時候，就產生了風險情境。創業者在對某個可能的選擇進行決策的過程中需要考慮以下這些因素：這一選擇（目標）有多麼的吸引人；風險承擔者可以接受的損失底線；成功和失敗的相對概率；個人努力對增加成功可能性、減少失敗可能性的影響程度。大多數創業者會評估並承擔中等程度的風險。他們不喜歡低風險的情境，因為這樣的情境缺乏挑戰；但他們也會避免高風險情境，因為他們同樣需要成功。他們會設定較高的目標，享受挑戰所帶來的興奮感，但是他們不會去賭博。因此，低風險和高風險情境都是創業者所迴避的，創業者喜歡的是有難度但可戰勝的挑戰。風險承擔行為與下列特質有關：一是創新性，這是把想法變為現實的重要

25

創業管理

基礎；二是自信心，對自己的能力越自信，就越能夠影響決定所帶來的後果，也就更願意承擔風險。

創業者的風險承擔能力能夠通過下列方法得到提高：願意發揮最大能力促進各方面因素向自己期望的方向發展；客觀評估風險情境的能力和改變不利因素的能力；把風險情境視為既定目標；全面計劃，有效執行。創業者通常會為自己設定較高的目標，然後集中他們全部的能力和才幹來實現這些目標。目標制定得越高，蘊藏的風險就越大。商業創新能夠產生更高質量的產品和服務，而這種創新正是源於這些願意接受巨大挑戰並能夠評估風險、承擔風險的創業者。

（5）領導、組織與激勵能力

拿破崙曾經說過，「不想當將軍的士兵不是好士兵」。想取得成功的創業者必須具備「當將軍」的能力。創業者在新創企業中需要承擔多種角色，其中重要的一項就是領導者。現代管理學「權威接受學說」認為，決定命令是否執行的關鍵是發令者是否具有威望，而與他所在的職位無關。這就要求創業者不僅要在技術和管理業務上具備令人信服的才能，而且要有良好的修養和高尚的道德情操。

創業者有責任為自己的公司設定目標、制定計劃，而這些計劃的實施和目標的達成在很大程度上取決於員工的工作。因此，鼓舞和保持員工的工作士氣是創業者的一項重要任務。

商業活動中的領導者主要承擔兩方面的責任：一是任務責任——推動工作完成；二是人員責任——保持員工士氣。領導者認為所有的任務都必須完成，並能夠採用創新的辦法來完成。為保持士氣，好的領導者要遵循這樣的原則：「你希望別人怎樣對待你，就要怎樣對待別人。」試著站在別人的角度來看待問題，這會有助於建立對員工積極的態度。好的領導者會在上述兩種責任間尋找平衡。有時，在某些特定情境下，如形成新的團隊時，要求對人員比對任務本身給予更多關注；而在另外一些情境下，如引進新的程序時，可能就要對任務有更多的關注。對領導力內涵的理解有助於創業者成為更有效的領導者。

此外，對於創業者而言，由於資源的缺乏和經驗的不足，對有限的資源進行有限的組織就顯得格外重要。組織能力是創業者不可缺少的能力之一。比如組織人力資源，創業者要把培養、吸引和用好人才作為一項重大而長遠的任務，要不斷吸納德才兼備、志同道合的人共創事業，要學會用人、善於用人，發揮每個人的長處，即「知人善用，用人所長」。

創業者還需要學會激勵。通俗地講，就是善於調動人的積極性。對於新創企業而言，創業者能否通過事業和情感吸引、激勵人才具有深刻的意義。

（6）計劃與決策能力

創業者要具備計劃與決策的能力，必須注意以下幾個方面：第一，創業者在進行某項計劃時必須考慮計劃涉及的範圍和有關限制因素；第二，創業者要考慮某項計劃的價值；第三，創業者要考慮計劃的時機，進行為時尚早的計劃同貽誤戰機一

1 創業新生代

樣，都會導致失去創業機會；第四，創業者要考慮計劃的根據和後果。

　　創業者必須在計劃與決策的制訂上比經理人更具有創新性，他們必須從多角度入手來處理問題，並不斷尋求創新辦法來解決問題。在特定情境下，他們還必須有良好的洞察力，能夠預測出幾種備選解決方案可能產生的結果。下列步驟是在決策過程中可以遵循的：定義主要問題；找出問題的主要原因；確定可能的解決方案；評估可能的解決方案；選擇最佳方案；執行方案；檢驗方案是否正確。儘管這種理性的方法很有邏輯性，但上述過程並不一定能解決所有問題。一個方案的成功執行還需要創業者的領導和權力。決策的執行需要足夠的堅定和熱情。創業者必須對方案的未來結果持積極態度，而不能浪費時間再去懷疑，一旦已經開始執行一個決策，就要將所有的懷疑和不確定性拋於腦後。創業者必須對自己的行動有決斷性。一個組織應該有明確的發展方向和界定清楚的預期目標。大多數創業者不怕決策，因為他們不害怕失敗。對於成功他們有自己的標準。

　　在決策過程中，時間是一個至關重要的因素，特別是在業務的發展階段。在某些情況下，必須要快速決策、迅速執行。有些決策在制訂時並沒有考慮到未來發展或情況變化等所帶來的收益變化。對決策執行情況的有效監控能夠幫助創業者及時發現決策的不足之處，並為採取進一步行動提供信息。剛開始時創業者可以採用頭腦風暴法，和員工們一起集思廣益，列出各種備選解決方案。雖然有些新問題可能沒有正確的方法，但還是要由創業者來確定一個最佳的可能方案。

（7）交際和溝通能力

　　創業者必須是個社交家，是穿梭於各方關係中的交際活動積極分子。上文所提及的專業技能固然重要，但是，再優異的專業技術成果，如果一味地「閉門造車」，不拿出來交流與開發，就會一直埋沒於實驗室或設計圖紙。創業者不僅需要「拿出來」，更需要「走出去」，有針對性地搞好人際關係。交際能力對於創業者來說也是必不可少的。由於新創企業是一個「市場侵入者」，所以社交活動必不可少。如果創業者具有較強的社交能力，就有可能獲取更多的信息，並盡快與各界人士建立相互信賴的關係。

　　此外，創業者必須具備溝通的能力。創業者在作為企業的領導者的同時，又是溝通系統的中心。任何一個組織都可以理解為一個信息傳遞的系統，而創業者常常是位於組織的核心。

　　無可否認，在創業過程中，溝通技能也是一項非常重要的基本技能。在創業者的商務活動和日常經營中，無一不凸顯出溝通的重要性，彰顯出溝通者的智慧。溝通是連接人與人之間的橋樑，也是維繫整個社會的紐帶。內部溝通可以讓創業者及時聽取員工的意見和建議，增強員工的主人翁意識，激發員工的主觀能動性，充分發揮其聰明才智和積極性，為其提供施展才華的舞臺；還可以及時消除員工的誤解，及時化解有可能會出現的內部矛盾；加快信息在公司內的流動速度，並盡可能快地得到反饋。外部溝通可以讓創業者瞭解客戶的購買習慣、使用習慣，瞭解客戶對產

品的意見、對服務的看法；還可以及時地讓客戶知道公司的新產品，在服務方面的有效溝通可以避免不必要的誤會。外部溝通還可以讓創業者及時地獲取市場、競爭對手、政策等方面的重要信息。

1.3.5 創業者能力的測試

本章的一個重要主題是，創業者具備較高的素質與能力，這意味著並不是每個人都適合做一名創業者，僅僅能夠識別到有利可圖的機會還不足夠。你是這樣的人嗎？你是否能夠設計出願景指出你未來目標，并能達到它呢？如果不能，你就應該重新考慮，因為創業很像愛迪生所說的那樣「成功是2%的靈感加98%的汗水」。雖然沒有單一方法來檢驗創業者的素質與能力，但人們普遍認為成為一名成功創業者需要幾個關鍵特徵。巴隆（Roben A. Baron）和謝恩（Scott Shan）提出需要回答下列問題。本書根據巴隆和謝恩的設問，發展了其提問內容，並予以賦分。

創業者能力的測試題——巴隆（Roben A. Baron）和謝恩（Scott Shan）

請根據每個方面給自己打分，然後讓幾個熟悉你的人也給你打分。結果或許可以讓你很好地瞭解，你是否能成為一名優秀的創業者，或者還需要提高自己的素質與能力。

① 你掌握了創業相關的知識嗎？或者掌握了其中一項，如技術、行銷、人力資源；或者你參加過創業培訓；或者你富有學習精神，準備去掌握這些知識。（1～10分）

② 你對新生事物充滿好奇和關注嗎？你對國家大事、社區生活百態時常留心嗎？你是否思考並分析過一些創業人物或企業或身邊的店鋪的經營情況？或者你準備去關注這些事情。（1～10分）

③ 你能應對不確定性嗎？安全（如固定的薪水）對你重要嗎，或者你願意容忍不確定性（經濟和其他方面的）嗎？（1～10分）

④ 你精力充沛嗎？你是否有精力和健康的身體能夠長時間工作，以實現對你而言很重要的目標？（1～10分）

⑤ 你信任自己和你的能力嗎？你是否相信，你能夠達到想達到的任何目標，並學會這個過程所需要的東西？（1～10分）

⑥ 你能很好地處理逆境和失敗嗎？對於不利的結果你如何反應？是灰心喪氣還是重新承諾下一次會成功並從錯誤中學習？（1～10分）

⑦ 你對你的目標或願景充滿熱情嗎？一旦你建立了一個目標或願景，是否因為對此充滿熱情而願意犧牲所有其他東西來實現它？（1～10分）

⑧ 你善於同其他人相處嗎？你能夠說服別人像你一樣看待世界嗎？你能夠同他們融洽相處嗎（如處理衝突、建立信任）？（1～10分）

⑨ 你具有不同環境的適應性嗎？你容易在中途做出改正嗎？比如，你能否承認自己犯了錯誤，並退出原來進程以改正它？（1～10分）

⑩ 你願意承擔風險或相信沒有經過證明的事物嗎？一旦你樹立某個目標，你是否願意承擔合理風險來實現它？換句話說，你是否願意盡你所能去減少風險，並且一旦你做了就會堅持下去？（1～10分）

通過評分之後，你會發現，身邊每個人都會有不同的分數。巴隆和謝恩認為成

功的創業者在所有這些方面得分都高於其他人。他們能夠處理不確定性、精力充沛、相信自己、能很好地和靈活地對逆境做出反應、對理想充滿熱情、善於同他人相處、非常具有適應性，並且願意承擔合理的風險。當你具備這些特徵時（至少是其中一部分），你或許就適合創業者的角色。但是，如果你發現自己在幾個特徵方面得分較低，你可能需要重新考慮：或許成為一名創業者並不是你真正喜歡的，或者該好好提高一下自己的素質與能力了。

● 1.4　創業新生代所需的特質與能力

新生代一般泛指「80後」「90後」甚至「00後」的新生人群，往往成長在獨生子女家庭，伴隨著互聯網和良好的教育，閱歷和見解都比以前的人群更加豐富，對世界和事物都有自己獨立的思考。新生代創業往往容易盲目自大、我行我素、缺少團隊合作與分享精神，且內心相對較為脆弱。因此，本書提出圖1-8所示的創業內驅力模型。

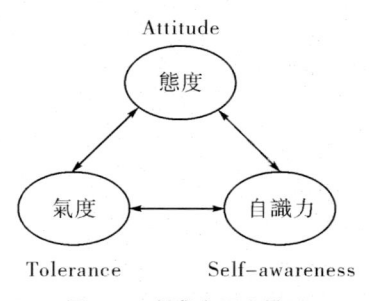

圖1-8　創業內驅力模型

1.4.1　創業新生代三大內驅力

新生代往往有自己的思想、有互聯網的知識獲取途徑，因此需要從內部驅動來培養創業能力。創業內驅力是創業持續成功的動力，包含創業者的個人品質、價值觀、動機和自我認知；表現為創業者的態度、氣度和自識力。正如圖1-6麥克利蘭的素質冰山模型和圖1-7博亞特茲的洋蔥模型所示，內驅力是我們難以直接觀察的，需要根據創業者的各種行為表現進行推理分析而得知。投資人著重考察創業者的創業內驅力，通過專業的溝通、全面的調查、細節的判斷推理等手段衡量創業者的內驅力。

（1）創業內驅力之一：態度　Attitude

蒂蒙斯認為：創業者們在思想和行為上，是由某種態度和行為舉止，以及他們

創業管理

所具有的經驗、技能、訣竅和社會關係決定的。蒂蒙斯進一步提出可取的並可獲得的態度與行為的創業特質與非創業特質（如圖1-2所示）。常言道：「態度決定一切」。態度是創業者面對創業的價值取向，態度決定了創業時的本源性動機。態度決定了困難來臨或誘惑出現時，是選擇依然堅守信念與原則，還是選擇逃避責任甚至道德漂移。這些看似務虛的理念會在經營發展中的每次關鍵決策和艱難選擇時凸顯出來。

（2）創業內驅力之二：氣度 Tolerance

氣度是創業者對待他人的原則。氣度是創業過程中能否突破自己、凝聚團隊、關注未來、走出大氣魄與大格局的關鍵。因此，氣度一詞也常被氣量、氣場、豪氣、格局、共享、度量、人格魅力等詞語替代。柳傳志、俞敏洪、任正非、馬雲等，他們的大氣度使得企業度過了艱難期，他們的大氣度凝聚了一批批優秀的人才，他們的大氣度成就了真正的理想。任正非曾經說過：「可以特立，不可獨行」，就是要與員工與客戶與合作夥伴一起前行。氣度就是舍得、格局，氣度決定高度。

蒂蒙斯曾經提出了達到創業輝煌的三條核心原則，就是氣度的價值體現：

第一，待人如待己：你想讓別人怎麼對待你，就怎麼對待別人；

第二，和所有那些在各個層面上為財富創造做出貢獻的人共同分享財富；

第三，回報社區與社會。

蒂蒙斯大力推崇的馬里恩實驗室和考夫曼基金的企業文化，也是氣度的價值體現：

第一，沒有人是雇員，他們都是夥伴；

第二，即便銷售額達到30.6億美元，也沒有正式的組織結構圖；

第三，每個達到或超過高標準績效目標的人都可以參與全公司的紅利、利潤分享和股票期權計劃；

第四，津貼方案對所有夥伴一視同仁，即使是高層管理者也不例外；

第五，開發新產品失敗的經理不會被驅逐出組織或調走以示懲罰，失敗是學習和繼續進步的階梯；

第六，公司不能容忍不願或不實行上述三條核心原則的人。

（3）創業內驅力之三：自識力 Self-awareness

自識力是創業者持續思考自我價值取向、自我與他人以及外界關係等形而上學命題的思辨能力。它不僅決定了一個人有多強的創業勝任力，也不斷校正著一個人的人生態度與氣度格局。正所謂，人貴有自知之明；知己知彼，百戰不殆。

自識力的識別，貫穿整個創業過程。創業的過程是一個目標逐漸清晰、資源逐漸增加、知識和能力逐漸增強的過程。在這個不斷發展的過程中，自識力強的創業者能夠保持冷靜頭腦，清靜審視自我價值與人生追求，不斷實現自我突破，這正是優秀創業家與普通創業者的最本質區別。

蒂蒙斯提出的「創業見習期」，就是對提升自識力的告誡，需要大約10年以上

1　創業新生代

的創業見習，才能容易獲得創業成功。其中，學習期是第一個時期，學習《創業課程》的在校學生，參加創業培訓的學員；重要的見習期，大約需要累積10年或10年多的豐富經驗，建立了人際關係，擁有實踐經驗，並在行業、市場和技術方面成就了業績；最後才是創業期。先為雇主賺錢，再為自己賺錢，最後創辦自己的企業，是自識力不斷提升的穩妥過程。

自識力的思考構成了創業課程的主要內容：

第一，你是誰？
第二，你的行業環境（商機/資源）怎麼樣？
第三，你的顧客怎麼樣？
第四，你的競爭對手怎麼樣？
第五，你的團隊怎麼樣？
第六，你的核心優勢（產品/服務/技術）是什麼？
第七，你能堅持住你的競爭優勢嗎？
第八，你將來能成為怎樣？

因此，創業課程的主要內容就在於塑造你的「自識力」。

1.4.2　大數據時代下的三大能力

被譽為未來學家的Alvin Toffler（1970）《未來的衝擊》一書中創造性地提出了未來的教育是回到社區在家上學、在線和多媒體教育等等。將近半個世紀過去了，基於互聯網、社交媒體、雲計算、物聯網、數據庫等技術的成熟應用，Alvin Toffler的預測開始初現端倪。魏忠（2014）認為，學校失去了知識壟斷性，教育在悄悄發生一場革命，而導致這場革命的真正原因就是大數據。2013年TED大獎獲得者Sugata Mitra（蘇伽特·米特拉）認為，只有三種最基本的東西在大數據時代是學生用得到和必須學的：第一是搜索、第二是閱讀、第三是辨別真偽。本書在上述成果基礎上，對三大能力做出以下表述。

能力一：搜索。大數據時代的知識是呈爆炸型增長的，學生以及社會中的成員已經不可能學習所有甚至跟其專業有關的知識。而事實上，從應用的角度，這些知識不用去掌握的，知識就擺在那裡，本書只需要搜索出來去解決必要的問題而已。因此，學生重要的已經不是學習知識本身，而是學習搜索知識的方法。

能力二：閱讀。閱讀是獲取知識的源泉，在大數據時代也是如此，但更要注重方法。比如閱讀一本書，過去的方法是從頭到尾通讀，再寫讀書心得並交流；現在面臨太多的書，於是首先要上網去看一看相關圖書排名，看一看書評，看一看其中主要的代表觀點及結論，就基本上掌握該書以及該領域所記載的精要了。

能力三：辨別真偽。魏忠（2014）認為，大數據時代給人最大的難題正如Alvin Toffler所說的來自「信任危機」。在單一的信息來源情況下，比如高考、固定的考試

創業管理

大綱：教育就是重複吸收那些經過篩選的知識。在信息過載的大數據時代，充斥著大量雜亂、個性化、片面的信息，如何搜索、閱讀、辨別真偽成了一個巨大的難題。或許這才是未來教育需要做的。

● 1.5 創新與創業精神

1.5.1 企業家精神

彼得·德魯克（Peter F. Drucker）在其名著《創新與企業家精神》一書中提出企業家精神中最主要的是創新，進而把企業家的領導能力與管理等同起來，認為「企業管理的核心內容，是企業家在經濟上的冒險行為，企業就是企業家工作的組織」。

對企業家精神的解讀：創新是企業家精神的靈魂，冒險是企業家精神的天性，合作是企業家精神的精華，敬業是企業家精神的動力，學習是企業家精神的關鍵，執著是企業家精神的本色，誠信是企業家精神的基石。

對企業家精神的另一種解讀：企業家精神包括強烈的慾望、冒險精神、創新精神、忍耐力和意志力、鷹眼精神、誠信精神、共贏精神。

對企業家精神的歸納總結：企業家精神是一種創新意識，新思路、新策略、新產品、新市場、新模式、新發展；是一種責任：敬業、誠信、合作、學習；一種品格：冒險精神、準確判斷、果斷決策、堅韌、執著；是一種價值觀：創造利潤，奉獻愛心，回報社會；是一種文化修養：廣博的知識，高尚的道德情操，豐富的想像力。

1.5.2 創業精神

創業精神是指在創業者的主觀世界中，那些具有開創性的思想、觀念、個性、意志、作風和品質等。創業精神是由多種精神特質綜合作用而成的。諸如創新精神、拼搏精神、進取精神、合作精神等等都是形成創業精神的特質精神。

創業精神有三個層面的內涵：哲學層次的創業思想和創業觀念，是人們對於創業的理性認識；心理學層次的創業個性和創業意志，是人們創業的心理基礎；行為學層次的創業作風和創業品質，是人們創業的行為模式。無論是創業精神的產生、形成和內化，還是創業精神的外顯、展現和外化，都是由三個層面所構成的整體，缺少其中任何一個層面，都無法構成創業精神。

創業精神有三個主題：第一個主題是對機會的追求，創業精神是追求環境的趨勢和變化而且往往是尚未被人們注意的趨勢和變化。第二個重要的主題是創新。創業精神包含了變革、革新、轉換和引入新方法——即新產品、新服務或者是做生意

1 創業新生代

的新方式。第三個主題是增長。創業者追求增長，他們不滿足於停留在小規模或現有的規模上，創業者希望其企業能夠盡可能地增長，員工能夠拼命工作。因為他們在不斷尋找新趨勢和機會，不斷地創新，不斷地推出新產品和新的經營方式。

雖然創業常常是以開創公司的方式產生，但創業精神不一定只存在於新企業。一些成熟的組織，只要符合上述三個內涵和三個主題，該組織依然具備創業精神。創業本身是一種無中生有的歷程，只要創業者具備求新、求變、求發展的心態，以創造新價值的方式為新企業創造利潤，那麼我們就可以說這一過程中充滿了創業精神。因此創業管理的關鍵在於創業過程能否「將新事物帶入現存的市場活動中」，包括新產品或服務、新的管理制度、新的流程等。創業精神指的是一種追求機會的行為，這些機會還不存在於資源應用的範圍，但未來有可能創造資源應用的新價值。因此我們可以說，創業精神即是促成新企業形成、發展和成長的原動力。

1.5.3 創新精神

創新是創業的靈魂。創新既是一種對舊事物和舊秩序的破壞，也是一種對新事物和新秩序的創造。創新是創業得以成長、發展、延續的動力。創新精神類似一種能夠持續創新成長的生命力。

創新精神的本質仍著重於一種創新活動的行為過程，而非企業家的個性特徵。創新精神所關注的在於是否創造新的價值，而不在於設立新公司，也非創業精神的特徵。創新精神的主要含義為創新，也就是創新者通過創新的手段，將資源更有效地利用，為市場或者社會創造出新的價值。

創新精神的最終體現就是開創前無古人的事業，創新精神本身必然具有超越歷史的先進性，想前人之不敢想、做前人之不敢做。不同時代的人們面對著不同的物質生活和精神生活條件，創新精神對創業實踐有重要意義，它是創業理想產生的原動力，是創業成功的重要保證。

一般把創新精神劃分為個體的創新精神及組織的創新精神。所謂個體的創新精神，指的是以個人力量，在個人願景引導下，從事創新活動，並進而創造一個新企業或者一個新技術方案；而組織的創新精神則指在已存在的一個組織內部，以群體力量追求共同願景，從事組織創新活動，進而創造組織或產品的新面貌。

一般把創新劃分為以下三類：產品和技術的創新、觀念和思維的創新、商業模式的創新。

（1）產品與技術創新

成功的創業者大凡由於擁有一項或多項專業技能或專利技術，從而生產出能領先占領行業市場的產品，如愛迪生、比爾·蓋茨、史玉柱等。下面兩個案例也說明了技術創新的重要性。英特爾公司副總裁達維多認為，一家企業要想在市場中占據主導地位，那麼就要做到第一個開發出新一代產品，第一個淘汰自己的產品。

創業管理

美國佛羅里達州曾有個名叫律普曼的畫家，有一天他作畫時，不小心出了個失誤，需要用橡皮把它擦掉。他找了好久才找到橡皮，但是等他找到橡皮並擦完想繼續作畫時又找不到鉛筆頭了。這使他非常生氣，於是產生了想擁有一只既能作畫又帶有橡皮的鉛筆的想法。他最終找到了滿意的方法，即用一塊薄鐵皮，將橡皮和鉛筆連接在一起。後來，律普曼借錢辦理了專利申請手續，並最終由 PABAR 鉛筆公司購買了這項專利，價錢是 55 萬美金。PABAR 鉛筆公司將這項專利技術做成產品，很快風靡全球，極為暢銷。

（2）觀念與思維創新

觀念創新也就是要突破別人一貫的想法，即所謂「革新必先革心」。舊的思想觀念會把我們圈住，新的觀念會帶來新創意。運用新的創意去指導企業的管理活動，可能會給企業帶來新的領先於競爭對手的盈利機會。很多創業者是因為建立了一套新的管理方式而獲得創業成功的。

通用電氣公司是自 1896 年道瓊斯指數開始公布以來，唯一一家從未「出局」的企業，堪稱企業史上的「常青樹」。通用電氣能夠擁有今日的輝煌，應該歸功於通用電氣創始人、發明家愛迪生所締造的創新精神。托馬斯‧愛迪生是著名的發明家，他的一生都在發明創造，同樣，他也是一名優秀的創業者和企業家。1878 年，愛迪生創立了愛迪生電氣照明公司，後來發展為愛迪生通用電氣公司。1879 年，愛迪生發明了人類歷史上第一盞白熾燈，之後一發不可收拾，從電燈、電表到留聲機，乃至處決囚犯的電椅……愛迪生所掌握的專利有 1,100 種。他的成就不是因為他有過人的天賦，而是來自他對發明、創新孜孜不倦的追求。愛迪生是有名的工作狂，他每天大約工作 16 個小時，有時乾脆就睡在公司的實驗室裡。愛迪生有一句名言：成功等於 1% 的天賦加上 99% 的努力。愛迪生在不斷發明創造的同時，非常重視法律對技術成果的保護。除了對自己的發明及時申請專利之外，還非常關注競爭者的專利。比如英國人斯萬也發明了電燈泡，甚至在某些技術上優於愛迪生發明的白熾燈。但是，愛迪生購買了斯萬的專利，用於自己的產品的優化生產。愛迪生還較早意識到技術與市場相結合的重要性。在發明白熾燈之後，愛迪生就預測到這種產品進入家庭的必然性。為了讓白熾燈進入家庭，需要解決送電手段和分戶計量兩個難題。愛迪生立即開展了輸電設備和電表的發明工作，也正是因為擁有這些配套的發明，才使得電燈迅速走進家庭，也為企業的騰飛創造了有利條件。更重要的是，愛迪生為通用電氣公司締造了重要的創新傳統。1892 年，愛迪生通用電氣公司與湯姆森‧豪斯頓電氣公司合併為通用電氣公司。並迅速成為美國乃至全世界規模最大的企業之一。

（3）商業模式創新

商業模式創新是創業者首先要解決的問題。戴爾電腦公司的創始人邁克爾‧戴爾認為，「任何人都可以成為創業者，只要你勤奮，並且擁有一個可行的商業模式」。戴爾在 1984 年他 19 歲時就中途輟學，帶著 1,000 美元的存款創辦了個人電腦

1 創業新生代

有限公司（PC's Limited），並在四年後更名為戴爾計算機公司（Dell Computer Corporation），戴爾的創意是利用具有創新性的郵購行銷方式直接走近他的客戶。通過公司 20 多年在商業模式與市場行銷方面的努力，公司取得了非常高的收益，2007 年在《財富》雜誌公布美國 500 強企業中，戴爾位居 34 位，超過微軟、摩托羅拉、英特爾等 IT 業巨頭，而戴爾木人也被《財富》雜誌評為美國最富有的青年才俊。戴爾成功的故事向我們展示了商業模式的重要性，戴爾提出了一個很有吸引力但卻簡單的商業模式：去掉經銷商和分銷商，同時努力通過高質量的服務來滿足客戶的需求。戴爾的商業模式很簡單但很有進取性，它把公司定位於一個低價位的、接單生產的、對客戶做出直接反應的企業，同時又通過對新的市場行銷計劃開發進入新的細分市場如 B2B、國際市場。當其他公司開始模仿戴爾的直銷行銷戰略時，戴爾公司勢必將面臨一個又一個的行銷挑戰，但戴爾堅決認為雖然被競爭對手模仿，戴爾仍擁有直銷的豐富經驗，公司還會取得持續的增長。

● 1.6　創新與創業想法

1.6.1　創新創業想法與創意

在創業意識、觀念和精神的基礎上，創業者需要形成一個創業想法，才能啓動創業。創業想法（Entrepreneurial Ideas）是指一種贏得市場的新的模式或方法，也稱為創業構想或市場創意。同樣的，創新想法（Innovative Ideas）也是如此。

創新創業想法，有人合稱為創意（Originality）。比爾・蓋茨（Bill Gates）曾說，創意就像原子裂變，每一盎司的創意都能帶來難以計數的商業價值。維斯帕（Vesper）區分了創意的兩種來源：一種是意外發現的，一種是經過深思熟慮才發現的。他觀察到大多數的創意是碰運氣發現的。多數創意是從職業中產生的，但也可能是從業餘愛好、社交或步行觀察中發現的。美國國際獨立企業基金會的研究表明創意主要由於以下幾個途徑產生：以往的工作經驗（占 45%）；個人的興趣與習慣（占 16%）；偶然或模糊的機會（占 11%）；創業管理教育和課程培訓（占 6%）；其他（占 18%）。而德科（De Koning）認為社會關係網絡也是創意的一種來源，創業者一貫利用他們的社會關係網絡來獲得創意，並搜集信息以識別創業機會。另據約翰・凱西（John Case）的統計，約 47% 的創意來源於工作團隊的活動，這也說明當人們組成團隊時，往往可以產生單個人身上不會出現的創造力，通過集體交換意見所產生的問題解決方案和其他方式相比更好。創造性思維可以通過學習和培訓等來提升。

創意不是天上掉下來的餡餅，創業機會總會垂青有準備的頭腦。勤於思考和善於思考是捕獲創意的最基本的條件。在思考創意時必須注意以下兩個方面：

創業管理

（4）立足現實和時機。創意來源於現實，且高於現實。可以說創意的每一個細節都源於現實，然而總體構想卻是現實中沒有的。創意需要假設和超越現實的聯想。在考慮和開拓市場時，不僅要看它的現實需求，更重要的還要看到它的潛在需求，並想法把潛在需求誘發、轉化和創新為現實的需求。日本企業家善於仿效別人的長處，另闢新徑做出發明新鮮事物的創意，這是因為他們總是時刻關注時機，及時思考對策。

（2）搜集並加工信息。創意來源於創造性地搜集、理解和加工信息。創業者需要促使大腦產生創造性的設想和構思，這是創意成功的關鍵。思維是依賴於信息運行的，人腦中的知識只不過是一種信息，而且信息是可以交合的，思維的最大功效就是整合信息。創業者搜集到種種有利於創新的信息之後，通過分析、歸納與整合等方式方法再造信息，將注意力集中到創造性思維方面來，就會將表面看起來風馬牛不相及的東西牽扯在一起，有意識地構思出多功能或性能更優越的產品來。

1.6.2 創業想法的產生——頭腦風暴

那麼，怎樣形成創業想法呢？蕭伯納（Bernard Shaw）說：「倘若你有一個蘋果，我也有一個蘋果，而我們彼此交換這些蘋果，那麼，你和我仍然都只有一個蘋果。但是，倘若你有一種思想，我也有一種思想，而我們彼此交流這種思想，那麼，我們每個人將各有兩種思想。」創造性思想在形成創業想法的過程中也是很有價值的，如頭腦風暴法、自由聯想法、靈感激勵法等，可以通過這些方法來激發創造力，而且在創業的其他方面也是如此。本章重點介紹頭腦風暴法。

所謂頭腦風暴（Brain-storming）最早是精神病理學上的用語，指精神病患者的精神錯亂狀態而言，現在轉而為無限制的自由聯想和討論，其目的在於產生新觀念或激發創新設想。「頭腦風暴之父、創造力之父」A. F. 奧斯本認為，頭腦風暴是一個團體通過聚集成員自發提出的觀點，以為一個特定問題找到解決方法的會議技巧。頭腦風暴是產生新觀點的過程，是使用一系列激勵和引發新觀點的特定的規則和技巧，這些新觀點是在普通情況下無法產生的。

頭腦風暴何以能激發創新思維？根據 A. F. 奧斯本及其他研究者的看法，主要有以下幾點：

（1）聯想反應。聯想是產生新觀念的基本過程。在集體討論問題的過程中，每提出一個新的觀念，都能引發他人的聯想。相繼產生一連串的新觀念，產生連鎖反應，形成新觀念堆，為創造性地解決問題提供了更多的可能性。

（2）熱情感染。在不受任何限制的情況下，集體討論問題能激發人的熱情。人人自由發言、相互影響、相互感染，能形成熱潮，突破固有觀念的束縛，最大限度地發揮創造性地思維能力。

（3）競爭意識。在有競爭意識情況下，人人爭先恐後，競相發言，不斷地開動

1 創業新生代

思維機器，力求有獨到見解，激發各種新奇觀念。心理學的原理告訴我們，人類有爭強好勝心理，在有競爭意識的情況下，人的心理活動效率可增加50%或更多。

（4）個人慾望。在集體討論解決問題過程中，個人的慾望自由，不受任何干擾和控制，是非常重要的。頭腦風暴法有一條原則，不得批評倉促的發言，甚至不許有任何懷疑的表情、動作、神色。這就能使每個人暢所欲言，提出大量的新觀念。

在群體決策中，由於群體成員心理相互作用影響，容易屈於權威或大多數人意見，形成所謂的「群體思維」。群體思維削弱了群體的批判精神和創造力，損害了決策的質量。為了保證群體決策的創造性，提高決策質量，管理上發展了一系列改善群體決策的方法，頭腦風暴法是較為典型的一個。

1. 一般頭腦風暴法

創業者可以單獨，也可以集中在一起，通過頭腦風暴法來創造性解決問題和產生盡可能多的創意。它經常從一個問題或一個難題的陳述開始。每一個想法又導致一個或者更多的想法，最後產生大量的想法。當使用這個方法時，需要遵守四個原則：第一，不要批評和評估其他人的想法；第二，鼓勵隨心所欲地想，歡迎那些看似瘋狂的想法；第三，合適的人數、大量的想法；第四，在其他人的想法基礎之上改善和提高。此外，對於所有的想法，無論從表面上看多麼不合邏輯和瘋狂，都需要記錄下來，好的想法可能來源於異想天開。

邁克爾·戈登（Michael Gordon）認為頭腦風暴法的步驟如下：①定義你的目的；②選擇參與者；③選擇協調人；④進行自發而廣泛的集體討論；⑤沒有批評和否定意見；⑥將意見完整地記錄下來；⑦開拓思維，將想像力發揮到極致；⑧避免對某一思路花過多的時間；⑨識別最有希望的思路；⑩提煉各種思路並排列其優先順序。

頭腦風暴也不是隨意亂想，必須按照一定的目的，按照一定的線索展開。圖1-9體現了挖掘出好的創業想法的兩條基本途徑。

圖1-9 挖掘出創業想法的兩條基本途徑

即使通過頭腦風暴沒有發現自己喜歡的創業想法，這種方法對於幫助創業者打開思路並科學的思考問題是非常有用的。

2. 結構性頭腦風暴法

結構性頭腦風暴法是一般頭腦風暴法的變種，常用來分析一個特定的行業。這種方法並不是從一個問題或難題開始，而是從一個特定的產品開始，然後盡力想出

創業管理

所有相關的企業，並按照一定的結構線分列出來，包括與銷售相關企業的銷售線，與製造相關企業的製造線，間接相關企業（副產品）的副產品線，與服務相關企業的服務線。這種方法可以用圖來說明。創業者應該一直想下去，直到不再有任何新的想法為止。同樣，無論想到什麼都應該將其按結構線分別記錄下來，以後再確定這個想法是否有價值。結構性頭腦風暴法與一般頭腦風暴法相比，有利於引導創業者正確展開思路。下面以電動汽車為例，來分析從這個產品能產生哪些創意甚至創業機會，如圖1-10所示。

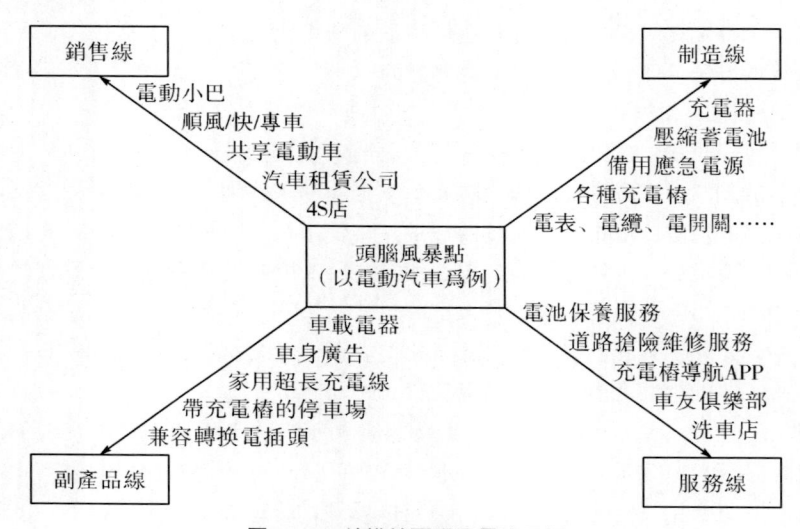

```
銷售線                          制造線
  電動小巴                        充電器
  順風/快/專車                    壓縮蓄電池
  共享電動車                      備用應急電源
  汽車租賃公司                    各種充電樁
  4S店                            電表、電纜、電開關……
        頭腦風暴點
        （以電動汽車為例）
  車載電器                        電池保養服務
  車身廣告                        道路搶險維修服務
  家用超長充電線                  充電樁導航APP
  帶充電樁的停車場                車友俱樂部
  兼容轉換電插頭                  洗車店
副產品線                          服務線
```

圖1-10　結構性頭腦風暴法示例

1.6.3　創新想法的產生——TRIZ方法

前面講的創業想法的產生，也適用於產生創新想法。而且，創新想法還有一套自己獨立的方法理論：TRIZ，中文音譯為：萃智。TRIZ的含義是發明問題解決理論，其拼寫是由「發明問題的解決理論」英文音譯 Teoriya Resheniya Izobreata-telskikh Zadatch 的縮寫，其英文全稱是 Theory of the Solution of Inventive Problems（發明問題解決理論），如圖1-11所示。TRIZ是由前蘇聯海軍部專利專家阿奇舒勒（Genrich Altshuller）創立的。從1946年開始，他通過對數以百萬計的專利文獻進行研究，提煉出一套解決複雜技術問題的系統方法。20世紀90年代初，TRIZ傳播到美國，引起了創新界和企業界的極大關注。目前，TRIZ已成為國外技術創新領域的最熱門應用工具。

1 創業新生代

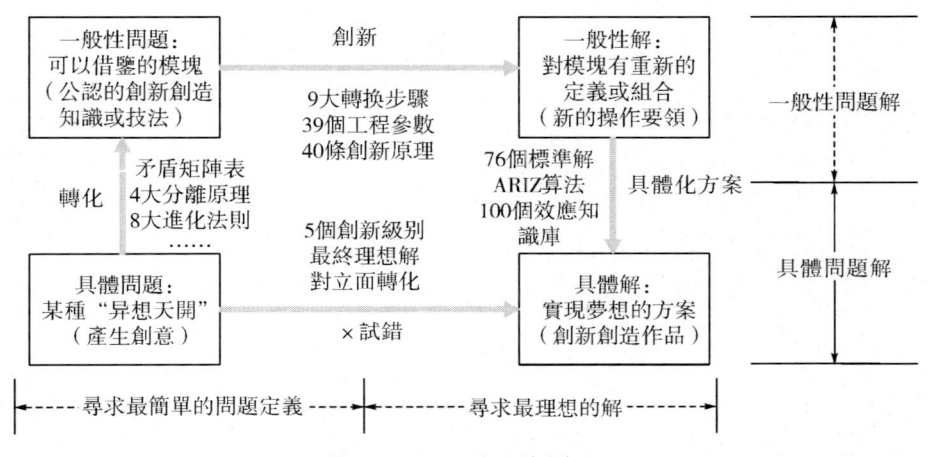

圖 1-11 TRIZ 方法基本框架

1956 年阿奇舒勒等人首次介紹了發明背後的 TRIZ 理論方法及技術演進的規律，把 TRIZ 理論描述為一種技術矛盾，理想的最終結果、發明原則、一種程序，構建了 TRIZ 的基本理論。1961—1984 年阿奇舒勒先後出版了 How to Learn to Invent，The Foundation of Invent，Algorithm of Invention，Creativity as an Exact Science，The Art of Inventing（and Suddenly the Inventor Appeared）等著作，從此形成了 TRIZ 理論基本框架，對創新具有重要的指導作用。

在 TRIZ 理論中，在問題解決之初，先拋開各種約束條件並設立各種理想模型，即以最優的模型結構來分析問題，並將達到理想解作為追求的目標。這有助於制訂理想解有助於正確的設立目標以及抵制心理慣性的影響，如圖 1-12 所示。

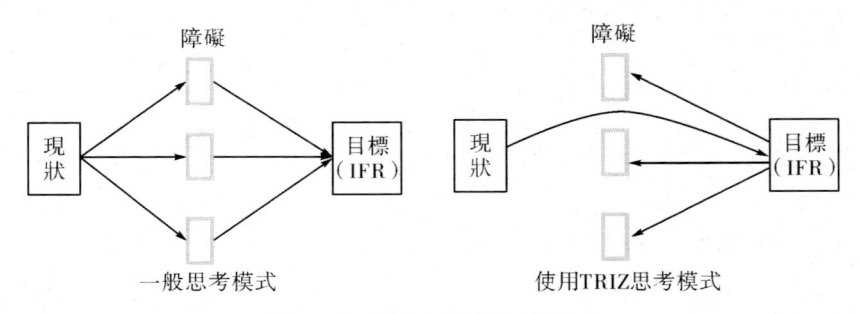

圖 1-12 TRIZ 方法基本思考模式

九屏幕分析是 TRIZ 中比較容易掌握的工具，可以幫助創新者分析和解決創新的問題，打開思路，找到創新的想法。由技術系統、子系統、超系統以及這三個系統的過去和未來組成九個屏幕。

圖 1-13 是應用九屏幕創新思維分析方法的實例，假設當前系統是在郊區有一塊菜地，以當前系統為核心，向上下左右進行發散思考，最終得出一系列創新想法，

創業管理

並在各種發散系統中分析找到最優的方案。很多大學生表示產生不出創新想法，應該是沒有運用系統的分析方法。

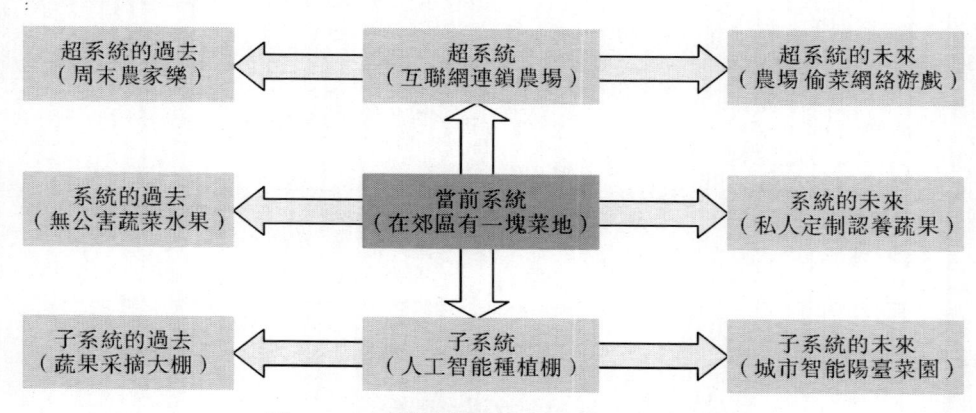

```
超系統的過去          超系統           超系統的未來
（周末農家樂）  ←  （互聯網連鎖農場）  →  （農場偷菜網絡遊戲）

                      ↕

系統的過去           當前系統           系統的未來
（無公害蔬菜水果）← （在郊區有一塊菜地）→（私人定制認養蔬果）

                      ↕

子系統的過去          子系統           子系統的未來
（蔬果采摘大棚）  ← （人工智能種植棚） →（城市智能陽臺菜園）
```

圖 1-13　九屏幕創新思維分析方法的應用實例

1.7　案例分析：創業新生代

作為創業新生代，其人生和創業的歷程還並不算長，但並不意味著其閱歷和經驗累積不能多，新生代也能獲得創業的巨大成功。本案例介紹一名 1988 年出生的新生代創業者，他是陳明俊，畢業於四川大學錦城學院市場行銷專業。

陳明俊讀大學以前，就已經形成了獨立和冒險的性格，其家庭對其成長有許多引導和熏陶。初中時的陳明俊就開始獨自報團去省外景區旅行，15 歲能獨自從成都途徑到上海到北京，16 歲為參觀各大唱片行獨立去香港旅行。到了大一暑假的時候，剛剛考下駕照就能帶上同學（現在的太太）前往東南亞自駕遊，無車載 GPS，只是帶著幾張地圖和旅行讀物《孤獨星球》，一路南下途徑老撾、曼谷、普吉島、甲米……目前他已經去過 30 多個國家。

大學是培養人才的搖籃，創業者需要在大學階段好好磨煉自己的心性和能力，不斷累積創業所需要的閱歷和知識。陳明俊在讀大學的時候，全校學生都要認真參加學校一年一度的創業大賽，該賽事舉辦得非常隆重，從初賽到復賽再到決賽，層層選拔優秀創業項目和團隊。陳明俊組建了一個全是大一新生的團隊，最後獲得決賽第二名的好成績。模擬的創業使他小有成就，但是並沒有因為這些止步不前，他看到了更多的項目和創意，而是使他眼光更加長遠。

在大學讀書期間，憑著對商機的靈敏觀察，在團購網站熱潮還未真正啟動之前，陳明俊便成立了針對大學生的團購網站：「校樂團」。網站落成之後還需要地推人員，陳明俊於是帶領團隊跟大學周邊的商家溝通，由於當時支付功能以及互聯網滲

1　創業新生代

透率還遠不如現在這樣普遍，讓商家老板理解團購也成了件難事，一家不成換第二家，第二家不成第三家，經過不懈的努力終於讓周邊一家大型火鍋店德莊火鍋同意合作，有了標杆後續談判也就容易了許多，逐漸鋪開市場，有了較豐厚的收入。不過，營運一段時間後，由於缺乏互聯網經驗以及持續營運的大筆資金，網站的知名度並不高，而美團、糯米等大型團購網站獲得資金注入後快速占領高校市場。在學生放假離校後，「校樂團」項目也就停止運作了。這次的受挫，失去的是項目，得到的卻是寶貴的經驗。

陳明俊喜歡旅遊，愛好也鑄就了他的事業。大學畢業後，帶著自己的種種累積，他開始籌備再次創業。陳明俊拿著父母給的 5 萬元新生活啓動資金，再加上自己大學創業攢下的六七萬，開啓了新徵程。2011 年，開始時只雇了兩名員工的「輕團網」旅行社成立了，陳明俊說，「旅行是不能退貨的產品，要讓每一趟旅程都成為人一生最美好的記憶」。此時國內旅行社市場的競爭已經是一片紅海，各種團遊不斷降價，質量參差不齊，旅客投訴率也逐年增高。作為市場的新進入者，跟隨市場走低價戰略不易存活，必須另闢蹊徑，找到屬於自己的藍海。陳明俊經過競爭者比較分析和產品創新設計，策劃了一個當時市面上沒有的產品——日本園林之旅，鎖定尋找經營轉機的園林企業主作為目標客戶。

公司遇到了第一個困難便是如何開首單。成都市溫江區位於天府之國的正中央，土地肥沃適合農林苗木生長，聚集著很多園林企業。陳明俊就拿著《日本園林之旅》產品手冊去一一登門拜訪，一週多時間先後跑了 50 多家企業，最多的一天跑了 20 多家。頂著頭上的烈日，汗水打濕了衣服，於是之後拜訪都多準備了 2 件備用的衣服。他的努力最終打動了客戶——6 家公司共派了 10 多名員工參團赴日學習。這次首單做得很成功，6 家公司對深入日本的園林參觀體驗很感興趣，學習了發達國家先進的園林經營模式，體驗了高品位的服務創意，回國後紛紛優化自己公司的產品，並表示要繼續參加類似的考察旅行團。

經過近 8 年的苦心經營，定位輕奢小團遊的「輕團網」，已經是知名度較大的會員制精品旅行品牌網站，是半島酒店、中國企業家俱樂部等機構西南地區唯一指定合作旅行機構，曾組織 118 名企業家同時赴澳洲考察，獲得黃金海岸市長熱情接待，還組織了全國上千名客戶前往俄羅斯觀看世界杯，2018 年在全國開設的線下旅行體驗店達到 30 餘家。目前公司旗下還形成了另外兩個品牌：嘉誠世紀：專注於企業國際會議和獎勵旅行；賓利旅行：聯合賓利汽車打造的奢華旅行服務品牌。

現在的陳明俊已經被評為 2016 成都市創業新星、成都市青年企業家商會會員、四川大學錦城學院校友商會副會長。作為一名成功的青年企業家，陳明俊鼓勵年輕人多往外走，往更大的世界闖蕩，增長見識，把視野和思維打開，「我聽說」遠不如「我見過、我去過」來得更有說服力。**人脈問題是很多年輕人所關注的問題，但在陳明俊看來「如果你不夠優秀，人脈是不值錢的，它不是追求來的，而是吸引來**

的，只有等價的交換，才能得到合理的幫助。與其花時間在多認識人身上，不如花在提高自己的個人價值」。

案例思考：

1. 請歸納總結出陳明俊具備創業者的哪些特質與能力。

2. 請結合新生代創業者應該具備的態度、氣度和自識力，評論在案例中最後一句話（畫橫線的觀點）。

實用工具

本章提供的實用工具：

1. 創業者的概念拆分及其分類
2. 蒂蒙斯的創業特質與非創業特質
3. 戴維的成功與失敗的創業者特徵
4. 蒂蒙斯的創業者綱領
5. 施威茨爾的創業者宣言
6. 創業者所應當具備的「T」形知識結構
7. 蒂蒙斯的創業過程模型
8. 麥克利蘭的素質冰山模型
9. 博亞特茲的洋蔥模型
10. 創業者能力的測試題
11. 新生代創業者內驅力模型（態度、氣度、自識力）
12. 大數據時代三大能力
13. 結構性頭腦風暴法
14. TRIZ 系列創新方法

復習思考題

1. 什麼是創業者？
2. 什麼是創業新生代？其有哪些特點？
3. 在蒂蒙斯的創業特質與非創業特質中，你具有哪些？
4. 在戴維的成功與失敗的創業者特徵中，你具有哪些？
5. 從蒂蒙斯的創業者綱領中，你得到哪些收穫？
6. 從施威茨爾的創業者宣言中，你有哪些感悟？
7. 在創業者所應當具備的「T」形知識結構，你已經掌握了哪些？
8. 從蒂蒙斯的創業過程模型中，你有哪些收穫？
9. 從麥克利蘭的素質冰山模型中，你有哪些收穫？

1　創業新生代

10. 從博亞特茲的洋蔥模型中，你有哪些收穫？
11. 從創業內驅力模型中，你有哪些收穫？

章節測試

本章測試題　　　　　　　　本章測試題答案

參考資料

［1］杰弗里·蒂蒙斯. 創業學［M］. 6版. 周偉民，譯. 北京：人民郵電出版社，2005.

［2］布魯斯·R. 巴林格. 創業管理——成功創建新企業［M］. 北京：機械工業出版社，2006.

［3］羅伯特·巴隆，斯科特·謝恩. 創業管理——基於過程的觀點［M］. 張玉利，等譯. 北京：機械工業出版社，2005.

［4］羅博特·D. 希斯瑞克. 創業學［M］. 鬱義鴻，李志能，譯. 上海：復旦大學出版社，2000.

［5］邁克爾·戈登. 特朗普成功創業101［M］. 陳蔚，譯. 北京：東方出版社，2007.

［6］阿奇舒勒. 創新40法［M］. 成都：西南交通大學出版社，2004.

［7］勞動與社會保障部. SIYB創辦你的企業·創業計劃培訓冊［M］. 北京：中國勞動社會保障出版社，2005.

［8］劉國新，王光杰. 創業風險管理［M］. 武漢：武漢理工大學出版社，2004.

［9］楊安. 創業管理——成功創建新企業［M］. 北京：清華大學出版社，2009.

［10］楊安. 創業管理——大學生創新創業基礎［M］. 北京：清華大學出版社，2011.

［11］蘭欣，楊安. 精準創業——大數據時代創業的路徑研究［M］. 北京：機械工業出版社，2015.

［12］楊安. 創客生態系統——基於地緣與組織特徵的創客培育模式研究［M］. 成都：西南財經大學出版社，2018.

2　創業新機會

學習目標

1. 知識學習
   (1) 創業機會新特徵
   (2) 創業機會新來源
   (3) 創業機會的評價模型
2. 能力訓練
   (1) 識別創業機會的三個方法
   (2) 評估創業機會的兩個方法
3. 素質養成
   (1) 洞察市場環境
   (2) 分析市場機會
   (3) 評價機會優劣

章節概要

1. 創業機會新形態：創業機會的界定、創業機會新特徵
2. 創業機會識別：創業機會新來源、創業機會的分析模型、識別創業機會的方法
3. 創業機會評估：Timmons的創業機會評估模型、創業機會價值評估矩陣

2　創業新機會

本章思維導圖

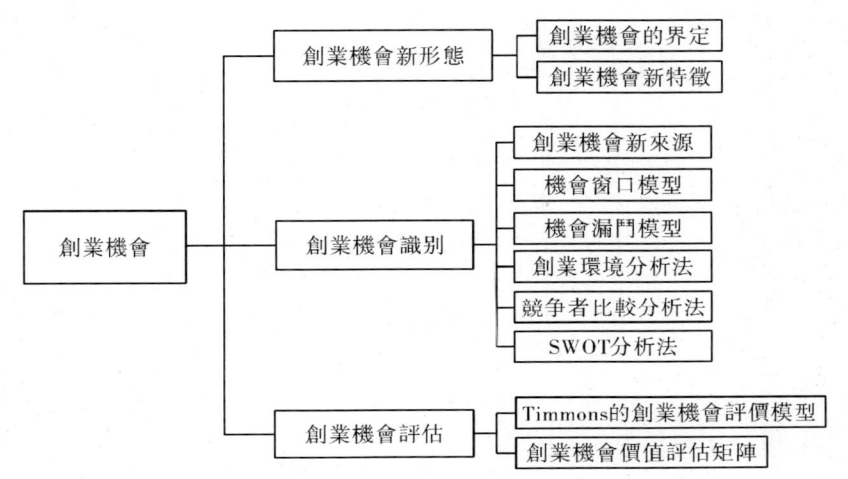

```
                    ┌─ 創業機會新形態 ─┬─ 創業機會的界定
                    │                  └─ 創業機會新特徵
                    │
                    │                  ┌─ 創業機會新來源
                    │                  ├─ 機會窗口模型
創業機會 ───────────┼─ 創業機會識別 ───┼─ 機會漏鬥模型
                    │                  ├─ 創業環境分析法
                    │                  ├─ 競爭者比較分析法
                    │                  └─ SWOT分析法
                    │
                    └─ 創業機會評估 ───┬─ Timmons的創業機會評價模型
                                       └─ 創業機會價值評估矩陣
```

慕課資源

第 2 章 創業新機會教學視頻（上）　　第 2 章 創業新機會教學視頻（下）

本章教學課件

翻轉任務

1. 個人：提前觀看慕課視頻，準備回答課後復習思考題，課堂提問。
2. 團隊：根據團隊目前現狀，尋找可能的創業機會，並評估。

創業管理

2.1 創業機會新形態

2018年1月27日，清華大學二十國集團創業研究中心和啓迪創新研究院聯合完成的全球創業觀察中國研究成果發布會上，發布了《全球創業觀察2016—2017中國報告》。報告顯示，中國創業活動的質量在提高。從中國早期創業活動的結構特徵來看，機會型創業比例由2009年的50.87%提高到2016—2017年度的70.75%。這意味著中國的創業活動已經呈現出了以機會型創業為主的新形態。

對於創業者來說，創業首先需要尋找創業機會。一個完整的創業過程始於對創業機會的識別，因此，創業機會識別是創業活動的起點，其對整個創業過程的影響，乃至對創業活動成敗的決定作用都是不容忽視的。在企業創建時期，創業機會比團隊的智慧、才能以及可獲得的資源更為重要。

2.1.1 創業機會的界定

蒂蒙斯（Timmons）認為，創業過程的核心是創業機會問題，創業過程是由機會驅動的。技術進步、政府管制政策發生變化、國際化的發展……這些變化都會帶來機會。

肖恩（Shane）和文卡塔馬蘭（Venkataraman）將創業機會定義為能在將來創造目前市場所缺乏的物品或服務的一系列的創意、信念和行動。他們認為創業研究的核心應該是：①創造新產品和服務的創業機會是通過什麼過程、在什麼時候、為什麼會存在；②為什麼、怎麼樣、是什麼因素造成了這樣一些人而不是其他人發現、評估並利用了這樣的機會；③為什麼、怎麼樣、是什麼樣的因素決定了創業者利用創業機會的模式。扎合熱（Zahra）和得斯（Dess）在上面三個問題基礎上提出，「創業者利用機會的成果」應該作為第四個核心研究問題。

德魯克（Peter F. Drucker）認為，在產品市場的創業活動有三大類機會：①由於新技術的產生，創造新信息；②由於時間和空間的原因導致信息不對稱而引起市場無效，利用市場失靈；③當政治、管制和人口發生了變化，與資源利用相關的成本和利益便會發生轉變，這些轉變可能創造機會。

也有學者認為機會是指未精確定義的市場需求或未得到利用、未得到充分利用的資源和能力，包括基本的技術，未找準市場的發明創造，或新產品服務的創意等。而所謂創業機會，通常理解為一種創業機會或市場機會，是指客觀存在於市場交易過程，並能夠給創業者提供銷售（服務）對象、帶來盈利可能性的市場需求。創業機會能為創業者帶來回報（或實現創業目的），是具有吸引力的、較為持久的和適時的一種商務活動的空間，從創業實踐來看，創業機會是產生創業活動的關鍵因素。

總之，創業機會是創業研究的起點和核心。創業是獲利機會與創業個體的結合，

2 創業新機會

創業機會是客觀存在的，創業者要能夠及時發現這些創業機會，並開發利用創業機會。從創業理論的研究來說，創業機會是其他學科沒有涉及的範疇。因此把創業機會作為創業研究的核心，有利於指導創業實踐，而且可能會據此建立起創業研究區別於其他學科的理論基礎。

本書認為應該用動態的觀點來界定創業機會，創業機會是指在新的市場、新的產出或者兩者關係的形成過程中，通過創造性地整合資源來滿足市場需求並傳遞價值的可能性，是一個不斷被發現或創造的動態發展過程。

2.1.2 創業機會新特徵

根據我們對創業機會的界定，創業機會具有吸引力、持續性、即時性和共生性的特徵。但在越來越複雜的市場環境中，創業機會又呈現出了更多的新特徵。

1. 客觀性

創業機會在一定時期內是客觀存在的，並能夠被人把握住，無論人們是否意識到，有盈利可能的市場需求都會客觀存在於一定的市場環境之中，依附於為購買者或終端用戶創造或增加價值的產品、服務或業務。很多人認為只有全新的技術或者顯露出來的市場才是創業機會，實際上並非如此，很多創業機會就在我們身邊，生活中很多平常的現象在有心人眼裡就是創業機會，此謂「處處留心皆學問」。

據說有一個東北農民和一個南方農民春節後外出打工謀生，在中途轉車的一個車站相遇，他們在交談中都發現對方的家鄉很好，說者無心，聽者有意，兩個人聊完，各自走了。不過他們都沒有去離家時想好的大城市，而是分別去了對方的家鄉。南方人在長白山栽培細辛，不久便成為細辛栽培大戶。東北人在黃山種靈芝，又販茶運到北方去賣，很快也創業成功。其實，機會就在我們身邊熟悉的角落，努力想到它，就會成功。而並不是必須費盡千里跋涉、遠走他鄉，才能抱得金財歸。市場中不是沒有機會，而是缺少發現。

2. 時效性

機不可失，失不再來，機會並非永久存在，需要及時把握。創業機會具有很強的時效性。稍縱即逝，不可復得。未滿足的市場需求或者未被充分利用的市場資源是一個動態概念，創業者如果不能及時捕捉，就會喪失機會。

1991年，一位年輕的工程師開發出萬維網（World Wide Web，WWW）之後，微軟沒有引起足夠重視，比爾·蓋茨說：「在1993年看到該產品時，想像所有公司廣告都會附上自己的網址，我認為這一定是瘋了。」1994年，網景（Netscape）成立，推出網絡瀏覽器。1995年，蓋茨醒悟過來，不惜冒與網景打官司和遭到美國司法部「壟斷訴訟」的風險，在推出Win 95視窗系統中免費捆綁了自己的網絡瀏覽器（Internet Explorer）。以後，微軟絲毫不敢鬆懈，不斷地為Internet Explorer升級換代，並免費與Windows系列視窗系統捆綁，以確保自己在WWW上的領導地位。在

併購了全球最大電子郵箱網站 Hotmail 之後，又開始斥巨資準備收購全球最大的門戶網站 Yahoo！。有人分析，如果蓋茨能夠及早認識到萬維網的發展，利用操作系統的優勢，及時推出自己的網絡產品，這個巨頭將不可估量。

總之，機會總是青睞第一個吃螃蟹的人，對於機會的捕捉，創業者宜早不宜遲。

3. 相對性

一些學者曾經試圖研究創業成功的標志，結果他們發現不同國家、不同民族、不同行業、不同企業甚至不同創業者對成功的界定都不同。其實，事物的存在本身就是相對的，並沒有絕對統一的得失標準。但有一點可以肯定，如果你超越了你的競爭者，你就獲得了成功。這個競爭者包括對手，也包括自己。機會也是一樣，如果你超越競爭者，你就贏得了機會。機會存在於與競爭者相比較的相對之中。

1996 年，三個以色列人維斯格、瓦迪和高德芬格成立了 Mirabilis 公司，開發出了一種使人與人在互聯網上能夠快速直接交流的軟件。他們為新軟件取名 ICQ，即「I SEEK YOU（我找你）」的意思。ICQ 支持在 Internet 上聊天、發送消息、傳遞文件等功能。ICQ 的使用用戶快速增長，6 個月後，ICQ 宣布成為當時世界上用戶量最大的即時通信軟件。1997 年，馬化騰開始接觸 ICQ 並成為其用戶，開始思考是否可以在中國推出一種類似 ICQ 的尋呼、聊天、電子郵件於一身的軟件。馬化騰發現 ICQ 的英文界面和使用操作難度有礙中國用戶的使用，於是馬化騰與張志東用了數月時間，開發出符合中國用戶習慣的 ICQ 類似產品。騰訊公司將新軟件命名為 OICQ（Open ICQ），功能與 ICQ 基本相似，但比 ICQ 更早投入中文市場。後來因為有誤導用戶認為 OICQ 的服務就是 ICQ 的服務之嫌，oicq.com 改名為 tencent.com，之後又改為 qq.com。此時騰訊公司的用戶市場已經打開，市場開始穩定成熟，QQ 逐步成為中文領域最大的用戶量最大的即時通信軟件，原先的競爭對手 ICQ 在中文領域已經無法與之抗衡。

4. 信息不對稱性

創業根植於經濟系統，由於經濟系統存在信息分佈的不對稱，因此，不同的個體擁有的信息是異質的，從而導致創業機會的存在和發現，每個人或多或少地掌握一些別人所沒有的信息，因而在某種程度上總是存在可能產生利益的資源交易機會；創業者在創業過程中努力開發利用自己所掌握的信息，從而導致他們為搜集資源和利用機會而建立的組織具有重要的結構化特徵。肖恩（Shane）認為，創業是某類個體的特權，是信息在社會中不對稱分佈的結果。[①]

由於存在信息不對稱，或者因為人們擁有不同的信息，有些人比其他人更善於就一個商業創意做出決策。由於擁有劣質信息的人做出了較差的決策，因此市場上不足、多餘和失誤一直存在，從而讓那些擁有優質信息的人做出更準確的決策。從

---

① 羅伯特·巴隆，斯科特·謝恩. 創業管理——基於過程的觀點 [M]. 張玉利，等譯. 北京：機械工業出版社，2005：201.

2　創業新機會

根本上講，機會的出現往往是因為環境的變化以及各種市場因素的影響。通常，市場越不完善、相關知識和信息的缺口、不對稱性或不確定性越大，機會也就越充裕。在此意義上，中國的創業機會應該遠比發達國家要多。因為發達國家的市場已經相當完善，市場幾乎沒有「縫隙」；而中國經濟處在轉型期，市場因其不完善、不發達而充滿各種「縫隙」，也許這也是外國投資者和海外留學人員紛紛到中國來創業的基本動因之一。

5. 均衡性與差異性

市場機會在特定範圍內對某一類人或同一類企業是均等的，此所謂機會面前人人平等。機會雖然是均衡的，但不同個人和企業對同一市場機會的認識會產生差別。而且，由於個體和企業的素質和能力不同，利用同一市場機會獲利的可能性和大小也難免產生差異。不同的人對機會的態度不一樣，結果就不一樣。

企業會根據不同員工的能力和素質差異予以不同的待遇，但是在新招聘同類員工入職的時候，往往都做到了此後難以出現的均衡，比如統一安排住宿、統一辦理社保、統一派發底薪等。這是一個起點，也是一個均衡的機會。比如新員工入職培訓完畢，老總洋洋得意地提出：請大家交流半個小時——觀察新員工能力的機會向每個在場的新員工毫無差別地迎面撲來。我們經常看到的情形出現了，不同的人有不同的反應。第一種人是善於把握機會的人，老總話音一落，就立即迎合起來，盛情表達了新員工對老總的崇敬，對公司業績的欽佩，然後提出早已收集好的問題，並一一提出了切實可行的應對策略……對於這種人在公司的前程可想而知。第二種人也毅然站出來發言，但羅列了很多問題，甚至提出了不滿，這種人或許是才華出眾，但是注定會被邊緣化的。最多的是第三種人，一直默默地擔當聽眾，始終不發表自己的意見和見解，這是對機會的漠視，已經與機會擦肩而過了。

6. 必然性和偶然性

時勢造英雄，市場總是在不斷發展變化，每一個新興行業的誕生，都會湧現出一批時代的弄潮兒，比如19世紀的鐵路大王哈里曼、20世紀初的石油大王洛克菲勒、20世紀末的比爾‧蓋茨等。他們是站在風口浪尖的成功創業者，鑄就他們事業的主要原因並不是他們的勤奮，而是他們選擇了迎接新興行業的誕生。機會是必然要給這些弄潮兒中的一個，因此，創業機會具有時代的必然性。創業機會在社會層面上是必然會被一些創業者捕捉的，然而，對潛在創業者來說，機會並不是每時每刻都顯露，機會的發現具有一定的偶然性，關鍵是要努力尋找，從市場環境變化的必然規律中預測和尋找市場機會。這就是通常所說的，要對創業機會保持警覺，時刻做一個有心人。

7. 成本性

經濟學的知識告訴我們，機會成本是指一項資源用於某特點用途所放棄的該資源在其他用途使用中可能獲得的最高收益。機會是具有選擇性的，機會成本卻是隱性的。許多創業者在面對機會的時候沒有發現隱性成本的存在，結果為其選擇付出

創業管理

了慘重代價。

機會是可以選擇的，並需要創業者冷靜面對，及時做出權衡。其實，機會成本是可以估算的。比如，自有資金或房屋的機會成本等於把它借給別人可以得到的利息或租金收入；自己創業的機會成本等於自己到別人公司就業可以得到的收入。彼得森的教材中有這樣一個具有代表性的例子來說明機會的選擇性。一個已經獲得MBA學位的人，打算投資20萬元（美元）開辦一家零售店，並自己經營管理。該店預計一年的銷售收入為9萬元（美元）、扣除貨物成本和各種費用，年純利潤為2萬元（美元）。從會計成本上來看，創業獲得了利潤，但是，從機會成本上來看，卻嚴重虧損了。因為，一個獲得MBA學位的人如果到企業去工作，平均年薪應為5萬元（美元）以上。

機會的成本性並不完全是壞事，任何一件事情總是因人而異。曾經有兩個商人來到沙漠邊的一個地方準備投資辦廠，他們發現這裡的生活條件很惡劣，買一瓶礦泉水需要支付比別的地方高出許多的價錢。他們中的一個認為這裡的生活成本太高了，不適宜投資；而另一個商人卻堅定地留了下來，他認為成本越高，越能抬高未來產品的銷售價格，並能嚇退競爭對手的進入，於是開辦了一個地下水桶裝廠，他很快獲得了創業成功。

綜上所述，不管機會具有什麼樣的新特徵，總是屬於有準備的人。創業者應當對機會有深刻的領悟和把握，理性的分析和識別機會是否存在，在機會沒有出現的時候，「深挖洞、廣積糧、緩稱王」；在機會出現的時候，迅速捕捉，聞「機」起舞。

● 2.2　創業機會的識別

機會識別是創業的開端，也是創業的前提，但只有當創業者識別並發現創業機會並將其付諸實踐時，創業活動才能夠得以開展，創業成功才能夠成為一種可能性，這也是創業者能力的主要體現。創業機會也可能轉瞬即逝，如何去識別身邊的創業機會，是創業者們首先需要面對的問題。

本書認為，機會是創造出來的，企業家在不確定、變化以及技術劇變的過程中對均衡市場環境進行創造性破壞，在此過程中機會被創造出來。同時機會是客觀存在的，只是沒有被發現而已，創業者憑藉其自身的知識和能力發現那些被忽視的創業機會。

2.2.1　創業機會新來源

創業機會是一個不斷被發現或創造的動態發展過程，也就意味著，創業機會在

2 創業新機會

不同的時期會有不同的呈現形式。在過去，很多創業機會是從好的創意中來的，創業者有了創意之後，在進行充分的市場研究的基礎上，對機會進行辨識和篩選，便能從中發現好的創業機會。而在現在的互聯網時代，市場環境飛速變化，消費者需求不斷升級，技術的革新也超出了我們的想像，創業機會不再單一地從創意中來，而是呈現出了更多的來源。在變幻莫測的市場中，隨時都有創業機會的存在。但想要找到絕佳的創業機會，有什麼樣的途徑和來源，是創業者們要面臨的一大棘手問題。對於創業者而言，決定創業之前，需要去尋找可靠的創業機會，卻往往不知道從何入手。

著名管理大師彼得・德魯克將創業者定義為那些能「尋找變化，並積極反應，把它當作機會充分利用起來的人」。創業的機會大都產生於不斷變化的環境。環境如果發生變化了，市場需求、市場結構必然發生變化。因此，德魯克提出了創業機會七大來源：①從意外情況中捕捉創新動機；②從實際和設想不一致性中捕捉創新動機；③從過程的需要中捕捉創新動機；④從行業和市場結構變化中捕捉創新動機；⑤從人口狀況的變化中捕捉到創新動機；⑥從觀念和認識的變化中捕捉到創新動機；⑦從新知識，新技術中捕捉創新動機。

Timmons 認為創業機會主要有七個來源：包括法規的改變、技術的快速變革、價值鏈重組、技術創新、現有管理者或者投資者的管理不善、戰略型企業家以及市場領導者的短視。他認為這些創業機會主要是來自改變、不連續的、或者混亂的狀況。

互聯網飛速發展的時代，創業機會推陳出新的速度已經遠遠超出我們的想像，我們認為創業機會已經有了更多的新來源。結合當下眾多的新的創業形態，我們認為創業機會的新來源可歸納為新市場、新技術和新模式。

1. 新市場

新的消費需求就會誕生新的市場，新的市場就可能有新的創業機會。市場不斷發生變化，消費者的需求不斷升級，新的商機就會不斷湧現。比如在幾年前，野蠻生長的電商還把實體店打壓得一片蕭條，幾年後，電商自己也遇到了成長的煩惱，增速逐年下滑。比如旅遊消費向來是各家爭搶的超級蛋糕，隨著消費升級，近兩年遊客的出行方式發生很大變化，同質化線路已經滿足不了旅客各種各樣的需求，自由行、主題遊、定制遊等成為趨勢。相比星級酒店，裝飾精美、性價比高、服務人性化的民宿，更能給客人帶來接地氣、個性化的出行體驗，尤其適合度假休閒遊，成為越來越多年輕人的首選。因此，民宿這個新的市場，就成了旅遊業熱門的創業機會。

2. 新技術

新的技術在一定領域內就能產生新的創業機會。近幾年的「互聯網+」、人工智能等技術的興起，就催生了一大批新的創業機會。目前，「互聯網+」已經改造及影響了多個行業，當前大眾耳熟能詳的互聯網金融、在線旅遊、在線影視、在線房產

等行業都是「互聯網+」帶來的創業成果。「互聯網+」不僅正在全面應用到第三產業，形成了諸如互聯網金融、互聯網交通、互聯網醫療、互聯網教育等新業態，而且正在向前兩個產業滲透。而人工智能的新技術，在2016年開始，也帶來了新的創業「風口」。一方面，圖像識別、深度學習、語音合成等人工的核心算法日漸成熟，並開始大範圍的商業化應用；另一方面，人工智能的研究走出了實驗室，科技公司開始成為人工智能的主要推動者。人工智能日新月異的發展，帶來了大量的新的創業機會，由此誕生了數量龐大的AI創業項目。

3. 新模式

原有的產品或服務，有了新的連結模式，也就有了新的創業機會。同樣是餐飲服務，消費者變得越來越懶，於是企業創新了「外賣」的服務模式，新的創業機會誕生，有了美團外賣、餓了麼等外賣企業；同樣是出行服務，共享模式的創新，帶來新的創業機會，於是有了滴滴、摩拜、EVCARD。同樣的產品或服務，創新一種新的模式，把產品或服務與消費者之間的關聯進行重新定義與創新，就能帶來新的創業機會，由此開啓新的創業形態。

2.2.2 機會窗口模型

蒂蒙斯（Timmons）在他的著作裡描述了一般化市場上的「機會窗口」。機會窗口，就是指市場存在的發展空間有一定的時間長度，使得創業者能夠在這一時段中創立自己的企業，並獲得相應的盈利與投資回報。一個市場在不同時間階段，其成長的速度是不同的。在市場快速發展的階段，創業的機會隨之增多；發展到一定階段，形成一定結構後，機會之窗打開；市場發展成熟之後，機會之窗就開始關閉。

正所謂「機不可失，失不再來」。也就是說，機會窗口並不是永遠都敞開的。隨著時間的推移，市場以不同的速度在增長，市場變得更大，確定市場面的難度就更大。整個機會之窗的發展過程是創業機會的生命週期。當然，不同的創業機會，其生命週期長短也不相同。有的機會曇花一現，有的機會持續時間可以長一些。具體到機會的開發利用時，創業者當然希望機會之窗存在的時間長一些，可獲利的時間也長一些。選擇那些機會之窗存在的時間長一些的市場機會，創業企業可獲利的時間也可長一些，取得成功的概率就大一些。這樣的機會，其期望價值自然高一些。因此，適時性很重要，之後的問題就是判斷窗戶打開的時間長度，能否在窗戶關閉之前把握和抓住機會。

創業機會存在於一個動態的、發展的背景之中，產生於現實的時間之中。一個好的機會是誘人的、持久的、適時的，它被固化在一種產品或服務中，這種產品或服務為它的買主或最終用戶創造或添加了價值。從長遠來看，創業機會的價值取決於現階段的市場空白的大小以及其能夠持續的時間，企業能否有足夠長的時間來獲取相應的回報。圖2-1是一般化市場上的機會窗口。

2　創業新機會

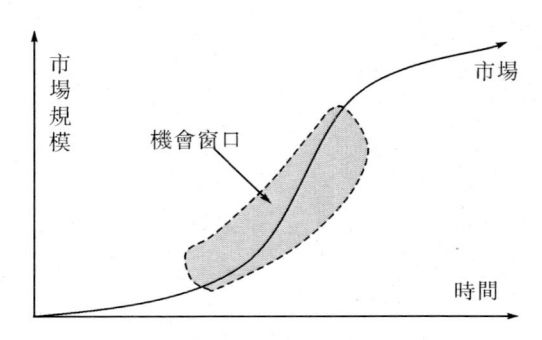

圖 2-1　機會窗口模型

　　圖 2-1 中橫軸是時間，縱軸是市場規模，可以看出，產品市場的發展是一個起步—加速—放緩的過程。第一個階段是機會窗口尚未開啓的階段，市場發展不快，前景也不明朗，但競爭者少，這時期抓住創業機會的創業者往往擁有先入者優勢，但風險較大；第二個階段是機會窗口開啓到關閉的階段，在這個時間段，市場進入了快速增長階段，市場規模不斷擴大，可以穩定盈利，但這個階段市場競爭比較激烈，進入門檻逐漸提高，利潤率逐漸降低；第三階段，市場已經基本成熟，趨向穩定，市場規模增長放緩，外部企業很難再進入，機會窗口基本關閉。一般來說，市場隨著時間的變化以不同的速度增長，並且隨著市場的迅速擴大，往往會出現越來越多的機會。但當市場變得更大並穩定下來時，市場條件就不那麼有利了。因此，在市場擴展到足夠大的程度，形成一定結構時，機會窗口就打開了，而當市場成熟了之後，機會窗口就開始關閉。由此可見，一個創業者要抓住某一市場機會，其機會窗口應是敞開的而不是關閉的，並且它必須保持敞開足夠長的時間以便被加以利用。

　　下面以互聯網搜索引擎市場為例來分析機會窗口。隨著網站在萬維網中的出現，互聯網上產生了大量的分散的信息。一方面，網民沒有尋找這些分散信息的統一渠道或引擎，搜集信息很不便捷；另一方面，這些越來越多的分散的網站也無法提高自己網站的知名度，來吸引目標訪問者，從而提高點擊率。這種現象的產生並存在著，等待第一個發現其商業價值的人，機會窗口開啓了。隨著互聯網的飛速發展，越來越多的分散的待推廣的網站形成了目標客戶群體，廣大的想搜集信息的網民是終端用戶，機會窗口變得非常龐大和誘人。第一個搜索引擎雅虎（Yahoo!）把握住了先機，在 1995 年進入該市場，然後市場迅速增長，Lycos、Excite、AltaVista 及其他搜索引擎加入進來。Google 在 1998 年利用高級搜索技術進入這個市場。在中國，百度、Google、搜狗等網站先後進入中文搜索市場。此後，上述網站在搜索引擎市場展開了激烈競爭，市場逐漸成熟起來，創業機會窗口越開越小，直至關閉。現在，新創建的搜索引擎企業要獲得成功非常困難，除非它有異常豐富的資本支持並能提供超越已有競爭對手的明顯技術優勢。這一切，只用了不到 8 年。

　　美國風險投資協會的調查結果顯示，創業的機會窗口時間短於 3 年，則新創企

業的失敗率高達80%以上，機會窗口時間長於7年，則創新企業成功率高達80%以上。另有一種說法是，在風險資本產業中「檸檬」（指輸家）大概兩年半成熟，而「珍珠」（指贏家）則需要7到8年才會成熟，特別是現在很多高科技企業，創業需要相當長的週期，適度的前瞻性是創業者必需的素質。

2.2.3 機會漏斗模型

「機會漏斗」同「機會窗口」一樣，也被創業學界普遍接受。該模型將創意和創業機會區分開來，並注重對機會的篩選和識別過程。辛格（Singh）等人認為「創意」（或創業理念、創業想法）是一個人或者組織識別機會或對環境中發現需求的回應；而創業機會是一個有吸引力的、能使投資者收回投資的想法或主張。產生一個好的創業想法是實現創業者願望和創造創業機會的第一步，但它只是一個必要條件，無論創業想法本身有多好，對於成功都是不夠的。麥克木蘭（McMullan）和龍（Long）最早構造機會鑒定過程。他們認為創業者需要對機會進行不斷的評估和提煉，然後決定是否繼續下一步。目的是要把創意發展到這樣一種地步，即預期的問題都被克服並且潛在的利潤最大化。巴維（Bhave）在他的企業創建過程模型中把機會識別的過程稱為機會階段。在內部和外部因素刺激下，最初的想法被過濾或提煉成機會。在這一階段，創業家將整合知識、經驗、技能和其他市場所需的資源。

上述學者一致認為，擁有創業想法是實現創業者願望和創造創業機會的第一步。創業想法需要轉化成有價值的創業機會，因為一個好的想法未必是一個好的創業機會。例如：利用一項新技術發明了一個非常有創意的產品，但是市場上可能並不需要它。或者一個想法聽起來不錯，但是在市場上沒有競爭力，不具備必要的資源，也是不值得做的。事實上在創業想法中可能有超過90%的都是失敗的。圖2-2是一個機會篩選漏斗模型。

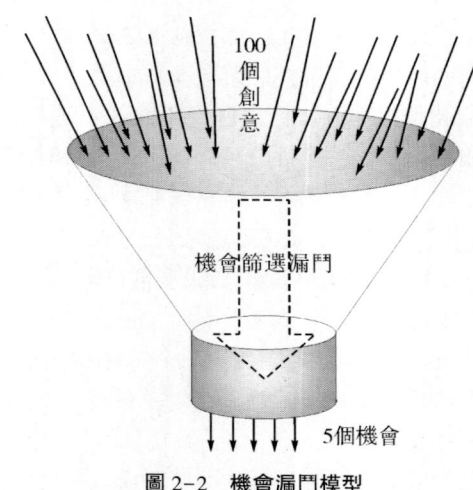

圖2-2 機會漏斗模型

2 創業新機會

如圖 2-2 所示，100 個創業想法當中，也許只有 5 個創業機會。很多人的創業想法看起來很好，但是不能經受市場的考驗。如何將創業想法轉化成一個創業機會？機會篩選漏斗就用上了。所謂機會篩選漏斗，實際上就是一系列識別創業機會的標準。不同的學者和風險投資公司對這些標準的認識不一，本章也著力介紹一些識別創業機會的常用方法。

下面以娃哈哈為例分析機會的篩選漏斗。1987 年，娃哈哈集團創始人宗慶後帶著依靠借來的 14 萬元，創辦了一個校辦企業經銷部。在之後不到 10 年的時間裡，這個經銷部發展成全國大型企業集團，其根本原因在於宗慶後抓住了兒童營養補液這個創業機會。在 20 世紀末，隨著國民生活水準的逐漸提高，溫飽問題逐漸得到解決，保健品市場開始活躍起來。宗慶後通過分析比較和進一步市場細分，發現當時中國的兒童營養品還是一個空白，這同成人補品市場的火爆形成鮮明對比。由於計劃生育政策，兒童在社會和家庭中的地位越來越重要，中國出現了數以萬計的獨生子女「小皇帝」，這些孩子成為營養補品的潛在目標客戶。越來越多的家長注意到兒童的身體發育問題，宗慶後敏銳地意識到這裡面潛藏著的巨大創業機會。為了開發出適應市場需要的產品，宗慶後找到了浙江醫科大學，這裡有中國當時唯一的營養系。系主任得知宗慶後要開發兒童營養液十分支持，他覺得這是營養學家應當重視的問題。很快「娃哈哈」產品問世並獲得了廣泛的市場回應。娃哈哈公司也迅速成長起來，逐漸發展成為一家多元化的大集團。娃哈哈的成功告訴我們，通過機會篩選漏斗識別創業機會是進行創業行為（創業計劃、創業融資、創辦企業）的前提，要想獲得創業成功，就必須先分析創業機會是否存在。

庫洛特克（Donald F. Kuratko）等人在《創業學》一書中，將這一篩選過程表述為確定創業構想的可行性，具體分析技術、市場、財務、組織以及競爭性五項可行性因素。庫洛特克指出，五個因素都很重要，但應特別關注其中兩個因素，技術和市場。筆者認為上述因素可以作為機會篩選漏斗的基本標準，如圖 2-3 所示。

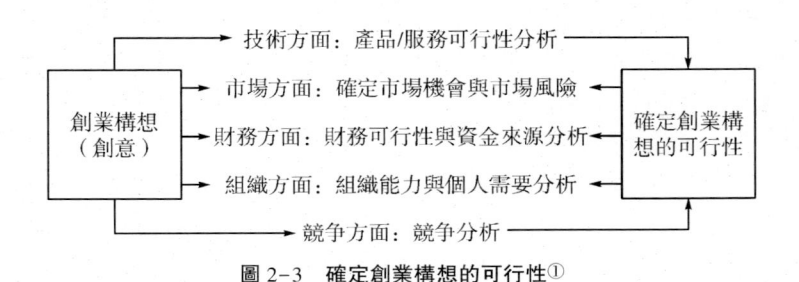

```
                  ┌→ 技術方面：產品/服務可行性分析 ─┐
┌────────┐        ├→ 市場方面：確定市場機會與市場風險 ─┤  ┌────────┐
│ 創業構想 │────────┼→ 財務方面：財務可行性與資金來源分析─┼→│確定創業構│
│ （創意） │        ├→ 組織方面：組織能力與個人需要分析 ─┤  │想的可行性│
└────────┘        └→ 競爭方面：競爭分析 ──────────┘  └────────┘
```

圖 2-3　確定創業構想的可行性[1]

---

[1]　Donald F. Kuratko, Richard M. Hodgetts. 創業學——理論、流程與實踐 [M]. 6 版. 張宗益, 譯. 北京：清華大學出版社，2006：373.

2.2.4 創業環境分析法

前面我們闡述了創業機會的來源，那麼，如何去識別可以持續創造價值的創業機會呢？創業機會既可以從市場環境中識別，又可以從市場競爭中識別，也可以通過自我分析來識別。因此，創業機會的識別可以用三個常見的方法來幫助實現，一是創業環境分析法，二是競爭分析法，三是SWOT分析法。

創業活動有三個非常重要的因素，即創業者、創業機會和創業環境。一定的創業行為和創業活動總是在特定的環境中產生與發展起來的，所以整個創業活動就一定會受到其所處的創業環境的影響，而創業機會作為創業的初始階段的關鍵環節影響到了整個創業活動。我們說創業機會是創業過程的初始階段，所以這種機會也必然是產生於一定的創業環境之中。一個新企業獲得資源以及在市場上進行競爭都離不開其所處的環境背景，創業環境被看成是一個開放的系統，而新企業的創建過程應該是一個複雜的、多維度的現象，創業環境的好壞從各個方面都會影響到企業的創建及發展。

創業環境是創業機會產生的主要來源，創業環境分析主要從宏觀環境、微觀環境兩個方面進行，在分析創業環境的過程中，創業者首先瞭解到創業的相關制約與限制因素，可以通過逆向思維轉化成創業機會，但更多的則是從細緻的分析中發現創業的機會。

創業機會源於創業環境，創業機會同時又作用於創業環境，對創業環境進行影響。創業機會來源於創業環境：外部環境的不確定性正是創業機會的主要源泉。創業者通過在環境中獲得的不同種類的信息對機會進行識別，通過搜索環境中的那些可以導致創業的信息進行創業。同時創業機會受到許多環境因素的影響，如外界環境中的情景因素、部分重要資源的可用性以及個體的創新性等。

其中全球創業觀察（GEM）中所提出的創業環境構成要素以其權威性和廣泛性，在很大程度上明確和釐清了關於創業環境構成的研究。我們根據GEM報告，將創業環境構成要素經過分類，劃分為宏觀環境與微觀環境兩大類進行分析。

（1）宏觀環境分析法

宏觀環境又稱一般環境，是指影響一切行業和企業的各種宏觀力量。對創業所處的宏觀環境因素進行分析，不同行業和企業根據自身特點和經營需要，分析的具體內容會有差異，但一般都應對政治法律（Political Factors）、經濟（Economic Factors）、社會文化（Sociocultural Factors）、技術（Technological Factors）、人口（Demographic Factors）、自然（Natural Factors）這六大類影響創業的主要外部環境因素進行分析。我們把此種分析方法稱作PESTDN分析法。

2 創業新機會

宏觀環境分析 PESTDN
{
政治法律環境（Political-legal）
經濟環境（Economic）
社會文化環境（Social-cultural）
科學技術環境（Technological）
人口環境（Demographic）
自然環境（Natural）
}

圖 2-4　PESTDN 分析法

①政治與法律因素（Political-legal Factors）

政治與法律是影響企業創業環境的重要的宏觀環境因素。政治因素像一只有形之手，調節著企業活動的方向；法律則為企業規定商貿活動行為準則。政治與法律相互聯繫，共同對企業各項活動發揮影響和作用。

政治環境包括一個國家的社會制度，執政黨的性質，政府的方針、政策、法令等。不同的國家有著不同的社會性質，不同的社會制度對組織活動有著不同的限制和要求。即使社會制度不變的同一國家，在不同時期，由於執政黨的不同，其政府的方針特點、政策傾向對組織活動的態度和影響也是不斷變化的。

國家在不同時期，根據不同需要會頒布一些經濟政策，制定相應的經濟發展方針。這些方針、政策，如人口政策、能源政策、物價政策、財政政策、金融與貨幣政策、稅收政策等，都為企業研究創業環境提供了依據。一個國家制定出來的經濟與社會發展戰略、各種經濟政策等，參與社會市場經濟活動的企業都是要執行的，而執行的結果必然要影響市場需求，改變資源的供給，扶持和促進某些行業的發展，同時又限制另一些行業和產品的發展，這是一種直接的影響。如 2017 年 2 月 5 日，中央一號文件中寫到「支持有條件的鄉村建設以農民合作社為主要載體、讓農民充分參與和受益，集循環農業、創意農業、農事體驗於一體的田園綜合體，通過農業綜合開發、農村綜合改革轉移支付等渠道開展試點示範。」「田園綜合體」作為鄉村新型產業發展的亮點措施被提上了國家政策的高度，於是全國各地大批量的田園綜合體創業項目應運而生。

對企業來說，法律是評判企業行銷活動的準則，只有依法進行的各種活動，才能受到國家法律的有效保護。因此，進行創業活動必須瞭解並遵守國家或政府頒布的有關經營、貿易、投資等方面的法律、法規。近幾年來，中國在發展社會主義市場經濟的同時，也加強了市場法制方面的建設，陸續制定、頒布了一系列有關重要法律法規，如《公司法》《廣告法》《商標法》《經濟合同法》《反不正當競爭法》《消費者權益保護法》《產品質量法》《外商投資企業法》等。

②經濟因素（Economic Factors）

經濟環境主要包括宏觀和微觀兩個方面的內容。宏觀經濟環境主要指一個國家的人口數量及其增長趨勢，國民收入、國民生產總值及其變化情況以及通過這些指標能夠反應的國民經濟發展水準和發展速度。微觀經濟環境主要指企業所在地區或

創業管理

所在服務地區的消費者的收入水準、消費偏好、儲蓄情況、就業程度等因素。這些因素直接決定著企業目前及未來的市場容量。

表 2-1　　　　　　　　　　需要關注的關鍵經濟變量

GDP 及其增長率	中國向工業經濟轉變
貸款的可得性	可支配收入水準
居民消費（儲蓄）傾向	利率
通貨膨脹率	規模經濟
政府預算赤字	消費模式
失業趨勢	勞動生產率水準
匯率	證券市場狀況
外國經濟狀況	進出口因素
不同地區和消費群體間的收入差別	價格波動
貨幣與財政政策	

③社會文化因素（Socio-cultural Factors）

社會文化是指一個社會的民族特徵、價值觀念、生活方式、風俗習慣、倫理道德、教育水準、語言文字、社會結構等總和。它主要由兩部分組成：一是全體社會成員所共有的基本核心文化；二是隨時間變化和外界因素影響而容易改變的社會次文化或亞文化。人類在某種社會中生活，必然會形成某種特定的文化。不同國家、不同地區的人民，不同的社會與文化，代表著不同的生活模式，對同一產品可能持有不同的態度，直接或間接地影響產品的設計、包裝、信息傳遞方法、產品被接受程度、分銷和推廣措施等。社會文化因素通過影響消費者的思想和行為來影響企業的市場行銷活動。

表 2-2　　　　　　　　　　關鍵的社會文化因素

婦女生育率	特殊利益集團數量
結婚數、離婚數	人口出生、死亡率
人口移進移出率	社會保障計劃
人口預期壽命	人均收入
生活方式	平均可支配收入
對政府的信任度	對政府的態度
對工作的態度	購買習慣
對道德的關切	儲蓄傾向
性別角色	投資傾向
種族平等狀況	節育措施狀況
平均教育狀況	對退休的態度

2 創業新機會

表2-2(續)

婦女生育率	特殊利益集團數量
對質量的態度	對閒暇的態度
對服務的態度	對老外的態度
污染控制	對能源的節約
社會活動項目	社會責任
對職業的態度	對權威的態度
城市、城鎮和農村的人口變化	宗教信仰狀況

④技術環境（Technological Factors）

現代科學技術是社會生產力中最活躍的和決定性的因素，它作為重要的創業環境因素，不僅直接影響企業內部的生產和經營，而且還同時與其他環境因素相互依賴、相互作用，影響創業活動。科學技術的進步和發展，必將給社會經濟、政治、軍事以及社會生活等各個方面帶來深刻的變化，這些變化也必將深刻地影響企業的行銷活動，給企業造成有利或不利的影響，甚至關係到企業的生存和發展。因此，企業應特別重視科學技術這一重要的環境因素對企業行銷活動的影響，以使企業能夠抓住機會，避免風險。

表 2-3　　　　　　　　　　技術的影響因素

新行業、新市場的誕生	舊行業、舊市場的衰落
更新換代速度的加快	產品生命週期的變化
生活方式的改變	消費模式的改變
消費需求結構的變化	對效率的提升
成本的降低	

表 2-4　　　　　　　　　　重要的技術信息

國家對科技開發的投資和支持重點	該領域技術發展動態和研究開發費用總額
技術轉移和技術商品化速度	專利及其保護情況

⑤人口環境（Demographic Factors）

市場是具有購買願望並且具備購買能力的人構成的。人口因素對企業戰略的制訂有重大影響。例如，人口總數直接影響著社會生產總規模；人口的地理分佈影響著企業的廠址選擇；人口的性別比例和年齡結構在一定程度上決定了社會需求結構，進而影響社會供給結構和企業生產；人口的教育文化水準直接影響著企業的人力資源狀況；家庭戶數及其結構的變化與耐用消費品的需求和變化趨勢密切相關，因而也就影響到耐用消費品的生產規模等。對人口因素的分析可以使用以下一些變量：離婚率、出生和死亡率、人口的平均壽命、人口的年齡和地區分佈、人口在民族和性別上的比例變化、人口和地區在教育水準和生活方式上的差異等。人類需求是企

業活動的基礎，創業者需要分析所處的人口環境，才能準確識別該創業機會是否有相匹配的潛在消費群體。

⑥自然環境（Natural Factors）

自然環境是企業賴以生存的基本環境。自然環境的優劣不僅影響到企業的生產經營活動，而且影響一個國家的經濟結構和發展水準，使經濟環境和人口環境等均受到連動影響。自然環境分析要素包括自然資源、能源成本、環境污染等因素。

通過PESTDN分析工具，可以從宏觀大環境中來發現和識別創業機會。

（2）微觀環境分析法

微觀環境分析主要由企業的供應商、行銷中間商、顧客、競爭對手、社會公眾組成。其中，顧客與競爭者又居於核心地位。微觀環境分析要素包括以下五個方面：

①供應商

供應商是影響企業行銷的微觀環境的重要因素之一。供應商是指向企業及其競爭者提供生產產品和服務所需資源的企業或個人。供應商所提供的資源主要包括原材料、設備、能源、勞務、資金等等。如果沒有這些資源作為保障，企業就根本無法正常運轉，也就無法提供給市場所需要的商品。因此，社會生產活動的需要，形成了企業與供應商之間的緊密聯繫。這種聯繫使得企業的所有供貨單位構成了對企業行銷活動最直接的影響和制約力量。供應商對企業行銷活動的影響主要表現在：供貨的穩定性與及時性、供貨的價格變動、供貨的質量水準。

企業在尋找和選擇供應商時，應特別注意兩點：第一，企業必須充分考慮供應商的資信狀況。要選擇那些能夠提供品質優良、價格合理的資源，交貨及時，有良好信用，在質量和效率方面都信得過的供應商，並且要與主要供應商建立長期穩定的合作關係，保證企業生產資源供應的穩定性。第二，企業必須使自己的供應商多樣化。企業過分依賴一家或少數幾家供貨商，受到供應變化的影響和打擊的可能性就大。為了減少對企業的影響和制約，企業就要盡可能多地聯繫供貨人，向多個供應商採購，盡量注意避免過於依靠單一的供應商，以免與供應商的關係發生變化時，使企業陷入困境。

②行銷仲介人

行銷仲介人是指協助企業促銷、銷售和配銷其產品給最終購買者的企業或個人，包括中間商、實體分配機構、行銷服務機構和財務中間機構。這些都是市場行銷不可缺少的環節，大多數企業的行銷活動，都必須通過它們的協助才能順利進行。例如生產集中與消費分散的矛盾，就必須通過中間商的分銷來解決；資金週轉不靈，則須求助於銀行或信託機構等。正因為有了行銷仲介所提供的服務，才使得企業的產品能夠順利地到達目標顧客手中。隨著市場經濟的發展，社會分工愈來愈細，那麼，這些仲介機構的影響和作用也就會愈來愈大。因此，企業在市場行銷過程中，必須重視仲介組織對企業行銷活動的影響，並要處理好同它們的合作關係。

③公眾

公眾是指對企業實現其目標的能力感興趣或發生影響的任何團體或個人。一個

2 創業新機會

企業的公眾主要有：

金融公眾，指那些關心和影響企業取得資金能力的集團，包括銀行、投資公司、證券公司、保險公司等。

媒介公眾，指那些聯繫企業和外界的大眾媒介，包括報紙、雜誌、電視臺、電臺等。

政府公眾，指負責企業的業務、經營活動的政府機構和企業的主管部門，如主管有關經濟立法及經濟政策、產品設計、定價、廣告及銷售方法的機構；各級經濟發展規劃部門、工商行政管理局、稅務局、各級物價局等等。

公民行動公眾，指有權指責企業經營活動破壞環境質量、企業生產的產品損害消費者利益、企業經營的產品不符合少數民族需求特點的團體和組織，包括消費者協會、保護環境團體等。

地方公眾，主要指企業周圍居民和團體組織，他們對企業的態度會影響企業的行銷活動。

一般公眾，指對企業產品並不購買，但深刻地影響著消費者對企業及其產品看法的個人。

內部公眾，指企業內部全體員工，包括董事長、經理、管理人員、職工。處理好內部公眾關係是搞好外部公眾關係的前提。

公眾對企業的生存和發展產生巨大的影響，公眾可增強企業實現其目標的能力，也可能會產生妨礙企業實現其目標的能力。所以，企業必須採取積極適當的措施，主動處理好同公眾的關係，樹立企業的良好形象，促進市場行銷活動的順利開展。

④顧客

企業的一切行銷活動都是以滿足顧客的需要為中心，因此，顧客是企業最重要的環境因素。顧客是企業服務的對象，顧客就是企業的目標市場。顧客可以從不同角度以不同的標準進行割分。

按照購買動機和類別分類，顧客市場可以分為：

消費者市場，即指為滿足個人或家庭需要而購買商品和服務的市場。

生產者市場，即指為賺取利潤或達到其他目的而購買商品和服務來生產其他產品和服務的市場。

中間商市場，是指為利潤而購買商品和服務以轉售的市場。

政府集團市場，是指為提供公共服務或將商品與服務轉給需要的人而購買商品和服務的政府和非盈利機構。

國際市場，指國外買主，包括國外的消費者、生產者、中間商和政府等。

上述每一種市場都有其獨特的顧客。而這些市場上顧客不同需求，必定要求企業以不同的服務方式提供不同的產品（包括勞務），從而制約著企業行銷決策的制定和服務能力的形成。因此，企業要認真研究為之服務的不同顧客群，研究其類別、需求特點、購買動機等，使企業的行銷活動能針對顧客的需要，符合顧客的願望。

⑤競爭者

競爭是商品經濟的基本特性，只要存在著商品生產和商品交換，就必然存在著

創業管理

競爭。企業在目標市場進行生產經營活動的過程中，不可避免地會遇到競爭者或競爭對手的挑戰。只有一個企業壟斷整個目標市場的情況是很少出現的，即使一個企業已經壟斷了整個目標市場，競爭對手仍然有可能參與進來。同時只要存在著需求向替代品轉移的可能性，潛在的競爭對手就會出現。競爭者的戰略和活動的變化，會直接影響到企業的經營策略。例如最為明顯的是競爭對手的價格、廣告宣傳、促銷手段的變化、新產品的開發、售前售後服務的加強等，都將直接對企業造成威脅。因而企業必須密切註視競爭者的任何細微變化，並採取相應的對策。對競爭者的評估應主要應考慮以下幾個方面：

表 2-5　　　　　　　　　　　競爭者評估

行業吸引力評價	識別公司競爭者
辨別競爭者的戰略	判定競爭者的目標
評估競爭者的優勢與劣勢	評估競爭者的反應模式
設計競爭情報系統	選擇競爭者以便進攻和迴避
在顧客導向和競爭者導向中平衡	

（3）五力模型分析法

而微觀環境分析所要使用的工具，則是波特五力分析模型。創業環境中的微觀環境也是在戰略分析中所指的競爭環境，因此對於創業微觀環境的分析我們可以採用經典的波特五力分析模型（Michael Porter's Five Forces Model），又稱波特競爭力模型，由邁克爾‧波特（Michael Porter）於20世紀80年代初提出，對企業戰略制定產生全球性的深遠影響。波特五力分析模型可以有效地分析企業的競爭環境，而這裡的五力分別是：供應商的討價還價能力、購買者的討價還價能力、潛在競爭者進入的能力、替代品的替代能力、行業內競爭者現在的競爭能力。五種力量的不同組合變化最終影響行業利潤和潛力的變化。

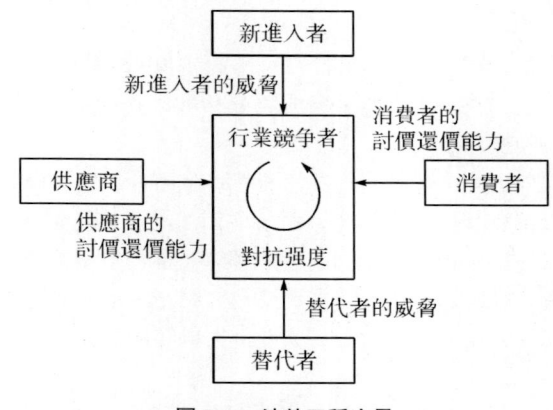

圖 2-5　波特五種力量

2 創業新機會

波特五力分析模型詳解：五種力量模型將大量不同的因素匯集在一個簡單的模型中，以此分析一個行業的基本競爭態勢。五種力量模型確定了競爭的五種主要來源，即供應商和購買者的討價還價能力，潛在進入者的威脅，替代品的威脅，以及來自目前在同一行業的公司間競爭。一種可行戰略的提出首先應該包括確認並評價這五種力量，不同力量的特性和重要性因行業和公司的不同而變化。

（1）供應商的討價還價能力

供方主要通過提高投入要素價格與降低單位價值質量的能力，來影響行業中現有企業的盈利能力與產品競爭力。供方力量的強弱主要取決於他們所提供給買主的是什麼投入要素，當供方所提供的投入要素其價值占買主產品總成本較大比例，對買主產品生產過程非常重要或者嚴重影響買主產品質量時，供方對於買主的潛在討價還價力量就大大增強。一般來說，滿足如下條件的供方集團會具有比較強大的討價還價力量：

供方行業被一些具有比較穩固市場地位而不受市場激烈競爭困擾的企業所控制，其產品的買主很多，所以單個買主都不可能成為供方的重要客戶；

供方各企業的產品具有一定特色，以致買主難以轉換或轉換成本太高，或者很難找到可與供方企業產品相競爭的替代品；

供方能夠方便地實行前向聯合或一體化，而買主難以進行後向聯合或一體化。

（2）購買者的討價還價能力

購買者主要通過其壓價與要求提供較高的產品或服務質量的能力，來影響行業中現有企業的盈利能力。一般來說，滿足如下條件的購買者可能具有較強的討價還價力量：

購買者的總數較少，而每個購買者的購買量較大，占了賣方銷售量的很大比例；

賣方行業由大量相對來說規模較小的企業所組成；

購買者所購買的基本上是一種標準化產品，同時向多個賣主購買產品在經濟上也完全可行；

購買者有能力實現後向一體化，而賣主不可能前向一體化。

（3）新進入者的威脅

新進入者在給行業帶來新生產能力、新資源的同時，將希望在已被現有企業瓜分完畢的市場中贏得一席之地，這就有可能會與現有企業發生原材料與市場份額的競爭，最終導致行業中現有企業盈利水準降低，嚴重的話還有可能危及這些企業的生存。競爭性進入威脅的嚴重程度取決於兩方面的因素，這就是進入新領域的障礙大小與預期現有企業對於進入者的反應情況。

進入障礙主要包括規模經濟、產品差異、資本需要、轉換成本、銷售渠道開拓、政府行為與政策（如國家綜合平衡統一建設的石化企業）、不受規模支配的成本劣勢（如商業秘密、產供銷關係、學習與經驗曲線效應等）、自然資源（如冶金業對礦產的擁有）、地理環境（如造船廠只能建在海濱城市）等方面，這其中有些障礙

是很難借助複製或仿造的方式來突破的。預期現有企業對進入者的反應情況，主要是採取報復行動的可能性大小，則取決於有關廠商的財力情況、報復記錄、固定資產規模、行業增長速度等。總之，新企業進入一個行業的可能性大小，取決於進入者主觀估計進入所能帶來的潛在利益、所需花費的代價與所要承擔的風險這三者的相對大小情況。

（4）替代品的威脅

兩個處於同行業或不同行業中的企業，可能會由於所生產的產品是互為替代品，從而在它們之間產生相互競爭行為，這種源自於替代品的競爭會以各種形式影響行業中現有企業的競爭戰略。第一，現有企業產品售價以及獲利潛力的提高，將由於存在著能被用戶方便接受的替代品而受到限制。第二，由於替代品生產者的侵入，使得現有企業必須提高產品質量；或者通過降低成本來降低售價；或者使其產品具有特色，否則其銷量與利潤增長的目標就有可能受挫。第三，源自替代品生產者的競爭強度，受產品買主轉換成本高低的影響。總之，替代品價格越低、質量越好、用戶轉換成本越低，其所能產生的競爭壓力就強；而這種來自替代品生產者的競爭壓力的強度，可以具體通過考察替代品銷售增長率、替代品廠家生產能力與盈利擴張情況來加以描述。

（5）行業內現有競爭者的競爭

大部分行業中的企業，相互之間的利益都是緊密聯繫在一起的，作為企業整體戰略一部分的各企業競爭戰略，其目標都在於使得自己的企業獲得相對於競爭對手的優勢，所以，在實施中就必然會產生衝突與對抗現象，這些衝突與對抗就構成了現有企業之間的競爭。現有企業之間的競爭常常表現在價格、廣告、產品介紹、售後服務等方面，其競爭強度與許多因素有關。

一般來說，出現下述情況將意味著行業中現有企業之間競爭的加劇，這就是：行業進入障礙較低，勢均力敵的競爭對手較多，競爭參與者範圍廣泛；市場趨於成熟，產品需求增長緩慢；競爭者企圖採用降價等手段促銷；競爭者提供幾乎相同的產品或服務，用戶轉換成本很低；一個戰略行動如果取得成功，其收入相當可觀；行業外部實力強大的公司在接收了行業中實力薄弱企業後，發起進攻性行動，結果使得剛被接收的企業成為市場的主要競爭者；退出障礙較高，即退出競爭要比繼續參與競爭代價更高。在這裡，退出障礙主要受經濟、戰略、感情以及社會政治關係等方面考慮的影響，具體包括：資產的專用性、退出的固定費用、戰略上的相互牽制、情緒上的難以接受、政府和社會的各種限制等。

行業中的每一個企業或多或少都必須應付以上各種力量構成的威脅，而且經營者必面對行業中的每一個競爭者的舉動。除非認為正面交鋒有必要而且有益處，例如要求得到很大的市場份額，否則經營者可以通過設置進入壁壘，包括差異化和轉換成本來保護自己。當確定了優勢和劣勢時，必須進行定位，以便因勢利導，而不是被預料到的環境因素變化所損害，如產品生命週期、行業增長速度等等，然後保

2 創業新機會

護自己並做好準備,以有效地對其他企業的舉動做出反應。

根據上面對於五種競爭力量的討論,企業可以採取盡可能地將自身的經營與競爭力量隔絕開來、努力從自身利益需要出發影響行業競爭規則、先占領有利的市場地位再發起進攻性競爭行動等手段,以增強自己的市場地位與競爭實力。

2.2.5 競爭者比較分析法

(1) 識別競爭者

競爭者分析的第一步就是找出誰是競爭者。識別競爭者似乎是一項簡單的工作。比如:可口可樂公司當然知道百事可樂公司是其主要的競爭者;百度公司當然也知道 Google 公司是它的主要競爭者⋯⋯然而,公司實際的和潛在的競爭者範圍是廣泛的。一個公司更可能被新出現的對手或新技術打敗,而非被當前的競爭者打敗。作為碳酸汽水行業的領導者,可口可樂公司很注意對競爭者的分析與戰略。曾有人告訴可口可樂公司已故首席執行官羅伯托·戈伊蘇埃塔,說可口可樂的市場佔有率已經達到極限了,他反駁道,平均來看,可樂消費量不足成人每日必需 64 盎司水分的 2%,可樂飲料的對手是咖啡、牛奶、茶和水。圖 2-6 展示了創業者可能面對的競爭者類型。

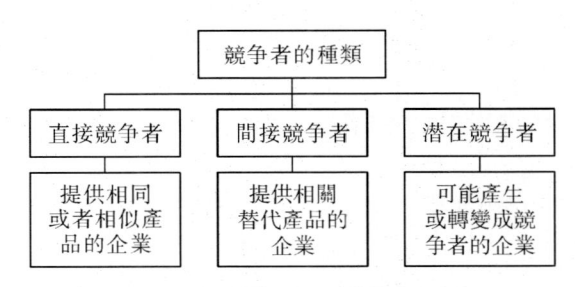

```
                競爭者的種類
          ┌─────────┼─────────┐
       直接競爭者   間接競爭者   潛在競爭者
       提供相同    提供相關    可能產生
       或者相似產   替代產品的   或轉變成競
       品的企業    企業       爭者的企業
```

圖 2-6　創業者面對的競爭者類型

任何企業都不可能找出所有的直接競爭者、間接競爭者和潛在競爭者,因此,必須經常做競爭者分析和調查。「競爭近視」對處於行業領導地位的企業來說是非常可怕的,但他們往往因為受諸多合同關係的約束,而忽略對潛在競爭者的防範,這正好是創業者難得的創業機會。

美國巴諾公司和博德圖書連鎖店為建立全美最大的圖書城而相互競爭,兩個競爭對手都致力於拓展舒適的讀書環境,希望能為圖書閱覽者找到舒服的沙發和喝咖啡的地方。然而,正當兩家大書店為彼此競爭而拼殺時,卻都忽略了互聯網這一新興的閱覽方式所產生的潛在競爭者。很快,一個名叫亞馬遜在線的網站誕生了,創始人杰弗里·貝左斯的這個網上書店能在不需建立圖書庫存目錄的情況下,向讀者提供無限制的圖書選擇。現在,巴諾公司和博德公司只得在建立它們的網上書店這一業務上你追我趕。然而,這種所謂的「競爭近視」已經導致一些公司倒閉了。新

興起的網絡行業成了傳統的報刊業和從事信息服務的中間商們最大的競爭對手。

(2) 競爭者比較分析

「知己知彼，百戰不殆。」競爭者分析是對行業內部競爭狀況的細緻考察，它有助於創業者瞭解競爭對手的定位，以及在一個或更多領域中能帶來競爭優勢的可得機會。這對創業者來說至關重要。創業者一旦確定了其面對的競爭者之後，就必須辨別競爭者的特點，分析它們的戰略、目標、優勢與劣勢，然後在此基礎上提出應對策略。

競爭者分析的方法主要是競爭比較方格和競爭比較矩陣。競爭分析方格是搜集的有關競爭者信息的工具，它有助於企業瞭解如何與競爭對手較量，提供市場追求的創意，更重要的是，它能幫助企業找到競爭優勢的主要來源。要成為有生存能力的公司，新創企業必須至少具備一項明確的超越主要競爭對手的競爭優勢。

建立競爭比較矩陣需要遵循以下步驟：

①明確關鍵內外因素，以及企業的主要競爭對手（1~3個）；

②賦予各因素以權重；

③對本企業以及給定競爭對手的上述因素各自進行評分；

④計算每一公司的總加權分數；

⑤不同企業進行比較，以明確誰更擁有相對優勢。

如表 2-6 所示，左列是每項主要競爭因素，對該因素每一個競爭者進行分析，目的在於明確公司如何與對手競爭，並確定存在哪些被忽略的機會。通過競爭分析表格，可以判斷出自己所具備的與競爭對手相抗衡的條件或可能性，可以清楚地知道自己在市場競爭中所處的地位。如果創業者發現自己在某個項目上明顯超越了競爭對手，那麼就能在廣告和促銷活動中著重宣傳這方面的優勢，在創業活動中就突出這方面的優勢。

表 2-6　　　　　　　　　　競爭比較矩陣

關鍵因素	被分析的公司 權重	評分	加權分數	競爭者一 評分	加權分數	競爭者二 評分	加權分數
市場份額	0.20	3	0.6	2	0.4	2	0.4
價格競爭力	0.20	1	0.2	4	0.8	1	0.2
財務狀況	0.40	2	0.8	1	0.4	4	1.6
產品質量	0.10	4	0.4	3	0.3	3	0.3
用戶忠誠度	0.10	3	0.3	3	0.3	3	0.3
總　計	1.00		2.3		2.2		2.8

總之，對創業者而言，瞭解競爭對手是展開成功競爭的前提條件。通過慎重考慮這些問題，在制訂相關的產品決策時，新創企業就能知悉競爭對手的優勢和劣勢，並在產業中謀求適當的定位。

2 創業新機會

2.2.6 SWOT 分析法

SWOT 分析法是創業企業進行市場進入機會評估的重要方法之一。通過評估企業的優勢、劣勢、機會和威脅，用以對創業機會進行深入全面的評估和選擇分析。從整體上看，SWOT 可以分為兩部分：第一部分為 SW，主要用來分析內部條件；第二部分為 OT，主要用來分析外部條件。利用這種方法可以從中找出對自己有利的、值得去選擇的因素，以及對自己不利的、要避開的東西，發現存在的問題，找出解決辦法，並明確做出是否創業的抉擇。根據這個分析，可以將問題按輕重緩急分類，明確哪些是目前急需解決的問題，哪些是可以稍微拖後一點兒的事情，哪些屬於戰略目標上的障礙，哪些屬於戰術上的問題，並將這些研究對象列舉出來，依照矩陣形式排列，然後用系統分析的思想，把各種因素相互匹配起來加以分析，從中得出一系列相應的結論，而結論通常帶有一定的決策性，有利於創業者做出較正確的決策和規劃。

進行 SWOT 分析時，主要有以下幾個方面的內容：

（1）分析環境因素

優勢（Strengths），是組織機構的內部因素，具體包括有利的競爭態勢、充足的財政來源、良好的企業形象、技術力量、規模經濟、產品質量、市場份額、成本優勢、廣告攻勢等。

劣勢（Weaknesses），也是組織機構的內部因素，具體包括設備老化、管理混亂、缺少關鍵技術、研究開發落後、資金短缺、經營不善、產品積壓、競爭力差等。

機會（Opportunities），是組織機構的外部因素，具體包括新產品、新市場、新需求、外國市場壁壘解除、競爭對手失誤等。

威脅（Threats），也是組織機構的外部因素，具體包括新的競爭對手、替代產品增多、市場緊縮、行業政策變化、經濟衰退、客戶偏好改變、突發事件等。

（2）構造 SWOT 矩陣

進行 SWOT 分析時，應把所有的內部因素（包括公司的優勢和劣勢）都集中在一起，然後用外部的力量來對這些因素進行評估。這些外部力量包括機會和威脅，它們是由於競爭力量或企業環境中的趨勢所造成的。這些因素的平衡決定了公司應做什麼以及什麼時候去做。可按以下步驟完成這個 SWOT 分析表：

①把識別出的所有優勢分成兩組，分的時候應以下面的原則為基礎：看看它們是與行業中潛在的機會有關，還是與潛在的威脅有關。

②用同樣的方法把所有劣勢分成兩組。一組與機會有關，另一組與威脅有關。

③建一個表格，每個占 1/4。

④把公司的優勢和劣勢與機會或威脅配對，分別放在每個格子中。SWOT 表格表明公司內部的優勢和劣勢與外部機會和威脅的平衡。

如圖 2-7 所示，在 SWOT 分析中，一定要把以下步驟都寫出來：

表 2-7　　　　　　　　　　SWOT 分析矩陣

	內部因素		
外部因素	SO 利用這些	WO 改進這些	機會 Opportunities
	ST 監視這些	WT 消除這些	威脅 Threats
	優勢 Strengths	劣勢 Weaknesses	

①在某些領域內，你可能面臨來自競爭者的威脅；或者在變化的環境中，有一種不利的趨勢，在這些領域或趨勢中，公司會有些劣勢，那麼要把這些劣勢消除掉。
②利用那些機會，這是公司真正的優勢。
③某些領域中可能有潛在的機會，把這些領域中的劣勢加以改進。
④對目前有優勢的領域進行監控，以便在潛在的威脅出現的時候不感到吃驚。

（3）得出可選擇的對策

在完成環境因素分析和 SWOT 矩陣的構造後，便可以制定出相應的行動計劃。制定計劃的基本思路是：發揮優勢因素，克服弱點因素，利用機會因素，化解威脅因素；考慮過去，立足當前，著眼未來。運用系統分析的綜合分析方法，將排列與考慮的各種環境因素相互匹配起來加以組合，得出一系列公司未來發展的可選擇對策。

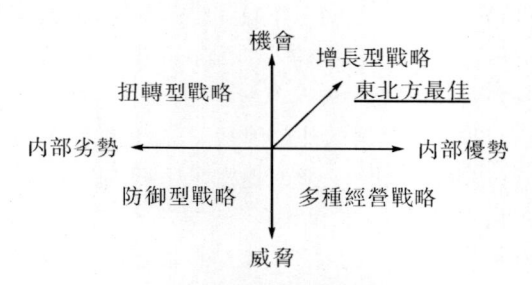

圖 2-7　SWOT 分析與經營戰略

下面舉一個著名管理顧問公司科爾尼公司通過 SWOT 分析識別郵政物流宅送業務創業機會及設計運作戰略的例子，如表 2-8 所示。

2 創業新機會

表 2-8　　　　　　　　　郵政物流宅送業務 SWOT 分析矩陣

內部因素 外部因素	優勢 Strengths （1）作為國家機關，擁有公眾的信任；（2）目標客戶對郵政服務的高度親近感與信任感；（3）擁有全國範圍的物流網；（4）擁有眾多的人力資源；（5）具有創造郵政/金融的可能性	劣勢 Weaknesses （1）上門取件相關人力及車輛不足；（2）市場及物流專家不足；（3）組織、預算、費用等方面的靈活性不足；（4）包裹破損的可能性很大；（5）追蹤查詢服務不完善等
機會 Opportunities （1）隨著電子商務的普及，對寄件需求增加；（2）能夠確保應對市場開放的事業自由度；（3）物流及 IT 等關鍵技術的飛躍性發展	SO 利用這些 以郵政網絡為基礎，積極進入宅送市場和配送市場；開發靈活運用關鍵技術的多樣化的郵政服務	WO 改進這些 構成郵寄包裹專門組織；過實物與信息的統一化進行即時的追蹤及物流控制；將增值服務及一般服務差別化的價格體系的指定及服務內容的再整理
威脅 Threats （1）通信技術發展後，對郵政的需求可能減少；（2）現有宅送企業的設備投資及代理增多；（3）WTO 郵政服務市場開放的壓力；（4）國外宅送企業進入國內市場	ST 監視這些 靈活運用範圍寬廣的郵政物流網絡，樹立積極的市場戰略；與全球性的物流企業進行戰略聯盟；提高國外郵件的收益性及服務；為了確保企業目標客戶，樹立積極的市場戰略	WT 消除這些 根據服務的特性，對包裹詳情單與包裹運送網分別營運；對已經確定的郵政物流營運提高效率，由此提高市場競爭力

從表 2-8 中，我們能夠理性分析郵政物流宅送業務的創業環境，並一一提出可行的對策。通過這種 SWOT 分析，在創業環境層面上，我們不難識別一個創意是否屬於創業機會，並能提出發展這個創業機會的運作戰略來。

總之，SWOT 分析法的優點在於考慮問題全面，是一種系統思維。通過此分析，創業者和創業企業能客觀評估資源自身以及存在市場機會的相關因素，即便企業正面對著市場上極具吸引力的市場機會。

2.3　創業機會的評估

不同的創業機會可以為創業者帶來的利益大小也不一樣，為了在千變萬化的市場環境中找出有價值的創業機會，創業者需要對創業機會的價值進行更為詳細具體的分析。因此，如何評估創業者的項目選擇方向是否正確、是否可行、有多大價值，是創業過程中經常遇到且非常專業的問題。目前較為普遍使用的評估方法是 Timmons 創業機會評價模型與價值評估矩陣。

創業管理

2.3.1 Timmons 創業機會評價模型

在蒂蒙斯（J. A. Timmons）的創業過程模型中，商業機會是創業過程的核心要素，創業的核心是發現和開發機會，並利用機會實施創業。因此，識別與評估市場機會是創業過程的起點，也是創業過程中的一個關鍵階段。資源是創業過程不可或缺的支撐要素，為了合理利用和控制資源，創業者往往要制定設計精巧、用資謹慎的創業戰略，這種戰略對創業具有極其重要的意義。而創業團隊則是實現創業這個目標的關鍵組織要素。創業者或創業團隊必須具備善於學習、從容應對逆境的品質，具有高超的創造、領導和溝通能力，但更重要的是具有柔性和韌性，能夠適應市場環境的變化。

在 Timmons 模型中，商機、資源和創業團隊這三個創業核心要素構成一個倒立三角形，創業團隊位於這個倒立三角形的頂部。在創業初始階段，商業機會較大，而資源較為稀缺，於是三角形向左邊傾斜；隨著新創企業的發展，可支配的資源不斷增多，而商業機會則可能變得相對有限，從而導致另一種不均衡。創業者必須不斷尋求更大的商業機會，並合理使用和整合資源，以保證企業平衡發展。機會、資源和創業團隊三者必須不斷進行動態調整，以最終實現動態均衡。這就是新創企業的發展過程。

在 Timmons 模型中還認為，在創業過程中，由於機會模糊、市場不確定、資本市場風險以及外部環境變化等因素經常影響創業活動，致使創業過程充滿了風險，因此，創業者必須依靠自己的領導、創造和溝通能力來發現和解決問題，掌握關鍵要素，及時調整機會、資源、團隊三者的組合搭配，以保證新創企業順利發展。

當然，Timmons 的創業過程管理模型，也有其適用性與局限性，它只能從面上定性、概括地描述創業過程的三個核心要素及其相互關係，並不能深入解釋創業活動所涉及的各具體影響因素，也無法定量診斷評價各要素的具體狀態。

所以為了更準確地評估創業機會，Timmons 又提出了一個創業機會評估體系模型，它給我們提供了一套系統的評估框架和可量化的指標體系。這個工具可以幫助投資者和創業者，科學深入地評價創業項目的可行性及其價值性。該評估模型是目前國際比較流行的風險投資家、創業者所普遍使用的創業商機評價方法，該方法總結了八大類 53 項指標來評價一個創業企業的表現和未來發展情況。儘管現實中的成千上萬的創業機會未必能與這個評價模型相契合，但這個評價模型總體看來還是比較系統的，評價框架的這八類指標分別為：行業與市場、經濟因素、收穫條件、競爭優勢、管理團隊、致命缺陷、創業家的個人標準、理想與現實的戰略性差異。這八類指標所分別包括的具體指標如表 2-9 所示。

2 創業新機會

表 2-9　　　　　　　　　Timmons 創業機會評估表

(一) 行業與市場	1. 市場容易識別，可以帶來持續收入 2. 顧客可以接受產品或服務，願意為此付費 3. 產品的附加值高 4. 產品對市場的影響力高 5. 將要開發的產品生命長久 6. 項目所在的行業是新興行業，競爭不完善 7. 市場規模大，銷售潛力達到 1,000 萬元~10 億元 8. 市場成長率在 30%~50% 甚至更高 9. 現有廠商的生產能力幾乎完全飽和 10. 在五年內能占據市場的領導地位，達到 20% 以上 11. 擁有低成本的供貨商，具有成本優勢
(二) 經濟因素	1. 達到盈虧平衡點所需要的時間在 1.5~2 年以下 2. 盈虧平衡點不會逐漸提高 3. 投資回報率在 25% 以上 4. 項目對資金的要求不是很大，能夠獲得融資 5. 銷售額的年增長率高於 15% 6. 有良好的現金流量，能占到銷售額的 20%~30% 以上 7. 能獲得持久的毛利，毛利率要達到 40% 以上 8. 能獲得持久的稅後利潤，稅後利潤率要超過 10% 9. 資產集中程度低 10. 營運資金不多，需求量是逐漸增加的 11. 研究開發工作對資金的要求不高
(三) 收穫條件	1. 項目帶來的附加價值具有較高的戰略意義 2. 存在現有的或可預料的退出方式 3. 資本市場環境有利，可以實現資本的流動
(四) 競爭優勢	1. 固定成本和可變成本低 2. 對成本、價格和銷售的控制較高 3. 已經獲得或可以獲得對專利所有權的保護 4. 競爭對手尚未覺醒，競爭較弱 5. 擁有專利或具有某種獨占性 6. 擁有發展良好的網絡關係，容易獲得合同 7. 擁有傑出的關鍵人員和管理團隊
(五) 管理團隊	1. 創業者團隊是一個優秀管理者的組合 2. 行業和技術經驗達到了本行業的最高水準 3. 管理團隊的正直廉潔程度能達到最高水準 4. 管理團隊知道自己缺乏哪方面的知識
(六) 致命缺陷	不存在任何致命缺陷
(七) 創業家的個人標準	1. 個人目標與創業活動相符合 2. 創業家可以做到在有限的風險下實現成功 3. 創業家能接受薪水減少等損失 4. 創業家渴望進行創業這種生活方式，而不只是為了賺大錢 5. 創業家可以承受適當的風險 6. 創業家在壓力下狀態依然良好

表2-9(續)

(八) 理想與現實的戰略性差異	1. 理想與現實情況相吻合 2. 管理團隊已經是最好的 3. 在客戶服務管理方面有很好的服務理念 4. 所創辦的事業順應時代潮流 5. 所採取的技術具有突破性，不存在許多替代品或競爭對手 6. 具備靈活的適應能力，能快速地進行取捨 7. 始終在尋找新的機會 8. 定價與市場領先者幾乎持平 9. 能夠獲得銷售渠道，或已經擁有現成的網絡 10. 能夠允許失敗

從表中我們可以看到，每一個評估的維度都包含了大量的指標，其中有定性的也有定量的。通過這個評估體系我們可以看出，運用定性或定量的方式，創業者可以利用這個體系模型對行業和市場問題、競爭優勢、財務指標、管理團隊和致命缺陷等做出判斷，來評價一個創業項目或創業機會的投資價值和機會。

Timmons的創業機會評價指標體系是到目前為止最全面的評價指標體系，但它的應用對評價主體的要求非常高，涉及的項目又多又專業，且必須運用定性及定量相結合的方法才能評估創業機會，因此對於初次創業的創業者或者大學生創業者來說運用的難度會較大，通常建議由專業的創業導師或者風險投資者來運用，可以較為科學的來評估創業機會，給創業者以指導。

2.3.2 創業機會價值評估矩陣

除了Timmons的創業機會評價指標體系，還有其他的一些工具也可以用來評估創業機會。常見的創業機會評估工具還有創業機會價值評估矩陣。創業者在搜尋、識別和利用創業機會的過程中，所主要關注的就是創業機會的可行性和盈利性。其中，創業機會的可行性是開展創業活動的必要條件，而創業機會的盈利性則是開展創業活動的主要驅動力，因此創業機會的價值大小由創業機會的吸引力和可行性兩個方面因素決定。

1. 創業機會的吸引力

創業機會對創業者的吸引力是指創業企業利用該創業機會可能創造的最大利益。它表明了創業企業在理想條件下充分利用該創業機會的最大極限。反應創業機會吸引力的指標主要有市場需求規模、利潤率、發展潛力。

(1) 市場需求規模。市場需求規模表明創業機會當前所提供的潛在市場需求總量的大小，通常用產品銷售數量或銷售金額來表示。事實上，創業機會提供的市場需求總量往往由多個企業共享，特定創業企業只能擁有該市場需求規模的一部分，因此，這一指標可以由創業企業在該市場需求規模中可能達到的最大市場份額代替。儘管如此，若提供的市場需求總量規模大，則該創業機會使每個企業獲得更大需求

2　創業新機會

份額的可能性也大一些，該創業機會對這些創業企業的吸引力也在不同程度上更大一些。

（2）利潤率。利潤率是指創業機會提供的市場需求中單位需求量可以為創業企業帶來的最大利益（這裡主要是指經濟利益）。利潤率反應了創業機會所提供的市場需求在利益方面的特性。它和市場需求規模一起決定了創業企業當前利用該創業機會可創造的最高利益。

（3）發展潛力。發展潛力反應創業機會為創業企業提供的市場需求規模、利潤率的發展趨勢及其速度情況。發展潛力同樣也是確定創業機會吸引力大小的重要依據。即使創業者當前面臨的某一創業機會所提供的市場需求規模很小或利潤率很低，但由於整個市場規模或利潤率有迅速增大的趨勢，則該創業機會對創業者來說仍可能具有相當大的吸引力。

2. 創業機會的可行性

創業機會的可行性是指創業者把握住創業機會並將其轉化為具體利益的可能性。從特定創業者角度來講，只有吸引力的創業機會並不一定能成為創業企業實際上的發展良機，具有吸引力的創業機會必須同時具有強可行性才會是創業者高價值的創業機會。例如，某創業企業在準備進入數據終端處理市場時，意識到儘管該市場潛力很大（吸引力大），但企業缺乏必要的技術能力（可行性差），所以創業機會對該企業的價值不大，無法未進入該市場。後來，公司通過吸納其他創業者或創業企業具備了應有的技術（此時可行性增強，創業機會價值增大），這時企業可正式進入該市場。

創業機會的可行性是由創業者（創業企業）自身條件、外部環境狀況兩方面決定的。

（1）創業者自身條件。創業者自身條件是能否把握住創業機會的主觀決定因素。它對創業機會可行性的決定作用有三：首先，創業者是否有足夠的經驗和資源去把握創業機會。例如，一個具有很大吸引力的飲料產品的需求市場的出現，對主要經驗為非飲料食品的創業者來說，可行性可能就會小一些，同時，一個吸引力很大的創業機會很可能會導致激烈的競爭，實力較差者的創業者，可能無法參與競爭；其次，創業企業是否能夠獲得內部差別優勢，所謂創業企業的內部差別優勢，是指該創業企業比市場中其他企業更優越的內部條件，通常是先進的工藝技術，先進的生產設備，產品或創業者已建立強勢形象等等，創業者應對自身的優勢和弱點進行正確分析，瞭解自身的內部差別優勢所在，並據此更好地弄清創業機會的可行性大小，創業企業也可以有針對性地改善自身的條件，創造出新的差別優勢；最後，創業企業團隊的整體能力也影響著創業機會可行性的大小，針對某一創業機會，只有創業團隊成員的能力和經驗構成和協作程度都與之相匹配時，該創業機會對創業者才會有較大的可行性。

（2）外部環境條件。創業企業的外部環境從客觀上決定著創業機會對創業企業

可行性的大小。外部環境中每一個宏觀、微觀環境要素的變化都可能使創業機會的可行性發生很大的變化。例如，某創業企業試圖進入一個吸引力很大的市場。原來的判斷是：由於該市場的產品符合創業者的經營特長，並且創業企業在該產品生產方面有工藝技術和生產規模上的優勢，創業企業可獲得相當可觀的利潤。然而在很短時間內，許多外部環境要素已發生或即將發生一些變化：隨著原有的競爭對手和潛在的競爭者逐漸進入該產品市場，並採取了相應的工藝革新，使該創業企業的差別優勢在減弱；比該產品更低價的替代品已經開始出現，顧客因此對創業企業擬推出的產品的定價的接受度下降，但降價意味著利潤率的銳減；環保組織在近期的活動中已經預示著該創業企業產品使用後的廢棄物將被視為造成地區污染的因素之一；最後，政府即將通過的一項關於國民經濟發展的政策可能會使該產品的原材料價格上漲，這也將意味著利潤率的下降。這表明，儘管創業者的自身條件即決定創業機會可行性的主觀因素沒變，但由於決定可行性的一些外部因素發生了重要變化，也使該創業機會對創業企業的可行性大為降低。同時，利潤率的下降又導致了市場吸引力的下降。吸引力與可行性的減弱最終使原創業機會的價值大為減小，以致創業企業不得不重新考慮創業項目或調整創業方案。

3. 評估方法

確定了創業機會的吸引力與可行性，就可以綜合這兩個方面對創業機會進行評估。按吸引力大小和可行性強弱組合可構成創業機會的價值評估矩陣，如圖2-8：

	弱	強
大	I	II
小	III	IV

吸引力 / 可行性

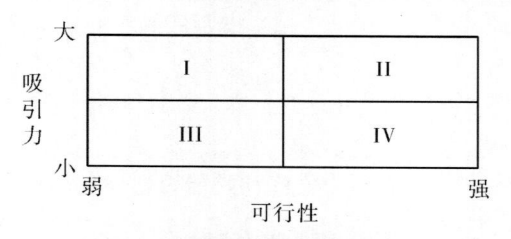

圖2-8 創業機會價值評估矩陣

區域 I 為吸引力大、可行性弱的創業機會。一般來說，該種創業機會的價值不會很大。除了少數好冒風險的創業者，一般創業者不會將主要精力放在此類創業機會上。但是，創業者可時刻注意決定其可行性大小的內、外環境條件的變動情況，並做好當其可行性變大進入區域 II 迅速反應的準備。

區域 II 為吸引力、可行性俱佳的創業機會，該類創業機會的價值最大。通常，此類創業機會既稀缺又不穩定。創業者的一個重要任務就是要及時、準確地發現有哪些創業機會進入或退出了該區域。該區域的創業機會是創業活動最理想的選擇。

區域 III 為吸引力、可行性皆差的創業機會。通常創業者不會去注意該類價值最低的創業機會。該類創業機會不大可能直接躍居到區域 I 中，它們通常需經由區域 I、IV 才能向區域 1 轉變。當然，有可能在極特殊的情況下，該區域的創業機會的可行性、吸引力突然同時大幅度增加。創業者對這種現象的發生也應有一定的準備。

2 創業新機會

區域 IV 為吸引力小、可行性大的創業機會。該類創業機會的風險低，獲利能力也小，通常穩定型創業者、實力薄弱的創業者以該類創業機會作為其創業活動的主要目標。對該區域的創業機會，創業者應注意其市場需求規模、發展速度、利潤率等方面的變化情況，以便在該類創業機會進入區域 II 時可以有效地把握。

需要注意的是，該矩陣是針對特定創業企業的。同一創業機會在不同創業企業的矩陣中出現的位置是不一樣的。這是因為對不同經營環境條件的創業企業，創業機會的利潤率、發展潛力等影響吸引力大小的因素狀況以及可行性均會有所不同。

在上述矩陣中，創業機會的吸引力與可行性大小的具體確定方法一般採用加權平均估算法。該方法將決定創業機會的吸引力（或可行性）的各項因素設定權值，再對當前創業企業這些因素的具體情況確定一個分數值，最後加權平均之和即從數量上反應了該創業機會對創業企業的吸引力（或可行性）的大小。

2.4 案例分析：「本該如此」大米

2012 年，一顆褚橙引起了各界廣泛關注，褚時健東山再起的故事也成了一個傳奇。成功的行銷背後，也反應了消費者對於高品質農產品的追求。褚橙之後，又有了潘石屹的潘蘋果，柳傳志的柳桃，還有丁磊的豬，一撥立志做高品質、生態、有機農產品的企業應運而生。而「本該如此」這家公司選擇了一個更特殊的商品，他們要售賣自己種出來的高品質大米。

「本該如此」創始人劉洪燕的團隊最初想做的是農產品 O2O，但是經過市場調研之後發現作為大多數中國人主食的大米，實質上亂象重重：被各種重金屬和農藥污染的米也能進入市場流通，現代科學支持下的農業甚至進入靠農藥避免災害，靠化肥增產的怪圈，新的技術比如轉基因又遲遲得不到消費者的全面認同。2014 年，作為一個 3 歲孩子的家長，他不願意自己的小孩在成長最關鍵的時候吃下品質低劣的大米。於是劉洪燕決定組建團隊在黑龍江五常建立合作社，自己種植、加工「理想中的大米」，成立了成都本該如此農業科技有限公司（簡稱本該如此）。

本該如此農業科技主要產品生態大米，種植基地位於五常市民樂鄉、遠景村、龍鳳山。本該如此將產品定位在 0～12 歲孩子的中國家庭，以「不用農藥，只用汗水」為企業核心理念，提倡生態種植。通過預訂種植，全程透明溯源，專家團隊對投入品種和種植過程的品質把控，提高生產者收入等手段，打造中國家庭最安全放心的生態大米。本該如此聯合創始人王林帶領 4 名農產品質量安全監員工組成了品控團隊；五常當地農戶代表郭喜貴帶領的農戶種植團隊；土壤學者梁玉祥帶領的生態專家團隊，這些人共同為本該如此的大米設計了一套完整的生態方案。從採肥備種開始到包裝配送，本該如此努力保證每一個步驟安全無公害，不讓任何有可能

的污染源影響到大米的產出。

據稱，通過這種方式種植出來的大米，通過了SGS關於農殘、重金屬殘留以及非轉基因等300多項檢測。這樣不施化肥、不打農藥、小規模的種植方式，意味著成本高昂，因此「本該如此」計劃把他們生產的大米專供給對食品安全有著高要求的有孩子的家庭。

因為價格確實比較貴，他們採用了付費訂閱的模式。用戶可以選擇「成年－年預定」，「孩子－年預定」和「包地－年預定」，價格和質量分別為1,500元/60斤（1斤＝500克，下同），900元/36斤和12,000元/500斤。平均價格高達23到25元一斤，而市場上平均大米的平均價格為3~4元一斤。2015年2月在微信上開始預售，半年時間接到了6,000多個訂單。

案例思考：

1. 根據以上案例，試用SWOT分析法來分析本該如此的創業機會。
2. 請運用Timmons的創業機會評估體系，從競爭優勢的角度來評估本該如此的創業機會。

實用工具

1. 機會窗口模型
2. 機會漏門模型
3. PESTDN環境分析模型
4. 五力分析模型
5. SWOT分析模型
6. Timmons創業機會評價模型
7. 創業機會價值評估矩陣

復習思考題

1. 什麼是創業機會？創業機會的新特徵是什麼？
2. 什麼是PESTDN分析方法？
3. 什麼是波特五力分析模型？
4. 什麼是SWOT分析模型？
5. 創業機會的新來源有哪些？
6. 如何應用Timmons創業機會評價模型進行創業機會的評估？
7. 如何利用價值評估矩陣進行創業機會的評估？

2　創業新機會

章節測試

本章測試題

本章測試題答案

參考資料

[1] 左仁淑，楊澤明，黃春艾．創業學教程：理論與實務［M］．北京：電子工業出版社，2014．

[2] Kirzner, I. M. Entrepreneurial Discovery and the Competitive Market Process: An Austrian Approach [J]. Journal of Economic Literature, 1997, 35 (1): 60-85.

[3] Wiklund J., Davidsson P., Delmar F. What Do They Think and Feel about Growth? An Expectancy-Value Approach to Small Business Managers' Attitudes Toward Growth [J]. Entrepreneurship Theory and Practice, 2003, 27 (3): 247-270.

[4] 杜爽．Timmons 創業機會評價模型中行業與市場指標研究對中國創業企業的應用與啟示［J］．商場現代化，2005（6）．

[5] 楊安．創業管理——成功創建新企業［M］．北京：清華大學出版社，2009．

[6] 蘭欣，楊安．精準創業——大數據時代創業的路徑研究［M］．北京：機械工業出版社，2015．

3 創業行銷

學習目標

1. 知識學習
(1) 瞭解行銷管理的基礎知識
(2) 掌握行銷計劃包含的基本內容
(3) 掌握行銷計劃撰寫的核心要點
2. 能力訓練
(1) 訓練對市場的敏感度
(2) 訓練行銷策劃能力
(3) 訓練行銷執行能力
3. 素質養成
(1) 培養市場導向素質
(2) 培養行銷規劃素質

章節概要

1. 市場定位：市場細分，目標市場選擇，市場定位
2. 行銷組合策略：產品策略，價格策略，渠道策略，促銷策略
3. 新行銷：網絡行銷，綠色行銷，精準行銷

3　創業行銷

本章思維導圖

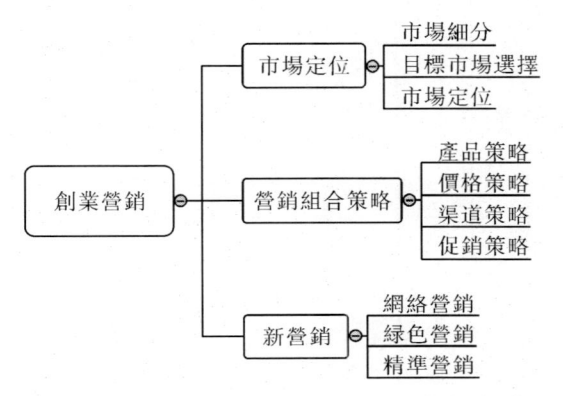

```
                  ┌─ 市場定位 ──┬─ 市場細分
                  │              ├─ 目標市場選擇
                  │              └─ 市場定位
                  │
  創業營銷 ──────┼─ 營銷組合策略 ┬─ 產品策略
                  │                ├─ 價格策略
                  │                ├─ 渠道策略
                  │                └─ 促銷策略
                  │
                  └─ 新營銷 ────┬─ 網絡營銷
                                  ├─ 綠色營銷
                                  └─ 精準營銷
```

慕課資源

第3章 創業行銷教學視頻（上）　　第3章 創業行銷教學視頻（下）

本章教學課件

翻轉任務

1. 個人：提前觀看慕課視頻，準備回答課後復習思考題，課堂提問。
2. 團隊：為你的創業企業（或者項目）系統設計行銷計劃，並展示。

一個企業的成功，重點在於知道它的顧客是誰？如何服務於顧客？如何為顧客創造更多的價值？而這些問題就是創業行銷要解決的問題。

創業行銷是創業成功最關鍵的組成部分之一，它在很大程度上決定了一個新創企業的成敗，試想一個無法實現最基本銷售收入的企業能夠在市場上生存嗎？一般來說一個新創企業，是在進行了市場機會分析之後，才能開始制訂行銷計劃。本章

創業管理

主要包含了行銷戰略層面的市場定位、行銷策略層面的行銷組合與新行銷（與傳統經典行銷不同的新的行銷形式）共三個部分，每個部分又分成兩個模塊，即理論知識模塊和實操應用模塊。這就是本章的框架結構（參見圖3-1）。

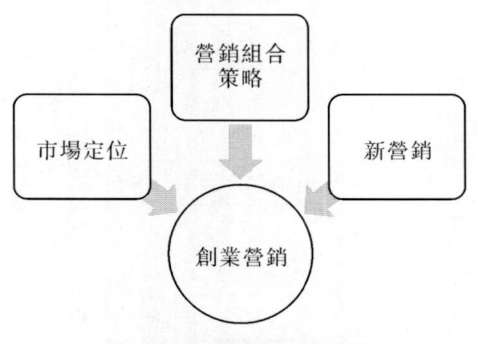

圖3-1 創業行銷框架結構圖

3.1 市場細分

20世紀50年代中期，美國市場學家溫德爾·史密斯於提出了市場細分的概念；後來，兩位美國行銷學家艾爾·里斯和杰克特勞特，於20世紀70年代提出了市場定位的概念。時至今日，市場定位作為市場行銷管理的核心管理內容，已廣泛應用於市場行銷的各個領域。

市場由購買者組成，而購買者是一個異常複雜、龐大的群體，任何一個新創企業都無法滿足全部購買者的所有需求。因此，新創企業根據外部的市場環境和內部的資源條件，選擇某些特定的購買者作為本企業的目標購買者群體，並據此進行產品定位，針對目標市場制訂行銷策略，這就是目標市場行銷戰略。它由市場細分、市場選擇和市場定位三個步驟所組成。

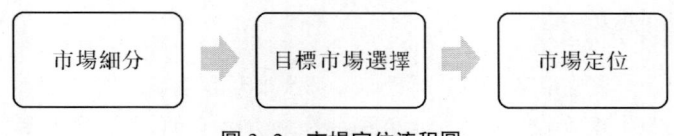

圖3-2 市場定位流程圖

3.1.1 市場細分的作用和原則

市場中的購買者在許多方面各不相同，市場細分就是企業通過市場調研，根據自身條件和行銷意圖，以購買者及其需求的某些特徵或變量為依據，區分購買者群體的過程。

3　創業行銷

1. 市場細分的作用

細分市場不是按產品維度進行的一種劃分，而是從消費者維度進行劃分的，是根據市場細分的理論基礎，即消費者的需求、動機、購買行為的多元性和差異性來劃分的。

（1）有利於發掘市場機會，開拓新市場。

（2）有利於聚焦目標市場和制定針對性的行銷策略。

（3）有利於集中資源開發目標市場。

（4）有利於企業提高競爭能力。

2. 市場細分的原則

（1）可衡量性。可衡量性是指用來細分市場的標準和變數及細分後的市場是可以識別和衡量的，即有明顯的區別和合理的範圍。如果某些細分變數或購買者的需求和特點很難衡量，細分市場後無法界定，難以描述，那麼市場細分就失去了意義。一般來說，一些帶有客觀性的變數，如年齡、性別、收入、地理位置、民族等，都易於確定，並且有關的信息和統計數據，也比較容易獲得；而一些帶有主觀性的變數，如心理和性格方面的變數，就比較難以確定。

（2）可進入性。可進入性是指企業能夠進入所選定的市場部分，能進行有效的促銷和分銷，實際上就是考慮行銷活動的可行性。一是企業能夠通過一定的廣告媒體把產品的信息傳遞到該市場眾多的消費者中去；二是產品能通過一定的銷售渠道抵達該市場。

（3）可盈利性。可盈利性是指細分市場的規模要大到能夠使企業足夠獲利的程度，使企業值得為它設計一套行銷規劃方案，以便順利地實現其行銷目標，並且有可拓展的潛力，以保證按計劃能獲得理想的經濟效益和社會效益。如一個普通大學的餐館，如果專門開設一個西餐館滿足少數師生酷愛西餐的要求，可能由於這個細分市場太小而得不償失；但如果開設一個回族飯菜供應部，雖然其市場仍然很窄，但從細微處體現了民族政策，有較大的社會效益，值得去做。

（4）差異性。差異性指細分市場在觀念上能被區別並對不同的行銷組合因素和方案有不同的反應。

（5）相對穩定性。相對穩定性指細分後的市場有相對應的時間穩定。細分後的市場能否在一定時間內保持相對穩定，直接關係到企業生產行銷的穩定性。特別是大中型企業以及投資週期長、生產慢的企業，更容易造成經營困難，嚴重影響企業的經營效益。

3.1.2　市場細分的標準

1. 消費品市場的細分標準

消費品市場的細分標準可以概括為地理因素、人口統計因素、心理因素和行為因素四個方面，每個方面又包括一系列的細分變量，如表 3-1 所示。

表 3-1　　　　　　　消費品市場細分標準及變量一覽表

細分標準	細分變量
地理因素	地理位置、城鎮大小、地形、地貌、氣候、交通狀況、人口密集度等
人口統計因素	年齡、性別、職業、收入、民族、宗教、教育、家庭人口、家庭生命週期等
心理因素	生活方式、性格、購買動機、態度等
行為因素	購買時間、購買數量、購買頻率、購買習慣（品牌忠誠度）、對服務、價格、渠道、廣告的敏感程度等

（1）按地理因素細分（Geographical Segmentation）

按地理因素細分，就是按消費者所在的地理位置、地理環境等變數來細分市場。因為處在不同地理環境下的消費者，對於同一類產品往往會有不同的需要與偏好。例如，對自行車的選購，城市居民喜歡式樣新穎的輕便車，而農村的居民注重堅固耐用的加重車等。因此，對消費品市場進行地理因素細分是非常必要的。

①地理位置。可以按照行政區劃來進行細分，如在中國，可以割分為東北、華北、西北、西南、華東和華南幾個地區；也可以按照地理區域來進行細分，如劃分為省、自治區、市、縣等，或內地、沿海、城市、農村等。在不同地區，消費者的需求顯然存在較大差異。

②城鎮大小。可劃分為大城市、中等城市、小城市和鄉鎮。處在不同規模城鎮的消費者，在消費結構方面存在較大差異。

③地形和氣候。按地形可劃分為平原、丘陵、山區、沙漠地帶等；按氣候可分為熱帶、亞熱帶、溫帶、寒帶等。防暑降溫、御寒保暖之類的消費品就可按不同的氣候帶來劃分。如在中國北方，冬天氣候寒冷干燥，加濕器很有市場；但在江南，由於空氣中濕度大，基本上不存在對加濕器的需求。

（2）按人口統計因素細分（Demographic Segmentation）

按人口統計因素細分，就是按年齡、性別、職業、收入、家庭人口、家庭生命週期、民族、宗教、國籍等變數，將市場劃分為不同的群體。由於人口變數比其他變數更容易測量，且適用範圍比較廣，因而人口變數一直是細分消費者市場的重要依據。

①年齡。不同年齡段的消費者，由於生理、性格、愛好、經濟狀況的不同，對消費品的需求往往存在很大的差異。因此，可按年齡將市場劃分為許多各具特色的消費者群，如兒童市場、青年市場、中年市場、老年市場等等。從事服裝、食品、保健品、藥品、健身器材、書刊等商品生產經營業務的企業，經常採用年齡變數來細分市場。

②性別。按性別可將市場劃分為男性市場和女性市場。不少商品在用途上有明顯的性別特徵。如男裝和女裝、男表與女表。在購買行為、購買動機等方面，男女之間也有很大的差異，如婦女是服裝、化妝品、節省勞動力的家庭用具、小包裝食

品等市場的主要購買者，男士則是香菸、飲料、體育用品等市場的主要購買者。美容美髮、化妝品、珠寶首飾、服裝等許多行業，長期以來按性別來細分市場。

③收入。收入的變化將直接影響消費者的需求慾望和支出模式。根據平均收入水準的高低，可將消費者劃分為高收入、次高收入、中等收入、次低收入、低收入五個群體。收入高的消費者往往就比收入低的消費者更傾向購買更高價的產品，如鋼琴、汽車、空調、豪華家具、珠寶首飾等；收入高的消費者一般喜歡到大百貨公司或品牌專賣店購物，收入低的消費者則通常在住地附近的商店、倉儲超市購物。因此，汽車、旅遊、房地產等行業一般按收入變數細分市場。

④民族。世界上大部分國家都擁有多種民族，中國更是一個多民族的大家庭，除漢族外，還有55個少數民族。這些民族都各有自己的傳統習俗、生活方式，從而呈現出各種不同的商品需求，如中國西北少數民族飲茶很多、回族不吃豬肉等。只有按民族這一細分變數將市場進一步細分，才能滿足各族人民的不同需求，並進一步擴大企業的產品市場。

⑤職業。不同職業的消費者，由於知識水準、工作條件和生活方式等不同，其消費需求存在很大的差異，如教師比較注重書籍、報刊方面的需求，文藝工作者則比較注重美容、服裝等方面的需求。

⑥教育狀況。受教育程度不同的消費者，在志趣、生活方式、文化素養、價值觀念等方面都會有所不同，因而會影響他們的購買種類、購買行為、購買習慣。

⑦家庭人口。據此可分為單身家庭（1人）、單親家庭（2人）、小家庭（2~3人）、大家庭（4~6人，或6人以上）。家庭人口數量不同，在住宅大小、家具、家用電器乃至日常消費品的包裝大小等方面都會出現需求差異。

（2）按心理因素細分（Psychographic Segmentation）

按心理因素細分，就是將消費者按其生活方式、性格、購買動機、態度等變數細分成不同的群體。

①生活方式。越來越多的企業，如服裝、化妝品、家具、娛樂等行業，重視按人們的生活方式來細分市場。生活方式是人們對工作、消費、娛樂的特定習慣和模式，不同的生活方式會產生不同的需求偏好，如「傳統型」「新潮型」「節儉型」「奢侈型」等。這種細分方法能顯示出不同群體對同種商品在心理需求方面的差異性，如美國有的服裝公司就把婦女劃分為「樸素型婦女」「時髦型婦女」「男子氣質型婦女」三種類型，分別為她們設計不同款式、顏色和質料的服裝。

②性格。消費者的性格對產品的偏好有很大的關係。性格可以用外向與內向、樂觀與悲觀、自信、順從、保守、激進、熱情、老成等詞句來描述。性格外向、容易感情衝動的消費者往往好表現自己，因而他們喜歡購買能表現自己個性的產品；性格內向的消費者則喜歡大眾化，往往購買比較平常的產品；富於創造性和冒險心理的消費者，則對新奇、刺激性強的商品特別感興趣。

③購買動機，即按消費者追求的利益來進行細分。消費者對所購產品追求的利

益主要有求實、求廉、求新、求美、求名、求安等，這些都可作為細分的變量。例如，有人購買服裝為了遮體保暖，有人是為了美的追求，有人則為了體現自身的經濟實力等。因此，企業可對市場按利益變數進行細分，確定目標市場。

（3）按行為因素細分（Behavioural Segmentation）

按行為因素細分，就是按照消費者購買或使用某種商品的時間、購買數量、購買頻率、對品牌的忠誠度等變數來細分市場。

①購買時間。許多產品的消費具有時間性，菸花爆竹的消費主要在春節期間，月餅的消費主要在中秋節以前，旅遊點在旅遊旺季生意最興隆。因此，企業可以根據消費者產生需要、購買或使用產品的時間進行市場細分，如航空公司、旅行社在寒暑假期間大做廣告，實行優惠票價，以吸引師生乘坐飛機外出旅遊；商家在酷熱的夏季大做空調廣告，以有效增加銷量；雙休日商店的營業額大增，而在元旦、春節期間，銷售額則更大等。因此，企業可根據購買時間進行細分，在適當的時候加大促銷力度，採取優惠價格，以促進產品的銷售。

②購買數量。據此可分為大量用戶、中量用戶和少量用戶。大量用戶人數不一定多，但消費量大，許多企業以此為目標，反其道而行之也可取得成功。如文化用品大量使用者是知識分子和學生，化妝品大量使用者是青年女性等。

③購買頻率。據此可分為經常購買、一般購買、不常購買（潛在購買者）。如鉛筆、小學生經常購買，高年級學生按正常方式購買，而工人、農民則不常買。

④購買習慣（對品牌忠誠度）。據此可將消費者劃分為堅定品牌忠誠者、多品牌忠誠者、轉移的忠誠者、無品牌忠誠者等。例如，有的消費者忠誠於某些產品，如柯達膠卷、海爾電器、中華牙膏等；有的消費者忠誠於某些服務，如東方航空公司、某某酒店或飯店等，或忠誠於某一個機構、某一項事業等等。為此，企業必須辨別他的忠誠顧客及特徵，以便更好地滿足他們的需求，必要時給忠誠顧客以某種形式的回報或鼓勵，如給予一定的折扣。

2. 生產資料市場的細分標準

上述消費品市場的細分標準有很多都適用於生產資料市場的細分，如地理環境、氣候條件、交通運輸、追求利益、使用習慣、對品牌的忠誠度等。但由於生產資料市場有它自身的特點，企業還應採用其他一些標準和變數來進行細分，最常用的有：最終用戶要求、用戶規模、用戶地理位置等變數。

表 3-2　　　　　　　　　生產資料市場細分標準及變量一覽表

細分標準	細分變量
用戶要求	產品質量、諮詢、價格、配送、售後服務等
用戶經營規模	大用戶、中用戶、小用戶
用戶的地理位置	自然資源、氣候條件和歷史傳統等

3 創業行銷

（1）按用戶的要求細分

產品用戶的要求是生產資料市場細分最常用的標準。不同的用戶對同一產品有不同的需求，如晶體管廠可根據晶體管的用戶不同將市場細分為軍工市場、工業市場和商業市場，軍工市場特別注重產品質量；工業用戶要求有高質量的產品和服務；商業市場主要用於轉賣，除要求保證質量外，還要求價格合理和交貨及時；飛機製造公司對所需輪胎要求的安全性比一般汽車生產廠商要高許多；同是鋼材，有的用作生產機器，有的用於造船，有的用於建築等。因此，企業應針對不同用戶的需求，提供不同的產品，設計不同的市場行銷組合策略，以滿足用戶的不同要求。

（2）按用戶經營規模細分

用戶經營規模也是細分生產資料市場的重要標準。用戶經營規模決定其購買能力的大小。按用戶經營規模劃分，可分為大用戶、中用戶、小用戶。大用戶戶數雖少，但其生產規模、購買數量大，注重質量、交貨時間等；小客戶數量多，分散面廣，購買數量有限，注重信貸條件等。許多時候，和一個大客戶的交易量相當於與許多小客戶的交易量之和，失去一個大客戶，往往會給企業造成嚴重的後果。因此，企業應按照用戶經營規模建立相應聯繫機制和確定恰當的接待制度。

（3）按用戶的地理位置細分

每個國家或地區大都在一定程度上受自然資源、氣候條件和歷史傳統等因素影響，形成若干工業區，例如江浙兩省的絲綢工業區，以山西為中心的煤炭工業區，東南沿海的加工工業區等。這就決定了生產資料市場往往比消費品市場在區域上更為集中，地理位置因此成為細分生產資料市場的重要標準。企業按用戶的地理位置細分市場，選擇客戶較為集中的地區作為目標，有利於節省推銷人員往返於不同客戶之間的時間，而且可以合理規劃運輸路線，節約運輸費用，也能更加充分地利用銷售力量，降低推銷成本。

以上從消費品市場和生產資料市場兩方面介紹了具體的細分標準和變量。為了有效地進行市場細分，有這樣幾個問題應引起注意：

第一，動態性。細分的標準和變數不是固定不變的，如收入水準、城市大小、交通條件、年齡等，都會隨著時間的推移而變化。因此，應樹立動態觀念，適時進行調整。

第二，適用性。市場細分的因素有很多，各企業的實際情況又各異，不同的企業在細分市場時採用的細分變數和標準不一定相同，究竟選擇哪種變量，應視具體情況加以確定，切忌生搬硬套和盲目模仿。如牙膏可按購買動機細分市場，服裝按什麼細分市場合適呢？

第三，組合性。要注意細分變數的綜合運用。在實際行銷活動中，一個理想的目標市場是有層次或交錯地運用上述各種因素的組合來確定的。如化妝品的經營者將18~45歲的城市中青年婦女確定為目標市場，就運用了四個變量：年齡、地理區域、性別、收入（職業婦女）。

3.1.3 市場細分的應用

市場細分的方法主要有單一變量法、主導因素排列法、綜合因素細分法、系列因素細分法等；市場細分作為一個比較、分類、選擇的過程，可以按照市場細分的程序來進行。新創企業的市場細分可以按以下兩種基本方法進行。

方法一：

（1）選定產品市場範圍。公司應明確自己在某行業中的產品市場範圍，並以此作為制定市場開拓戰略的依據。

（2）列舉潛在顧客的需求。可從地理、人口、心理等方面列出影響產品市場需求和顧客購買行為的各項變數。

（3）分析潛在顧客的不同需求。公司應對不同的潛在顧客進行抽樣調查，並對所列出的需求變數進行評價，瞭解顧客的共同需求。

（4）制定相應的行銷策略。調查、分析、評估各細分市場，最終確定可進入的細分市場，並制定相應的行銷策略。

方法二：

（1）進行市場區隔

市場可以細分，因為人從性格上可以分很多類，市場主要說的是人的一種需求。人從嬰幼兒到老年都是有需求的，但是相同的產品不可能適應所有人。一個產品適合一個年齡段的人群，這個年齡段就叫整體人群的區隔人群。群體大就是大的區隔人群，小的就是小的區隔人群。人群劃分出幾塊兒來，有嬰兒、幼兒、少兒、少年、青年、壯年、中年、老年，這是從年齡上分出來的區隔，還可以從性別上、經濟能力上進行區隔的。有些產品適合從年齡上區隔，有些產品適合從性別上區隔，還有些適合從經濟能力上區隔。

共性的需求產品一般從年齡上直接區隔就可以了，但是市場上的產品不僅是共性需求的產品，還有滿足其他方面需求的產品，有滿足愛好的、滿足娛樂的，還有滿足慾望的。不同的產品針對的人群不一樣，只要把產品對應的人群給分開，就會形成一個個區隔的人群範圍。

區隔市場與市場細分不同，區隔是區隔出一個大的市場人群，也叫市場區隔。它可以用一個產品類別去對應，除了對應不同年齡，還可以對應男性、女性。在男性和女性當中，還可以從年齡上對應青年女性、青年男性，或者是中年女性、中年男性，反正這些都叫區隔，用一個大產品類別對應市場的一類人群的就叫區隔市場。

（2）在區隔市場的基礎上細分市場

在區隔市場的基礎上細分市場。在區隔市場中，還會把這些已經區隔的人群進行細分。比如，一個產品面對25~35歲的女性群體，這是它的消費人群。如果它是女性化妝品，其市場已經非常成熟了，這個年齡段的消費者已經不滿足這個產品給

3　創業行銷

她們帶來的產品的共性利益了，所以要進行細分。如何細分呢？就是在產品的共性利益基礎上加上個性利益，然後針對這個年齡段不同個性特點的人所要求的個性利益點，這就是細分。怎麼叫對應利益點呢？比如，生產一塊香皂，共性的利益是去污、殺菌。這個利益對這個年齡段的人都有作用。但細分之後就產生了不同，美白香皂就對應了一類既去污、又殺菌，還需要美白的人群。另外，潤膚的香皂就對應了需要潤膚的人群，還有需要保養的、需要防衰老的等。用產品的特點對應25~35歲的人群裡每一種個性化的利益需求人群，這就叫細分。

(3) 根據市場成熟度，可深度細分

由於市場競爭的加劇，在大的細分條件下還出現了更細的細分。比如，服裝的細分，服裝可以從職業上分，可以從生活方式上分，還可以分早上、中午、晚上的服裝。在這些服裝當中，每一種還可以對應不同的性格人群。比如，一個女孩如果比較活潑，可以穿活潑一點的服裝；如果比較內向，可以穿比較素雅或者比較內斂的服裝。

服裝的大類別裡面可以分出商務的、休閒的，還可以有商務休閒的。在休閒裡面還有很多種類。比如說，休閒裡邊有戶外攀岩的、戶外野遊的、戶外運動的，還有戶外時尚的。同樣，有室內的、室內休閒的、戶內時尚的、戶內放鬆的和戶內性感的等。總之，可以分很多種，這些都是對應不同人群裡邊不同的需求方式的。

在一個需求方式裡，同一個人在不同時間點上的需求也不同，這也是細分。這些細分是有條件的。條件是什麼？就是市場條件。什麼叫市場條件？就是做細分產品時要考慮這個市場成熟不成熟。市場沒有成熟到一定程度的時候不要細分。比如，從計劃經濟進入到市場經濟，產品開始豐富起來，人們的需求方式隨之改變。以前，大家都塗抹雪花膏，早上起來往手上塗抹點兒蛤蜊油、往臉上塗抹點兒雪花膏潤潤膚就很不錯了。但隨著市場經濟的活躍和人們生活水準的提高，好的產品逐漸被認識，人們對美的認識也改變了，對一些高檔化妝品也從被動需求變成主動需求了，這個時候市場就逐漸成熟起來了。市場成熟之後，就會有更多細分的產品出現。從以前用雪花膏簡單的潤膚到美白這個概念是一個過程，後來美白已經不能滿足人們的需求了，人們想讓皮膚更滋養、更有彈性，所以不同概念的產品需求都產生了。有了這樣細分的需求，才會有細分的產品來對應。

依靠調研考量市場的成熟程度進行細分。一個需求滿足之後，人們會追求更高層次的需求。如果一個市場還處於簡單的、基本需求的時候，企業生產一個細分產品進入這個市場就要先教育市場跟上其步伐，這是很難做到的。

消費者的認識是逐步發展的，認識還沒有到這一點的時候，單靠一家企業的力量去把他教育到跨一個時代的理解程度是不可能的。如果在英國有這個市場，人們希望中國也有這個市場，這種想法不一定完全現實。中國有企業可能會有這個條件和能力，但是不一定有這種意識。市場的前進是按部就班的，企業要根據市場的調研結果來考慮產品的市場是處於什麼階段，只有到了相對成熟的狀態下，才可以用

產品去細分。用產品細分的目的也是對應市場的需求，所以說，市場細分是在成熟條件下產生的。

3.2 目標市場選擇

3.2.1 目標市場選擇理論

新創企業在完成市場細分之後，就該進入市場選擇這一環節，市場選擇一般由細分市場的評估和目標市場的選定兩個部分所構成。

（1）目標市場的定義

對新創企業而言，一般不以所有的消費者為目標消費者。所謂目標市場，就是指企業預定進入的細分市場，亦即準備針對性地滿足其某些需求的一部分特殊的購買者群體。例如，現階段中國城鄉居民對照相機的需求，可分為高檔、中檔和普通三種不同的消費者群。調查表明，33%的消費者需要物美價廉的普通相機，52%的消費者需要使用質量可靠、價格適中的中檔相機，16%的消費者需要美觀、輕巧、耐用、高檔的全自動或多鏡頭相機。國內各照相機生產廠家，大都以中檔、普通相機為生產行銷的目標，因而市場出現供過於求，而各大中型商場的高檔相機，多為高價進口貨。如果某一照相機廠家選定16%的消費者目標，優先推出質優、價格合理的新型高級相機，就會受到這部分消費者的歡迎，從而迅速提高市場佔有率。[1]

（2）細分市場的評估

新創企業進行市場選擇的第一個環節就是，根據一定的評估標準對各個細分市場進行分析評價。細分市場的評估一般有兩個標準，即企業目標和細分市場的發展潛力。

根據企業目標進行細分市場評估。我們說，管理首先是目標導向的。如果某一細分市場雖然能在短期內帶來較大的銷量和利潤，但並不符合新創企業的發展的主要目標，甚至可能造成企業資源和精力的分散，那麼這樣的市場就應該考慮放棄。

根據細分市場的發展潛力進行細分市場評估。細分市場的發展潛力一方面決定於其市場規模和增長率，另一方面決定於該細分市場的競爭潛力。市場規模亦即可能的顧客數量，對新創企業而言，自然是可能的顧客數量越多越好；但需要注意的是，規模大的企業一般也會比較關注市場規模大的細分市場，而對市場規模偏小的細分市場興趣不大，那麼新創企業在剛進入市場時，就需要在評估細分市場時進行綜合考慮。市場增長率既是在未來的一段時期內，顧客數量與其購買量增長的比率，對新創企業而言，目標市場中顧客數量與其購買量的良好上升勢頭，無疑有利於新

---

[1] 資料來源：MBA智庫百科

創企業在市場上站穩腳跟。根據競爭理論大師邁克爾．波特的「競爭五力模型」，細分市場的競爭潛力一般可以從供應者、購買者、現有競爭者、潛在競爭者和替代者五個方面進行評估。對新創企業而言，一般需要首先考慮對供應者和購買者的討價還價能力，其次暫時避開實力較強的現有競爭者，最後適當關注潛在競爭者和替代者。

3.2.2 目標市場選擇應用

新創企業在進行目標市場的選定時，可以結合項目特點在五種目標市場選定模式中進行選擇。

市場單一化模式。即「一種產品，一個細分市場」，這是最簡單的目標市場選定模式，它針對細分出的一個單一市場進行集中行銷，企業用一種產品去覆蓋一個細分市場。

適用於企業規模小、產品單一、產量低的初級階段。

產品專業化模式。即「一種產品，所有細分市場」，就是企業用一種產品去覆蓋所有的細分市場，同一種產品也可以有不同的規格、款式以滿足不同的顧客群體。

適用於企業有一定規模、產品單一、產量較高的中級階段。

市場專業化模式。即「所有產品，一個細分市場」，就是企業用所有產品去覆蓋一個細分市場。

適用於企業有一定規模、產品組合較多、市場單一的中級階段。

選擇專業化模式。即「部分產品，部分市場」，就是企業用部分產品去覆蓋部分的細分市場。

適用於企業有一定規模、產品組合較多、市場類別較多的高級階段。

市場全面化模式。即「所有產品，所有市場」，就是企業用所有產品去覆蓋所有的細分市場。

適用於企業規模較大、產品組合較多、市場覆蓋廣的高級階段。

3.3 市場定位

市場定位（Marketing Positioning）一詞源於艾爾·里斯和杰克·特勞特在1972年提出的經典概念——定位（Positioning），定位這一概念的核心含義就是獨特和差異化。

3.3.1 市場定位理論

（1）市場定位的含義

行銷之父科特勒認為：市場定位是企業對自己產品目標公眾的選擇與顧客對其

創業管理

獨特形象的認定。

市場定位最基本一層的含義就是獨特和差異化的目標顧客群體，對新創企業而言，找到獨特和差異化的顧客群體，並根據該群體獨特和差異化的需求去開發獨特和差異化的產品，從而在激烈競爭的市場中造就自身獨特和差異化的能力和優勢，由此使新創企業形成自己獨特和差異化的個性或特色，提升企業在市場中的能見度和辨識度，最終獲得目標顧客群體的認可甚至忠誠。市場定位的關鍵是企業要發掘自己比競爭者更具有競爭優勢的特性，即找到企業生存和發展的核心競爭力所在。

案例：美國西南航空公司的市場定位分析

一、市場定位

1. 產品：民航運輸
2. 市場：自費外出旅遊者和小公司的商務旅行者
3. 地域：達拉斯—奧斯汀—休斯頓　減少門到門的旅行時間
4. 需求：輕鬆活潑的旅行生活　低費用的旅行費用

二、行銷措施

1. 飛機：全部選用「波音737」
2. 訂票：電話訂票，不通過旅行社（需要什麼票—信用卡號—確認）
3. 登機：報姓名—打出不同顏色卡片—以顏色依此登機—自選座位
4. 機上：沒有頭等艙、不提供行李轉機服務、不提供餐飲服務

三、效果

1. 辦理登機時間比別人快三分之二
2. 飛機在機場一個起落只需25分鐘（其他要40分鐘）
3. 去掉頭等艙（3排×3個＝9個座位），增加4排×6個＝24個座位

四、取消餐飲服務後

服務人員從標準配置的4個減少到2個（一人年薪為4.4萬美元，且工資占公司用於員工成本費用的四分之一或五分之一）

1. 取消機上餐飲設備，可加6個座位
2. 不提供餐飲服務，原著陸後15分鐘的清潔時間也不必
3. 增加了航班量（其他航空公司6趟，美國西南航空公司8趟）
4. 機票售價只要60~80美元，大大低於其他180~200美元

3.3.2 市場定位的步驟

新創企業一般通過識別競爭優勢、明確競爭優勢和體現競爭優勢三個步驟來進行市場定位。

（1）識別競爭優勢。一般企業的競爭優勢可能來源於大規模的生產能力和成本優勢，對新創企業來說，產能和成本可能並不是自己的優勢所在，而對顧客需求的

3　創業行銷

深度把握並由此開發的獨特產品可能才是自己的競爭優勢。這種競爭優勢既可以是現有的，也可以是潛在的，這需要創業者進行有效識別。

（2）明確競爭優勢。通過對主要競爭對手的調研分析，並把企業的所有行銷活動進行系統性分類，然後將分類後的主要行銷活動與主要競爭對手的同類行銷活動進行對比，從而找到並明確本企業的競爭優勢，一般新創企業的主要行銷活動類別可以是產品開發、促銷策略、服務水準、銷售渠道、品牌個性等。

（3）體現競爭優勢。新創企業在明確競爭優勢後，需要通過一系列的促銷活動向目標顧客群體宣傳其獨特的競爭優勢，以利於在顧客心目中占據一個獨特位置。為此，首先，企業應使目標顧客瞭解、知道、熟悉、認同、喜歡和偏愛本企業的市場定位，在顧客心目中建立與該定位相一致的形象。其次，企業通過各種努力強化目標顧客形象，保持目標顧客的瞭解，穩定目標顧客的態度和加深目標顧客的感情來鞏固與市場相一致的形象。最後，企業應注意目標顧客對其市場定位理解出現的偏差或由於企業市場定位宣傳上的失誤而造成的目標顧客模糊、混亂和誤會，及時糾正與市場定位不一致的形象。

知識連結：CIS——企業形象識別系統

CIS 是英文 Corporate Identity System 的縮寫，直譯為企業形象識別系統，意譯為企業形象設計。

CIS 一般分為三個方面，即企業的理念識別——Mind Identity（MI），行為識別——Behavior Identity（BI）和視覺識別——Visual Identity（VI）。

企業理念是指企業在長期生產經營過程中所形成的企業共同認可和遵守的價值準則和文化觀念，以及由企業價值準則和文化觀念決定的企業經營方向、經營思想和經營戰略目標。

企業行為識別是企業理念的行為表現，包括在理念指導下的企業員工對內和對外的各種行為，以及企業的各種生產經營行為。

企業視覺識別是企業理念的視覺化，通過企業形象廣告、標示、商標、品牌、產品包裝、企業內部環境佈局和廠容廠貌等媒體及方式向大眾表現、傳達企業理念。CI 的核心目的是通過企業行為識別和企業視覺識別傳達企業理念，樹立企業形象。

3.3.3　市場定位的應用

有了上面的知識儲備，本節將對一個新創企業如何進行市場定位，進行針對性闡述，以期掌握新創企業市場定位的要領。

新創企業的市場定位主要有以下產品差異化、服務差異化和形象差異化三種。

（1）產品差異化。產品差異化基本的含義是指產品在外觀、性能、質量等方面的差異化，但無疑產品的差異源自顧客的差異。常言道「物以類聚，人以群分」，新創企業可以通過所服務的顧客群體的差異化，來顯示與競爭對手的區別。如香奈

兒香水目標顧客定位於知性女士、時尚女郎、影視明星、青春少女等。

（2）服務差異化。當今很多新創企業都屬於服務型企業，為顧客提供有別於競爭對手的高品質服務，無疑可以為企業帶來明顯的競爭優勢。在服務行銷範疇來說，個性化的服務項目、獨特的服務標準和優秀的服務人員，都可以給顧客帶來差異化的服務體驗，從而確立自身的競爭優勢。

（3）形象差異化。對消費者而言，一個企業在消費者心目中的形象，無疑在很大程度上影響了消費者的購買決策。企業形象包含了企業產品形象、企業服務形象和企業團隊形象等各個方面，它是一個企業在消費者心目中長期累積形成的一個綜合印象。那麼，一個新創企業就需要在經營發展的過程中，全面而持續地檢視企業的所有經營行為，不斷反思各種企業行為（尤其是推廣傳播行為）給目標受眾造成的企業形象的模糊、混亂和誤會，並及時糾錯。

3.4 行銷組合策略

經典的行銷組合策略包括四個部分，即產品策略、價格策略、渠道策略和促銷策略。

科特勒說過，作為一種企業經營理念，行銷意味著組織是顧客導向的，並受市場驅使；作為一種功能，行銷又是一種有序和深思熟慮地研究市場及策劃的過程。本節將介紹對行銷組合的應用，目的是幫助新創企業解決行銷中的四個關鍵問題，即產品怎麼做、價格怎麼定、渠道怎麼布、促銷怎麼搞。

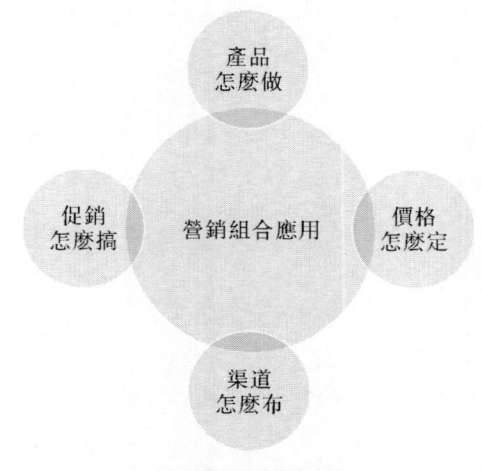

圖 3-3　行銷組合應用框架圖

3 創業行銷

一個企業在思考行銷問題的時候，應該重點關注以下幾個基本問題：
- 應該尋找什麼樣的消費者？
- 如何吸引他們關注並讓他們滿意？
- 他們想得到什麼樣的產品和價值？
- 哪些企業會對這些消費者展開競爭？
- 如何使消費者確信本企業是他們最好的選擇？

3.4.1 產品策略（Product Strategy）

一個新創企業的行銷組合策略，首要的是用什麼樣的產品去滿足目標顧客的需求，並且企業的產品策略也部分地影響到其他的行銷組合因素。關於產品整體概念，常用的有菲利普.科特勒為代表的五層次說。第一層次為核心產品，意指產品的基本效用；第二層次為形式產品，意指外觀、式樣、品質等；第三層次為期望產品，意指與產品相關的屬性；第四層次為延伸產品，意指產品的附帶利益；第五層次為延伸產品，意指產品可能的演進和變化。

（1）產品組合策略

創業企業在進行產品決策時，除了考慮以什麼樣的產品進入市場之外，還應該考慮產品組合。消費者都希望擁有選擇的權利，在做出購買決策之前，消費者總是習慣性地在多個選擇中做比較，因此，必要的產品組合，是新創企業進行產品決策時必須考慮的。所謂產品組合，是指一個企業提供給市場的全部產品線和產品項目的組合或結構，對於新創企業而言，即企業的業務經營範圍。產品線是指產品組合中的某一類產品大類，是一組密切相關的產品，它由類似的方式發揮功能、售給相同的顧客群，通過同一的銷售渠道出售或屬於同一的價格範疇。產品項目是衡量產品組合各種變量的一個基本單位，指產品線中不同品種及同一品種的不同品牌。產品組合包括四個衡量變量：長度、寬度、深度和關聯度。

表 3-2　　　　　　　　　寶潔公司的產品組合（部分）

護膚/化妝	洗髮水	口腔護理	香皂/沐浴露	洗衣粉
玉蘭油 吉列 Illume（伊奈美） ANNA SUI（安娜蘇） SK-Ⅱ Maxfactor ……	飄柔 海飛絲 潘婷 沙宣 伊卡璐 ……	佳潔士 歐樂-B	舒膚佳 玉蘭油 激爽 卡玫爾	碧浪 汰漬

①產品組合的長度

產品組合的長度是指企業所擁有的產品項目的平均數，即全部產品項目總數除以全部產品線數所得的商。如表3-2所示的產品組合總長度為18，每條產品線的平均長度為18÷5＝3.6。新創企業往往由於受到資金、技術和精力的限制，產品組合長度不宜過長。

②產品組合的寬度

產品組合的寬度是指產品組合中所擁有的產品線數目。如表3-2所示的產品組合寬度為5。新創企業在創立初期一般設計較少的產品線，以降低成本和營運風險。

③產品組合的深度

產品組合的深度是指產品項目中每一品牌所含不同花色、規格、質量產品數目的多少。如佳潔士牙膏有四種規格和兩種配方，其產品組合深度就是8。新創企業在進行產品決策時，產品組合深度不宜過深，可隨著企業的成長，逐步加強對核心產品的深度開發，拓展產品組合深度。

④產品組合的關聯度

產品組合的關聯度是指各條產品線在最終用途、生產條件、分銷渠道或其他方面相互關聯的程度。如表3-2所示的寶潔公司的產品組合，雖有5條產品線，但都為個人或家庭洗護用品，表中所列產品組合則具有較強的關聯度。相反，經營多個非相關產業的企業，其產品組合的關聯度則可能較小甚至無關聯。新創企業創業初期往往經營的產品系列都呈相關關係，關聯度較高，以便給消費者清晰的認知。

產品組合決策：企業創業初期，要在對市場的認識和預測基礎上，逐步完善產品組合，不要期待將產品組合決策一步到位。新創企業初期，可根據對消費者需求的瞭解，結合企業的自身資源，設計核心的幾條產品線。產品項目不宜過多，產品組合的深度也不宜過深，一方面是考慮到初創企業資金的壓力，另一方面初創期的企業應著力打造自己的特色、核心產品或服務，以迅速占領市場。產品組合過於複雜會分散企業資源，也不利於核心競爭力的打造。

當新創企業進入到快速成長期時，便可根據實際情況逐步完善產品組合策略，如增加產品線數量、加深產品組合深度等等。當然，在企業經營過程中，還要階段性地對產品組合進行分析評估，以對產品組合進行有效調整。分析產品組合是否健全、平衡的方法推薦使用三維分析圖，即在三維空間坐標上，以 x、y、z 三個坐標軸分別表示市場佔有率、銷售成長率以及利潤率，每一個坐標軸又分為高、低兩段，這樣就能得到八種可能的位置。三維分析如圖3-4所示。

3 創業行銷

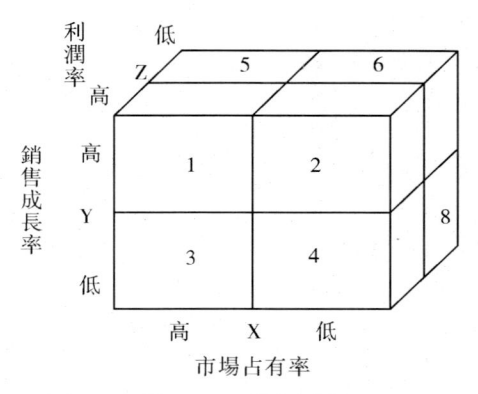

圖 3-4 三維分析圖

如果企業的大多數產品項目或產品線處於 1、2、3、4 號位置上，就可以認為產品組合已達到最佳狀態。因為任何一個產品項目或產品線的利潤率、成長率和佔有率都有一個由低到高又轉為低的變化過程，不能要求所有的產品項目同時達到最好的狀態，即使同時達到也是不能持久的。

創業企業可根據市場的變化，運用三維分析法，在經營過程中檢視自己的產品組合策略，及時作出調整，以適應不斷變化和發展的消費者需求。

（2）產品生命週期策略

產品從投入市場到最終退出市場的全過程稱為產品的生命週期，該過程一般經歷產品的導入期、成長期、成熟期和衰退期四個階段。

導入期是新產品首次正式上市的最初銷售時期，只有少數創新者和早期採用者購買產品，銷售量小，促銷費用和製造成本都很高，競爭也不太激烈。這一階段企業行銷策略的指導思想是，把銷售力量直接投向最有可能的購買者，即新產品的創新者和早期採用者，讓這兩類具有領袖作用的消費者加快新產品的擴散速度，縮短導入期的時間。具體可選擇的行銷策略有：快速撤取策略，即高價高強度促銷；緩慢撤取策略，即高價低強度促銷；快速滲透策略，即低價高強度促銷；緩慢滲透策略，即低價低強度促銷。成長期的產品，其性能基本穩定，大部分消費者對產品已熟悉，銷售量快速增長，競爭者不斷進入，市場競爭加劇。企業為維持其市場增長率，可採取以下策略：改進和完善產品；尋求新的細分市場；改變廣告宣傳的重點；適時降價等。成熟期的行銷策略應該是主動出擊，以便盡量延長產品的成熟期，具體策略有：市場改良，即通過開發產品的新用途和尋找新用戶來擴大產品的銷售量；產品改良，即通過提高產品的質量，增加產品的使用功能、改進產品的款式、包裝，提供新的服務等來吸引消費者。衰退期的產品，企業可選擇以下幾種行銷策略：維持策略、轉移策略、收縮策略、放棄策略。

（3）品牌策略

很多創業企業認為：「品牌那是大企業的事情，認為做品牌是一種奢侈品，是

創業管理

大公司的專利，只有大量廣告投入才能建立品牌。新創企業因為資金不足，當前最關鍵的問題是銷量，等累積了足夠的資本，再去考慮品牌之事。」其實，這是新創企業對品牌認知的誤區，也違背了品牌發展的規律。

事實上，世界上任何一家成功企業都是從小到大、任何一個著名品牌同樣也都是從默默無聞到天下皆知的。品牌建設從來都是一個漸進推廣的過程，在這個過程中，沒有任何捷徑。企業從註冊的那一刻開始，就意味著品牌建設的開始。根據周錫冰、萬榮素在《中國中小企業》2008年第6期發表的《品牌建設著力點》的研究成果，新創企業可以從以下幾個方面來進行品牌建設：

①易於傳播的品牌名稱

起一個容易被消費者接受的名字，及其註冊具有文化底蘊便於傳播的商標，這為打造知名強勢品牌奠定堅實的基礎。事實上，一個企業品牌的成功塑造離不開一個容易被消費者接受的企業名稱，因為這是讓消費者互相傳播的一個重要條件，莎士比亞說過，玫瑰不管取什麼名字都是香的，實際上並不盡然。

②對品牌進行專業而全面的規劃

通常很多新創企業在品牌規劃方面並不專業，最好選擇專業的品牌策劃公司，根據不同階段有步驟地進行品牌運作，包括進行VI設計、整體視覺形象和企業文化理念設計，充分利用現有資源進行品牌傳播。確實，今天的消費者越來越傾向於有個性的品牌消費。企業識別系統（Coporate Identity System，簡稱CIS）正是個性品牌的靈魂，在企業競爭中的作用越來越重要。僅僅強調質量，不搞品牌戰略，在競爭激烈的今天，難以占領廣大市場。因此，提升企業形象，實施品牌戰略，不斷創新是企業成敗的關鍵。

③提煉準確訴求點

這既是企業品牌的正確表述，也是對產品質量及服務的一種承諾，這是品牌策劃的重要部分。那麼如何尋找到準確的廣告訴求點呢？事實證明，提煉準確訴求點必須通過市場調研來完成。另外，對廣告創意以及廣告效果也必須進行調研。從廣告創意開始就要進行市場調研，廣告製作過程中也不斷地進行市場調研，廣告播出後消費者有何反應更要密切關注。我們每天看到很多廣告，特別是電視廣告，總有一些很令人倒胃口，同樣的廣告有的卻給消費者留下了深刻的印象，甚至看到廣告就引起消費慾望，這都是有沒有進行科學的市場調研的結果。

④質量是品牌的保證

品牌必須要有永續經營和基業長青的思路，就要先從質量抓起，要健全質量保證體系，並長期一貫堅持下去。質量的概念有著千千萬萬的擁護者。這種觀點認為，打造一個更好品牌的方法就是生產出更高質量的產品。質量，或者更確切地說是對質量的認知，是存在於消費者的頭腦裡。如果你想建立一個強大的品牌，你必須在頭腦裡建立一個強大的質量認知。

⑤品牌必須有自己獨特的個性

品牌建設從某種程度上講取決於決策者的思維方式，即不同性格的決策者將會

3　創業行銷

塑造出不同個性的品牌。對此，在對品牌產品的宣傳中，要針對消費群體，準確地把握品牌的個性，突出訴求點。所謂品牌個性，就是品牌突出的訴求點，是這一品牌有別於它種品牌的品牌個性。例如廣東星恒公司生產的星恒樓面隔熱防水漆適宜於各類消費群體，突出的個性和單一訴求點是100%隔熱。其他諸如防水、保溫、防腐也是本產品所具有的功能，如果不突出品牌的個性——隔熱，而沒有重點地一味地宣傳，不僅不利於促銷，而且還會使用戶感到平庸、覺得沒有個性，而失去消費者的信任。因此，品牌個性推介策略，重點是選準消費群體，準確地提出最能反應產品功效和品牌品質，又能讓消費者滿意的訴求點。從而使品牌宣傳更具有針對性和更有效性。圖3-5是四川大學錦城學院學生創業項目「E鹿」的品牌LOGO。

圖3-5　學生創業項目的品牌LOGO

⑥找準品牌發展定位

事實上，作為中小企業，找準品牌發展定位就不宜將產品線拉得過長。道理很簡單，一方面中小企業資源有限，若過於分散，難以保障每個產品發展的正常需要；另一方面中小企業管理能力相對較弱，產品太多往往顧此失彼，造成失控局面。在這種情況下，中小企業必須集中優勢兵力，打殲滅戰，爭取成為「小池塘」裡的大魚。

⑦實現品牌的跨越式擴張

對消費者做最精準的判斷，從而把握時機，實現品牌的跨越性擴張。企業要善於把握市場和緊跟市場，善於在市場上捕捉機會、果斷決策。市場是巨大的，機會隨處可見，關鍵是要求企業的決策者能獨具慧眼，把握好時機、當斷則斷，否則機會稍縱即逝。實踐證明，如果真想建立百年老店，建立偉大的品牌，就不能只想著

利用世人的劣根性，而是要首先挖掘出適合於產品和服務的品牌。新創企業在品牌的建設中不僅要審時度勢，而且更要準確找出縫隙點。這樣的話既不向市場領導者挑戰，也不白費精力追隨其後，而是選擇不大可能引起大企業興趣的市場空白點。這些空白點，可以是大企業不願干的或干不了的那部分產品市場，也可以是其他企業尚未顧及的那部分市場。採取補缺策略，新創企業既可以開發一個或若干個有利可圖的縫隙市場，同時又能最大限度地避免與較大企業直接較量的風險，使自己獲得一個快速長大的環境。

在產品趨於同質化的今天，新創企業要想在是市場激烈競爭中永遠立於不敗之地。業內專家強調：「盡可能完美地做好產品實體層和延伸層的深度策劃尤其重要。如實體層方面首先要重視商標註冊等知識產權方面的保護，還有質量體系認證和重視整體視覺形象方面的長期規劃。在延伸層方面重視根據市場細分進行差異化行銷，提煉出準確的品牌訴求點，賦予品牌文化內涵和情感色彩，讓消費者在滿足實質層需求的同時又得到精神層面上的一種滿足。通過延伸層還能實現一種對消費者的有效承諾。」因此，對於那些徘徊在品牌建設中的中小企業領導者，筆者建議，在市場競爭日益激烈殘酷的今天，人力、物力、財力上存在先天不足的新創企業，如何面對大企業的封殺和圍剿而生存下去？這是新創企業家最為關心的問題。市場不會同情弱者，這是參與市場競爭鐵的規則。但是，由於市場的多樣性和消費者行為的差別性，再強的企業和再大的品牌，不可能在所有的市場都占據優勢地位，也就不可能占領所有的市場。這就是新創企業生存的契機。唯有自力更生、奮發圖強，全心全意打造和建立自己的強勢品牌，才是新創企業在夾縫中長久生存的機會。

（4）包裝策略

包裝包括內包裝、中包裝、外包裝三個層次。包裝策略是通過對產品包裝的形式、結構、材料等的策劃，最終利用包裝來推銷產品、拓寬市場、提高市場佔有率，從而實現企業的行銷目標。包裝策略通常與產品的規格設計相聯繫，共同構成產品系列。

可選擇的包裝策略如下：

類似包裝策略：企業對其各種產品，在包裝上採用相近的圖案、近似的色彩和共同的特徵。採用該策略，可使消費者形成對企業產品的深刻印象，也可降低包裝成本。但如果企業各種產品質量過於懸殊，就會形成負面影響。

等級包裝策略：根據產品質量等級不同採取不同的包裝。

配套包裝策略：將不同類型和規格但有相互聯繫的產品置於同一包裝中。如，將系列化妝品包裝在一起出售，便是典型的配套包裝。

附贈品包裝策略：在包裝容器中附贈物品，以吸引消費者購買。如，許多兒童食品的包裝是採用此種策略。

此外還可採用復用包裝策略，不同容器包裝策略等。比如，圖3-6、圖3-7是四川大學錦城學院學生創業項目「田家行」的產品包裝設計。

3　創業行銷

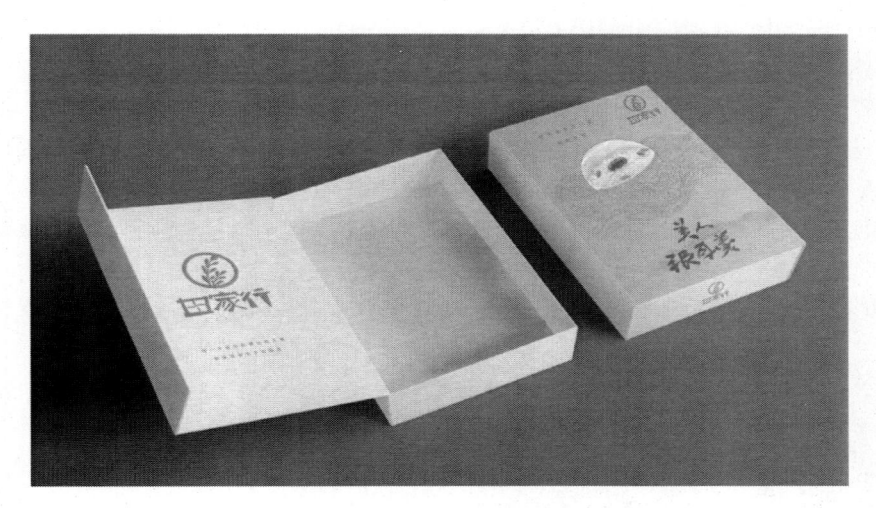

圖 3-6　學生創業項目的產品盒裝設計

圖 3-7　學生創業項目的產品袋裝設計

新創企業的產品策略應用可以按照以下七個步驟進行，如圖 3-8 所示。

目標顧客 ▶ 產品組合 ▶ 特色賣點 ▶ 品牌效應 ▶ 包裝策略 ▶ 售後服務 ▶ 更新換代

圖 3-8　產品策略應用流程圖

99

創業管理

第一步，目標顧客。要準確界定產品的銷售對象，是銷售給組織客戶還是個人家庭客戶；這些客戶的需求是什麼？他們的買點是什麼？

第二步，產品組合。介紹其產品組合（為產品價格表提供依據）和產品生命週期。產品組合即產品目錄，它可以讓目標客戶有足夠的選擇空間；產品生命週期可以讓企業和投資人瞭解，產品組合中不同的產品對應不同的生命階段。

第三步，特色賣點。重點宣傳產品的特點和功能，即主要賣點。產品特色無疑是客戶選擇該產品的主要理由。

第四步，品牌效應。介紹推廣產品的可信度、高質量、好品牌和知名度，企業不僅要為客戶提供產品品質保證，還需要為客戶提供獨特的精神價值。

第五步，認真研究產品用什麼包裝、多大尺寸包裝，好的包裝不僅可以吸引客戶的關注，還可以為客戶在打開包裝時提供良好的體驗。

第六步，做好售後服務，提供三包承諾。

第七步，制定好產品的未來開發策略。

3.4.2 價格策略 (Price Strategy)

價格策略一般包括三種基本定價策略，即成本導向定價法、需求導向定價法和競爭導向定價法。

（1）成本導向定價法

這是一種主要以成本為依據的定價方法，包括成本加成定價法和目標收益定價法，其特點是簡便、易用。主要包括：

成本加成定價法：指按照單位成本加上一定百分比的加成來確定產品銷售價格。

目標收益定價法：又稱投資收益率定價法，是根據企業的投資總額、預期銷量和投資回收期等因素來確定價格。

（2）需求導向定價法

這是一種以市場需求強度及消費者感受為主要依據的定價方法，包括認知價值定價法、反向定價法和需求差異定價法三種。

認知價值定價法：企業根據購買者對產品的認知價值來制定價格。

反向定價法：企業依據消費者能夠接受的最終銷售價格，計算自己從事經營的成本和利潤後，逆向推算出產品的批發價和零售價。

需求差異定價法：產品價格的確定以需求為依據，首先強調適應消費者需求的不同特性，而將成本補償放在次要的地位，對同一商品在同一市場上擬訂兩個或兩個以上的價格，或使不同商品價格之間的差額大於其成本之間的差額。

（3）競爭導向定價法

通常有兩種方法，即隨行就市定價法、差別定價法、投標定價法。

隨行就市定價法：將本企業某產品價格保持在市場的平均價格水準，利用這樣

3　創業行銷

的價格來獲得平均報酬。

差別定價法：企業通過不同行銷努力，使同種同質的產品在消費者心目中樹立起不同的產品形象，進而根據自身特點，選取低於或高於競爭者的價格作為本企業產品價格。

新創企業的價格策略應用可以先從以下五個方面進行思考。

第一要考慮零售價與批發價之間的合理關係，即產品價格表；

第二要考慮產品作價的策略；

第三要確定基本目標，是銷量最大化，還是利潤最大化；

第四要權衡產品中的可見價值、成本、利潤三者之間的合理比例；

第五要協調好產品價格、市場份額、市場規模、產品生命週期、市場競爭程度之間的關係。

在此基礎上，就可以依照下面六個步驟來設計我們的產品價格：

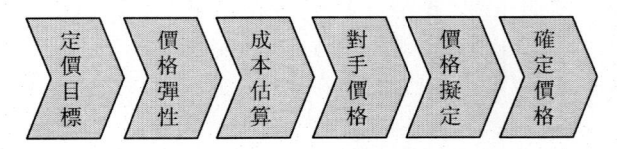

定價目標 → 價格彈性 → 成本估算 → 對手價格 → 價格擬定 → 確定價格

圖 3-9　產品價格應用流程圖

- 定價目標：首先確定定價目標，是銷量優先還是利潤優先。
- 價格彈性：測定需求的價格彈性，可以通過試銷等辦法來測定目標顧客對價格的敏感程度，即其對價格的高低到底有多在乎。
- 成本估算：在確定價格以前，需要先測算產品的全部成本，包括生產成本、管理成本等。
- 對手價格：分析競爭對手的產品與價格，由此可以預測本企業產品在價格上的競爭力，及可能的市場銷售情況。
- 擬定價格：先根據實際情況選擇三種基本定價法中的一種，再選擇適當的具體定價方法。
- 確定價格：在已經擬定的價格基礎上，最後綜合考量確定產品的最終價格。

3.4.3　渠道策略（Place Strategy）

銷售渠道是指商品從生產者傳送到用戶手中所經過的全過程，以及相應設置的市場銷售機構。正確運用銷售渠道，可以使企業迅速及時地將產品轉移到消費者手中，達到擴大商品銷售，加速資金週轉，降低流動費用的目的。包括以下內容：

(1) 渠道選擇策略

包括直接渠道和間接渠道兩類，直接渠道策略是企業採用產銷合一的經營方式，即商品從生產領域轉移到消費領域時不經過任何中間環節，間接渠道策略是銷售渠

道是指商品從生產領域轉移到用戶手中要經過若干中間商的銷售渠道。直接渠道銷售及時，中間費用少，便於控制價格，及時瞭解市場，有利於提供服務等優點，但此方法使生產者花費較多的投資、場地和人力，所以消費廣，市場規模大的商品，不宜採用這種方法。間接渠道由於有中間商加入，企業可以利用中間商的知識、經驗和關係，從而起到簡化交易，縮短買賣時間，集中人力財力和物力用於發展生產，以增強商品的銷售能力等作用，但中間商要分享銷售利潤，所以毛利空間較小的產品不宜採用這種方法。

間接渠道必須選擇中間商，主要有三類：

①經銷商。經銷商是指從事商品交易業務，在商品買賣過程中擁有商品所有權的中間商。代理商是受生產者委託，從事商品交易業務，但不具有商品所有權的中間商。按代理商與生產公司業務聯繫的特點，又可以將其再分為企業代理商、銷售代理商、寄售商和經紀商。

②零售商。零售商時指向最終消費者提供商品和服務的中間商。零售商是銷售系統中數量最多的組織。它按經營商品類別不同，由專賣店、百貨公司、超級市場、便利店等。從著眼於價格競爭來看，有折扣商店、倉儲賣場等。從不設鋪面的零售商來看，有直營行銷專業機構、自動售貨、流動售貨等。從管理系統不同的各種零售組織看，有自營連鎖店、加盟連鎖店、零售商合作組織、協同商業百貨商店、消費者合作社等。

③批發商。批發商是介於生產者和零售商之間的中間商，它按行銷商品種類的多少來分，可以分為一般批發商和專業批發商；按照服務地區分可以分為全國批發商、區域批發商和地方批發商；按是否擁有商品經營權可以分為經銷批發商和代理批發商；按服務的內容可以分為綜合服務批發商和專業服務批發商。

在選擇目標渠道時，還必須考慮是選擇單一直接或間接渠道還是多種直接或間接渠道，甚至直接和間接混合的渠道模式。

(2) 渠道長度策略

銷售渠道按其長度來分類，可以分為若干長度不同的形式，商品從生產領域轉移到用戶的過程中，經過的環節越多，銷售渠道就越長；反之就越短。消費品銷售渠道有四種基本的類型：

零級渠道：生產者—消費者；

一級渠道：生產者—零售商—消費者；

二級渠道：生產者—代理商或者批發商—零售商—消費者；

三級渠道：生產者—代理商—批發商—零售商—消費者。

工業品銷售渠道有三種基本的類型：生產者—工業品用戶；生產者—代理商或者工業品經銷商—工業品用戶；生產者—代理商—工業品經銷商—工業品用戶。

(3) 渠道寬度策略

銷售渠道的寬窄，就是企業確定由多少中間商來經營某種商品，即決定銷售渠

道的每個層次（環節）適用同種類型的中間商的數目是多少。一般情況下，有以下三種具體策略可供選擇：

①密集分銷。選擇較多的中間商來推銷產品。通常用於日常消費品和通用化程度較高的工業品，使消費者能及時、方便地買到所需產品。

②獨家分銷。在一定時期內，在一個地區或市場只選定一家中間商來推銷，實行獨家經營。獨家分銷是最窄的分銷渠道，適用於技術性較強的耐用消費品或名牌產品。

③選擇性分銷。在一定的地區或市場中有條件地選擇幾家中間商進行分銷。其形式介於廣泛分銷與獨家分銷之間，適合各類產品。

(4) 市場地域拓展策略

需要考慮三個層次的問題：

專注於本地市場還是向更大地區市場、全國市場甚至國際市場拓展；

專注於中心城市（一級市場）還是一般城市（二級市場），或者農村市場（三級市場）；

地域市場拓展是否有優先順序或重要次要的區別。

新創企業的渠道策略應用可以分為實體渠道和虛擬渠道兩個方面介紹，此處僅介紹實體渠道部分，虛擬渠道的內容將在網絡行銷部分詳細闡述。

一般來講在以下情況下適合採取短渠道銷售策略：

①從產品的特點來看，易腐、易損、價格貴、高度時尚、新潮、售後服務要求高而且技術性強；

②零售市場相對集中，需求數量大；

③企業的銷售能力強，推銷人員素質好，資歷雄厚，或者增加的收益能夠補償花費的銷售費用。

反之，在以下情況下適合採取長渠道策略：

①從產品特點來看，非易腐、易損、價格低、選擇性不強、技術要求不高；

②零售市場較為分散，各市場需求量較小；

③企業的銷售能力弱，推銷人員素質較差，缺乏資金，或者增加的收入不能夠補償多花費的銷售費用。

渠道寬度方面，在企業的市場影響力不大的情況下，比較適宜一地一商的策略，先保證分銷商的分銷積極性。

3.4.4 促銷策略（Promotion Strategy）

促銷策略是市場行銷組合的基本策略之一。促銷策略是指企業如何通過人員推銷、廣告、公共關係和營業推廣（也稱銷售促進）等四大基本促銷手段，向消費者或用戶傳遞產品信息，引起他們的注意和興趣，激發他們的購買慾望和購買行為，

以達到擴大銷售的目的。企業將合適的產品，在適當地點、以適當的價格出售的信息傳遞到目標市場，一般是通過兩種方式：直接和間接促銷兩種手段。

人員促銷就是直接促銷，它通過推銷員包括邀請專家、顧問直接與消費者見面，向他們進行宣傳與推銷，引起消費者興趣，促使消費者購買。

間接促銷包括廣告促銷、營業推廣促銷和公共關係促銷等。廣告促銷是通過各種廣告媒體向消費者傳遞產品信息以促進銷售；營業推廣促銷（銷售促進）是通過一系列刺激渠道中間商或消費者購買的措施以促進銷售；公共關係促銷是通過公關活動廣泛建立人際網絡、樹立企業信譽、提升產品和企業形象及知名度來達到促銷目的。

營業推廣（銷售促進）的方法很多，通常分為消費者促進、渠道促進、銷售人員促進三類。消費者促進的方法有發布會、展示會、現場演示、樣品贈送、宣傳冊、郵寄廣告、代金券、折扣特價、回扣、有獎銷售、競賽、禮品等；渠道促進的方法有進貨獎勵、付款折扣、分銷獎勵、費用補貼、樣品提供、銷售累計獎勵、陳列競賽、促銷人員支持、訂貨會議、店面裝修、廣告合作、技術合作、pop支持等；銷售人員促進的方法有推銷競賽、紅利提成、特別推銷獎、免費旅遊等。

資料來源：根據《市場行銷學》315—318頁改寫，吳建安等編著，高等教育出版社，引用時文字有修改。

促銷策略中的兩個重點內容分別是廣告策略和銷售促進策略。

廣告策略的主要內容5M1W：

對象——誰　（Who）

目標——任務　（Mission）

內容——信息　（Message）

媒體——媒體　（Media）

預算——資金　（Money）

效果——衡量　（Measurement）

銷售促進策略的主要內容：

一、活動背景

二、活動概述

——活動目的和目標

——活動對象

——活動名稱和主題

——活動方式

——活動時間和地點

三、方案細則（活動的具體規則、條件等）

四、配套支持行動

——廣告、宣傳、物料

3　創業行銷

五、預算或配額

六、注意事項（如安全等）

七、行動計劃表（事項、責任人、時間等）

八、附件（內容繁雜且不宜在正文體現的內容）

　　新創企業的促銷策略應用應首先考慮如何讓顧客知道我們的產品，如何贏得第一批顧客。只有這樣，企業和產品才能在市場上站住腳，才有可能進一步發展壯大。因此，在促銷組合中，需要重點考慮廣告和銷售促進兩個要點。

　　新創企業的廣告策略應用可以按以下六個步驟進行：

　　明確廣告受眾：廣告受眾應用適當大於目標顧客的範圍，即可能對目標顧客的購買決策產生影響的人群，都是本廣告的有效受眾。

　　確定廣告目標：確定是企業形象優先還是產品形象優先，是傳播目標優先還是銷售目標優先。

　　編製廣告預算：在考慮廣告目標的時候就需要同時考慮廣告預算，並需要在廣告管理的過程中，嚴格地按預算執行，否則很容易超出預算。

　　設計廣告信息：具體廣告內容是什麼，企業需要提出明確的廣告需求，然後由專業的廣告公司去設計並滿足企業的廣告需求。

　　選擇廣告媒介：需要充分考慮受眾的媒體接觸習慣，即目標受眾經常接觸的是什麼媒體。如學生群體優先考慮的媒體應該是 QQ、微信、音樂、游戲等媒介。

　　協調廣告執行：在廣告發布的過程中，常常會出現一些之前沒有考慮的情況出現，這時就需要及時地溝通協調，以保證廣告的順利執行。

　　新創企業的銷售促進（以下簡稱：銷促）策略應用可以按以下六個步驟進行：

　　明確銷促對象：即明確參與銷售促進活動的人群中，哪些是最容易最終購買產品的顧客。

　　確定銷促目標：提升銷量-中間商、消費者、銷售人員，渠道建設-中間商、銷售人員，競爭滲透-中間商、消費者，品牌提升-消費者，並確定本次銷售促進活動，最後要實現的銷售量或銷售額。

　　選擇銷促工具：可以選擇的工具有贈送優惠券、折價優惠，集點優待，退費優待，競賽與抽獎，贈送樣品，付費贈送，包裝促銷，零售補貼，POP 廣告。

　　制訂銷促方案：確定銷促主題，明確促銷工具，方案的行動計劃，現場執行控制。這四個重點內容的設計策劃。

　　銷促準備與執行：準備包括產品的準備，銷促物料與文件的準備，場地的準備，人員的配置與培訓；執行包括人員和物品到位、分配、布置，緊急情況處理，銷促活動執行記錄，人員和物品的回收，銷促數據記錄的整理與匯總。

　　銷促跟蹤與評估：跟蹤包括建立銷促活動跟蹤體系，跟蹤記錄銷促活動的計劃、執行、結果、報銷、結案全過程，通過跟蹤確保所有銷促活動有計劃、可控制地實

施，對活動安排、預算跟蹤、資金物料安排心中有數；評估包括目標與結果的對比，投入產出比分析，執行力評估。

3.5 新行銷

新行銷是指傳統經典行銷之外的，社會進入互聯網時代之後不斷湧現的行銷新形態，本節重點選取了具有代表性的網絡行銷、整合行銷和精準行銷三種形態。

3.5.1 網絡行銷

網絡行銷是互聯網應用成熟之後廣泛興起並處於快速發展中的一種新型行銷形式，現階段包括微信行銷、微博行銷、搜索引擎行銷等多種形式，其行銷形式將繼續演變出更多的樣式，需要我們持續關注並不斷更新。

（1）微信行銷方法

在進入移動互聯時代的今天，基於移動手機網絡的移動網絡行銷方法無疑是最主要的網絡行銷方法之一，它包括了微信行銷、手機微博行銷、手機客戶端軟件行銷、網頁展示廣告等眾多網絡行銷方法。其中微信行銷是應用範圍較廣的一個，它基於微信手機軟件，通過註冊企業帳戶及微信公眾帳戶，對新創企業而言適用於建立與維護客戶關係、移動客服、基於移動定位服務（Location Based Service，簡稱LBS）的行銷等。下面介紹微信行銷的三種主要方法。

①「意見領袖型」行銷方法。企業家、企業的高層管理人員大都是意見領袖，他們的觀點具有相當強的輻射力和滲透力，對大眾言辭有著重大的影響作用，潛移默化地改變人們的消費觀念，影響人們的消費行為。微信行銷可以有效地綜合運用意見領袖型的影響力，和微信自身強大的影響力刺激需求，激發購買慾望。如小米創辦人雷軍，就是最好的「意見領袖型」行銷策略。如：雷軍利用自己的微博強有力的粉絲，在新浪上簡單地發布關於小米手機的一些信息，就得到眾多小米手機關注者的轉播與評論，更能在評論中知道消費者是如何想的，瞭解消費者內心的需求。

②「病毒式」行銷方法。微信即時性和互動性強、可見度、影響力以及無邊界傳播等特質特別適合病毒式行銷策略的應用。微信平臺的群發功能可以有效地將企業拍的視頻，製作的圖片，或是宣傳的文字群發到微信好友。企業更是可以利用二維碼的形式發送優惠信息，這是一個既經濟又實惠，更有效的促銷好模式。讓顧客主動為企業做宣傳，激發口碑效應，將產品和服務信息傳播到互聯網還有生活中的每個角落。

③「視頻+圖片」行銷方法。運用「視頻+圖片」行銷策略開展微信行銷，首先要在與微友的互動和對話中尋找市場、發現市場。為特定市場的潛在客戶提供個

3 創業行銷

性化、差異化服務，其次，善於借助各種技術，將企業產品、服務的信息傳送到潛在客戶的大腦中，為企業贏得競爭的優勢，打造出優質的品牌服務。讓我們的微信行銷更加「可口化、可樂化、軟性化」，更加地吸引消費者的眼球。

（2）微博行銷方法

微博行銷是一種社會化網絡行銷方法，其方式是通過微博的發布與討論，行銷產品或者服務，行銷對象：微博的粉絲，為擴大行銷的效果，一般會通過大V的轉發，大V可能擁有幾十萬甚至一千萬的粉絲。每一個人都可以在新浪、網易等等註冊一個微博，然後利用更新自己的微型博客。每天的更新的內容就可以跟大家交流，或者有大家所感興趣的話題，這樣就可以達到行銷的目的。

微博行銷可以分為三個基本流程：首先，選擇影響力高、用戶量大、目標受眾集中的微博平臺開設企業微博帳號，並且做好基本信息設置，使目標用戶能很好地瞭解企業特色；其次，通過內容獲取關注，有價值、目標用戶感興趣的微博內容是基礎，微博語言要擬人化，具有情感，保證日常的微博對話，並形成制度化、正常化，這方面可以學學其他企業是怎麼做的（尤其是國外的）；最後，微博推廣，不僅僅使用微博來推廣廣告和產品信息，信息一定要透明、真實，包括優惠信息或其他相關信息，引導粉絲參與到公司的活動甚至新產品的開發中去。

（3）B2C行銷方法

消費者通過網絡在網上購物、在網上支付。由於這種模式節省了客戶和企業的時間和空間，大大提高了交易效率，特別對於工作忙碌的上班族，這種模式可以為其節省寶貴的時間。但是在網上出售的商品特徵也非常明顯，僅僅局限於一些特殊商品，例如圖書、音像製品、數碼類產品、鮮花、玩具等等。這些商品對購買者視、聽、觸、嗅等感覺體驗要求較低，像服裝、音響設備、香水需要消費者特定感官體驗的商品不適宜在網上銷售。當然，也不排除少數消費者就認定某一品牌某一型號而不需要現場體驗就決定購買，但這樣的消費者很少，人們更願意相信自己的體驗感覺來決定是否購買。

網上開店主要經歷三個步驟：第一，選擇網上商店平臺。網上開店離不開網上商城這個平臺，其功能、操作方式、服務、收費水準等都會影響到新創企業的經營狀況，網上商城的人氣也直接關係到新創企業的顧客數量，因此網上開店首先要選擇合適的網上商城。第二，網上商店的建設。網上商店是用戶關注度的競爭，其圖片、文案、定價、促銷等的策劃是否具有足夠的特色和吸引力，就成了最終決定網上商店成敗的決定性因素之一。第三，網上商店的推廣。充分瞭解和利用平臺內部的網絡推廣資源，擴大本店的網絡可見度是新創企業的管理重點。

（4）搜索引擎行銷方法

①搜索引擎的結果登錄。搜索引擎結果登錄，是指繳納一定的費用，然後被收錄，目前新浪、搜狐等均提供這類服務，它通常包括兩種類型的收錄，一種是普通型登錄：「僅保證收錄你的網站，不保證排名和位置」。顯然，這種收錄的推廣效果

不能保證,當然收費也會便宜些。如果你希望排名靠前,那就要選擇「推廣型登錄」,在推廣型登錄中,你的網站保證排在搜索結果第一頁,從而被別人看到和訪問的概率大大增加。但隨著網站數的增加,通常搜索引擎用的是「滾動排隊」的方法,即所有排在第一頁的網站,進行滾動,今天你排第一,明天就是第二,後天就是第三,不斷往後排,直到排到最後一名,然後再過一天,又變成第一,循環往復。搜索引擎結果登錄花費不多,是一種適合中小企業的網絡推廣形式,但由於服務模式的缺陷,它的效果不穩定,並不是最佳選擇。

②搜索引擎競價排名。搜索引擎競價排名是以「提升企業銷售額」為直接目標。競價排名是按照付費最高者排名靠前的原則,對購買了同一關鍵詞的網站進行排名。競價排名一般採取按效果付費的方式。競價排名是一種收取固定費用的推廣方式,可以是月費,也可以是年費,提供這類產品的服務商有百度、Google、新浪、搜狐、慧聰、阿里巴巴等。目前,使用搜索引擎的企業持續增長。調查表明,2001年中國僅約 7 萬家企業使用搜索引擎推廣作為網絡行銷方式,2003 年達到 28 萬家,2004 年約 50 萬家。在經濟發達地區,分別有 50.14%和 24.13%的企業已經或計劃購買百度和 Google 的競價排名服務。許多中小企業可以採用競價排名的方式來推廣自己的網站。

③實名搜索。「實名搜索」是富有中國特色的一項網絡行銷手段。實名搜索服務為中小企業提供了一個突破地域瓶頸、信息瓶頸和成本瓶頸跨越式發展的網絡平臺,企業在使用實名搜索服務後,用戶通過地址欄和聯盟網站能夠優先搜索到企業正在推廣的信息,給企業帶來更多和更準確的商業機會。對於互聯網用戶而言,「實名搜索」不但幫助用戶發現有價值的信息,更是幫助企業更為簡單地與用戶溝通,統一企業網上網下品牌,發現更多的商業機會。所以對中國的中小企業而言,「實名搜索」的行銷手段不失為一種好的嘗試。

④網上客戶服務。現代客戶需要的是優質的個性化服務,中小型企業通過網站等形式積極主動為客戶提供全天候、即時、互動的服務,使客戶能及時、有效地獲取所需的各種資料,包括文字、圖片、動畫以及視頻等;還可以讓客戶直接與企業的管理部門、供銷部門和研發部門對話,以獲取最新的資料與技術文件、排除故障的方法等;也可以接受並處理客戶的投訴等,這種全新的服務方式能夠迎合現代客戶個性化的需求特徵。為了保障網上客戶服務的優質、高效,企業要注意以下幾點。

⑤建立忠誠顧客數據庫。可吸收對公司產品非常瞭解的忠誠顧客介入公司的網絡行銷,他們能幫助公司解決消費者的問題,回答一些技術上的問題,同時他們還會提醒公司哪些消費者在網上發布對公司不利的信息。

因特網的高速傳播特點要求商家為客戶提供快速回應。通常的承諾是 24 小時回覆;及時發現不滿意顧客,瞭解他們不滿意的原因,及時處理。

通過顧客反饋信息瞭解顧客對公司產品的滿意程度、消費偏好、對新產品的反應等。準確瞭解消費者的消費心理及決策過程,通過 Email 等方式與顧客建立起

3 創業行銷

「一對一」的親密關係。

⑥第三方電子商務服務。由第三方提供一個電子商務服務平臺，交易雙方只要交納一定的佣金費用，就可以在平臺上進行交易，而平臺的提供者只起一種仲介服務的作用，並不參與交易。據不完全統計，中國目前有面向中小企業的各類電子商務平臺2,000多個，會員總數逾2,000萬家，其中阿里巴巴會員1,100萬家（收費會員13萬家），慧聰網會員近200萬家（收費會員3萬家），全搜網會員213,564家（收費會員32,123家），全球製造網會員200,568家（收費會員1,556家）。

電子商務平臺為中小企業提供低成本、專業化的電子商務應用服務，不僅有利於中小企業降低成本、提高效率、擴展市場，而且正在促進中小企業商務模式創新，以及商務生態的培育和再造。

⑦網站會員制策略。中小企業可以通過為「會員」提供一定的利益來吸引更多的瀏覽者成為網站會員，提高網站的點擊率與知名度。這些會員有「免費」的也有「收費」的，當然免費會員受到瀏覽者的歡迎，但是由於中國互聯網正逐步走向成熟，已經不是所有網站用戶都希望免費。一些博客會員希望花點錢可以享受更高層次的權限；一些求職者希望成為付費會員好得到更多有效就職機會；另一些商業用戶則希望通過成為會員看到別人無法涉及的商業資源。用戶希望得到更多折扣的趨勢在當當網上體現突出。當當網把用戶劃分成兩類——黃金VIP客戶，可以再享受9.7折優惠；鑽石VIP客戶可以再享受9.5折優惠。而專業博客對於網站的服務就更為挑剔。他們希望可以得到更大的空間、更高的權限，文章可以高頻次出現等等。通過網站會員制策略可以使中小企業和客戶建立起長期、穩定、相互信任的密切關係，還可以吸引新客戶，提高企業的競爭力。

⑧網絡行銷的外包經營策略。中小企業在人才上不具有優勢，並很難得到所需的專業技術人才，因此需要外包出去。外包經營實質上就是指借用、整合外部資源，以提高企業競爭力的一種資源配置模式。即企業只利用有限的資源做你最擅長的（核心競爭力），其餘的外包已經成為一種不可逆轉的趨勢。研究表明，外包支持服務的公司，比什麼都在自己公司裡做的公司，運行效率更高，成本更低。這種方式也更加適合於各項資源都緊張的中小型企業。

3.5.2 綠色行銷

英國威爾斯大學肯·畢提（Ken Peattie）教授在其所著的《綠色行銷——化危機為商機的經營趨勢》一書中指出：「綠色行銷是一種能辨識、預期及符合消費的社會需求，並且可帶來利潤及永續經營的管理過程。」綠色行銷在整個行銷過程中，把企業、消費者和社會環境三者的利益統一起來，是行銷觀念的一次重大飛躍。

（1）綠色產品

首先，綠色產品要滿足對社會、自然環境和人類身心健康有利的綠色需求，符

合有關環保和安全衛生的標準。

其次，綠色產品在生產過程中應減少資源的消耗，盡可能利用再生資源。產品實體中不應添加有害環境和人體健康的原料、輔料。在產品製造過程中應消除或減少"三廢"對環境的污染。

再次，綠色產品的包裝應減少對資源的消耗，包裝的廢棄物和產品報廢後的殘物應盡可能成為新的資源。

最後，綠色產品生產和銷售的著眼點，不在於引導消費者大量消費而大量生產，而是指導消費者正確消費而適量生產，建立全新的生產美學觀念。

（2）綠色價格

首先，在產品研發環節，應為改善產品的環保功能而增加支付適當的研發經費。

其次，在產品生產環節，應為改善生產工藝的環保功能而增加適度的生產成本。

再次，為使用新的綠色原料、輔料而增加可能的材料成本。

最後，為實施綠色行銷而增加可能的管理成本、銷售費用。

（3）綠色渠道

首先，啟發和引導中間商的綠色意識，建立與中間商恰當的利益關係，不斷發現和選擇熱心的行銷夥伴，逐步建立穩定的行銷網絡。

其次，注重行銷渠道有關環節的工作。為了真正實施綠色行銷，從綠色交通工具的選擇，綠色倉庫的建立，到綠色裝卸、運輸、貯存、管理辦法的制訂與實施，認真做好綠色行銷渠道的一系列基礎工作。

最後，盡可能建立短渠道、寬渠道，減少渠道資源消耗，降低渠道費用。

（4）綠色促銷

①綠色廣告。通過廣告對產品的綠色功能定位，引導消費者理解並接受廣告訴求。在綠色產品的市場投入期和成長期，通過量大、面廣的綠色廣告，營造市場行銷的綠色氛圍，激發消費者的購買慾望。

②綠色推廣。通過綠色行銷人員的綠色推銷和營業推廣，從銷售現場到推銷實地，直接向消費者宣傳、推廣產品綠色信息，講解、示範產品的綠色功能，回答消費者綠色諮詢，宣講綠色行銷的各種環境現狀和發展趨勢，激勵消費者的消費慾望。同時，通過試用、饋贈、競賽、優惠等策略，引導消費興趣，促成購買行為。

③綠色公關。通過企業的公關人員參與一系列公關活動，諸如發表文章、演講、影視資料的播放，社交聯誼、環保公益活動的參與、贊助等，廣泛與社會公眾進行接觸，增強公眾的綠色意識，樹立企業的綠色形象，為綠色行銷建立廣泛的社會基礎，促進綠色行銷業的發展。

3.5.3 精準行銷

精準行銷（Precision Marketing）就是在精準定位的基礎上，以網絡行銷為依

3　創業行銷

託，以 CRM（客戶關係管理）為核心，構建的個性化的顧客溝通服務體系。

第一，明確企業的目標市場（參見 STP 中的目標市場選擇），並且清晰地描述出顧客價值，即目標消費者對本企業產品（服務）的需求特徵。

第二，進行差異化的產品定位，以此使自己的產品在高度同質化的市場中脫穎而出，便於消費者的認知識別和選擇。

第三，實施市場行銷全過程管理，從差異化的客戶價值為中心，整合行銷活動規劃、產品規劃、品牌規劃等行銷活動的全過程，以保證各個行銷環節適宜於特定的目標消費人群。

第四，借助各種客戶尋找工具，準確且低成本地找到目標顧客，如手機短信、呼叫中心、門戶網站、博客、搜索引擎、窄告等。

第五，高效的顧客溝通，利用顧客大數據，根據顧客的個性特徵及話題偏好，針對性地進行顧客溝通，讓顧客更好地瞭解公司和產品，並進行適當的顧客教育。

3.6　案例分析：找我婚禮

2014 年，「找我婚禮」在成都成立，彼時的婚慶產業被以套餐婚禮，婚慶公司和婚禮工作室為主的三大類別分割完畢，各自因為不同的核心競爭力瓜分了不同的目標客戶群體，但是無一例外的都是以賺取婚禮道具的利潤為主要的盈利模式。

為什麼會有找我婚禮的誕生呢？那還是得從創始人龍宏的婚禮說起了，當時龍宏和所有的年輕人一樣，準備花 2 萬元左右的費用舉辦自己的婚禮，於是就和老婆挨個去看婚慶公司，那個時候成都好一點的婚慶公司 3 萬元起做，3 萬元以下的訂單直接拒絕，而套餐婚慶公司雖然價格有很大的優勢，但是誰也不想自己的婚禮和別人的一模一樣。因為沒有找到合適的婚慶公司，於是龍宏和老婆最後決定自己籌備婚禮，可是因為缺乏專業的經驗，親力親為的結果變成了勞心勞力，最重要的是婚禮的效果並沒有想像中那麼好。

那個時候龍宏就在想，為什麼沒有一家婚慶公司可以實現不限制預算的定制婚禮呢？用他後來的話說就是，這個行業的從業者沒有把婚慶產業做好，那麼我就來做。2014 年 8 月 2 日，在萬達廣場的一個小房間裡面，「找我婚禮」悄然上線，其實那個時候「找我婚禮」還是處於叫作「找我網」的時代。

創業管理

找我網的時代：2014—2017

2014年的時候，成都的婚嫁產業主要還是一些傳統婚慶公司占據主導地位，他們依託婚禮道具重複使用的優勢，擁有自己的婚禮倉庫和婚禮執行部門，將婚禮的利潤控制在40%左右，因此一場5萬元左右的婚禮，實際花在婚禮布置上的費用大概是2.5萬元左右，那麼怎麼樣去搶占這個婚禮市場份額顯得尤為重要。為了在婚慶市場的紅海中找到自己的一席之地，找我婚禮網率先提出以成本價做婚禮的理念，即顛覆傳統行業賺道具差價的盈利模式，實現所有的報價清單全部公開至官方網站和App，如傳統婚慶公司給客人報價製作一套婚禮海報的噴繪是400元，找我網則以自己在廣告供應商那拿到的8元一平，整塊下來150元左右的價格的報價直接讓客人知曉，不再賺取中間的差價。

那個時候國內正在被O2O卷起的狂風侵襲，找我網也是借助O2O的模式進行立足，以互聯網的傳播優勢進行口碑式傳播。「以成本價定制婚禮，同一場婚禮能夠比傳統的婚慶公司節省40%~50%的費用」的Slogan成為當年找我網進擊婚慶市場的頭號利劍。

同時為了保證婚禮的品質，找我網開始挖掘婚慶市場上的又一核心資源—婚禮策劃師。在當時很多傳統婚慶公司中，婚禮策劃師除了進行婚禮設計之外，還分擔著婚禮銷售的崗位職責，主要的收入來源於婚禮總費用的提成，因此提高客人的婚禮預算成為當時司空見慣的事情。基於此種模式，找我網又開始對策劃師這一角色進行重新定義和創新，在找我網，所有的婚禮策劃師只需要專心做設計，銷售和前期的服務工作則由婚禮顧問分解，同時為了避免一味抬高客人預算的行為，找我網為所有的婚禮策劃師進行策劃費用的定價，並將其個人主頁呈現在網站上進行展示，比如根據策劃師的策劃能力，進行市場價格的定價，A策劃師策劃費1,500元。婚禮策劃師只用做好自己的設計，由客人為他們的設計付費。

為了實現策劃師內部的良性競爭，每一個婚禮策劃師的費用根據其設計能力進行排名和定價，同時為了激勵策劃師的個人成長，提升對客戶服務的水準，找我網根據其單量和好評率（在找我網辦完婚禮的客人享有對策劃師的5星點評權利）制訂了一套策劃師的漲價機制，如A策劃師的策劃費是1,500元，那麼在他達到10個好評和完成15場婚禮訂單之後，價格可以自動漲價為1,600元。經過這樣的機制的確定，實現了婚禮策劃師圈內的推薦，讓更多的策劃師自願加入找我網，修築了良好的生態池。

解決好了自身服務流程的搭建，找我網也不停地摸索著獲取客源、轉化、售後的路徑規劃。從婚禮籌備自身的形態出發，開闢了自己的獲客渠道。如一對戀人從相愛到領證到結婚的過程，在線下的渠道推廣中，我們將民政局作為一大獲客渠道進行開發，最開始的時候用地推的方式進行DM單的宣傳講解，後面因為調研發現

3　創業行銷

很多去領證的新人其實都沒有準備好資料和證件照，因此都會在各大民政局附近的照相館補全資料，因此在降低獲客成本的前提下，與照相館實現聯合促銷，讓來拍照的新人以掃描二維碼留下聯繫方式的形式領取拍照立減 10 元的優惠券，我們再補貼 10 元每張的費用給到商家，實現以 20 元每人的低獲客成本高效率把客資進行倒流。

類似於這樣的低獲客成本的方式貫穿在了渠道策略的始終，最終實現了線上官方微博、App、線下民政局，合作商等渠道的合併。

找我婚禮的時代：2017—2018 年

「找我婚禮」用兩年時間解決了婚嫁領域人和物的問題之後，立志像盒馬鮮生一樣的企業。於是在 2017 年 8 月 2 日進行了品牌的第一次升級，替換到以前的名字和 logo，找我網升級為找我婚禮。

一、採用智能算法推薦婚禮人才

「找我婚禮」提供婚禮定制服務，讓新人可以通過「找我婚禮」的網站、App 等渠道直接找到適合自己的婚禮人，從而省去複雜的中間環節和費用。作為創始人的龍宏，起初想將公司做成輕公司。然而，在做得過程中卻發現，婚禮這個行業要想做服務，就無法做成輕公司。

人才是服務的核心之一，婚禮同樣如此。無論是主持人還是婚禮策劃師，是否用心投入到每一場婚禮當中，他們的用戶完全能夠真實地感受到。因此，對於婚禮領域的企業來說，「如何做好人才管理的解決方案」「如何保證人才能夠以服務為導向，全身心投入到婚禮當中給新人留下美好的回憶」，這是企業急需解決的問題。

基於這樣的背景，婚禮人服務動力系統顯得極其重要。

由此，在過去的兩年中，「找我婚禮」通過不斷地打磨摸索，推出了智能算法。

此前，新人選擇策劃、四大金剛等全憑婚禮顧問的經驗去推薦，包括婚紗、禮服、蜜月、請柬、喜糖等也都一樣。但這種方式效率低，並且對於人的依賴很高。我們擁有每對新人精準的畫像、交易數據、服務數據，通過智能推薦，不僅可以效率更高，而且可以讓新人都找到合適的婚禮人。

「智能算法」是依據「找我婚禮」在幾年時間裡累積的關於婚禮服務過程中的數據，所掌握的每個用戶的精準畫像，根據用戶的滿意度以及用戶畫像，再加上這些滿意客人的特徵，設計出一套推薦算法，通過機器學習不斷提升推薦的準確率。因此，伴隨著公司參與婚禮數量的不斷增加，智能推薦也將越來越準確。

二、供應鏈系統的建立以及盈利渠道拓展

2017 年，「找我婚禮」通過規模優勢嘗試建立供應鏈系統。因為所有的供應鏈系統，它的關鍵點只有幾個：第一是道具及設備週轉的效率；第二是採購成本；第三則是它的損耗。

創業管理

在這樣的前提下，規模小的公司去做這樣的事情成本很高，並且做出來也難以達到預想中的效果。但是，對於像「找我婚禮」這類具有一定規模的企業來說，供應鏈的建立則十分重要。比如，建立起鮮花、道具等供應鏈，可以為企業的婚禮做支撐，也可以提升企業的利潤，增加公司在規模效應之下的議價能力。

「2018年，公司會重點完善智能倉儲、執行這一塊，將整合婚禮中的人和物兩個方面，進行信息化的改造，通過營運機制，提升整個婚禮服務的性價比和服務質量。再來就是通過營運機制和數據賦能，提升整體的服務效率。」這是龍宏對於找我婚禮的戰略佈局。

當然，伴隨效率的提升，找我婚禮的業績也於2017年翻了一番，最高單月執行了1,000場婚禮。

「找我婚禮」是致力於「為用戶創造幸福感、儀式感」的科技服務公司，業務將覆蓋「情侶、家庭、工作」三個業務場景。

盈利主要來源於三方面：
（1）婚禮策劃本身的利潤；
（2）向新人提供婚禮整體解決方案的周邊產品利潤；
（3）Party、年會等家庭工作場景服務挖掘。除了向新人提供婚禮策劃外，還向新人提供寶寶宴、生日宴、公司年會等整體解決方案。

「找我婚禮」在2018年把婚禮策劃當成流量入口來做，不斷提升婚禮性價比和服務，預計老帶新將達到1：1。將通過品牌賦能、技術賦能、數據賦能、供應鏈賦能，推動行業一起向前發展。

三、異地複製，人才不是事兒

2017年，「找我婚禮」一位重要的同伴自己組建了一個公司，為「找我婚禮」的團隊培養人才，在服務層面做提升。該公司通過和ABC國際婚禮統籌協會進行合作，在中國開展認證的、系統的婚禮服務培訓。

此外，「找我婚禮」也在近幾年陸續開設了重慶、江西南昌等地的線下體驗中心，驗證異地複製當中的問題。其中一個顯著的問題在於：如果要做婚禮服務行業的盒馬鮮生，那麼，為了便於管理，異地複製的時候就不能採取分散的複製方式，需要選擇一個大區域來進行複製。未來，「找我婚禮」將在全國建立5大區域中心，在100個城市選擇城市合夥人。

還有一個重要的點就是公司所有的服務流程一定要通過運作機制或者其他的管理方式讓其標準化，即你的服務標準化。如果服務流程無法標準化，缺少支撐服務標準化的落地雲服務系統，那麼，標準就沒有辦法落地。

案例思考：
1. 作為一個創業項目，找我婚禮是怎麼做競爭者分析的？
2. 找我婚禮是怎樣找到目標顧客的？
3. 找我婚禮在行銷策略上有哪些值得借鑑之處？

3　創業行銷

實用工具

1. 市場定位導航圖
2. 行銷組合策略地圖
3. STP 分析模型
4. 4PS 行銷組合

復習思考題

1. 一個企業為什麼要做市場定位？
2. 新創企業如何進行市場定位？
3. 新創企業如何制訂行銷計劃？

章節測試

本章測試題　　　　　　　　本章測試題答案

參考資料

［1］彼得・德魯克. 創新和企業家精神［M］. 北京：企業管理出版社，1989.

［2］佐拉蒂，等. 精準行銷：社會化媒體時代企業傳播實戰寶典（大數據時代的精確行銷）［M］. 北京：企業管理出版社，2013.

［3］科特勒. 行銷管理（第15版）——面向移動互聯網時代的行銷聖經［M］. 上海：格致出版社，2016.

［4］艾・里斯，杰克・特勞特. 定位［M］. 北京：中國財政經濟出版社，2002.

［5］張玉利，陳寒松. 創業管理［M］. 北京：機械工業出版社，2011.

［6］左仁淑. 創業學教程：理論與實務［M］. 北京：電子工業出版社，2014.

［7］唐果. 大學生創業基礎教程［M］. 北京：電子工業出版社，2011.

4 創業商業模式

學習目標

1. 知識學習
(1) 理解商業模式的概念
(2) 掌握商業模式的構成要素
(3) 掌握商業模式設計的原則和方法
2. 能力訓練
(1) 商業模式環境分析能力
(2) 商業模式的設計和優化能力
(3) 商業模式營運執行能力
3. 素質養成
(1) 培養創業者良好的市場意識
(2) 培養創業者的企業家視野
(3) 培養創業者戰略思維

章節概要

1. 商業模式概述：商業模式概念、商業模式要素、商業模式特徵
2. 商業模式畫布：客戶細分、價值主張、渠道通路、客戶關係、收入來源、核心資源、關鍵業務、重要合作、成本結構
3. 商業模式設計：商業模式環境分析、設計原則和方法、商業模式評估

4 創業商業模式

本章思維導圖

```
                    ┌─ 商業模式概述 ─┬─ 商業模式概念
                    │                ├─ 商業模式要素
                    │                └─ 商業模式特徵
                    │
                    │                ┌─ 客戶細分
                    │                ├─ 價值主張
                    │                ├─ 渠道通路
                    │                ├─ 客戶關系
    創業商業模式 ───┼─ 商業模式畫布 ─┼─ 收入來源
                    │                ├─ 核心資源
                    │                ├─ 關鍵業務
                    │                ├─ 重要合作
                    │                └─ 成本結構
                    │
                    │                ┌─ 商業模式環境
                    └─ 商業模式設計 ─┼─ 設計原則和方法
                                     └─ 商業模式評估
```

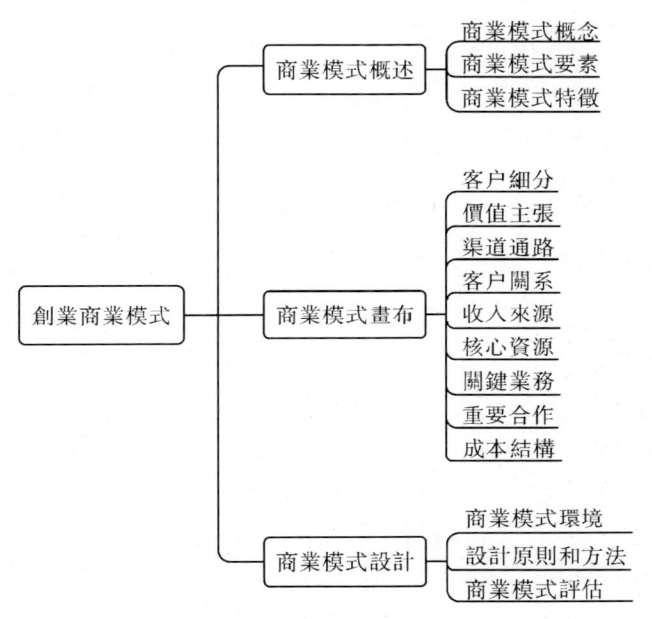

慕課資源

第 4 章 創業商業模式教學視頻（上）　　第 4 章 創業商業模式教學視頻（下）

本章教學課件

翻轉任務

1. 個人：提前觀看慕課視頻，準備回答課後復習思考題，課堂提問。
2. 團隊：為你的創業企業（或者項目）系統設計商業模式，並展示。

4.1 商業模式概述

4.1.1 商業模式的定義

商業模式的概念最早出現於 20 世紀 50 年代,但真正被廣泛認知和使用則是在 20 世紀 90 年代後期,直到今天,商業模式對於普通大眾而言依然是一個新的概念。管理大師彼得·德魯克所說:「當今企業之間的競爭,不僅僅是產品與服務層面的競爭,更是商業模式的競爭。」2005 年《經濟學人》信息部一項調查顯示半數以上企業高管認為,企業要獲得成功,商業模式創新比產品和服務創新更為重要。商業模式已成為現代企業的核心要素,成為探討新經濟的重要概念,受到企業界和投資界重視,對於創業企業而言,尤為重要。那麼,到底什麼是商業模式呢?

商業模式是一個非常寬泛的概念,學術界和企業界對於商業模式的觀點層出不窮,當前比較有代表性的觀點大致圍繞盈利模式、營運模式、價值創造、交易關係和系統闡述等幾個方面(表 4-1),每個定義均從各自不同的視野闡述商業模式的內涵,從不同的角度對企業有啓發作用。

表 4-1　　　　　　　　　對商業模式概念不同闡述

闡述角度	代表性觀點
盈利模式	Rappa(2002):清楚說明一個公司如何通過價值鏈定位賺錢;Geoffrey Colvin(2001):商業模式就是賺錢的方式;王波、彭亞利(2002):企業在動態的環境中怎樣改變自身以達到持續盈利的目的。
營運模式	Magretta(2002):商業模式是說明企業如何運作;Amit 和 Zott(2001):商業模式是利用商業機會的交易成分設計的體系構造,是公司、供應商、輔助者、夥伴以及雇員連接的所有活動的整合;Timmers(1998):一個完整的產品、服務和信息流體系,包括每一個參與者和其在其中起到的作用,以及每一個參與者的潛在利益和相應的收益來源和方式。
價值創造	Patrovic 等(2001):一個商業模式不是對它複雜社會系統以及所有參與者關係和流程的描述,相反,一個商業模式描述了存在於實際流程後面一個商業系統創造價值的邏輯;Linder, Cantrell(2000):組織創造價值的核心邏輯;Magretta(2002):一個企業如何通過創造價值,為客戶和維持企業正常運作的所有參與者服務的一系列設想;Osterwalder, Pigneur(2011):商業模式描述了企業如何創造價值、傳遞價值和獲取價值的基本原理;栗學思(2015):商業模式是企業創造價值的內在邏輯及其基因結構,是企業資源與能力的系統性結構性安排,商業模式的競爭力來自其獨特的基因結構及其背後的資源與能力結構。
交易關係	Pigneur(2000):商業模式是關於公司和他的夥伴網絡,給一個或幾個細分市場的顧客以產生有利可圖的可持續的收益流的體系;Weil 和 Vital(2002)把商業模式描述為在一個公司的消費者、聯盟、供應商之間識別產品流、信息流、貨幣流和參與者主要利益的角色和關係;魏煒、朱武祥(2009):商業模式本質上就是利益相關者的交易結構;魏煒、朱武祥(2016):商業模式是焦點企業與其利益相關者的交易結構,共生體俗稱生態圈,是焦點企業的商業模式及其利益相關者的商業模式的總和。

4 創業商業模式

表4-1(續)

闡述角度	代表性觀點
系統闡述	Thomas（2001）：商業模式是開辦一項有利可圖的業務所涉及流程、客戶、供應商、渠道、資源和能力的總體構造；袁新龍，吳清烈（2005）：商業模式可以概括為一個系統，它由不同部分、各部分之間的聯繫及其互動機制組成，它是指企業能為客戶提供價值，同時企業和其他參與者又能分享利益的有機體系，它包括產品及服務流、信息流和資金流的結構，包括對不同商業參與者及其角色的描述，還包括不同商業參與者收益及其分配的劃分；李振勇（2009）：商業模式是為實現客戶價值最大化，把能使企業運行的內外各要素整合起來，形成一個完整的高效率的具有獨特核心競爭力的運行系統，並通過最優實現形式滿足客戶需求，實現客戶價值，同時使系統達成持續盈利目標的整體解決方案。

資料來源：根據相關文獻資料整理。

綜合以上基本理論，本書從創業企業的角度對商業模式的定義分為兩個層面：基於價值的角度，商業模式描述了企業如何創造價值、傳遞價值和獲取價值的基本原理[①]；基於營運的角度，商業模式是為了實現客戶價值，確保企業持續盈利的企業相關市場行銷系統、產品服務系統、業務營運系統、財務管理系統的整體運行方案。對商業模式的定義理解如下：

（1）商業模式的出發點是顧客價值，持續盈利是企業價值（目標）；

（2）價值的創造和實現的基礎是企業的整體運行方案，通過市場行銷、生產製造、財務管理等各個系統的協調運行最終實現；

（3）商業模式是連接顧客價值和企業價值的橋樑，商業模式的基本邏輯是價值發現、價值匹配和價值獲取的過程（圖4-1）。

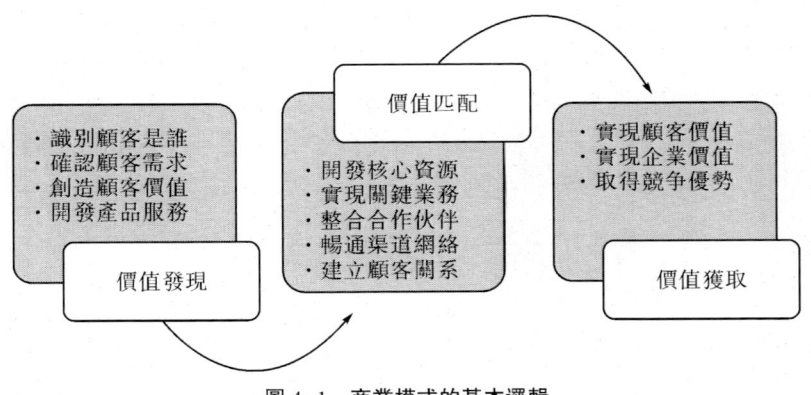

圖4-1 商業模式的基本邏輯

4.1.2 商業模式的構成要素

來自學界和業界的人士從不同的角度對商業模式的構成要素提出了不同的觀點，但從實質上都針對企業的商業營運的主要因素進行了闡述，這些要素之間相互關聯，形成企業的商業邏輯和營運模式，對創業者設計和完善商業模式都有較好的指導意

[①] 亞歷山大・奧斯特瓦德，伊夫・皮尼厄. 商業模式新生代 [M]. 北京：機械工業出版社，2011.

義。以下列舉一些典型的觀點。

1. 二要素模型

最簡潔的商業模式模型當屬 Itami and Nishino 建立的二要素模型，他們認為「商業模式＝盈利模式＋業務系統」。其中，盈利模式反應企業獲取利潤的邏輯；業務系統包括為顧客創造價值和傳遞價值的業務體系，兩個要素的目標均為創造價值和獲取價值。

2. 三維立體模式

有學者認為，任何一個商業模式都是一個由顧客價值、企業資源和能力、盈利方式構成的三維立體模式。由哈佛大學教授約翰遜（Mark Johnson）、克里斯坦森（Clayton Christensen）和 SAP 公司的 CEO 孔翰寧（Henning Kagermann）的《商業模式創新白皮書》把這三個要素概括為（圖 4-2）：

（1）顧客價值主張：指在一個既定價格上企業向其客戶或消費者提供服務或產品時所需要完成的任務；

（2）資源和生產過程：支持客戶價值主張和盈利模式的具體經營模式；

（3）盈利公式：企業用以為股東實現經濟價值的過程。

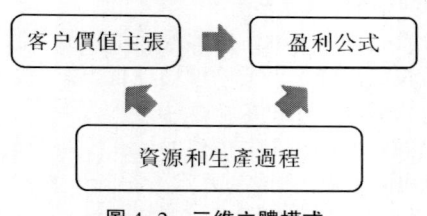

圖 4-2　三維立體模式

3. 四要素模型

Mark 等提出商業模式由相互關聯的顧客價值、盈利模式、關鍵資源、關鍵流程四個要素構成，建立了四要素模型，重點說明商業模式怎樣洞察價值、創造價值、傳遞價值和獲取價值（圖 4-3）。

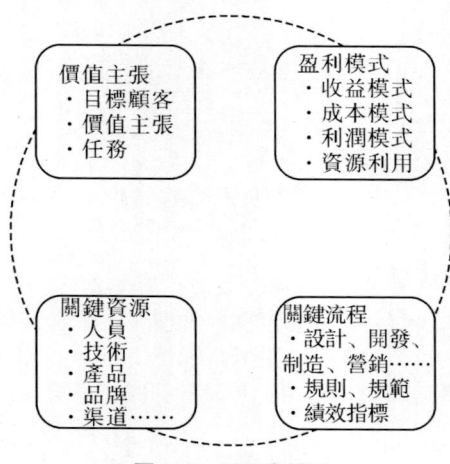

圖 4-3　四要素模型

4 創業商業模式

4. 六要素模型

魏煒和朱武祥教授提出了商業模式相互作用、相互決定的六要素模型。第一是定位，即企業滿足客戶需求的方式，它決定了企業應該提供什麼特徵的產品和服務來實現客戶的價值，是商業模式的起點；第二是業務系統，是指企業達成定位所需要的業務環節、各合作夥伴扮演的角色以及利益相關者合作與交易的方式和內容；第三是關鍵資源和能力，企業的業務系統決定了企業所要進行的活動，而要完成這些活動，企業需要掌握和使用一整套複雜的有形和無形資產、技術和能力；第四是盈利模式，即以利益相關者劃分的收入結構、成本結構以及相應的收支方式；第五是自由現金流結構，即企業經營過程中產生的現金收入扣除現金投資後的狀況，其貼現值反應了採用該商業模式的企業的投資價值；第六是企業價值，即未來淨現金流的貼現，是企業的投資價值，就是商業模式的成果和歸宿（圖4-4）。

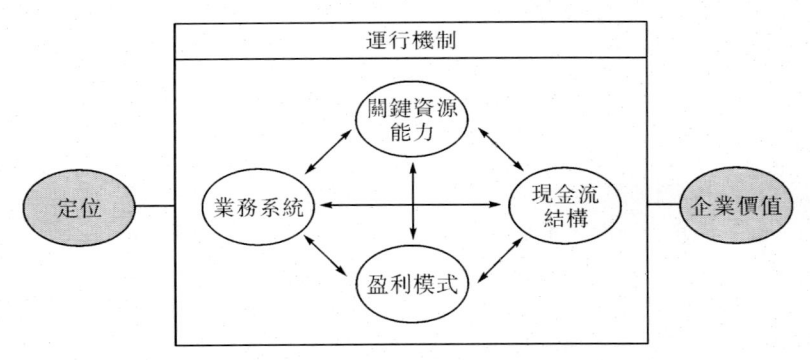

圖4-4 六要素模型

5. 七維商業模式

粟學思提出任何商業模式都由7個基因組成，包括物質層面的4個基因：價值需求基因（客戶及其需求）、價值載體基因（產品及其交易方式）、機制傳遞基因（傳播與渠道）、價值創造基因（生產與營運）；信息層面的3個基因：價值選擇基因（經營者及團隊）、價值驅動基因（管理與機制）、價值保護基因（競爭壁壘）。這7個基因構成了完整、可持續的商業模式閉環（圖4-5）。

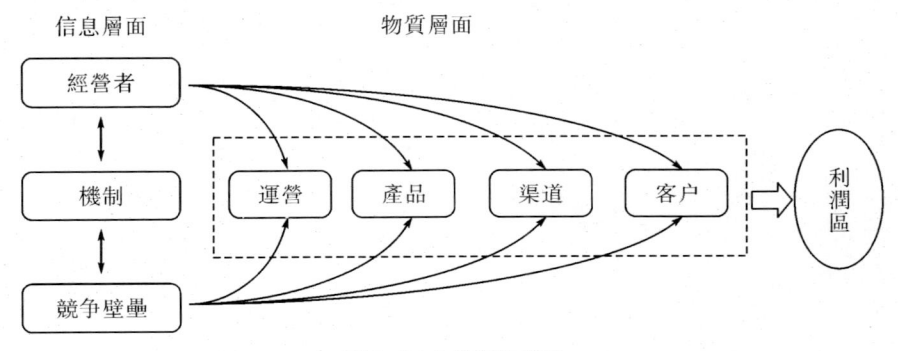

圖4-5 七維商業模式

6. 八要素模型

李振勇提出商業模式由 8 個要素構成，包括客戶價值最大化、整合、高效率、系統、盈利、實現形式、核心競爭力和整體解決。其中「整合」「高效率」「系統」是基礎或先決條件，「核心競爭力」「實現形式」「整體解決」是手段，「客戶價值最大化」是主觀目的，「持續盈利」是客觀結果。這 8 個關鍵詞也就構成了成功商業模式的 8 個要素，相互關聯、缺一不可（圖 4-6）。

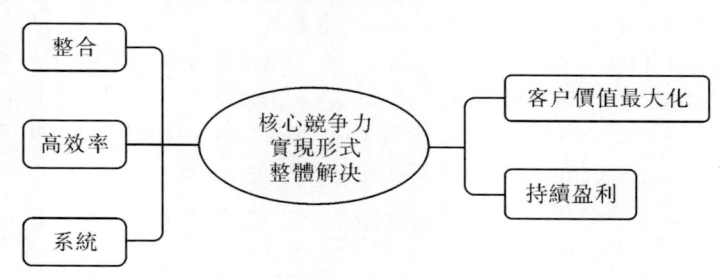

圖 4-6　八要素模型

7. 商業模式畫布

商業模式畫布（Business Model Canvas）由 Alexander Osterwalder、Yves Pigneur 等人提出，商業模式畫布回答了企業營運的 4 個基本視角，包括客戶（為誰提供）、提供物（提供什麼）、基礎設施（如何提供）、財務生存能力（收益與成本如何）（圖 4-7），在此基礎上提出商業模式畫布，包括商業模式的 9 個相互作用、相互連結的構造塊：客戶細分、價值主張、渠道通路、客戶關係、收入來源、核心資源、關鍵業務、重要合作、成本結構（表 4-2），也有學者將 9 個構造塊總結為商業模式的 9 個構成要素。商業模式畫布直觀簡潔，基於初創企業的特點，本書將以商業模式畫布作為商業模式設計和創新的工具加以詳細闡述。

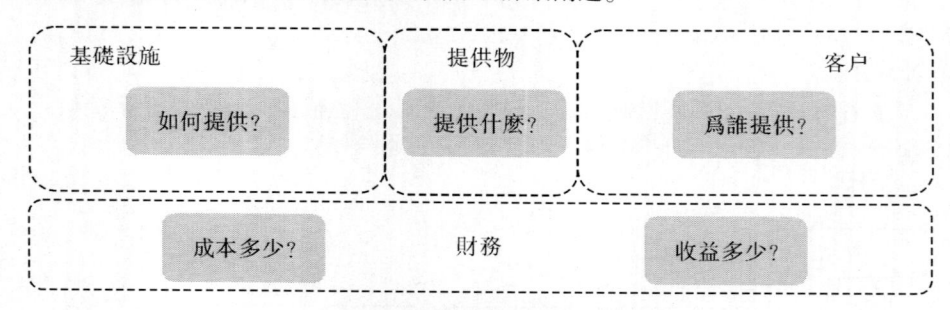

圖 4-7　商業模式的基本視角

表 4-2　　　　　　　　　　商業模式 9 個基本構造塊

構造塊	描述
客戶細分	一個企業想要接觸和服務的不同人群或組織
價值主張	為特定的客戶細分創造價值的系列產品和服務
渠道通路	公司如何溝通、接觸其客戶細分而傳遞其價值主張

4 創業商業模式

表4-2(續)

構造塊	描述
客戶關係	公司與特定客戶細分群體建立的關係類型
收入來源	公司從每個客戶群體中獲取的先進收入
核心資源	讓商業模式有效運轉所必需的重要因素
關鍵業務	為了確保其商業模式可行，企業必須做的最重要的事情
重要合作	讓商業模式有效運作所需的供應商與合作夥伴網絡
成本結構	營運一個商業模式所引發的所有成本

4.1.3 成功商業模式的特徵

根據研究學者的總結和創業企業的經驗，通常情況下，成功的商業模式具有有效性、獨特性、盈利性、發展性和整體性的特點（圖4-8）。其中：

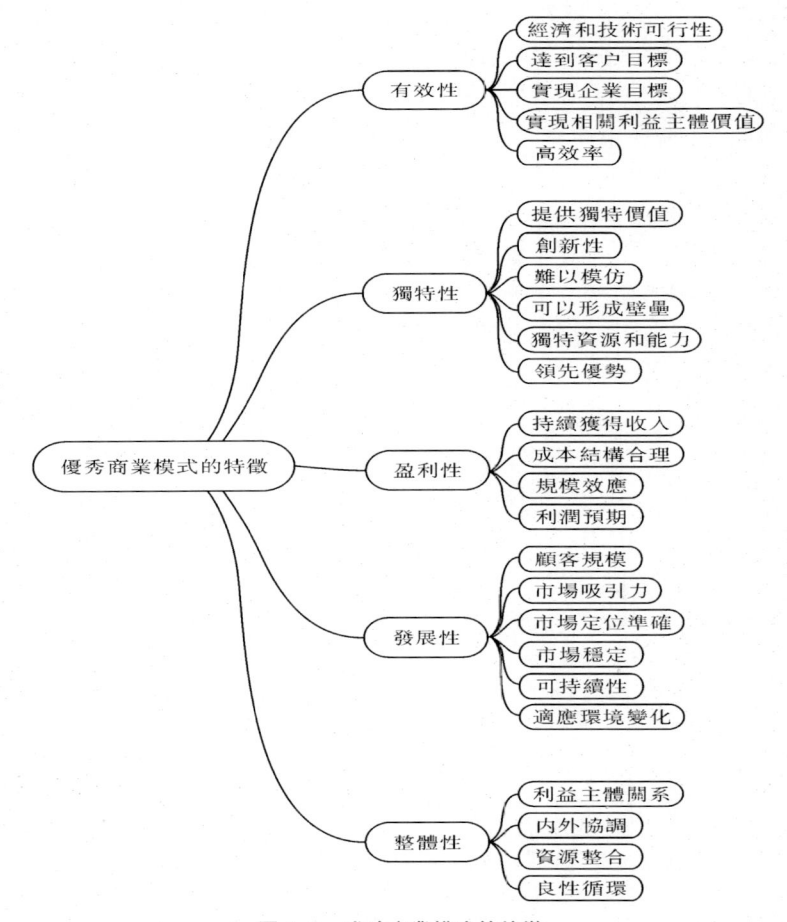

優秀商業模式的特徵
- 有效性
  - 經濟和技術可行性
  - 達到客戶目標
  - 實現企業目標
  - 實現相關利益主體價值
  - 高效率
- 獨特性
  - 提供獨特價值
  - 創新性
  - 難以模仿
  - 可以形成壁壘
  - 獨特資源和能力
  - 領先優勢
- 盈利性
  - 持續獲得收入
  - 成本結構合理
  - 規模效應
  - 利潤預期
- 發展性
  - 顧客規模
  - 市場吸引力
  - 市場定位準確
  - 市場穩定
  - 可持續性
  - 適應環境變化
- 整體性
  - 利益主體關系
  - 內外協調
  - 資源整合
  - 良性循環

圖4-8 成功商業模式的特徵

(1) 有效性：指創業企業的商業模式具有良好的可操作性，能夠高效地實現顧客價值、相關利益主體的價值、實現企業的目標，有較好的技術和經濟可行性，在現行的社會、法律、商業和技術環境下能夠行得通、能夠做得到，企業自身也要有相應的能力和資源進行支撐。

(2) 獨特性：指創業企業的商業模式具備自身的定位和特色，或者具備獨到的顧客價值滿足顧客的需求，或者企業擁有獨特的資源、能力或者在技術、資本、人才、營運、市場等方面的競爭優勢，或者在市場行銷、產品服務、技術研發、資源整合、管理組織、資本營運等方面具有獨特的創新性，獨特的商業模式難以被輕易模仿或者能夠形成一定的進入壁壘。

(3) 盈利性：指創業企業的商業模式具備良好的盈利模式，有較為穩定和持續的收入來源，有合理的投資計劃和融資保障，有科學的成本結構和成本控制，具備較好的利潤預期，最終實現生存發展，創造企業價值。

(4) 發展性：指有較為穩定的市場空間和增長空間，有較好的穩定性和可持續性，能適應社會環境的變化，必要時能夠融入企業發展的戰略進行複製、擴展或延伸，這樣的商業模式才有生命力。

(5) 整體性：指企業的商業模式是一個系統，創業者要具備系統的思維和格局，商業模式要與創業環境適應，與顧客需求匹配，與企業具有的資源整合，與組織和團隊融合，同時在市場、產品、營運、財務等各綜合協調和平衡，處理好企業內外利益相關者（股東、員工、夥伴、社會）的關係、處理好近期目標和遠期發展的關係，企業才能健康發展。

成功商業模式的特徵也是商業模式的成功需要是基本要素和條件，也可以作為創業企業商業模式設計和營運的基本原則，創業團隊在設計商業模式時應該有意識地運用這些原則，也可以從這幾個方面對自身的商業模式進行整體評估並進行完善和優化（表 4-3）。

表 4-3　　　　　　　　　　創業企業商業模式評估表

指標	有效性	獨特性	盈利性	發展性	整體性	總分
權重	25	15	30	20	10	100
評分						
備註						
綜合評價						

權重僅為參考，不同的創業項目和創業團隊會有不同的選擇。

4 創業商業模式

4.1.4 商業模式的類型

縱觀現代企業層出不窮的創新商業模式，不論是製造業還是零售業，傳統企業還是新興商業，其商業模式都或者圍繞著顧客價值和企業價值的實現，企業資源與環境的互動，或者解決企業各運行系統的核心設計，因此，我們將商業模式大致分為以下兩種類型。

1. 營運性商業模式

營運性商業模式重點解決企業與環境的互動關係，包括與產業價值鏈環節的互動關係。營運性商業模式創造企業的核心優勢、能力、關係和知識，主要包含以下幾個方面的主要內容：

（1）產業價值鏈定位：企業處於什麼樣的產業鏈條中，在這個鏈條中處於何種地位，企業結合自身的資源條件和發展戰略應如何定位。

（2）盈利模式設計（收入來源、收入分配）：企業從哪裡獲得收入，獲得收入的形式有哪幾種，這些收入以何種形式和比例在產業鏈中分配，企業是否對這種分配有話語權。

2. 策略性商業模式

策略性商業模式是對營運性商業模式的擴展和應用，策略性商業模式涉及企業生產經營的方方面面。包括：

（1）業務模式：企業向客戶提供什麼樣的價值和利益，包括品牌、產品等；

（2）渠道模式：企業如何向客戶傳遞業務和價值，包括渠道倍增、渠道集中/壓縮等；

（3）組織模式：企業如何建立先進的管理控制模型，比如建立面向客戶的組織結構，通過企業信息系統構建數字化組織等。

4.2 商業模式畫布

本書結合創業企業基於商業模式畫布來定義和描述商業模式，從客戶細分、價值主張、渠道通路、客戶關係、收入來源、核心資源、關鍵業務、重要合作、成本結構9個構造塊（要素）的系統思考、設計和創新來構建創業企業的商業藍圖[1]（圖4-9），從而形成可行的、持續發展的完整的商業模式。商業模式的9個要素是相互關聯的，形成企業的價值創造和傳遞的基本邏輯，首先是以顧客為導向，價值主張必須滿足顧客需求，價值主張為企業創造收入，企業的價值主張需要有基礎設施保障，而基礎設施的建設和運行需要投入和成本，收入和成本的差額即為企業的利潤（圖4-10）。

---

[1] 亞歷山大·奧斯特瓦德，伊夫·皮尼厄. 商業模式新生代［M］. 北京：機械工業出版社，2011.

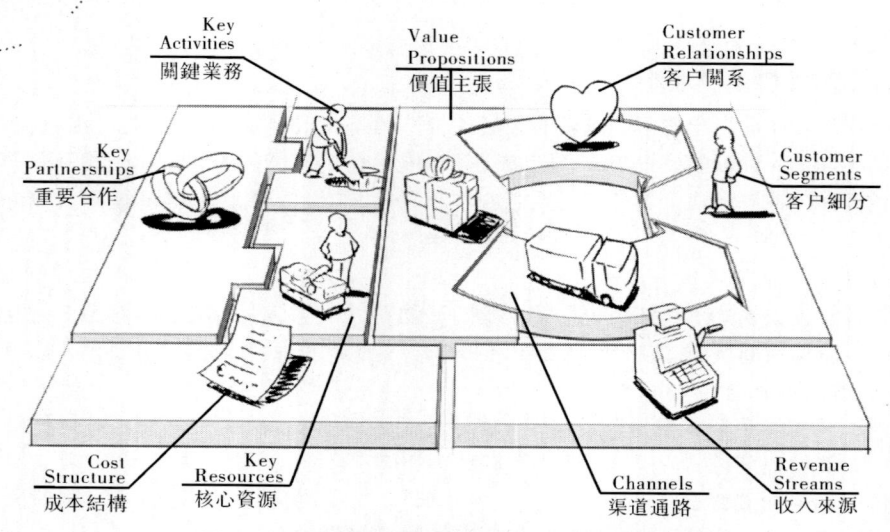

圖 4-9 商業模式 9 個基本構造塊（商業模式畫布）

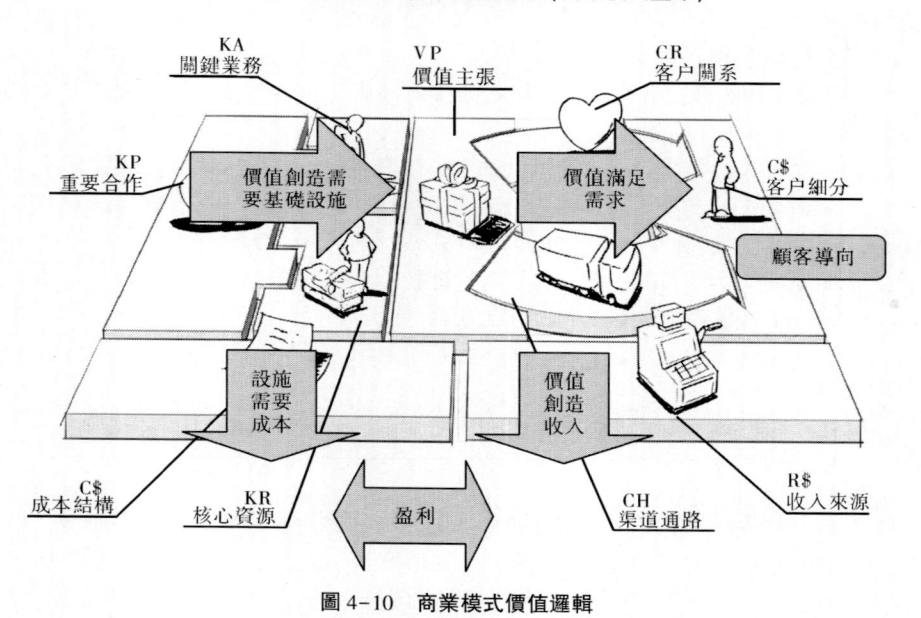

圖 4-10 商業模式價值邏輯

4.2.1 客戶細分（Customer Segments）

客戶細分即明確公司所瞄準的客戶群體。這些群體具有某些共性，從而使公司能夠（針對這些共性）創造價值、傳遞價值和獲取價值。客戶是商業模式構建的核心，沒有可為企業帶來價值和收益的客戶，就沒有企業可以長久存活。商業模式可以定義一個或者多個或大或小的客戶細分群體，企業必須做出合理的決策，到底該

4 創業商業模式

重點服務哪些客戶細分群體,一旦做出選擇,就可以憑藉對特定客戶群體需求的深入分析和把握,設計出相應的商業模式。

1. 關鍵問題

客戶細分解決的關鍵問題有 3 個:
(1) 我們的客戶是誰(目標市場)?
(2) 我們的客戶是怎麼樣的(客戶洞察)?
(3) 我們的客戶需求是什麼(客戶需求)?

在商業模式的設計和描述中,創業者必須回答這三個問題,以下的思路有助於在客戶細分過程中厘清思路(表 4-4)。

表 4-4　　　　　　　　　　客戶細分設計和描述

目標市場		客戶特徵	需求描述
主要目標市場	現在:	基礎信息、行為信息	6W2H
	潛在:		
次要目標市場	現在:		
	潛在:		
其他目標客戶	現在:		
	潛在:		

美國著名管理學家彼得・德魯克有一句經典的名言:「企業的唯一目的就是創造顧客。」創業者應該有強烈的市場思維,為了有效地開發市場,需要培養自身的客戶管理的能力(圖 4-11)和需求開發的意識(圖 4-12)。

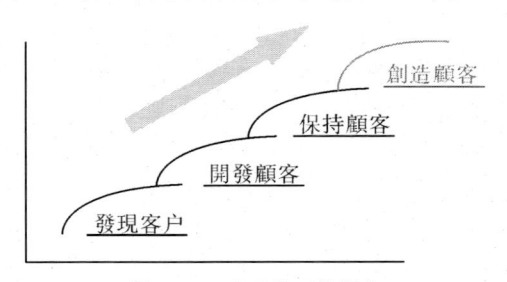

圖 4-11　客戶管理的層次
(發現客戶 → 開發顧客 → 保持顧客 → 創造顧客)

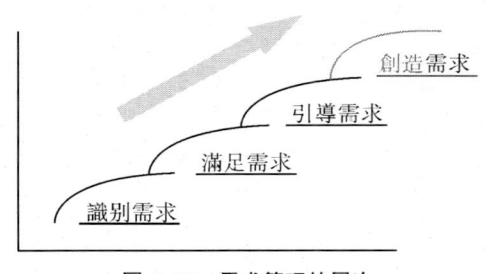

圖 4-12　需求管理的層次
(識別需求 → 滿足需求 → 引導需求 → 創造需求)

創業管理

2. 常見的客戶類型

創業企業在進行商業模式設計時，可以先從一些典型的客戶細分群體例如大眾市場、利基市場、區隔化市場、多元化市場、多邊或平臺市場、供應鏈市場等入手，在此基礎上拓展出創新的客戶細分群體（圖4-13）。

聚集于一個大範圍的客戶群組，客戶具有大致相同的需求和問題。例如日用消費品。

爲供應鏈客戶提供產品和服務。例如供應鏈管理。

針對某一小衆市場或市場空白的特定需求定制。例如被優勢企業忽略的市場。

服務于多個不同的細分市場。例如在線旅游平臺。

細分群體有很多相似的特徵，又有不同的需求和困擾。例如海爾運用副品牌策略對市場進行區隔。

不同的價值主張迎合不同群體。例如支付寶。

六邊形圖中：大衆市場、利基市場、區隔化市場、多元化市場、多邊平臺或多邊市場、供應鏈市場

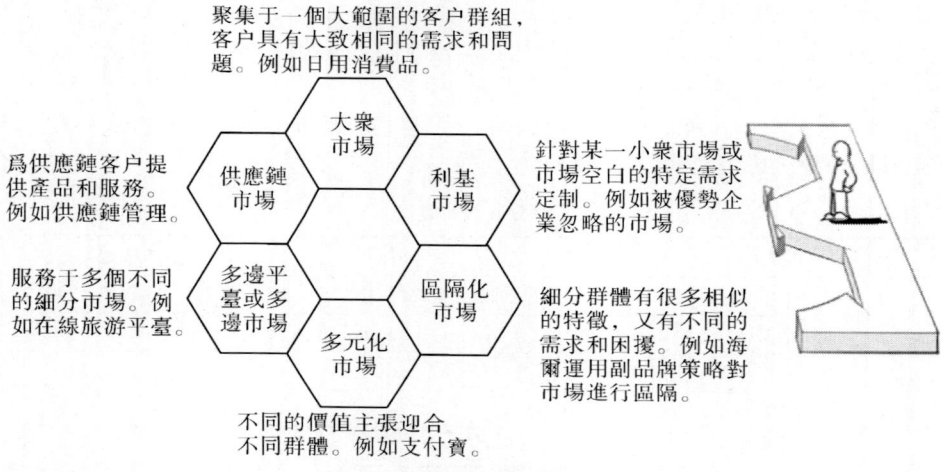

圖4-13　常見的客戶細分舉例

3. 應用工具與方法

結合創業企業的特點，我們為大家推薦一些目標市場選擇和開發的常用工具，便於大家在設計商業模式客戶細分構造版塊的時候參考。

（1）客戶開發導圖。傳統的目標市場戰略包括市場細分、目標市場選擇和市場定位，市場細分是最基本和有效的目標市場戰略的基礎，也是創業者定義和選擇目標市場的主要方法，結合互聯網和信息技術的發展，本書增加了資源聚集法（利用對用戶有價值的資源集聚客戶，例如微信）、顧客驅動法（通過客戶的需求集聚客戶，客戶引發商業行為，例如團購、客戶定制）和行為集中法（以客戶行為為依據形成客戶集群，例如網絡游戲）等方法開創和拓展顧客資源（圖4-14）。

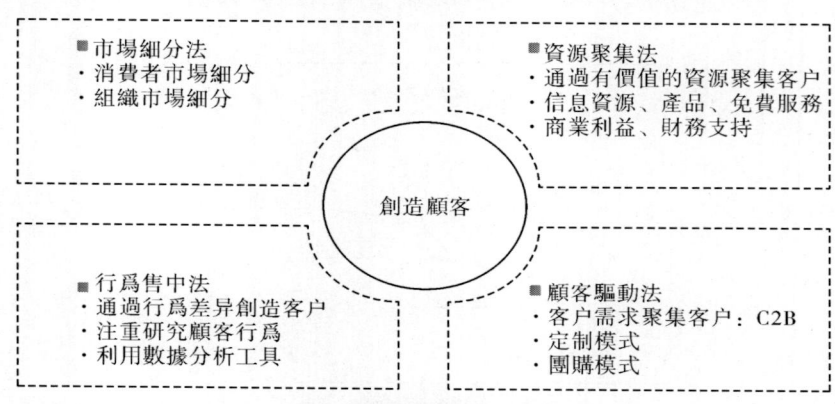

■ 市場細分法
・消費者市場細分
・組織市場細分

■ 資源聚集法
・通過有價值的資源聚集客戶
・信息資源、產品、免費服務
・商業利益、財務支持

創造顧客

■ 行爲集中法
・通過行爲差异創造客戶
・注重研究顧客行爲
・利用數據分析工具

■ 顧客驅動法
・客戶需求聚集客戶：C2B
・定制模式
・團購模式

圖4-14　創造顧客方法列舉

4 創業商業模式

（2）細分市場評估工具。細分的客戶群體是否有價值，最終選擇哪一個細分市場作為企業的服務對象，可以通過細分市場的評估來決策（表4-5），從市場吸引力、市場競爭力、企業願望和能力等角度對市場進行評估。目標市場選擇的原則可以遵循五個原則，即有足夠需求、市場較穩定、企業有能力、競爭有優勢、營運可盈利，充分考慮這些因素有利於保障商業模式的可行性。

表 4-5　　　　　　　　　　　細分市場的評估因素

評價因素	描述（二級指標）
市場吸引力評估	市場容量、市場增長率、行業利潤率、技術難易程度、市場准入門檻、行銷透明程度、產品生命週期等
市場競爭力評估	同行業的競爭對手、潛在的競爭對手、替代品的威脅、購買者的討價還價能力、供應商的討價還價能力
企業願望和能力評估	經營目標、資金資源、人力資源、研發能力、生產能力、供應鏈、銷售渠道、品牌形象、競爭優勢等

（3）顧客分析工具。顧客分析的工具比較多，常見的有市場調研、統計分析、顧客畫像、顧客數據庫等，其中顧客移情圖（Empathy Map，感同身受、設身處地）是 XPLANE 開發的一個可視思考工具，該工具超越簡單的人口學統計特徵，基於客戶角度的分析以便企業更好地瞭解客戶的環境、行為、關注點和願望，更好地理解客戶。顧客移情圖通過聚焦6個問題來分析顧客，這些問題包括他看到什麼？他聽到什麼？他的想法和感覺是什麼？他怎麼說和怎麼做？他痛苦的地方在哪裡？他希望獲得什麼？詳見（圖4-15）。

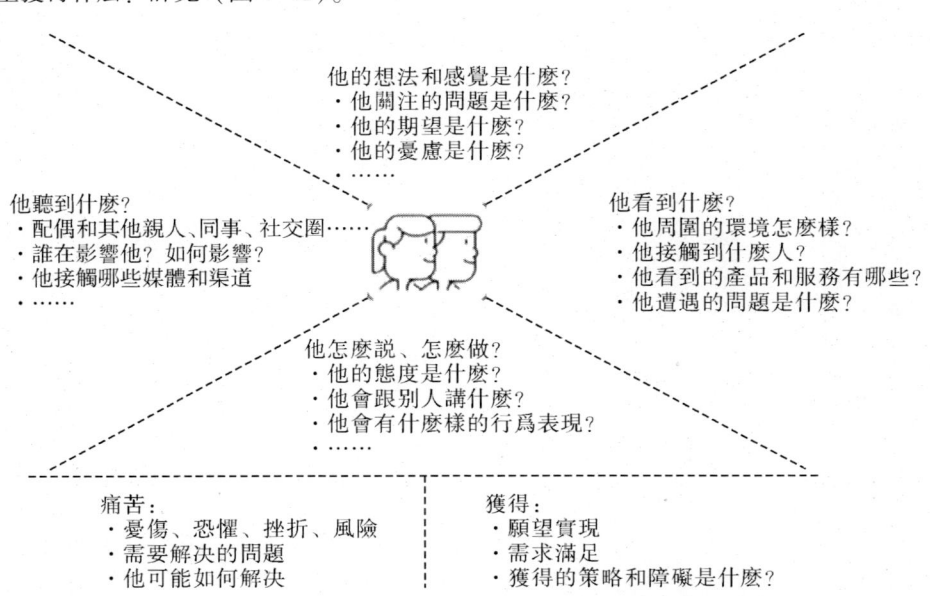

圖 4-15　顧客移情圖分析（根據《商業模式新生代》及相關資料整理）

創業管理

(4) 顧客需求描述。顧客需求描述涉及各個方面，其中運用6W2H方法有助於創業團隊對客戶的需求進行清晰的思考、設計和描述（圖4-16），比較全面系統地從Who（客戶是誰）、What（購買什麼）、Why（購買理由）、When（購買時間）、Where（購買地點）、Who（誰參加購買）、How（如何購買）、How Much（購買多少及頻率）等維度描述客戶需求。

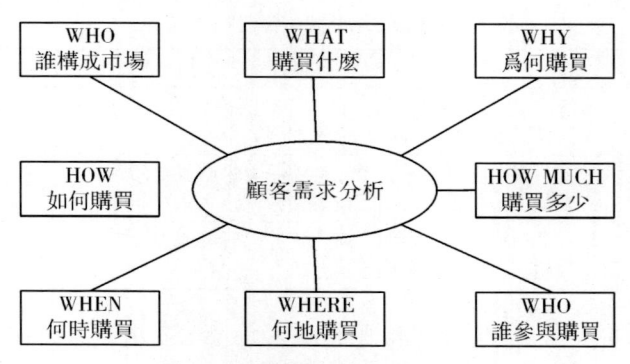

圖4-16 顧客需求分析6W2H法

4. 客戶細分陷阱

創業企業有時會面臨客戶細分陷阱，由於沒有明確的目標市場或者市場選擇失誤，造成商業模式不可行甚至創業的失敗（表4-6），需要引起創業者的警惕。

表4-6　　　　　　　　創業企業部分客戶細分陷阱

市場陷阱	描述
客戶不明	說不清楚自己的顧客（例如：我們主要針對年輕人）
市場太窄	不能形成足夠顧客（例如：旅遊平臺針對某個校園的學生）
需求不清	我們認為顧客有需求（例如：主觀認為顧客會喜歡某個產品）
佈局過早	市場不成熟或者開發不力，前浪死在沙灘上
能力不足	不能滿足客戶的需要（例如：電商平臺創業缺乏資源）
計劃失誤	市場開發的主次、優先、持續出現問題
開發不力	沒有恰當的手段進入市場（無法推進）
競爭受損	創業企業市場「撞車」（例如：共享單車）
營運失利	產品或服務出現問題，或者供應與銷售環節出現問題，或者出現市場危機事件，導致顧客流失

4.2.2 價值主張（Value Propositions）

價值主張即企業通過其產品和服務所能向消費者提供的價值。價值主張確認了企業對消費者的實用意義，每個價值主張都包含可選系列產品或服務，以迎合特定客戶細分群體的需求。有些價值主張可能是創新的，並表現為一個全新的或破壞性

4 創業商業模式

的提供物（產品或服務），而另一些可能與現存市場提供物（產品或服務）類似，只是增加了功能和特性。通俗一點來講，價值主張要解決的問題是創業企業該向客戶傳遞什麼樣的價值？或者正在幫助客戶解決哪一類難題？正在滿足哪些客戶需求？正在提供客戶細分群體哪些系列的產品和服務？

1. 關鍵問題

價值主張需要解決以下的關鍵問題：

（1）提供的價值：包括滿足客戶的需求、帶給客戶利益等；

（2）解決的問題：幫助客戶解決了哪些問題？

（3）產品和服務：產品和服務是什麼？產品和服務結構如何安排？產品和服務與客戶需求是否匹配？

價值主張可以是定量的，如價格、服務等級等，也可以是定性的，如性能、客戶體驗等，每一個客戶的價值主張都有對應的產品或服務來實現，在實現客戶價值的同時，實現公司價值，商業模式的價值體系模型有助於創業者進行系統的價值主張設計和思考（圖4-17）。

客戶價值（U–P）+公司價值（P–C）

U：顧客效用
P：價格
C：成本
U–P：客戶價值
P–C：公司利潤
U–C：創造價值

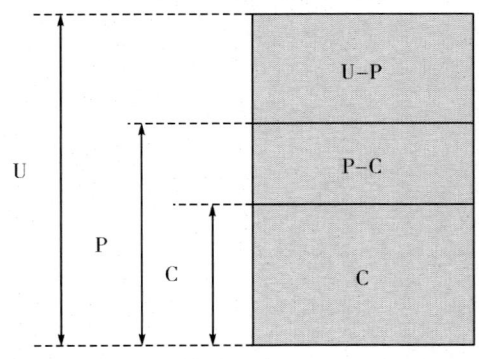

圖4-17　商業模式價值模型

2. 價值主張要素

創業企業可從很多角度來設計客戶的價值主張，通常有一些代表性的要素來體現價值主張，例如創新、性能、定制化、利益、價格、便捷、品牌、解決問題等（圖4-18），還可以提煉更多的要素，創業企業根據自身的不同的特點對價值主張進行設計和總結。

創業管理

價值主張的要素例舉：

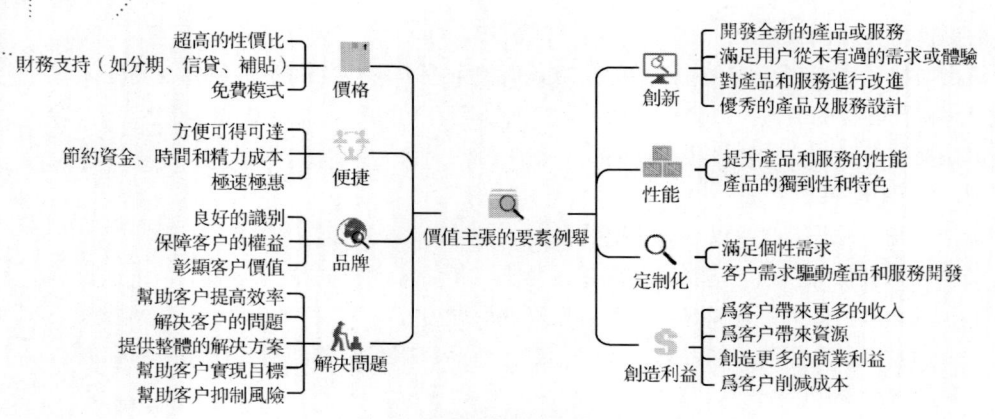

- **價格**
  - 超高的性價比
  - 財務支持（如分期、信貸、補貼）
  - 免費模式
- **便捷**
  - 方便可得可達
  - 節約資金、時間和精力成本
  - 極速極惠
- **品牌**
  - 良好的識別
  - 保障客戶的權益
  - 彰顯客戶價值
- **解決問題**
  - 幫助客戶提高效率
  - 解決客戶的問題
  - 提供整體的解決方案
  - 幫助客戶實現目標
  - 幫助客戶抑制風險
- **創新**
  - 開發全新的產品或服務
  - 滿足用戶從未有過的需求或體驗
  - 對產品和服務進行改進
  - 優秀的產品及服務設計
- **性能**
  - 提升產品和服務的性能
  - 產品的獨到性和特色
- **定制化**
  - 滿足個性需求
  - 客戶需求驅動產品和服務開發
- **創造利益**
  - 為客戶帶來更多的收入
  - 為客戶帶來資源
  - 創造更多的商業利益
  - 為客戶削減成本

圖 4-18　價值主張要素列舉

3. 應用工具與方法

在設計和描述價值主張的時候可以運用一些工具幫助創業者進行思考和交流。

（1）價值主張矩陣。價值主張是客戶購買產品的根本原因，價值主張矩陣可以基於組織市場（圖 4-19）和消費者市場（圖 4-20）的角度進行分析。其中組織市場可以基於市場利益、生產營運利益和財務利益幾個維度來設計客戶的價值主張；消費者市場可以從癢點（利益）、痛點（問題）和爆點（賣點）等角度體現。

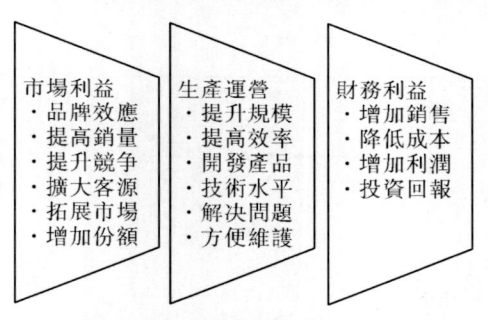

市場利益
- 品牌效應
- 提高銷量
- 提升競爭
- 擴大客源
- 拓展市場
- 增加份額

生產運營
- 提升規模
- 提高效率
- 開發產品
- 技術水平
- 解決問題
- 方便維護

財務利益
- 增加銷售
- 降低成本
- 增加利潤
- 投資回報

圖 4-19　組織市場價值主張矩陣

消費者市場價值主張

- **癢點**
  - 實現目標
  - 期望得到
  - 滿足需求（物質和精神）
  - 附加價值
- **痛點**
  - 現在的痛點
  - 未來的痛點
  - 意識的痛點
  - 潛在的痛點
  - 他人的痛點
- **爆點/賣點**
  - 產品特徵/獨特性/新穎性
  - 產品優勢
  - 產品/服務利益
  - 證據

圖 4-20　消費者市場價值主張矩陣

4　創業商業模式

（2）差異化價值曲線。差異化價值曲線是根據客戶的需求、企業的能力和競爭者的策略綜合考慮，設計產品和服務的價值要素，形成企業的價值定位，也能進行差異化競爭，差異化價值曲線主要從客戶的角度設計和體現不同顧客期望得到的利益，從而形成企業獨特的價值主張。例如如家快捷商務經濟型酒店經過市場分析，將目標市場確定為中低端商務型人群，在餐飲設施、大堂、服務設施等方面做減法，在衛生狀況、客房舒適度、地理位置、商務功能等方面做加法，提出差異化價值曲線，更好地滿足客戶需求（圖4-21）

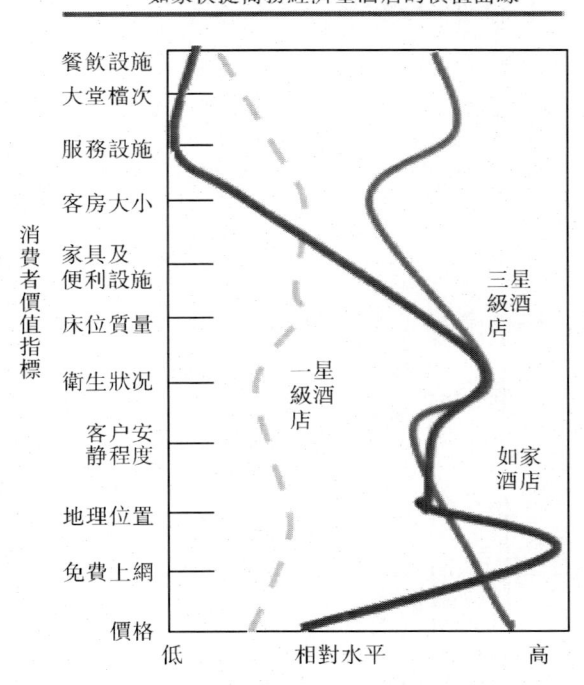

圖4-21　如家快捷商務酒店的價值曲線

資料來源：引用網絡資料

（3）價值主張畫布。價值主張畫布由Alexander Osterwalder, Yves Pigneur和Greg bernarda等人在《價值主張設計》一書中提出，以更加結構化的角度描述價值主張，基於客戶需求洞察，充分理解顧客，將客戶需求分為客戶工作、收益和痛點，將價值主張拆分為產品和服務中對應的收益創造方案和痛點緩解方案，產品和服務需要與客戶的需求進行有效匹配，價值主張畫布是構建價值主張的一個非常有效的工具（圖4-22）。

創業管理

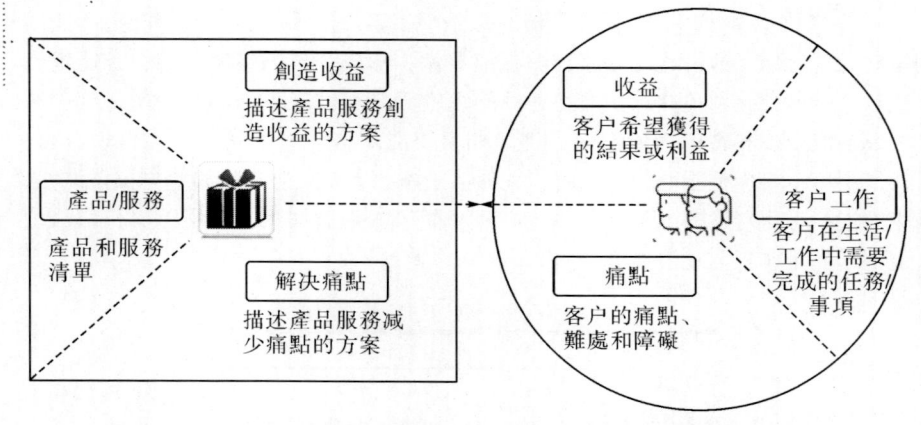

圖 4-22 價值主張畫布（根據 Osterwalder 等《價值主張設計》整理）

（4）價值工程分析。價值工程分析通過客戶功能（效用）與客戶成本的比較確定客戶的價值，並以此為思路進行產品和服務的創新與改進，提出了創造和提升顧客價值的4個途徑（表4-7）。

$$V = F/C$$

其中 V 為價值，F 為功能或效用，C 為成本。

表 4-7　　　　　　　　　　客戶價值提升的思路

價值提升	實現途徑
$V\uparrow = F\uparrow/C\downarrow$	功能/效用提升，成本下降
$V\uparrow = F\uparrow\uparrow/C\uparrow$	功能/效用大幅提升，成本適度提升
$V\uparrow = F\rightarrow/C\downarrow$	功能/效用不變，成本下降
$V\uparrow = F\downarrow/C\downarrow\downarrow$	功能/效用適度下降，成本大幅下降

4. 價值主張陷阱

創業企業同樣會面臨價值主張陷阱，客戶價值不清晰、產品和服務開發不力，引發創業的失敗，常見的價值主張陷阱如（表4-8）所示。

表 4-8　　　　　　　　　　創業中常見的價值主張陷阱

創業主張陷阱	描述
背離需求	不能滿足客戶需求，客戶不買帳（貨不對板）
價值不明	沒有明確價值主張，不知道靠什麼吸引顧客
產品乏力	沒有創新、優勢、特色、亮點
競爭劣勢	沒有資源和優勢，無法和對手抗衡（例如倒閉的共享單車）
結構混亂	沒有適合的產品組合，產品線混亂
模仿抄襲	一味模仿別人，沒有自己的創新和壁壘
缺乏支撐	沒有技術、沒有能力、沒有營運體系，導致研發和生產不力
品牌缺失	沒有知名度和品牌影響力

4 創業商業模式

4.2.3 渠道通路（Channels）

渠道通路即公司用來接觸消費者的各種途徑。這裡闡述了公司如何溝通、接觸其客戶細分而傳遞其價值主張。它涉及公司的市場分銷以及傳播推廣策略。通俗地講，渠道通路就是企業接觸顧客的方式和途徑。渠道通路的功能主要有產品和服務銷售、產品與服務的推廣與宣傳、客戶服務和支持，此外還有融資和風險承擔的功能，是客戶價值傳遞和實現的關鍵環節。

1. 關鍵問題

渠道通路設計需要解決關鍵問題有以下幾個：

（1）企業通過哪些渠道接觸客戶（接觸點）？
（2）企業通過哪些渠道網絡銷售產品服務（分銷渠道）？
（3）企業如何對自己的產品和服務進行推廣宣傳（推廣渠道）？
（4）企業如何評價渠道的成本效益（渠道評估）？

創業企業首先解決的是銷售渠道的問題，但渠道通路解決的不僅僅是產品和服務的銷售問題，同時面臨產品和服務推廣等問題，創業者需要從系統的角度具有一定的遠見性來設計和佈局企業的渠道，有學者將渠道通路細分為銷售渠道（分銷渠道）、服務渠道、傳播渠道、引流渠道、溝通渠道等。很多創業企業在渠道通路創新方面都非常有特色，例如電子商務企業網絡渠道的創新，Uber顧客服務渠道等。

2. 渠道通路類型和階段

Osterwalder等提出渠道有5個不同的階段，把渠道分為直接渠道和非直接渠道（表4-9）。雖然沒有全部列出渠道的類型，但有較好的借鑑思路。

表4-9　　　　　　　　　　渠道類型和階段

渠道類型		渠道階段				
直接渠道	銷售隊伍	1. 認知 提升客戶對產品和服務的認知	2. 評估 幫助客戶評估公司價值主張	3. 購買 讓顧客便捷購買產品和服務	4. 傳遞 把價值主張傳遞給顧客	5. 售後 提供售後支持和服務
直接渠道	在線銷售	^	^	^	^	^
非直接渠道	自有店鋪	^	^	^	^	^
非直接渠道	夥伴店鋪	^	^	^	^	^
非直接渠道	批發商	^	^	^	^	^

3. 應用工具與方法

在渠道通路設計的時候，創業團隊可以運用一些工具進行創意和交流，從而完成渠道通路的設計。

（1）渠道通路體系圖。渠道通路體系圖基於顧客接觸點比較系統地幫助創業企業進行銷售/分銷渠道的設計、服務渠道設計、宣傳推廣渠道設計、顧客引流渠道設計，從而構建出比較完整的渠道網絡體系（圖4-23），例如某個知名企業的渠道通路體系的設計（圖4-24）。

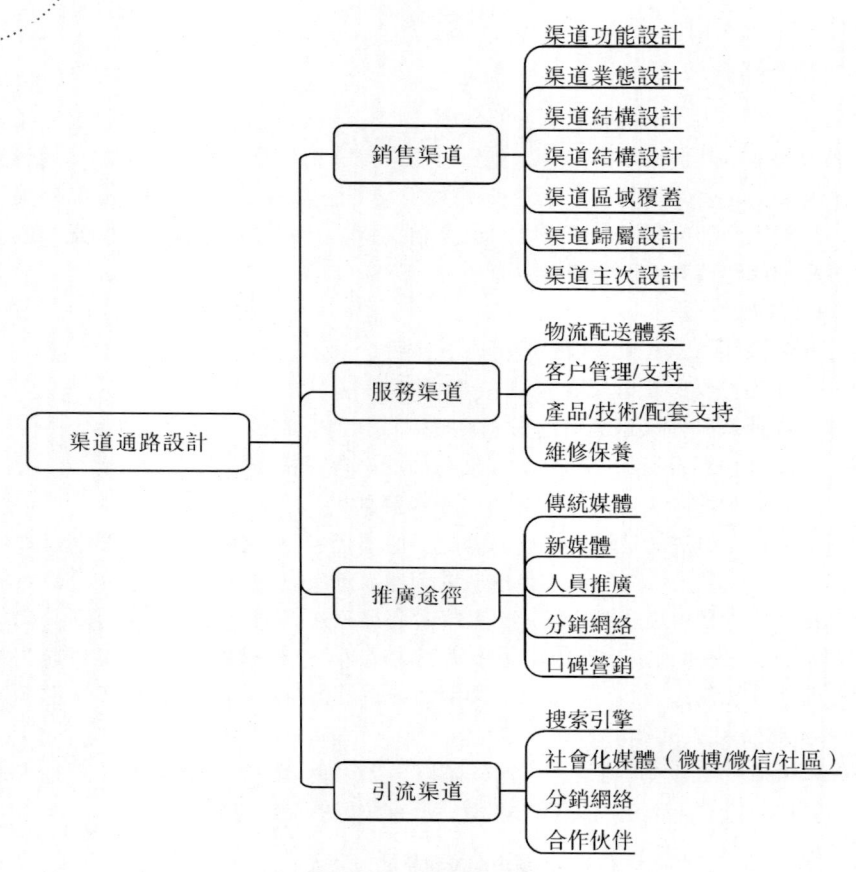

圖 4-23　渠道通路體系圖

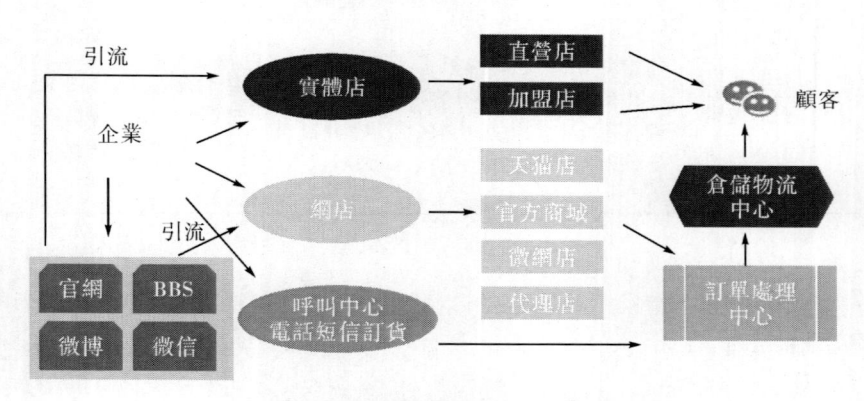

圖 4-24　某企業的渠道通路網絡

（2）渠道模式選擇。B2B、B2C 是我們耳熟能詳的商業模式，同時也是對渠道通路模式的提煉和總結。渠道模式還在不斷地被創新，我們這裡列出常見的渠道模

4 創業商業模式

式（表4-10）。

表 4-10　　　　　　　　　　常見的渠道模式

渠道模式	解釋	典型企業
B2B	Business to Business，企業對企業，多用於製造業採購、配套、國際貿易等	阿里巴巴、慧聰網、中國製造、全球資源網
B2C	Business to Consumer，是企業對顧客銷售的模式，常用於消費品，可以拓展為 B2B2C 等	淘寶、京東、蘇寧易購、在線旅遊平臺等
C2B	Customer to Business，消費者對企業，例如團購、定制、需求整合等，拓展為 C2B2B、C2C2B 等	美團、戴爾電腦、找我網
C2C	Consumer to Consumer，顧客對顧客，常見於消費品、二手貨市場、任務平臺等	人人車、豬八戒網
B2G 與 G2B	B2G（Business to Government）企業對政府（管理部門），政府採購、招標平臺；G2B（Government to Business）政務服務平臺	各地電子政務平臺
F2C	Factory to customer，通路直銷平臺	工廠店、倉儲店
P2C	Production to Consume，生活服務平臺，產品平臺，基於顧客提供全方位服務解決方案	支付寶（全方位生活金融服務）、58同城
O2O	Online to offline，線下商務與線上商務的結合	美團網、UBER、共享單車
LBS	Location Based Service，基於位置的服務	百度地圖、美團網、滴滴打車
SOLOMO	社交（social）+本地化（local）+移動（mobile）	人人網、微商

（3）渠道創新思維。在互聯網和通信技術不斷進步的今天，渠道通路也在發生重大的變化，渠道功能、業態和組織方式上都有很多創新（表4-11）。同時，渠道整合是一個重要的趨勢，主要體現在三個方面：第一，信息流、資金流、物流、商流合一；第二，所有顧客接觸點都是渠道；第三，自有渠道、中間商渠道、合作夥伴渠道有效協作。

表 4-11　　　　　　　　　　渠道通路創新思維

渠道功能創新	渠道是以下功能的整合：銷售渠道、服務渠道、信息通道、引流渠道、結算渠道、傳播渠道、體驗渠道、物流通道等。
渠道組織創新	渠道的組織方式會發生變革，比較具有代表性的方式有：通路直銷系統、垂直渠道網絡、水準渠道系統、直控渠道系統、立體渠道系統、網絡渠道系統、平臺商務系統、基於社區的銷售系統。

4．渠道通路陷阱

部分創業企業在渠道通路的建設中會出現一些問題，通過對創業團隊的實踐，總結以下幾個容易出現失誤的方面。沒有規劃，例如渠道功能、類別、業態、區域等沒有系統思考；渠道缺失，渠道設計存在功能或者區域覆蓋缺失；開發乏力，經銷商、代理商、渠道網絡不能有效建立；渠道失控，被中間商控制；宣傳推廣，缺

乏有效的宣傳推廣手段，沒有有效的推廣傳播途徑；入口不暢，例如絕大多數的 App 安裝量缺乏。

4.2.4 客戶關係（Customer Relationships）

客戶關係即公司同其客戶群體之間所建立的聯繫，在以客戶為中心的經營理念被廣為接受的今天，客戶關係變得越來越重要，我們所說的客戶關係管理（Customer Relationship Management）即與此相關。

1. 關鍵問題

商業模式的客戶關係設計需要創業團隊回答以下關鍵問題，並作出具有可執行性的設計。

（1）我們和客戶群體建立什麼樣的關係？
（2）我們如何保持這種關係？
（3）這些客戶關係的成本和效益如何？
（4）如何把客戶關係與商業模式的其餘部分進行整合？

創業企業建立客戶關係的目標主要有以下幾個方面：第一是開發和獲取客戶，第二是客戶保持和維繫，第三是提升銷售，第四是建設和傳播品牌。Osterwalder等人把客戶關係分為個人助理、專用個人助理、自助服務、自動化服務、社區、共同創作等類型。

2. 客戶關係的層次

按照層次分，有學社將客戶關係分為財務層次、社交層次、結構層次客戶關係三個層次，基於創業企業的特點，企業常見的客戶關係類型有買賣關係、優先供應關係、合作夥伴關係、戰略聯盟四種關係（表4-12），創業者在創業時可參考確定自己的客戶關係類型。

表 4-12 客戶關係的層次

買賣關係	客戶將企業作為一個普通的賣主，銷售被認為僅僅是一次公平交易，交易目的簡單。企業與客戶之間只有低層次的人員接觸，企業在客戶企業中知名度低，雙方較少進行交易以外的溝通，客戶信息極為有限。
優先供應關係	企業與客戶的關係可以發展成為優先選擇關係。處於此種關係水準的企業，銷售團隊與客戶企業中的許多關鍵人物都有良好的關係，企業可以獲得許多優先的甚至獨占的機會，與客戶之間信息的共享得到擴大，在同等條件下乃至競爭對手有一定優勢的情況下，客戶對企業仍有偏愛。
合作夥伴關係	雙方建立在資金、項目、渠道、研發等方面的合作，在合作的領域有較為一致的目標和較高的協調性，價值由雙方共同創造，共同分享，企業對客戶成功地區別於其競爭對手、贏得競爭優勢發揮重要作用。
戰略聯盟關係	雙方有著正式或非正式的聯盟關係，雙方的近期目標和願景高度一致，雙方可能有相互的股權關係或成立合資企業。兩個企業通過共同安排爭取更大的市場份額與利潤，競爭對手進入這一領域存在極大的難度。

4 創業商業模式

3. 應用工具與方法

在商業模式的設計和完善過程中，創業團隊可以借助一些工具，我們這裡列出一些常用的工具和方法。

（1）客戶關係地圖。客戶關係地圖是根據顧客的現狀進行分析，根據顧客的現狀評估，進行客戶開發，並決策客戶關係的類型和具體的對策措施。客戶關係地圖可以針對組織客戶（圖4-25）和個人客戶（4-26）分別運用。

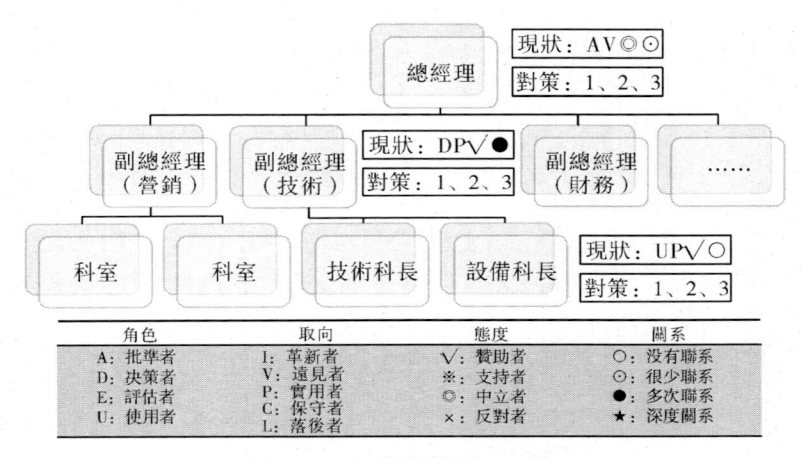

圖4-25　客戶關係地圖（組織）

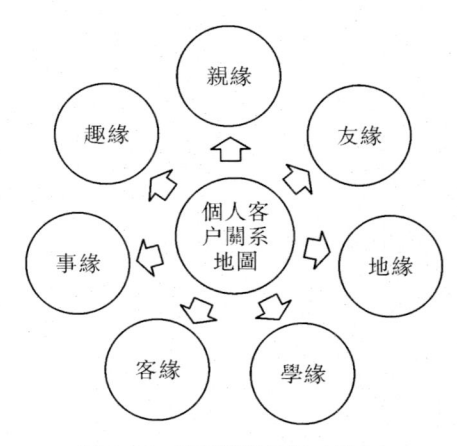

圖4-26　客戶關係地圖（個人）

（2）客戶價值評估。評估不同的客戶群體對公司的價值，並根據評估結果制定顧客開發、顧客管理和顧客維繫的措施，常見的方法有 ABC 分析等，根據一些公司的實踐，本書給大家介紹客戶金字塔模型（圖4-27），通過客戶價值、忠誠度等維度的判斷，將客戶分為不同的類型採取針對性的措施。

139

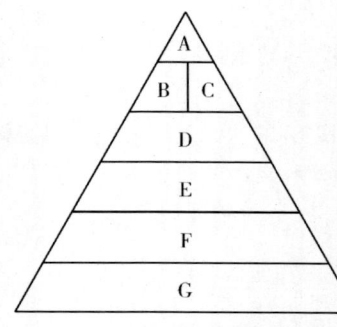

・A-頂級：高忠誠度，高價值
・B-大型/中型：低忠誠度，高價值
・C-大型/中型：高忠誠度，低價值
・D-小型：低忠誠度，低價值
・E-不活躍：有帳號，無交易
・F-潛在客戶：可能成爲客戶
・G-懷疑對象：暫時不能成爲客戶

圖4-27　客戶金字塔模型

（3）RFM模型。在眾多的客戶關係管理的分析模式中，RFM模型是被廣泛提到的。根據美國數據庫行銷研究所Arthur Hughes的研究，客戶數據中最近一次消費（Regency）、消費頻率（Frequency）、消費金額（Monetary）3個要素可以非常好地描述該客戶的價值狀況，在此基礎上，可以將客戶分爲重要價值客戶、重要保持客戶、重要發展客戶、重點挽留客戶、一般價值客戶、一般發展客戶、一般保持客戶和一般挽留客戶（圖4-27）。

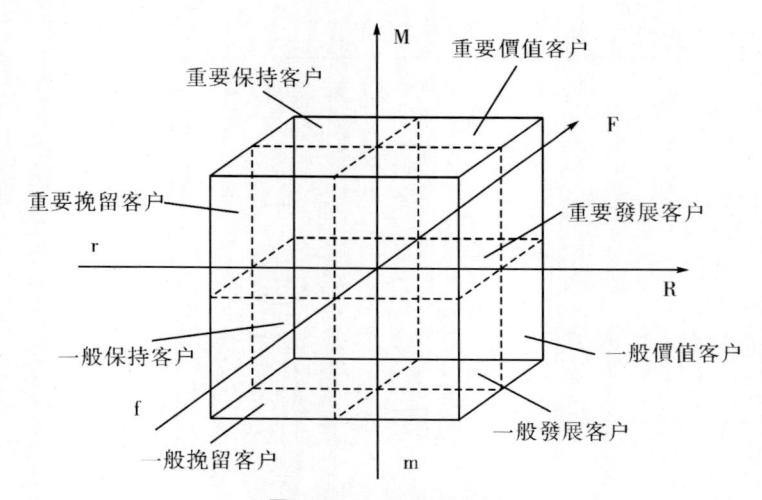

圖4-27　RFM模型分析

資料來源：根據網絡資料整理

4. 客戶關係陷阱

一些創業企業在客戶關係建立和維繫過程中，會出現一些失誤。常見的有以下幾個方面：開發不力，沒有有效的客戶開發手段；管理不力，不重視客戶分析；服務不力，售前、售中、售後，顧客諮詢、顧客投訴導致顧客流失；引流不力，顧客獲取、顧客流量、顧客轉化、顧客傳播是一個有機的過程，創業企業沒有設計有效的客戶引流機制；轉化不力，特別是一些互聯網創業的企業客戶流量最終不能轉化爲銷售。

4 創業商業模式

4.2.5 收入來源（Revenue Streams）

收入來源，即公司通過各種收入流（Revenue Flow）來創造財富的途徑。收入來源模塊用來描繪公司從每個客戶群體中獲取的現金收入，收入來源是商業模式的核心，也是商業模式營運的成果，是企業創造價值的重要體現之一。

1. 關鍵問題

創業者在設計收入來源的時候，需要明確回答並清晰設計以下關鍵問題：
（1）客戶願意為什麼價值付費？
（2）他們付費買什麼？他們如何支付？
（3）公司的收入來源有哪些？
（4）公司如何盈利？

設計公司的收入來源，需要針對客戶需求、價值主張、渠道通路等多要素來考慮，每種收入來源可能存在不同的定價機制，主要有固定定價和動態定價等。

2. 收入來源分析

Osterwalder 等人在《商業模式新生代》一書中列舉了一些常見的收入方式，包括資產銷售（例如銷售產品服務）、使用收費（例如賓館飯店）、訂閱收費（例如在線音樂按月訂閱）、租賃收費（出讓特定時間使用權獲取收入）、授權收費（例如商標許可收入）、經紀收入（收入來自代理或者佣金）、廣告收費（發布廣告收入）等；魏煒和朱武祥教授則形象地將收支方式列舉為進場費、過路費、停車費、油費、分享費等。根據創業企業的實際，有些企業在創業初期會更加重視客戶培育或者建立競爭優勢，我們將收入來源進行拓展，分為經濟收益、資源收益和競爭收益（圖4-28），例如很多互聯網企業在前期採用巨大的投入、通過免費或補貼的方式獲取

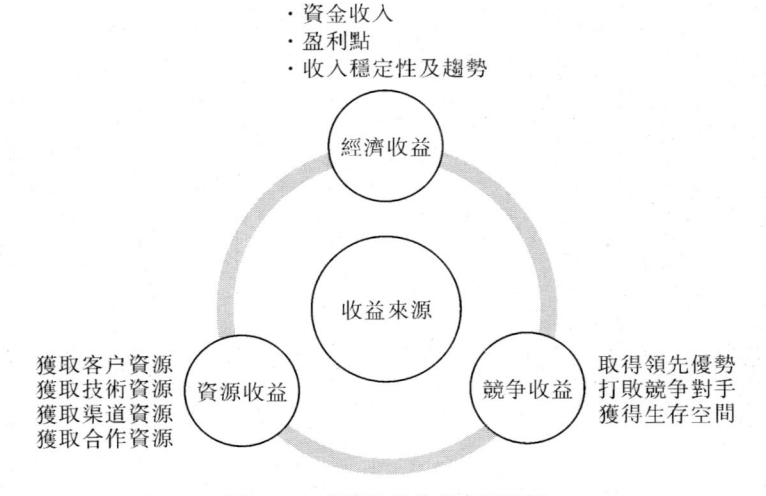

圖 4-28　創業企業收益來源種類

客戶，建立競爭優勢，甚至不惜虧損（燒錢），但是需要明確的是這是戰略性、階段性和過程性的，企業最終還是必須有穩定的現金流入才能得以生存和發展，創業企業需要根據企業自身的目標、能力和戰略進行決策。

3. 應用工具與方法

在收入來源分析和設計中，一些工具的使用有助於創業者進行系統思考和團隊交流以及模式設計。

（1）盈利模式矩陣。魏煒和朱武祥教授基於成本支付和收入來源兩個維度，提出了包含 12 個子區域的盈利模式矩陣（圖 4-29）。橫向表示為企業貢獻收入的利益相關者，分別是直接顧客、直接顧客 & 第三方顧客、第三方顧客；縱向表示為承擔成本的利益相關者，分為企業、企業 & 第三方夥伴以及零可變成本。例如 PM0 就是企業直接支付成本，從直接顧客獲取收入，這是最普遍的盈利模式；再如 PM5 是有企業和第三方夥伴支付成本，第三方顧客支付價格，例如「中國好聲音」，浙江衛視和第三方夥伴共同投入並承擔風險，加多寶作為第三方提供贊助費用，全國手機用戶作為第三方客戶通過下載彩鈴為企業貢獻收入，電視觀眾則免費觀看。

成本支付				
	零可變成本	PM9	PM10	PM11
	第三方夥伴	PM6	PM7	PM8
	企業&第三方夥伴	PM3	PM4	PM5
	企業	PM0	PM1	PM2
		直接顧客	直接顧客&第三方顧客	第三方顧客

收入來源

圖 4-29　魏朱盈利模式分析矩陣[①]

（2）盈利模式思維導圖。在互聯網上有學者根據企業的實踐，將盈利模式總結為價值鏈模式、產品模式、客戶模式、渠道模式、資源模式、知識模式、巨型模式、組織模式等 8 個類別 36 種具體方式（圖 4-30）。盈利模式思維導圖有助於創業者系統思考和設計，也能促進創業者將盈利模式與商業模式的其他要素和企業的戰略與管理營運有機結合起來。

（3）免費模式設計。一些企業特別是互聯網創業企業基於資源能力或者戰略需要，提供免費服務，以提升顧客價值或者集聚客戶資源。常見的免費模式包括戰略模式、資源模式、三方市場、交叉補貼、增值服務、眾包模式、非貨幣效應、財務支持等（表 4-13）。

---

① 魏煒，朱武祥. 透析盈利模式 [M]. 北京：機械工業出版社，2017.

4 創業商業模式

表 4-13　　　　　　　　　　　免費模式設計

模式	說明
戰略模式	企業投入成本，但出於市場培育、競爭需要對客戶免費。
資源模式	企業具備某種資源或者產品具有零可變成本，不會有成本壓力，為顧客提供免費服務；或者提供資源交換，例如提供文章就可以閱讀平臺上其他作者的資源、網站交換連結等。
三方市場	費用由企業和客戶以外的第三方支付，顧客是免費的。例如電視節目，廣告商或者贊助商為電視臺提供收入。
交叉補貼	通過另外的業務補貼。例如多買東西，停車免費。
增值服務	入門或者低級服務免費，升級或者定制服務收費。例如一些網絡游戲進階收費、買裝備收費。
眾包模式	大眾為大眾提供免費服務。例如百度知道、百度經驗。
非貨幣效應	通過免費提升知名度、注意力或影響力。
財務支持	為客戶提供消費分期、消費信貸、補貼、紅包等形式的免費、費用減免措施。例如早期的Uber、共享單車，房地產、汽車的按揭政策大大提升客戶的購買能力。

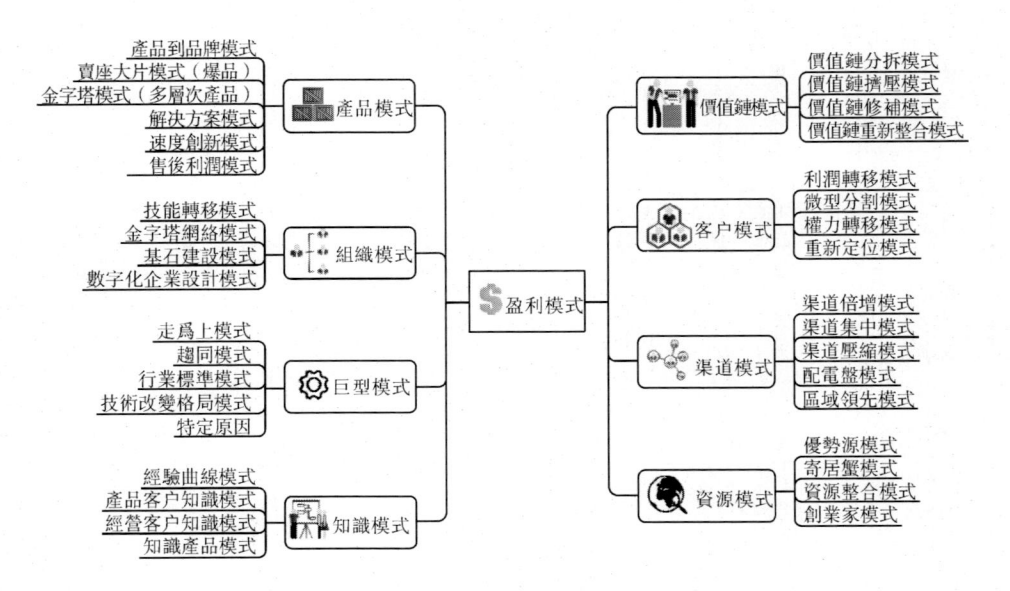

圖 4-30　盈利模式導圖

資料來源：根據網絡資料整理

4. 收入來源陷阱

一些創業企業在商業模式的收入來源方面會碰到各種問題，主要包括收入不明，即收入不確定、不可靠；收入減少，未來的收入不穩定或者主營收入萎縮；盈利不足，設計的收入來源不足以維持企業的運轉和持續發展；盈利太晚，企業或者有價

143

值，但是盈利偏晚，導致現金流出現問題，企業活不到天亮。

4.2.6 核心資源（Key Resources）

核心資源是公司執行其商業模式所必需的最重要的因素，也是創業的依據和必須的條件。每一個商業模式都需要核心資源，這些資源使得企業組織能夠創造和提供價值主張、接觸市場、與客戶細分群體建立關係並賺取收入，核心資源不僅決定著創業的資源和條件，也是企業未來競爭的重要能力。

1. 關鍵問題

創業者在商業模式核心資源這一要素上，需要解決以下的關鍵問題：
（1）商業模式需要哪些核心資源支撐（價值主張、渠道網絡、核心業務）？
（2）企業現有哪些關鍵資源？其優勢如何？
（3）我們如何獲取需要的資源和能力？

不同的商業模式所需的核心資源也有所不同，核心資源可以是自有的，也可以通過購買或者重要合作夥伴整合來提供。

2. 核心資源分類

企業的所有營運要素均可成為核心資源包括資金、人才、技術、設備、品牌等，系統地可以分為實體資產、金融資產、知識資產或人力資源（表4-14）。

表4-14　　　　　　　　　　　　核心資源分類

核心資源	描述
實體資產	實體資產包括生產設施、不動產、汽車、機器、系統、銷售網點和分銷網絡等。如沃爾瑪擁有的龐大的全球店面網絡和與之配套的物流基礎設施等。
知識資產	包括品牌、專利、版權、合作關係和客戶數據庫等，這類資產日益成為商業模式中重要的組成部分。
人力資源	在某些企業的商業模式中，人才資源是某一些類別的企業最為重要的核心資源。如知識密集型產業和創意產業中，人力資源便是至關重要的核心資源。
金融資產	有些商業模式需要金融資源或者財務擔保，如現金、信貸額度或用來僱傭關鍵雇員的股票期權池。

3. 應用工具與方法

我們可以應用一些工具來協助創業者對自身核心資源進行分析和設計，使商業模式的營運得到保障和支持。在戰略管理中，SWOT分析是一種外部機會、威脅和企業優勢劣勢綜合分析的戰略方法，大家可以充分利用，此外，我們再推薦核心資源評估和資源整合模式圖兩個工具。

（1）核心資源評估。核心資源評估是根據商業模式營運的需要，系統地評估企業的資源和能力，以及這些資源和能力對商業模式的支撐情況，可以利用相關的方法幫助創業者對自己的資源進行系統的梳理（表4-15）。

4 創業商業模式

表 4-15 核心資源評估

評估因素	評估要素	對商業模式的支撐能力
資源評估	實物資源、金融資源、人力資源、信息、無形資產、客戶關係、公司網絡、戰略不動產	價值主張支持：根據企業實際描述 渠道網絡支持：根據企業實際描述 客戶關係支持：根據企業實際描述
能力評估	物資能力、組織能力、交易能力、知識能力	收入來源支持：根據企業實際描述 關鍵業務支持：根據企業實際描述 重要合作支持：根據企業實際描述
缺乏的資源和能力	資源能力：根據企業實際列出	獲取途徑：根據企業實際列出對策

（2）資源整合模式圖。資源整合模式圖有助於創業者從內部和外部整合企業所需的核心資源。除了企業具備的核心資源之外，還需要從外部通過收購、兼併、合作等商業行為獲取所需要的資源，整合模式包括縱向模式（例如產業鏈整合）、橫向模式（例如產業相關領域合作）、平臺模式（例如阿里巴巴，大企業建設平臺，小企業充分利用平臺），資源整合的方法包括投資建設、收購兼併、購買、租賃、許可、共享等多種形式（圖4-31）。

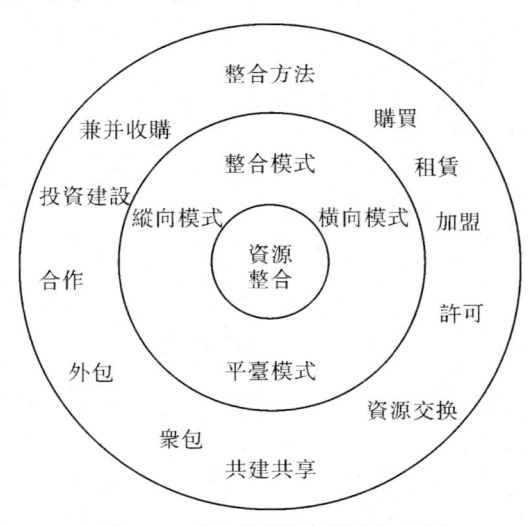

圖4-31 核心資源整合模式和方法

4. 核心資源陷阱

創業過程中，一些創業者缺乏創業必備的基礎物質條件，或者對核心資源整合不力，導致企業的商業模式出現問題。例如資源不足，缺乏技術、資金、人才、市場資源等，又沒有資源整合的能力；再有就是資源開發利用不力，技術不能轉化，無法形成產品也無法形成競爭優勢等。

4.2.7 關鍵業務（Key Activities）

關鍵業務是企業為確保商業模式可行而必須做的最重要的經營活動，構成企業

的業務系統。任何商業模式都需要多種關鍵業務活動，這些業務是企業得以成功營運所必須實施的最重要的動作。關鍵業務也是創造和提供價值主張、接觸市場、維繫客戶關係並獲取收入的基礎和關鍵的活動。

1. 關鍵問題

創業者在設計商業模式的關鍵業務要素時，需要解決以下的關鍵問題：

（1）企業的價值主張需要哪些關鍵業務？

（2）渠道通路需要哪些關鍵業務？

（3）客戶關係和收入來源又需要哪些關鍵業務？

關鍵業務解決商業模式能不能實現，是否可行的問題，任何商業模式，都要保證產品能得以有效地生產，渠道得以建設，銷售得以實現，企業的營運在現行的商業環境下行得通。

2. 關鍵業務的類型

圍繞價值主張創造和實現的重要環節都是企業的關鍵業務，不同的商業模式會衍生不同的關鍵業務，不同的營運階段關鍵業務也有所差異，高科技企業的研發業務至關重要，互聯網企業的客戶開發和客戶引流是關鍵業務等。一般有製造產品、提供解決方案、營運平臺或者網絡等。

（1）製造產品。這些業務活動設計生產一定數量或滿足一定質量的產品，與設計、製造及發送此產品有關。製造產品這類業務活動是大多數企業商業模式的核心。

（2）提供解決方案。這類業務指為特定客戶的問題提供定制化的解決方案，如諮詢公司、醫院等機構的關鍵業務就是提供解決方案。

（3）營運平臺或網絡。以平臺為核心資源的商業模式，其關鍵業務都是與平臺或網絡相關的。網絡服務、交易平臺都是平臺。

3. 應用工具與方法

價值鏈分析有助於創業者圍繞顧客價值創造和企業價值實現進行關鍵業務的系統思考和設計，不同行業和不同的企業有不同的關鍵業務和流程，以製造業為例，結合公司自身的現狀，價值鏈分析以顧客需求為中心，基於行業價值鏈背景，對公司價值鏈和營運作業鏈進行分析（圖4-32），最終確定企業的關鍵業務（活動），並為這些關鍵業務配備資源，統籌規劃，決策企業的業務系統。例如利豐集團的供應鏈管理業務系統（圖4-33），就包括消費需求、產品設計、產品開發、物流整合、零售管理、消費者等13個環節。

4. 關鍵業務陷阱

創業企業常見的關鍵業務失誤有營運短板，包括研發、供應、生產、銷售、物流、質量、服務等方面的營運能力不夠；銷售不力，無法打開市場，建立渠道，提升銷量；供應不暢，沒有穩定和可保障的供應；生產不足，生產能力、設備跟不上；管理乏力，創業企業組織管理能力和執行力不足。

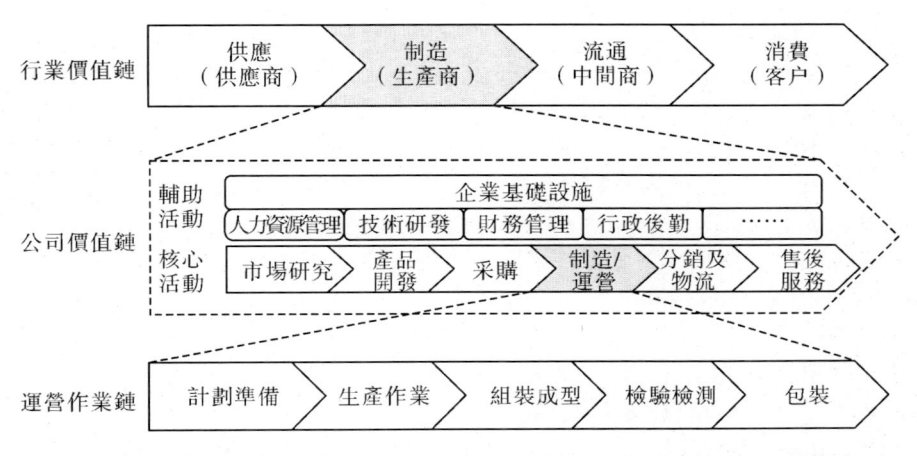

4 創業商業模式

圖4-32 公司價值鏈分析（以製造企業為例）

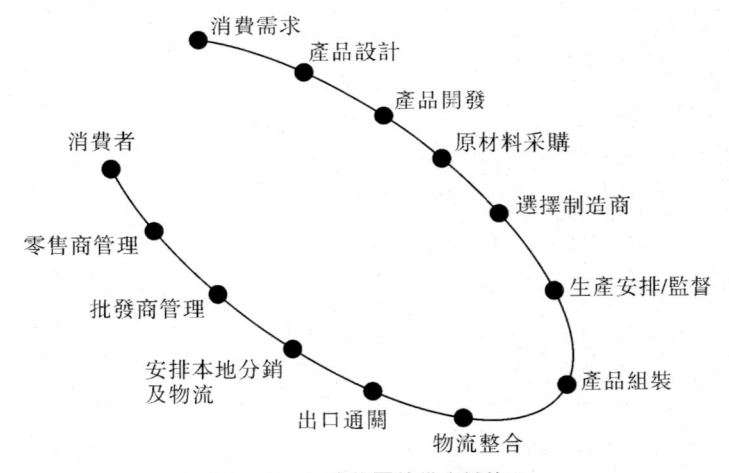

圖4-33 利豐集團的供應鏈管理

資料來源：根據網絡資料整理。

4.2.8 重要合作（Key Partnerships）

任何創業企業不可能擁有全部的資源和能力，特別是在新經濟、新形勢背景下，合作關係也逐漸成為商業模式的重要因素之一。

1. 關鍵問題

創業企業在設計和優化重要合作的要素時，主要解決以下問題：

（1）我們需要與誰進行合作？誰是我們重要的夥伴？

（2）我們從合作夥伴哪裡獲得哪些核心資源？

（3）合作夥伴可以執行哪些關鍵業務？

147

2. 合作的動機

與重要夥伴的合作動機主要在於獲取資源、優化商業模式、降低營運風險等。

（1）獲取特定資源。創業企業根據自身的資源要素分析，通過與重要夥伴的合作取得企業營運需要的資源，以便擴散自身的能力。

（2）降低成本。通過與重要夥伴的合作，降低自身在技術研發、生產製造或者銷售方面的成本支出。

（3）提升效率。重要夥伴可以幫助企業快速形成研發、生產或者市場開發能力，提升商業模式的運行效率。

（4）減少風險。通過合作減少不確定性，可以有效降低技術、管理或者市場的風險。

3. 應用工具與方法

重要夥伴主要形成對商業模式的關鍵業務和核心資源進行有力的支撐，創業企業可以運用合作資源整合表來幫助自己規劃和佈局重要合作（表4-16），企業需要明確哪些是自己必須完成的關鍵業務，哪些是需要通過合作夥伴完成的，哪些是自己具備的核心資源，哪些資源可以從重要夥伴那裡獲取。其中「合作方式」可以參考圖4-31。

表4-16　　　　　　　　重要合作資源整合表

要素		公司自有的	潛在合作者	合作方式	合作風險
關鍵業務	自營業務：		1.……		
	需夥伴提供業務：		2.……		
核心資源	自有資源：		1.……		
	需夥伴提供資源：		2.……		

4. 合作夥伴陷阱

創業企業在重要夥伴選擇的時候要注意出現以下的情況：第一是缺乏開放合作意識，單打獨鬥，小而全大而全，導致自身無法解決企業營運的全部問題或者效率極低；第二是合作失效，即合作夥伴無法從根本上解決企業的關鍵業務或者資源獲取的問題，或者企業能力不足無法提供足夠的條件獲得合作夥伴的支持；第三是合作風險，例如在合作中無法按照自身發展要求進行合作或者被合作者綁架。

4.2.9 成本結構（Cost Structure）

商業模式在營運中，價值主張、關鍵業務、核心資源等其他各個要素的營運都會引發成本，成本是商業模式營運的支撐。

1. 關鍵問題

創業者在設計和優化成本機構要素時，需要解決以下問題：

（1）商業模式最重要的固有成本是哪些？

（2）哪些關鍵業務花費最多？

（3）哪些核心資源花費最多？

（4）如何有效控制成本？

4 創業商業模式

站在財務管理的角度，創業者要解決好包括投資預算、資金籌措和資金使用、經營成本預測等問題。

2. 成本結構類型

常見的商業模式成本結構類型包括成本驅動和價值驅動。

（1）成本驅動。即以成本最低為目標，側重於在每個環節盡可能地降低成本，這種做法的目的是創造和維持最經濟的成本結構，採用低價的價值主張，機票廉價的航空公司。

（2）價值驅動。公司專注於創造獨特的價值，以價值驅動型為主導，這些價值屬於增值型或者高度個性化，不關心特定商業模式設計對成本的影響。例如奢侈品、高端定制旅遊。

3. 應用工具與方法

我們為創業者提供一些優化成本結構的措施（表4-17），包括簡化產品類型、技術創新、供應鏈整合、規模經濟效應、嚴格成本管理、優化合作資源等，可以在設計和優化商業模式中予以參考。

表4-17　　　　　　　　　　優化成本結構的措施

主要措施	對策
簡化產品類型	抓住客戶的核心需求和突出性價比，削減客戶次要需求。例如經濟連鎖酒店
技術創新	例如採用自動化生產，互聯網銷售渠道創新等
供應鏈整合	讓客戶、供應商、製造商和分銷商組成的網絡中的物流、信息流和資金流加快轉速度，用一體化帶來的效率提高。如沃爾瑪。
規模經濟效應	通過產能擴大，在組織成本、採購成本、經驗成本和庫存等方面取得成本優勢，降低單位產品的邊際成本。例如格蘭仕微波爐。
嚴格成本管理	嚴格成本控制，並且賞罰分明。
優化合作資源	通過資源合作，降低包括研發、採購、人力等投入要素的成本。

4. 成本結構陷阱

創業企業在成本結構方面需要關注以下的問題。第一是融資不足，沒有籌集到支撐企業商業模式營運的資金；第二是成本失控，對商業模式營運的成本預測和控制不夠，導致無法持續營運；第三是投資失誤，將關鍵的成本投入到不必要或者錯誤的方向。

● 4.3　商業模式設計

4.3.1　商業模式環境

商業模式環境分析的方法很多，市場行銷環境分析的方法均可應用，例如PEST分析、SWOT分析、波特五力分析等。Alexander Osterwalder，Yves Pigneur等人提出市場行銷因素、行業影響因素、重要趨勢和宏觀經濟因素等4個方面的驅動和制約因素（圖4-34），系統而全面地描述了商業模式環境。

149

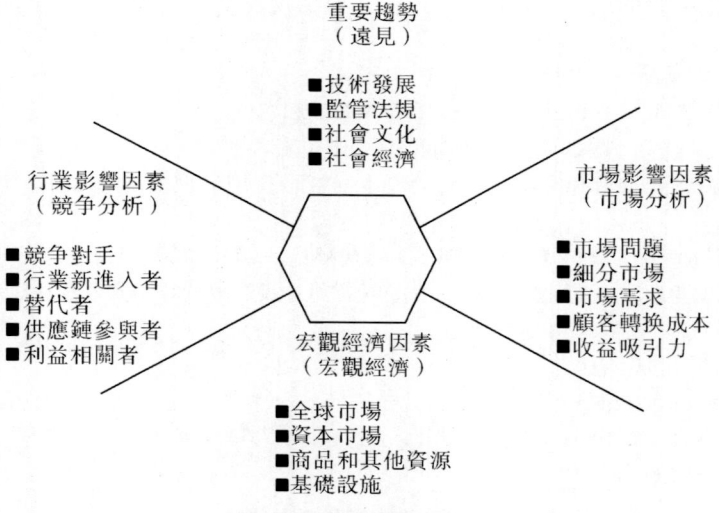

```
                    重要趨勢
                    （遠見）

                  ■技術發展
                  ■監管法規
                  ■社會文化
                  ■社會經濟
    行業影響因素                    市場影響因素
    （競爭分析）                     （市場分析）

  ■競爭對手                       ■市場問題
  ■行業新進入者                    ■細分市場
  ■替代者                         ■市場需求
  ■供應鏈參與者                    ■顧客轉換成本
  ■利益相關者                      ■收益吸引力
                   宏觀經濟因素
                   （宏觀經濟）

                  ■全球市場
                  ■資本市場
                  ■商品和其他資源
                  ■基礎設施
```

圖 4-34　商業模式環境①

1. 市場影響因素

市場影響因素包括以下幾個方面：第一市場問題，即影響顧客環境的關鍵因素以及這些因素的變化趨勢；第二是細分市場因素，即主要的細分市場以及其價值和潛力；第三是需求因素，即細分市場的主要需求及其變化；第四是轉換成本，即顧客從一個供應商轉換到另一個供應商的成本；第五是收益吸引力，即產品和服務獲得收益的能力。

2. 行業影響因素

行業影響因素主要包括：第一是競爭對手，需要明確競爭對手及其競爭優勢、競爭領域；第二是行業新進入者，即可能新進入行業的對手及其進入壁壘；第三是替代品，即可能出現的可以取代我們的產品和服務，以及顧客的轉換成本；第四是價值鏈參與者，包括供應商以及合作夥伴的情況；第五是利益相關者，包括股東、政府和公眾等。

3. 關鍵趨勢

創業者需要密切關注影響商業模式的關鍵趨勢。第一是技術趨勢，包括與公司相關的技術發展趨勢、互聯網和科技發展趨勢以及管理技術的發展等；第二是監管法規趨勢，即政策和法規以及政府管理方式的變化；第三是社會和文化趨勢，包括社會價值觀和文化的發展以及人們生產生活方式的變化；第四是社會經濟趨勢，包括人口、經濟增長、產品結構的變化趨勢等。

4. 宏觀經濟影響力

宏觀經濟影響力主要包括四個因素：第一是全球市場發展，從宏觀經濟視覺研究全球市場的情況；第二是資本市場，瞭解資本市場相關的情況；第三是商品及其

---

① 亞歷山大·奧斯特瓦德，伊夫·皮尼厄. 商業模式新生代 [M]. 北京：機械工業出版社，2011.

4 創業商業模式

他資源,即商業模式所需資源的供應情況;第四是經濟基礎,即商業模式需要的營商環境,包括公共服務、基礎設施、生活和商務環境等。

4.3.2 設計原則和方法

1. 商業模式設計原則

成功的商業模式設計要遵循一些原則,通過創業企業的實踐和研究,有專家總結出了以下原則。

(1)持續盈利原則。企業能否持續盈利是我們判斷其商業模式是否成功的唯一的外在標準。因此,在設計商業模式時,能盈利和如何盈利以及如何持續盈利也就自然成為重要的原則。

(2)客戶價值最大化原則。客戶價值最大化是商業模式成功營運的基礎,成功的商業模式能有效滿足顧客需求,提供最大化的客戶價值,也是企業持續盈利的保障。

(3)資源整合原則。根據企業的發展戰略和市場需求,對有關資源進行重新配置,保障商業模式的各個要素得以有效營運,充分開發市場、提供價值主張、建設渠道通路、營運關鍵業務、保障核心資源,為顧客和企業創造價值。

(4)創新原則。商業模式的創新形式貫穿於企業經營的整個過程之中,貫穿於企業資源開發、研發模式、製造方式、行銷體系、市場流通等各個環節,在企業經營的每一個環節上的創新都可能變成一種成功的商業模式,創新還是商業模式獨特性和不可複製的基礎。

(5)融資有效原則。商業模式的設計很重要的一環就是要考慮融資渠道,保障融資到位有效,支撐商業模式的營運和成本支出。

(6)風險控制原則。對商業模式營運的風險充分考慮,包括來自外部的政策、法律和行業風險和內部的技術、產品、財務、管理、市場等風險。

2. 商業模式設計策略

結合創業企業的市場環境和自身的資源,我們把商業模式設計和營運的策略分為四種類型,分別是顧客關係領先模式、產品服務領先模式、營運管理領先模式、財務管理領先模式(圖4-35)。

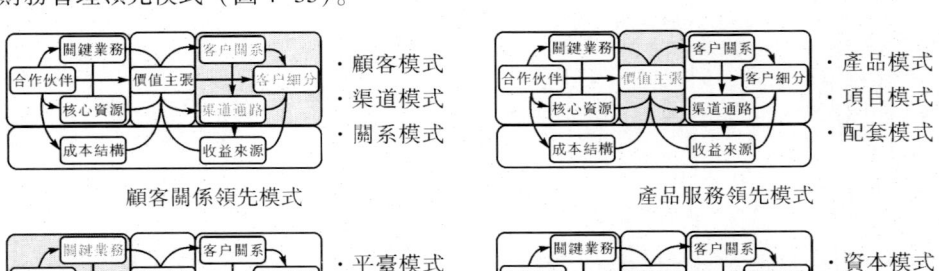

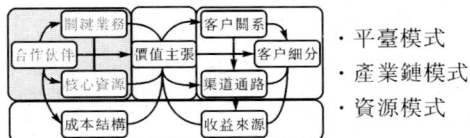

圖4-35 商業模式設計和營運策略

商業模式的 9 個要素中，任何一個要素都可以作為商業模式創新的起點，需要根據具體企業的實際情況而定。本書主要介紹顧客模式、產品模式、項目模式、配套模式、渠道模式、平臺模式、產業鏈模式、資源模式、資本模式、成本模式 10 種典型的模式（表 4-18）。

表 4-18　　商業模式設計要素驅動策略

序號	策略模式	關鍵活動	企業需具備優勢	示例
1	顧客模式：基於顧客驅動商業模式	顧客開發、顧客培育、顧客保持、顧客資源	顧客規模、顧客滿意、顧客忠誠	騰訊、百度海量客戶資源開發新業務
2	產品模式：基於產品和技術驅動	產品研發、產品創新、產品生產、產品銷售	功能、品質、服務、品牌、特色、創新、資源	蘋果、特斯拉、VR 應用
3	項目模式：以項目管理和解決方案驅動	項目開發、項目承包、項目設計（解決方案）、項目施工、產品配套、項目管理、項目交付	設計能力、工程能力、整體解決方案能力	軟件公司、諮詢公司、工程項目
4	配套模式：以配套業務驅動	主機配件、核心企業、配套研發、配套服務、代工貼牌、外包生產、虛擬經營	生產能力、生產規模、配套能力、質量控制、成本控制	產品配套、大客戶、供應鏈配套
5	渠道模式：以渠道驅動商業模式創新	渠道開發、中間商管理、渠道創新	渠道資源、渠道成本、渠道便捷、渠道控制	支付寶、微信
6	平臺模式：平臺驅動資源和業務創新	整合資源、搭建平臺、提供產品服務	資源聚集、平臺流量、顧客轉化	阿里巴巴、淘寶網、OTA 平臺
7	產業鏈模式：產業鏈驅動業務多元化與產業合作	一體化戰略（前向一體化、後向一體化、水準一體化）、產業鏈延伸、企業聯盟、產業合作、產業互動、強鏈補鏈拓鏈	產業鏈整合能力、一站式一體化服務能力、產業集群發展	紅星美凱龍、在線旅遊平臺（吃住行遊購娛）
8	資源模式：商業模式由特定資源驅動	資源開發、資源利用、資源轉化	資源佔有、資源整合能力	旅遊景區景點、土特產
9	資本模式：資本營運驅動商業模式	投資、收購、兼併	通過資本運作拓展市場、拓展業務、獲取資源	互聯網巨頭收購和產業佈局
10	成本模式：以成本優勢驅動商業模式營運	成本管理、成本控制	低成本優勢、成本控制能力	西南航空

3. 商業模式設計方法

Alexander. Osterwalder 等人提供了客戶洞察、創意構思、可視思考、原型製作、故事講述和情景推測 6 種非常實用的工具，根據創業企業的實際，我們主要介紹全盤複製、借鑑提升、整合超越 3 個方法。

4 創業商業模式

（1）全盤複製。全盤複製商業模式的方法比較簡單，即對優秀企業的商業模式進行直接複製，將較為優秀的商業模式全盤拿來為我所用，當然有時也需要為適合企業情況略加修正。全盤複製的方法主要適用於行業內的企業，特別是同屬一個細分市場或擁有相同的產品的企業，更包括直接競爭對手之間商業模式的互相複製。

（2）借鑑提升。借鑑提升有三個思路：第一是引用創新點，即引用先進商業模式的創新設計和思路，例如顧客開發模式、產品服務模式或者渠道模式等，結合本企業充分發揮商業模式的價值；第二是延伸擴展，即把優秀的商業模式的應用進行延伸，例如開發新的產品和技術，或者把優秀的商業模式應用到新的細分市場或利基市場，或者去填補和強化原有商業模式中的某個要素等；第三是逆向思維，打破原有行業的典型思維，反向設計商業模式。

（3）整合超越。第一是整合創新，基於企業已經建立的優勢或平臺，依託原有優勢，通過吸收和完善其他商業模式進行整合創新，使自己在本領域擁有產業鏈優勢、混合業務優勢和相關競爭壁壘；第二是顛覆超越，即借助行業內技術或者市場更新換代的時機，圍繞可能出現的新機會，對現有產品的商業模式進行顛覆性創新，打造適合新技術、新市場條件下全新的產品和商業模式，使企業憑藉新商業模式實現跨越式超越或者彎道超車。

4.3.3 商業模式評估

商業模式畫布本身就是一種商業模式評估的全景圖，我們可以通過這個工具從價值主張評估、成本/收入評估、基礎設施評估、客戶界面評估等4個方面詳細評價每一個構造塊（表4-19），評價過程中，企業可以根據自身情況對具體的指標進行調整，也可以結合SWOT（優勢、劣勢、機會和威脅）框架評估商業模式各個元素的四個不同的視角。通過商業模式評估，對企業的商業模式進行設計或者持續優化，同時對企業的發展戰略和營運體系進行優化和調整。

表4-19　　　　　　　　　商業模式評估表

評估因素	要素模塊	評價問題(根據企業自身實際情況)	評價分數
價值主張	價值主張	價值主張與客戶需求一致	-5 -4 -3 -2 -1 0 1 2 3 4 5
		價值主張具有很強的網絡效應	-5 -4 -3 -2 -1 0 1 2 3 4 5
		產品和服務之間有較強的協同效應	-5 -4 -3 -2 -1 0 1 2 3 4 5
		我們的客戶非常滿意	-5 -4 -3 -2 -1 0 1 2 3 4 5
成本/收入評估	收入來源	我們有較高的利潤率	-5 -4 -3 -2 -1 0 1 2 3 4 5
		收益可以預測	-5 -4 -3 -2 -1 0 1 2 3 4 5
		收入具有持續性	-5 -4 -3 -2 -1 0 1 2 3 4 5
		收入來源多元化	-5 -4 -3 -2 -1 0 1 2 3 4 5
		客戶願意為我們的產品和服務支付	-5 -4 -3 -2 -1 0 1 2 3 4 5
		客戶接受我們的定價機制	-5 -4 -3 -2 -1 0 1 2 3 4 5

表4-19(續)

評估因素	要素模塊	評價問題(根據企業自身實際情況)	評價分數
成本/收入評估	成本結構	資金籌措有保障	-5 -4 -3 -2 -1 0 1 2 3 4 5
		資金運用合理可控	-5 -4 -3 -2 -1 0 1 2 3 4 5
		成本可以預測	-5 -4 -3 -2 -1 0 1 2 3 4 5
		成本結構與商業模式匹配	-5 -4 -3 -2 -1 0 1 2 3 4 5
		營運成本低、效率高	-5 -4 -3 -2 -1 0 1 2 3 4 5
		有規模效應	-5 -4 -3 -2 -1 0 1 2 3 4 5
基礎設施	核心資源	核心資源很難被複製	-5 -4 -3 -2 -1 0 1 2 3 4 5
		資源需求可以預測	-5 -4 -3 -2 -1 0 1 2 3 4 5
		具有較強的資源整合和調配能力	-5 -4 -3 -2 -1 0 1 2 3 4 5
	關鍵業務	有和關鍵業務匹配的資源	-5 -4 -3 -2 -1 0 1 2 3 4 5
		能高效執行關鍵業務	-5 -4 -3 -2 -1 0 1 2 3 4 5
		關鍵業務難以被複製	-5 -4 -3 -2 -1 0 1 2 3 4 5
		能有效平衡內部業務和外部業務	-5 -4 -3 -2 -1 0 1 2 3 4 5
	重要夥伴	良好的合作夥伴關係	-5 -4 -3 -2 -1 0 1 2 3 4 5
		合作夥伴在資源上保障有力	-5 -4 -3 -2 -1 0 1 2 3 4 5
		合作夥伴能帶給我們競爭的優勢	-5 -4 -3 -2 -1 0 1 2 3 4 5
		發生糾紛和合作風險的可能性小	-5 -4 -3 -2 -1 0 1 2 3 4 5
客戶界面	客戶細分	客戶細分合理	-5 -4 -3 -2 -1 0 1 2 3 4 5
		具有足夠的市場規模	-5 -4 -3 -2 -1 0 1 2 3 4 5
		市場較為穩定或增長趨勢	-5 -4 -3 -2 -1 0 1 2 3 4 5
		客戶流失率低	-5 -4 -3 -2 -1 0 1 2 3 4 5
	渠道通路	渠道通路設置合理	-5 -4 -3 -2 -1 0 1 2 3 4 5
		渠道通路效率高	-5 -4 -3 -2 -1 0 1 2 3 4 5
		能與顧客有效接觸	-5 -4 -3 -2 -1 0 1 2 3 4 5
		渠道通路與細分市場完全匹配	-5 -4 -3 -2 -1 0 1 2 3 4 5
	客戶關係	良好的客戶關係	-5 -4 -3 -2 -1 0 1 2 3 4 5
		優秀的品牌效應	-5 -4 -3 -2 -1 0 1 2 3 4 5
		客戶轉移成本較高	-5 -4 -3 -2 -1 0 1 2 3 4 5
		客戶關係與客戶細分群體匹配	-5 -4 -3 -2 -1 0 1 2 3 4 5
		良好的售後服務體系	-5 -4 -3 -2 -1 0 1 2 3 4 5

資料來源：根據亞歷山大‧奧斯特瓦德，伊夫‧皮尼厄《商業模式新生代》整理。

4.4 案例分析：某花木園藝基地

X花木園藝基地20世紀90年代創業，當時主要產品是花木種植，主要銷售方式是馬路地攤銷售，主要顧客是家庭和個人，由於商業模式設計不完整，導致銷售困難，企業生存困難。企業經過長期的努力和發展，在市場開發、產品開發、渠道建設、資源整合方面取得了巨大的成功，通過商業模式畫布工具，可以對企業的商業模式進行解析（圖4-36）。

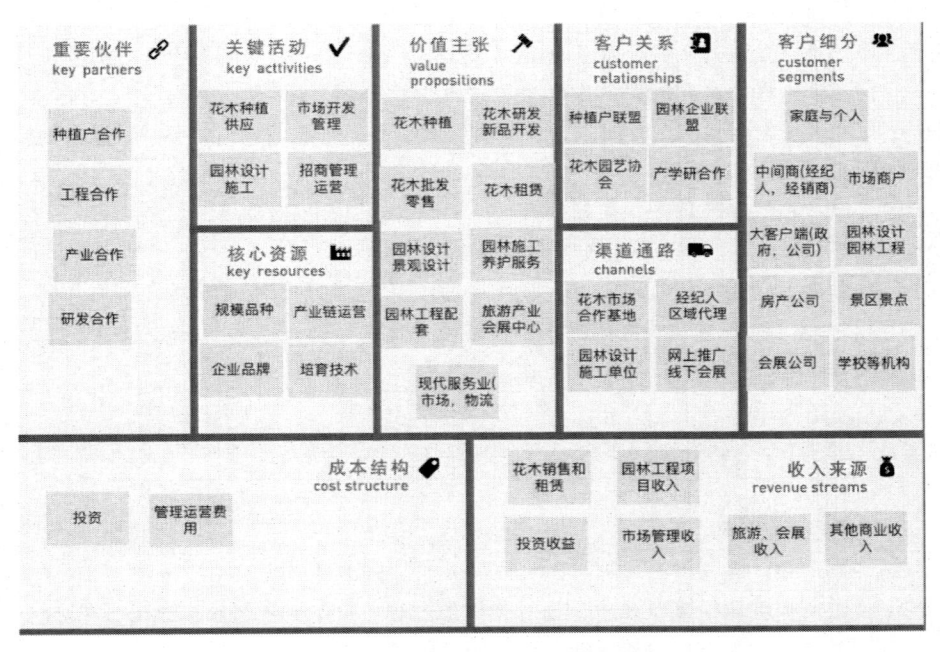

圖4-36 某花木園藝基地商業模式總結

（1）客戶細分。通過市場創新，顧客從家庭和個人擴展為中間商（經紀人、代理商）、市場商戶、大客戶（政府、企業和組織）、園林設計和園林施工企業、房地產開發公司、為景區景點及會展公司提供服務。

（2）價值主張。公司的產品服務從簡單的花木種植和銷售，擴展為花木研發、批發零售、花木租賃、園林設計、園林施工、工程配套和養護現代服務業（包括市場營運、物流、金融、會展等）服務，完成了自己的花木種植、銷售、工程、服務產業鏈佈局。

（3）渠道通路。公司的渠道通路從簡單的馬路銷售發展為現代化專業市場、代理商、區域總部、大客戶經理、合作網絡、線上渠道以及活動、會展等推廣渠道，全面形成銷售渠道、服務渠道、推廣渠道。

（4）客戶關係。公司的客戶關係從簡單的花木買賣交易到合作和聯盟體系的建立，包括供應端的種植戶聯盟、產學研合作，需求端的園林設計和施工企業聯盟、園林企業合作，以及產業內的行業協會和商會。

（5）收入來源。公司的收入從簡單的花木銷售收入得到拓展和提升，無論從數量上還是結構上、穩定性上均有質的飛越，形成花木銷售、租賃、園林項目、投資、市場管理與服務、旅遊會展等多項穩定增長的收入來源。

（6）核心資源。通過多年的建設，形成了公司獨到的資源優勢和核心能力，主要包括花木種植的規模和品種、區域性品牌影響力、全產業鏈的服務能力等。

（7）關鍵活動。隨著公司的發展，關鍵業務活動從花木種植發展到新品研發、市場開發、園林設計與施工能力以及招商管理。

（8）重要合作。公司在營運中整合和培育了眾多的合作資源，包括生產供應的種植戶聯盟、花木研發的產教研融合、園林工程合作、重點產業（例如房地產、旅遊）合作等。

（9）成本結構。隨著公司規模的擴大，科學地計劃和組織投資融資，並進行有效的財務管理和成本控制，保障企業的健康發展。

案例問題：
1. 請比照上述商業模式解析，為你自己的項目設計出一套商業模式。

實用工具

1. 商業模式畫布
2. 客戶細分：客戶開發導圖、細分市場評估、顧客移情圖、6W2H法
3. 價值主張：價值主張矩陣、差異化價值曲線、價值主張畫布、價值工程分析
4. 渠道通路：渠道通路體系圖、渠道模式選擇
5. 客戶關係：客戶關係地圖、客戶價值評估、RFM模型
6. 盈利模式：盈利模式矩陣、盈利模式思維導圖、免費模式設計
7. 核心資源：核心資源評估、資源整合模式圖
8. 關鍵業務：價值鏈分析
9. 重要合作：重要合作資源整合
10. 成本結構優化成本結構的措施
11. 商業模式環境分析
12. 商業模式評估表

4　創業商業模式

復習思考題

1. 什麼是商業模式？
2. 根據商業模式畫布描述商業模式的9個構造塊。
3. 成功的商業模式有什麼特徵？
4. 簡述創業企業如何進行客戶細分。
5. 如何設計商業模式的價值主張？
6. 如何設計商業模式的渠道通路？
7. 在設計商業模式收入來源的時候應該重點考慮哪些問題？
8. 如何進行商業模式環境分析？
9. 如何對商業模式進行評估？

章節測試

本章測試題

本章測試題答案

參考資料

［1］左仁淑. 創業學教程：理論與實務［M］. 北京：電子工業出版社，2014.

［2］亞歷山大·奧斯特瓦德，伊夫·皮尼厄. 商業模式新生代［M］. 北京：機械工業出版社，2011.

［3］亞歷山大·奧斯特瓦德，伊夫·皮尼厄，等. 價值主張設計［M］. 北京：機械工業出版社，2017.

［4］魏煒，朱武祥. 發現商業模式［M］. 北京：機械工業出版社，2009.

［5］魏煒，朱武祥. 透析盈利模式［M］. 北京：機械工業出版社，2017.

［6］魏煒，朱武祥，等. 商業模式經濟解釋［M］. 北京：機械工業出版社，2012.

［7］李振勇. 成功商業模式設計指南［M］. 北京：水利水電出版社，2009.

［8］粟學思. 商業模式制勝的五個法則［J］. 企業管理，2017（6）.

［9］宋璐，王東升. 商業模式中的財務要素［J］. 會計之友，2017（1）.

5 創業營運管理

學習目標

1. 理解產品設計的原則和基本方法;
2. 掌握產品設計的基本流程;
3. 理解價值工程在產品設計中的作用和原理;
4. 理解標準化和模塊化設計的理念和方法;
5. 瞭解採購管理的基本概念和原則;
6. 掌握供應商管理的基本內容;
7. 理解產品配送的目標和意義;
8. 掌握產品配送模式選擇的方法;
9. 理解售後服務的意義和設計要點;

章節概要

1. 產品設計
2. 採購和供應商管理
3. 產品配送和售後服務設計

5　創業營運管理

本章思維導圖

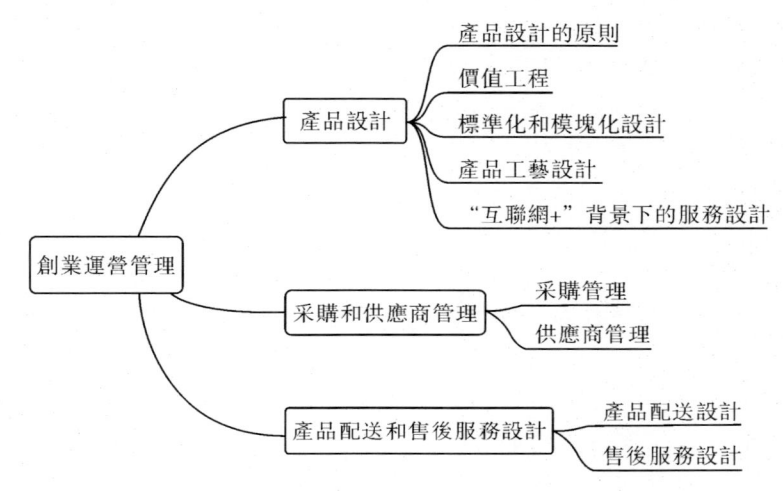

```
創業運營管理
├── 產品設計
│   ├── 產品設計的原則
│   ├── 價值工程
│   ├── 標準化和模塊化設計
│   ├── 產品工藝設計
│   └── "互聯網+"背景下的服務設計
├── 采購和供應商管理
│   ├── 采購管理
│   └── 供應商管理
└── 產品配送和售後服務設計
    ├── 產品配送設計
    └── 售後服務設計
```

慕課資源

第 5 章　創業營運管理教學視頻（上）　　第 5 章　創業營運管理教學視頻（中）

第 5 章　創業營運管理教學視頻（下）　　本章教學課件

翻轉任務

1. 列出你設計的新產品所採用的創新性思維；
2. 參考價值工程的工作程序，完成一次新產品的開發；
3. 對以上你設計的新產品，制定採購管理的目標和規劃；
4. 對該新產品進行供應商管理的設計；
5. 制定該產品的配送模式選擇規劃；
6. 完成該產品的售後服務設計。

創業管理

根據美國著名戰略管理學家邁克爾·波特提出的「價值鏈分析法」（如圖5-1所示），新創企業的財富創造或增值可以分為基本活動和輔助活動（也稱為支持活動）兩大部分，基本活動和支持性活動構成了企業的價值鏈。在價值鏈的各個活動中，企業基礎設施指的是支持企業價值鏈條的會計制度（本書第七章）、商業模式（本書第四章）等基礎的計劃和制度，人力資源管理在本書的第六章，市場行銷在本書的第三章講述，本章創業營運管理將涉及產品和服務的技術開發、採購、生產作業、成品配送和售後服務設計。

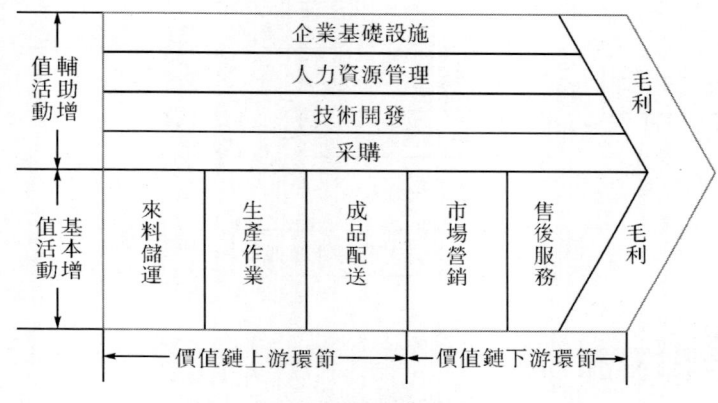

圖5-1 波特價值鏈模型

5.1 產品設計

產品設計，包括服務設計，對於創業者而言非常重要。創業者發現了有價值的市場機會，設計了有競爭力的商業模式和行銷策略，但如不能向市場提供有吸引力的產品和服務，就無法獲得利潤，企業也就無法生存和發展。

5.1.1 產品設計的原則

新產品設計面臨著費用高、成功率低、風險大、利潤回報下降等壓力。根據格雷格A.史蒂文斯（Greg A. Stevens）和詹姆斯·伯利（James Burley）調查統計後提出：在3,000個新產品的原始想法中，往往只有1個能成功。

阿爾巴拉（Albala）在總結以往研究的基礎上，指出新產品開發的死亡率為98.2%。初期項目中只有2%可以進入市場。從國外的學者的調查統計中可以看出，新產品設計的成功率極低。因此，對於新產品的設計，創業者必須要深入學習其規律，才能合理地規避未來的風險。

新產品設計必須遵循的基本原則體現在以下四個方面：

5　創業營運管理

（1）設計出顧客需要的產品（服務，體驗），強調顧客滿意度；
（2）設計出可製造性（Manufacturability）強的產品，強調快速回應；
（3）設計出魯棒性（robustness）強的產品（服務），強調產品責任；
（4）設計出綠色產品（Green Product），強調商業道德。

產品設計的核心原則也就是第一個原則是設計出顧客需要的產品，也就是指產品提供的功能必須滿足目標市場顧客的需求。舉個射箭的例子，顧客的需求是靶子，產品的功能是箭，箭的落點越接近靶心，對顧客需求滿足的程度越高，當然如果脫靶的話，產品設計就完全失敗了。產品設計的第二個原則是要設計出可製造性強的產品。可製造性指的產品的生產過程盡量地簡單化、標準化，以減少成品的生產成本，縮短對顧客需求的回應時間。產品設計的第三個原則是魯棒性，魯棒性就是系統的健壯性，它是在異常和危險情況下系統生存的關鍵。比如說，計算機軟件在輸入錯誤、磁盤故障、網絡過載或有意攻擊情況下，能否不死機、不崩潰，就是該軟件的魯棒性。產品設計的第四個原則是設計出綠色產品，也就是在設計上必須要考慮環境保護的要求，如可口可樂用PET塑料做的純淨水飲料瓶的設計，就是一個很好的例子。

5.1.2　產品設計的流程

完整的產品設計可以分為三個階段：首先是概念開發階段，然後是產品設計階段，最後是市場導入階段。概念開發的主要任務是識別市場需求，產生出一個概念產品的創意，然後經過市場調查和專家評估，分析產品在技術上、經濟上、政策上等方面的可行性，這就是產品的可行性研究。這是產品設計的前期階段。

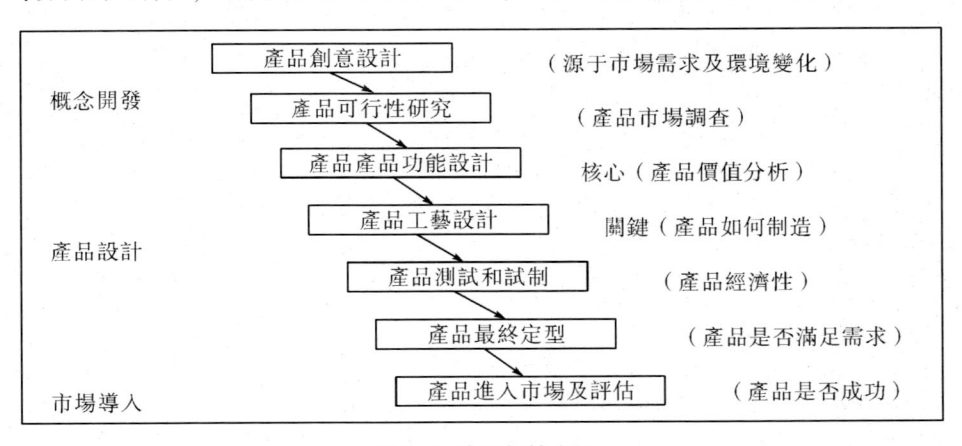

```
概念開發    產品創意設計          （源于市場需求及環境變化）
           產品可行性研究         （產品市場調查）
產品設計    產品產品功能設計       核心（產品價值分析）
           產品工藝設計          關鍵（產品如何制造）
           產品測試和試製         （產品經濟性）
           產品最終定型          （產品是否滿足需求）
市場導入    產品進入市場及評估     （產品是否成功）
```

圖 5-2　產品設計流程

產品設計階段包括順序進行的四個工作，首先是產品功能設計，然後依次是產品工藝設計，產品測試和試製，產品定型。在前面我們學習過產品設計的原則，其中最重要的是產品的功能要滿足顧客的需求。這個原則在這一部分就體現為產品的功能設計。產品功能設計是產品設計的核心環節。其方法比較多，常用的有價值工

161

程、質量功能展開、並行工程、虛擬設計、反向工程等，在本節的第三部分，我們將學習價值工程方法。

產品功能設計解決的是產品是什麼的問題，那麼產品工藝設計解決的就是產品如何製造的問題，這是創業者能否將產品創意落地成為實體產品的關鍵環節，在本節的第四部分，我們將學習產品工藝設計的內容。

接下來的環節是產品的測試和試製，原型產品一般都存在著一些缺陷，需要進行實驗室測試或者小規模的交付給顧客試用，再根據顧客反饋的信息進行修正，然後產品才能定型，正式投放市場。

最後的一個階段是市場導入，這涉及行銷策略的問題，這裡我們就不再贅述了。

5.1.3 價值工程

價值工程（Value Engineering 簡稱 VE），也稱價值分析（Value Analysis，簡寫 VA），是指以產品或作業的功能分析為核心，以提高產品或作業的價值為目的，力求以最低壽命週期成本實現產品或作業使用所要求的必要功能的一項有組織的創造性活動，有些人也稱其為功能成本分析。1947 年，美國通用電氣公司的麥爾斯（L. D. Miles）從研究代用材料開始，逐漸摸索出一套特殊的工作方法，把技術設計和經濟分析結合起來考慮問題，用技術與經濟價值統一對比的標準衡量問題，又進一步把這種分析思想和方法推廣到研究產品開發、設計、製造及經營管理等方面，逐漸總結出一套比較系統和科學的方法。1947 年，麥爾斯以《價值分析程序》為題發表了研究成果，「價值工程」正式產生。

創業者都希望設計的產品技術先進、性能可靠、外觀新穎、價格低廉，在市場競爭中獲得成功。達到這一目標是要有一定條件的。產品要受顧客歡迎必須具備兩個條件：

第一，產品應具有一定的功能，可以滿足顧客的某種需求；

第二，產品價格便宜，低於消費者願意支付的代價。消費者總是試圖用較低的價格買到性能較好的產品。價值工程正是針對消費者的這種心理，圍繞產品的物美價廉特性進行設計以提高產品的價值。

5.1.3.1 價值工程的基本含義

1. 價值（Value）

價值工程中所說的「價值」有其特定的含義，與哲學、政治經濟學、經濟學等學科關於價值的概念有所不同。價值工程中的「價值」就是一種「評價事物有益程度的尺度」。價值高說明該事物的有益程度高、效益大、好處多；價值低則說明有益程度低、效益差、好處少。例如，人們在購買商品時，總是希望「物美而價廉」，即花費最少的代價換取最多、最好的商品。價值工程把「價值」定義為：「對象所具有的功能與獲得該功能的全部費用之比」，即：

$$V = \frac{F}{C}$$

式中，V為「價值」，F為「功能」，C為「成本」。

功能價值分析是通過計算出V值，來判斷功能的狀態，決定解決措施的方法。

（1）當V=1時。表示F=C，可以認為是最理想的狀態，此功能無改善的必要。

（2）當V>1時，可能由於數據收集和處理不當或實際必要功能沒有實現。此時應具體分析，若原因為後者，應改善。

（3）當V<1時，說明該項功能的成本有花費不當的地方或有功能過剩的情況。

因此，提高價值的基本途徑有以下五種：

①功能不變，成本降低，價值提高；
②成本不變，功能提高，價值提高；
③功能提高的幅度高於成本增加的幅度；
④功能降低的幅度小於成本降低的幅度；
⑤功能提高，成本降低，價值大大提高。

2. 功能（Function）

價值工程理論認為，功能對於不同的對象有著不同的含義：對於物品來說，功能就是它的用途或效用；對於作業或方法來說，功能就是它所起的作用或要達到的目的；對於人來說，功能就是他應該完成的任務；對於企業來說，功能就是它應為社會提供的產品和效用。總之，功能是對象滿足某種需求的一種屬性。認真分析一下價值工程理論所闡述的「功能」內涵，實際上等同於使用價值的內涵，也就是說，功能是使用價值的具體表現形式。任何功能無論是針對機器還是針對工程，最終都是針對人類主體的一定需求目的，最終都是為了人類主體的生存與發展服務，因而最終將體現為相應的使用價值。因此，價值工程所謂的「功能」實際上就是使用價值的產出量。

3. 成本（Cost）

價值工程中產品成本是指產品壽命週期的總成本。產品壽命週期從產品的研製開始算起，包括產品的生產、銷售、使用等環節，直至報廢的整個時期。在這個時期發生的所有費用與成本，就是價值工程的產品成本。

壽命週期成本＝生產成本＋使用成本，即 $C = C_1 + C_2$

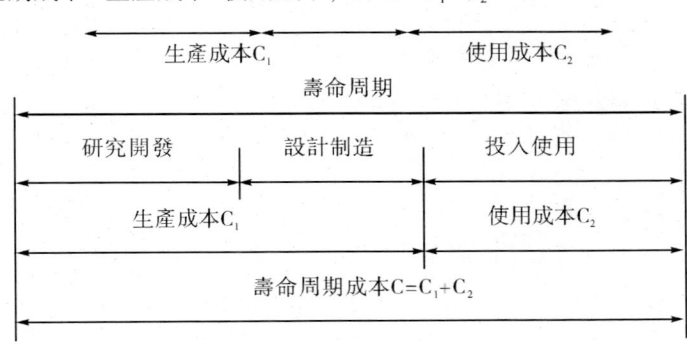

圖 5-3　壽命週期成本

與一般意義上的成本相比，價值工程的成本最大的區別在於：將消費者或顧客的使用成本也算在內。這使得企業在考慮產品成本時，不僅要考慮降低設計與製造成本，還要考慮降低使用成本，從而使消費者或顧客既買得合算，又用得合算。

產品的壽命週期與產品的功能有關，這種關係的存在，決定了壽命週期費用存在最低值。

5.1.3.2 價值工程的工作程序

價值工程理論已發展成為一門比較完善的管理技術，在實踐中已形成了一套科學的工作實施程序。這套實施程序實際上是發現矛盾、分析矛盾和解決矛盾的過程，通常是圍繞以下七個合乎邏輯程序的問題展開的：

1. 這是什麼？
2. 這是幹什麼用的？
3. 它的價值是多少？
4. 它的成本是多少？
5. 有其他方法能實現這個功能嗎？
6. 新的方案成本多少？功能如何？
7. 新的方案能滿足要求嗎？

表 5.1　　　　　　　　　　價值工程的工作程序

階段	步驟	應回答的問題
準備階段	1. 對象選擇 2. 組成價值工程小組 3. 制定工作計劃	價值分析的對象是什麼？
分析階段	4. 搜集整理信息資料 5. 功能分析	該對象的用途是什麼？ 它的價值是多少？ 它的成本是多少？
創新階段	6. 方案創新 7. 方案評價 8. 提案編寫	是否有替代方案？ 新方案的成本是多少？ 新的方案能滿足要求嗎？
實施階段	9. 審批 10. 實施與檢查	

5.1.3.3 功能分析

功能分析的目的是明確產品的必要功能，弄清產品各項功能之間的關係，重新確定產品的功能結構，使重新調整後的功能既能滿足顧客的需要，又能將產品成本降到最低。

功能分析是價值工程的核心工作。只有進行準確的功能分析，才能明確產品問題所在，才能為產品創新方案的準確提出打下堅實的基礎。

功能分析是由功能定義、功能分類、功能整理和功能評價等工作組成的。

1. 功能定義

功能定義就是用簡潔準確的語言對產品或零件的必備功能進行的描述。功能定

5 創業營運管理

義的目的是明確產品或零件功能的本質和內容，為產品或零件的設計提供依據；為功能評價提供準繩；突破現有的產品結構，構思新的功能。在分析一個產品的功能時，必須對其功能下一個確切的定義。通過下定義可知一個項目或產品不止一個功能，通常有多個功能。這就需要對其加以解剖，分成子項目、部件或零件，再一個一個地下功能定義。在進行功能定義時應注意以下問題：

①動詞應盡量概括而準確，因為動詞部分決定著改進方案的方向和實現的手段，以便在提出改進方案時，容易打開思路；

②名詞盡量量化，因為量化的名詞便於定量分析，有利於開展評價；

③對產品總體以及其零部件都要進行功能定義。

功能定義是否難確，取決於價值工程的工作人員對分析對象是否精通，因此工作人員必須對分析對象做深入的研究工作。一般功能定義是由一個名詞和一個動詞組成的。如電燈的功能是「提供光源」，手錶的功能是「顯示時間」，杯子的功能是「盛放液體」。下面是一種桌子，其功能是「小組學習討論用的桌子」，可以將若干桌子圍成一圈討論，也可以獨立拆分，如圖5-4所示。

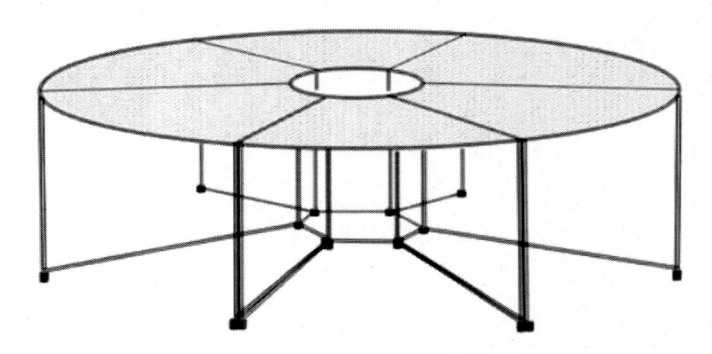

圖5-4 一種可供小組分工協作的課桌組合

在圖5-5所示課桌拆分組合結構中，扇形小桌板3固定在金屬支撐杆架4的頂部，並由桌邊內金屬框1和桌邊外金屬框2圍著，桌邊內金屬框1和桌邊外金屬框2與金屬支撐杆架4焊接在一起，保持著扇形小桌板3的固定，金屬支撐杆架4和金

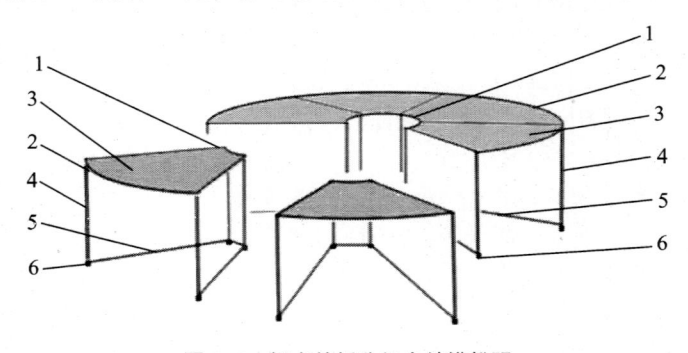

圖5-5 課桌的拆分組合結構說明

165

創業管理

屬固定杆架 5 之間全部是直管焊接、連接而成，相互支撐成幾何形狀，穩定不易變形，金屬杆架底部設置有防滑、降低拖動噪聲和調節桌面水準的塑料腳墊 6，多個扇形小桌板 3 並在一起構成一個大的圓桌板，可以供多名學員一起學習交流。

在實施例中，當進行翻轉課堂學習時，多個扇形小桌板 3 拼裝在一起，形成一個大的圓形桌面，多名學員進行交流溝通，進行小組討論。可以根據學員的分組情況，控制桌面的拼裝情況。

2. 功能分類

功能是對象能滿足某種需求的一種屬性。具體來說，功能就是功用、效用。一個產品往往不止一個功能，產品都具有基本功能和輔助功能兩類，不同的功能有不同的意義和作用，具有不同的價值。為了更準確地把握產品的功能，必須對產品的功能進行分類分析。功能分類也為功能評價奠定了基礎。

功能按其性質可做如下分類：

（1）按功能的重要程度劃分。將功能分為基本功能和輔助功能兩類。基本功能是滿足顧客基本要求或實現產品用途必不可少的功能，它是產品存在的基礎。例如茶杯的基本功能是用於盛水泡茶，筆的基本功能是寫字等。一種產品可能存在一種基本功能，也可能有多種基本功能，例如收錄機就有收音、錄音和放音三種並列的基本功能。

輔助功能又稱二次功能（二級功能），是實現基本功能所必需的功能。輔助功能在不影響基本功能實現的前提下是可以改變的。這種改變往往可以達到提高產品性能、降低製造成本的目的。例如手錶的基本功能是計時，實現計時的輔助功能可以是機械擺動，也可以是石英振蕩；時間顯示可以用指針，也可以用數字直接表示。電子表由於採用了新的輔助功能，在不改變基本功能的情況下，性能—價格比大大提高，成為取代機械表的新一代產品。可見，輔助功能是實現產品功能的重要功能。產品的功能分析主要是針對輔助功能進行的。

（2）按顧客的需要劃分。將功能分為必要功能和不必要功能兩種。它既包括顧客直接需要的基本功能，又包括實現基本功能必需的輔助功能。

不必要功能是指顧客不需要的或對基本功能實現沒有任何作用的輔助功能。不必要功能有兩種形式，一是多餘功能，取消它對產品的基本功能無任何影響。顧客需要而不具備的功能，稱為缺乏功能。例如，主要在柏油路上行駛的汽車，若設計成前後輪驅動、前輪驅動顯然是多餘功能。二是過剩功能，功能雖然必要，但在量上存在過剩。例如一臺變壓器功率儲備過大，形成大馬拉小車，浪費大量的基本電費和變壓器鐵損電力消耗，過大的功率就是過剩功能，應當減下來。又如沙發椅下的彈簧，可使人坐在沙發上感到一定的彈性，曾有人將彈簧鋼替換成銅彈簧，並以此誇耀他的彈簧用料精美，因銅彈簧成本高而索要高價，他沒有想到銅彈簧雖然美觀，但是彈簧在椅子底下見不到，這種美觀是過剩功能，同時銅彈簧的彈性遠不如鋼彈簧的彈性好，顧客需要的彈性沒有滿足，這個沙發生產者用銅彈簧換鋼彈簧既

5　創業營運管理

造成了缺乏功能同時又產生了過剩功能，顯然這一替換是錯誤的，應該糾正過來。

（3）按功能的性質劃分。將功能分為使用功能和美學功能兩種。使用功能是使產品有實用價值的實用性功能。美觀功能是對產品的外觀起美化、裝飾作用的功能，如產品的形狀、色彩、氣味、手感等。美觀功能可使顧客在使用產品時得到美的享受。例如一架臺燈，若造型美觀，色彩和諧，既能照明，又能點綴房間，自然會受顧客的喜愛，引起顧客的購買欲。

3. 功能整理

功能整理是在功能定義和分類的基礎上，從系統的角度明確功能之間的從屬關係或並列關係，最終形成功能系統圖的過程。

功能整理是由確定基本功能和輔助功能、明確功能關係、排列功能系統圖等環節組成的。

（1）確定基本功能和輔助功能。凡符合以下三個條件的是基本功能：其作用必不可少；是主要目的；如果改變其作用，其零件和工藝需全部改變。輔助功能應符合以下兩個條件：對基本功能起輔助作用；是次要的功能。

（2）逐個明確功能的上下級關係或並列關係。上下級關係即上下位關係，上位功能即目的，下位功能即實現上位功能的手段。在一個產品中，往往存在幾個上下位關係的功能。

（3）排列系統功能圖。將上位功能排在左，即形成了系統功能團。

以熱水瓶為例，製作功能系統圖，從圖5-6中可以看出，保持溫度是熱水瓶的整體功能，我們都清楚，沒人會去購買不能保溫的熱水瓶，因此，保持溫度就是熱水瓶的必要功能。進一步分析，減少散熱和維護瓶膽就是保持溫度的原因，屬於下位功能，再加上其他的必要功能，就組成了熱水瓶的功能系統圖。

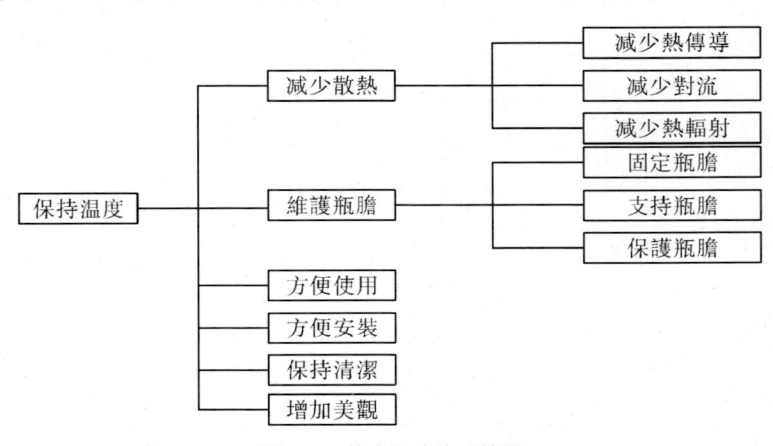

圖 5-6　熱水瓶功能系統圖

4. 功能評價

功能評價與功能定義、分類以及整理的區別在於：功能定義、分類以及整理都

是對功能的定性分析,而功能評價是對產品功能進行定量分析的過程。它通過計算功能評價值,找出價值低、改善期望值大的功能作為價值工程的重點研究對象。

(1) 功能衡量的方法

價值工程是一種定量化分析技術,需要對功能進行定量衡量。衡量功能大小有兩種方法:

第一種是用性能指標衡量。可以用定量化的性能指標衡量功能的大小,如產品的規格標準、達到的質量和性能指標等。這種方法雖然既簡單又直觀,但指標千差萬別,不同產品的功能無法相互比較,同一產品不同零件的功能無法匯總計量,這種功能衡量方法在價值分析中很難應用。

第二種是用貨幣單位衡量功能。若用貨幣單位衡量便可實現不同產品之間的功能比較和不同零部件功能值的匯總計算,價值分析用實現功能必須支付的最低費用來衡量功能大小。換個說法可表示為:用產品的理想成本來表示功能大小。這樣就把功能與成本聯繫起來,功能與生產成本的比較變為理想成本與生產成本的比較,功能分析就更實際更具體了。

(2) 功能評價系數

功能評價的定量依據主要是功能的價值系數。對某一功能的重要度進行評價時,該功能在所研究的諸功能範圍內所占的比例系數稱為該功能的評價系數。功能的價值系數用實現某功能的必要成本(功能評價值)與目前成本的比值來表示。如:全部功能的總評分為 200 分,某一功能的評分為 40 分,則該功能的評價系數為 0.2。

計算價值系數時,先應計算目前成本和必要成本。目前成本的計算方法依據老產品改造和新產品開發兩種情況有所區別。如果是前者,則可從會計資料中查出。若是新產品開發,則根據圖紙進行類比估算。必要成本的計算有經驗估計法和功能比重分配法兩種。

價值系數確定後,就要計算改進方案的成本降低幅度,最終效果的指標。成本降低幅度的計算公式是:

成本降低幅度 = 目前成本 − 必要成本

5. 功能改善

功能改善是價值工程的最後一步,首先需要明確區分新創產品功能的特性。

(1) 功能特性通常包括如下內容:

①性能。通常表示功能的水準,即實現功能的品質;

②可靠性。實現功能的持續性;

③維修性。功能發生故障後修復的難易程度;

④安全性。實現功能的安全性;

⑤操作性。實現功能的操作或作業的方便性與少故障性;

⑥易得性。實現功能的難易程度。

(2) 功能改善的手段：

①通過功能分析，找出現存的全部功能，尤其是隱藏著的迄今尚未覺察到的功能，進行恰當的剔除、縮減、利用、增添、補足，從而確定合理的必要功能。

②進行功能的聯合，即增加功能的數目；如項鏈墜中裝上一只電子表，使項鏈的總功能變成了顯示時間、存放相片、裝飾儀表。

③提高必要的功能水準，即功能水準的高低或能力的大小。如精密度、負載能力、工作範圍、專業化程度、通用化水準、造型與美學水準、各種效率，各種比例與比率等，軟度、硬度、稠密度、疏鬆度、防水性、防震性、防塵性、耐熱性、耐壓性、可靠性、有效性、柔性、剛性、抗彎、抗張、抗疲勞、抗衝擊、導電、導熱、導聲、導光、導磁、可鍛性、可鑄性、可塑性、可焊性、可成形性（熱成形、冷成形、常溫成形、高壓成形、爆炸成形）、化合性、可切削性、分解性、消聲、吸熱、吸水、吸附、吸潮、厚薄、長短、大小、粗細、高低、遠近、寬窄、體積、重量、容積、濃度、密度、純度等等。

④改進各種必要功能的功能方式。如為了實現「洗淨衣服」這一功能，其功能方式不斷得到改進，從手洗→棒槌→洗衣板→濕洗機→干洗機→聯合洗衣機。

⑤進行必要的功能兼併。當電視機錄音機分離設計時，至少需要兩套喇叭，合併設計時，則可將其兼併為一。

⑥發現新原理，這一方法的難度大、效果大、意義深遠。

⑦實現標準化、系列化、通用化、模塊化、程序化、自動化、柔性化。

⑧充分發揮必要功能的效能。合理、充分、有效地使用軟件或硬件。

⑨提高人的工作能力與系統的管理能力。

⑩提高美學功能的途徑。

a. 確定部件尺寸的對象，要使之成為一定比例（黃金分割比、幾何比、代數比比等），保證勻稱協調、實用美觀。

b. 保持整體性佈局，同時要新穎不俗、別具一格，符合高效美學。

c. 輪廓要具有風格，或方或圓，或圓弧過渡，或見棱見角。根據情況使之具有現代感、未來感、神祕感、科學感等。線型要富於藝術美感，處理好橫直、濃淡、疏密、形狀和實虛對比。

d. 色調要柔和協調、符合工效學。處理好冷暖、清新朦朧、恬靜興奮等關係。附件、操作鍵要醒目、鮮亮、起到便於操作的使用效果和畫龍點睛的裝飾效果。

5.1.4　標準化和模塊化設計

5.1.4.1　標準化設計

標準化設計是企業科研、生產活動中的重要環節，它對合理地發展產品品種、促進專業化生產、簡化設計與工藝、縮短設計與試製週期、降低成本、保證產品質

量、提高經濟效益,都有重要作用。20世紀30年代的福特流水線是標準化設計的典型例子,通過產品標準化和零件規格化,在十幾年以內,福特公司成功地將汽車的售價降低了三分之二,而產量增加了一百倍,從而使福特製成為大規模流水線生產的代名詞。

1. 標準化設計的內涵

為適應科學發展和組織生產的需要,在產品質量、品種規格、零部件通用等方面,規定統一的技術標準,即標準化。標準化設計是指在一定時期內,面向通用產品,採用共性條件,制定統一的標準和模式,開展適用範圍比較廣泛的設計,適用於技術上成熟,經濟上合理,市場容量充裕的產品設計。在標準化設計中,「標準」主要指以下四類:

一是國家標準:是對全國工程建設具有重要作用的,跨行業、跨地區、必須在全國範圍內統一採用的設計,由主編部門提出報國家主管基本建設的綜合部門審批頒發。

二是部頒標準:主要是在全國各專業範圍內必須統一使用的設計,由各專業主管部門審批頒發。

三是省、市、自治區標準:主要是在本地區內必須統一使用的設計,由省、市、自治區主管基本建設的綜合部門審批頒發。

四是企業標準:企業根據國家、行業以及各地區的標準,結合企業自身情況和市場實際需要,制定的設計標準。

在企業管理業界廣為流傳的「三流的企業做產品,二流的企業做品牌,一流的企業作標準」,反應了標準化設計可以成為企業核心競爭力的關鍵組成部分。一流的企業做標準,並不是簡單的參與到部頒標準或者國家標準的編撰,而是要制定出高於國家標準甚至國際標準的企業標準,或者在該領域制定出開創性的標準體系,並積極推廣之成為行業標準。但在真正地成為行業標準之前,企業會將達到該標準要求而所必須採取的關鍵技術方案、關鍵技術點的實現方法先申請專利,然後等到標準一旦被採用,任何執行此標準的企業,為了產品能達到標準的技術要求,將不得不選擇那些繞不過去的技術方案,或者選擇購買人家已經佈局好的強買強賣的器件產品,或者不得不為制定該標準的企業繳納技術方案服務費,不然就不可能達到標準的技術要求,通過這種收費方式實現自己的高額利潤。

採用標準化設計的優點有:

一是設計質量有保證,有利於提高工程質量;

二是可以減少重複勞動,加快設計速度;

三是有利於採用和推廣新技術;

四是便於實行構配件生產工廠化、裝配化和施工機械化,提高勞動生產率,加快建設進度;

五是有利於節約建設材料,降低工程造價,提高經濟效益。

5 創業營運管理

標準化設計的缺點主要是產品的規格統一，缺乏多樣性，不能滿足顧客多樣化、定制化的需求。

2. 標準化設計的方法

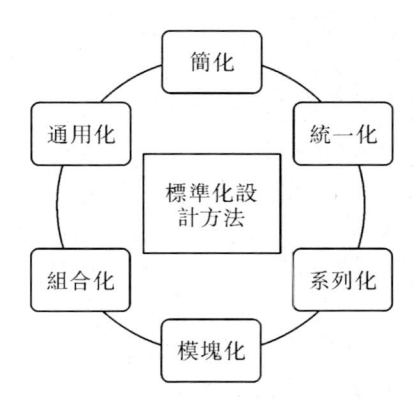

圖 5-7　標準化設計方法

（1）簡化：削減多餘的、可替代的、低功能的對象。為達到事物的「精練」和「合理」，需把握兩個界限：

一是簡化的必要性界限：品種、規格超出了必要的範圍。

二是簡化的合理性界限：應達到「總體功能最佳」的目標，即品種構成從全局看效果最佳。

（2）統一化：對標準化對象的形式、功能或其他技術特性所確立的一致性，應與被取代的事物功能等效。

（3）產品系列化：對同一類產品中的一組產品同時進行標準化。

（4）通用化：在互相獨立的系統中，最大限度地擴大具有功能互換和尺寸互換的功能單元使用範圍的一種標準化形式。在互相獨立的系統中，選擇和確定具有功能互換性或尺寸互換性的子系統或功能單元。對產品的多種基本要素（例如，元器件、零部件、原材料、性能參數、結構要素等）進行通用化，不僅可減少產品構成要素品種規格，而且可減少相關要素的品種規格。

（5）組合化：按照標準化原則，設計並製造出一系列通用性很強且能多次重複應用的單元，根據需要拼合成不同用途的產品的一種標準化形式。

（6）模塊化：在對一定範圍內的不同產品進行功能分析和分解的基礎上，劃分並設計、生產出一系列通用模塊或標準模塊，然後，從這些模塊中選取相應的模塊並補充新設計的專用模塊和零部件一起進行相應的組合，以構成滿足各種不同需要的產品的一種標準化形式。

5.1.4.2　模塊化設計

模塊化設計是指在對一定範圍內的不同功能或相同功能不同性能、不同規格的

產品進行功能分析的基礎上,劃分並設計出一系列功能模塊,通過模塊的選擇和組合可以構成不同的產品,以滿足市場的不同需求的設計方法。

在信息技術革命的背景下,產業結構正發生著基本的變化。為了理解這一變化,經濟學和管理學領域開始流行的關鍵詞就是:「模塊化」。

最早問世的、系統研究模塊化理論的著作是鮑德溫和克拉克(Baldwin and Clark)。兩位作者分別是哈佛大學商學院的前副院長和院長。在1997年他們聯名在《哈佛商業評論》上發表了極富衝擊力的論文——《模塊化時代的管理》,並在文中指出,模塊化現象在幾個產業領域裡從生產過程擴展到了設計過程,並且敏銳地指出了模塊化對產業結構調整所具有的革命性意義。

1. 模塊和模塊化設計的概念和特徵

(1) 模塊的概念和特徵

模塊是構成系統的具有某種特定功能和接口結構的典型通用獨立單元。其特徵為:

①具有相對獨立的、不受干擾的特定功能,可以單獨考核(運轉、調試)、預制、儲備,某些模塊還可作為商品流通於市場。

②模塊是系統的組成部分。它是系統分解的產物。用模塊可以組合成新系統,也易於從系統中拆卸和更換。

③模塊是一個標準(或通用)單元。模塊結構具有典型性、通用互換性或兼容性,並往往可構成系列。

④具有能傳遞功能、能組成系統的接口(輸入、輸出)結構。

(2) 模塊化設計的概念和內涵

模塊化設計是標準化設計的高級形式:模塊化是標準化原理在應用上的發展,由模塊可以直接構成整機以至大的系統,從而在更高層次上實現了簡化。它是下面五個方面的綜合體:

①結構典型化:模塊是一種具有典型性的單元。

②部件通用化:可通用於兩種以上產品。

③部件系列化:在基型的基礎上派生,適應多樣化需求。

④接口規範化:接口參數規範化;有時包括佈局規範化(包括模數化)。這是模塊互換的基礎。

⑤結構組合化:是模塊化產品的組裝特點。

$$模塊化 = 通用化 + 系列化 + 組合化 + 典型化 + 接口規範化$$

2. 模塊化設計的原則

①力求以少量的模塊組成盡可能多的產品,並在滿足要求的基礎上使產品精度高、性能穩定、結構簡單、成本低廉,模塊間的聯繫盡可能簡單;

②模塊的系列化,其目的在於用有限的產品品種和規格來最大限度又經濟合理地滿足用戶的要求。

5 創業營運管理

3. 模塊化設計的目的和對象

（1）目的

滿足多樣化的需求和適應激烈市場競爭，在多品種、小批量的生產方式下，實現最佳效益和質量。

（2）任務和對象

①優化產品族（系統）的構成模式，以最少的要素組合，構成最多的產品品種。

②對象：構成系統或產品族的典型的、成熟的、可通用（重用、復用）的要素。包括：子系統、組件、部件、器件、典型電路、邏輯組件、軟件程序、計算方法、文件格式（模板）、接口等等。

4. 模塊化設計的功能和價值

（1）功能

研究一個系統中整體和個體的關係及它們的形成和實施過程。即研究建立模塊體系和由模塊組合成（產品）系統過程中的特點、規律和方法。

（2）價值

①模塊化是一種富有哲理的新思維方法，用它來分析複雜系統，解決大型問題，可使問題簡化，條理分明，進而取得良好的秩序、質量和效益。

②模塊化是大規模定制的基礎和前提。「是大規模定制產品開發中的關鍵」，「為了進入大規模定制的模式，要求將產品模塊化」，將企業「轉向模塊化的企業」。

③模塊化是現代標準化的核心和前沿，是解決產品多品種、小批量與週期、質量、成本之間矛盾的有效手段。

5. 模塊化設計的思維特徵

①模塊化思維的基本特點：將複雜系統化整為零進行處理，把高度困難的任務變得相對容易。

模塊化思維的基本模式：系統＝模塊＋接口。

②模塊化哲理：以不變或少變（模塊體系）應萬變（多樣化需求）。

③模塊化思想：通用化（模塊）＋組合化（裝配）。

④模塊化產品構成模式：

由（通用＋改型＋專用）模塊的組合，構成產品族。

⑤模塊化產品生產模式：大規模生產（模塊）＋個性化定制組裝（產品）。

6. 模塊化設計的創新機制

（1）模塊化設計創新的優點

①速度快：個別模塊創新就可以形成產品的升級創新。例如，計算機新芯片的問世，常常意味著將帶來計算機的升級。

②成本低：模塊化產品中除新模塊外，其他大多是技術成熟、批量生產的通用

173

模塊，成本低。

③質量好：產品技術繼承性強，只需嚴格控制新模塊的質量，就能保證新產品的質量。

④市場前景好：模塊化新產品繼承性強，顧客易於掌握使用，往往也易於實現更新換代，更受顧客歡迎。

（2）模塊化設計創新機制

①模塊創新：在符合「接口規則」的前提下，模塊可有最大的創新自由度，創造具有新特色的模塊的「隱形設計規則」，替代同類功能模塊，取得模塊競爭的優勢。將具有優勢的「隱形模塊」「公開化」，作為「結構化模塊」推向市場，並取得知識產權（專利）。

②產品創新：在「接口模塊」指導下，可以選擇所需模塊來組成別具特色的新產品。產品設計者不必確切地知道模塊內部的細節，只要大致地知道模塊會做什麼，它是如何裝配的，以及什麼樣的模塊有好的性能，產品設計者可以充分運用「選擇權」，自由地、隨心所欲地創造新產品。

③模塊化創新：擴大「接口規則」的兼容性：「接口規則」既保證了系統的穩定，又為系統的拓展留下了廣闊空間，使功能模塊可以在系統上「即插即用」。

7. 基於模塊化設計的產品功能創新方法

產品是具有一定物質功能、並賦予一定形態的製成品。材料、結構、形態和功能是產品的基本屬性。其中，產品的功能是其主要屬性，基於模塊化設計的產品功能創新方法主要有：

①功能附加：在主體產品上附加新的功能，或將主體產品作為其他產品的附加功能。例如，在手錶上增加手機的功能，如蘋果開發的Watch智能手錶。

②功能壓縮：借助於濃縮、減少、省略等手段，將大型產品小型化。例如，將大型計算機濃縮為個人計算機等。

③功能替代：用新技術替代舊技術，實現同一功能。例如，以數字式代替模擬式，以生物電源代替傳統電源等。

④功能集成：將相關功能要素集成於一體，據需要可設計成系列產品。

⑤功能兼容：在產品上增加與相關技術或相關產品的接口，以擴大產品的應用面：例如，為解決多種制式不同設備間的兼容問題而開發的接口裝置、接口板等。

⑥功能移植：將某一領域中或其他產品中的技術原理、方法，移植應用於本領域，常可導致突破性的技術創新。例如，利用航天、核能、軍工技術優勢，開發民品。

8. 產品設計的創新思維

一是再造性思維（改良性設計）技法：對已知的或現成的原理和產品，運用創新思維，進行改造和/或重組，獲得新方案。包括：

5 創業營運管理

①模仿創造法：在模仿基礎上的創造，包括原理模仿、結構模仿、功能模仿。

②攝視設計法：對圖片、樣本等反覆觀察、分析，攝取其原理、結構作為設計依據。

③反向工程法：以某先進產品為研究起點，反向探求該產品技術的一種綜合性工程。

④品種延伸法：延伸產品品種規格，形成系列化新產品系統。

⑤組合創新法：將兩個或兩個以上的技術要素進行結構性的排列重組，形成新產品方案。包括：主體附加、重組組合、同物組合、異類組合。

⑥綜合創新法：把各種分散的事物綜合在一起，把多學科技術知識連貫起來、交叉滲透，實現創新。

⑦模塊重組法：通過對產品族分析獲得共性模塊，再由模塊的不同組合獲得新產品的過程。

二是新創性思維開發性設計技法：突破原有「心理定勢」和傳統（產品）的束縛，運用創新思維，進行新創產品的首次設計。包括：

①問題清單創新法：針對創新對象特點，開列一系列指導性問題清單，幫助設計師較有系統地搜尋有創意的發明思想。

②檢核目錄（檢核表）法：針對某一領域工業技術特點，把對它的創新思路歸納成一系列條目（問題），據此逐條檢核（設問）思考。例如，著名的奧斯本法。奧斯本的檢核問題表包括75個激勵思維活動的問題，它啟示人們考慮問題要從多角度出發，要從問題的多方面考察、分析。如：

——5W1H（5W2H）法：通過 Why、What、Who、When、Where 和 How（或 How to；How much）幾個方面的提問，形成創造方案。

——分解—列舉法：是分解思考法（大問題分解為小）與列舉思維法（展開問題）相結合，尋找創造發明思路。

③集思廣益思維法：運用集體討論的方式，激發集體成員的智慧，啟發彼此聯想，使想法更豐富、更大膽、更出乎意料，以期有效地形成新方案。包括：

——智力激勵法：用集體（小組）討論形式，採用思維激勵、發散思維，在短時間內形成大量創意的方法。其特點是平等地、自由地任意發表自己意見，不質問、爭論和批評。其中

典型的有奧斯本的「頭腦風暴」法。

——綜攝法：又稱提喻法、群辯法。是一種以小組會形式，利用類比和提喻，啟發（綜合）群體思維，進行創新。特點是互相啟發、互相補充的討論，產生奇妙的創造性設想。

——K. J. 法：運用人的高度直感能力和邏輯判斷能力，發揮本團隊成員的積極性和創造性，以小組形式，提出各人對系統分解的建議：① 問題明確化；②將所

有因素壓縮為幾句話寫在卡片上（每張卡片一句話）；③將這些卡片擺在平面上觀察，把看起來相近度高的歸為一組；把相似各組集中，成為較大的組；④分別把這些組視為模塊，從卡片中得出模塊的特徵，並冠以名稱；⑤考慮各組的相互關係，適當布置，畫成方框圖。

④發散思維法：在思考問題時，從不同的方向、不同的方面進行思考，從而尋找解決問題的正確答案。

——聯想法：通過不同事物之間關聯、比較，擴展人腦的思維活動以獲得更多創造設想。可分為：接近聯想、相似聯想、對比聯想，因果聯想。

——仿生法：研究和模仿生物的某些功能原理、結構原理和作用機理，以此為原型進行技術創新思考。

——黑箱法（輸入—輸出法）：將設計對象作為一個黑箱、將其內部結構與功能看成一個未知的技術系統，以給定的輸入為前提，尋找能實現輸出目標、並滿足制約條件的辦法。

——多維思維法：其特點是思路的多角度性和多層次性。常說的所謂縱向思維、橫向思維、輻射思維、立體交叉思維、求奇思維、擴展思維、開放式思維等都屬多維思維法。

9. 模塊化設計的應用——大規模定制

大規模定制是新的市場環境下，生產模式的革命性變革，其含義是以類似於標準化和大規模生產的成本和時間，提供客戶特定需求的產品和服務。1993 年 B・約瑟夫・派恩（B. Joseph Pine II）在《大規模定制：企業競爭的新前沿 [1]》一書中寫道：「大規模定制的核心是產品品種的多樣化和定制化急遽增加，而不相應增加成本；其範疇是個性化定制產品和服務的大規模生產；其最大優點是提供戰略優勢和經濟價值。」因此，大規模定制既有標準化生產的優點，又改變了標準化生產缺乏多樣性的缺陷。大規模定制的主要策略是模塊化設計，模塊化設計是對一定範圍內的不同功能或相同功能不同性能、不同規格的產品進行功能分析的基礎上，劃分並設計出一系列功能模塊，通過模塊的選擇和組合構成不同的顧客定制的產品，以滿足市場的不同需求。如家用電腦，顧客可以定制功能，按不同的功能模塊和標準化的接口組裝就可以完成。

5.1.5 產品工藝設計

5.1.5.1 產品工藝設計的概念和流程

1. 產品工藝設計的概念

產品設計是設計出想要的產品，工藝設計就是如何製作出想要的產品，設計出產品生產的加工流程。工藝設計是解決產品怎麼生產出來的問題，其含義是指按產

5 創業營運管理

品設計要求，安排或規劃出從原材料加工成產品所需要的一系列加工過程、工時消耗、設備和工藝裝備需求等的設計。工藝設計是產品功能設計和製造過程之間的橋樑。

2. 產品工藝設計的流程

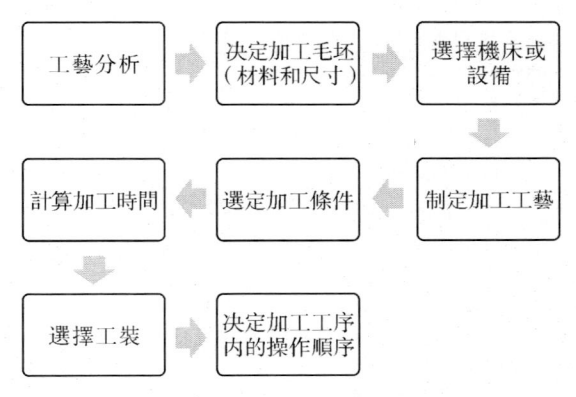

圖 5-8 產品工藝設計的流程

以產品的機械加工生產為例，產品工藝設計的流程是首先進行產品圖紙的工藝分析和審核，然後決定生產所用毛坯的材料、尺寸等工藝參數，再選擇加工所用的機床或設備，確定出加工工藝，選擇加工必須遵循的工藝條件（如溫度、濕度等），計算出每道工序和作業規定的標準加工時間，選擇合適的工藝裝備（工藝裝備簡稱「工裝」，是指為實現工藝規程所需的各種刃具、夾具、量具、模具、輔具、工位器具等的總稱），最後決定加工工序內部的操作順序。

5.1.5.2 產品工藝類型的選擇

產品工藝類型，一般按生產的批量及生產的重複程度，可分為：連續生產、大量生產、成批生產、單件生產和項目化生產。從連續生產到項目化生產，生產的批量依次減少，生產的重複程度依次降低，品種逐漸增加。

按生成工藝流程的組織形式和生產設備設施的佈局方式，工藝類型還可以分成對象專業化、工藝專業化以及項目化三種形式，對象專業化典型的例子如啤酒、方便面、汽車等標準化程度很高的產品一般採用這樣形式，比較強調產品多樣性的生產一般採用工藝專業化形式，典型的例子如家具、時裝等產品。而顧客需求具有唯一性、有明確的交貨期限要求的一般採用項目化的工藝流程。

產品工藝矩陣可以幫助創業者分析產品結構和產品生命週期，選擇與之匹配的工藝類型（項目化生產屬於特殊的類型，在此不予考慮）。理論上認為，沿著產品工藝矩陣的對角線方向選擇和配置生產運作工藝，可以達到最優的水準。極端的情況是左下角和右上角的選擇，此時的生產流程和產品結構是極端不匹配的，是最差

177

的選擇。例如食品加工，產品屬於標準化程度較低，多樣化需求較高，應屬於多品種小批量的產品結構類型，按對角線的方向，應選擇成批生產模式，如圖 5-9 所示。

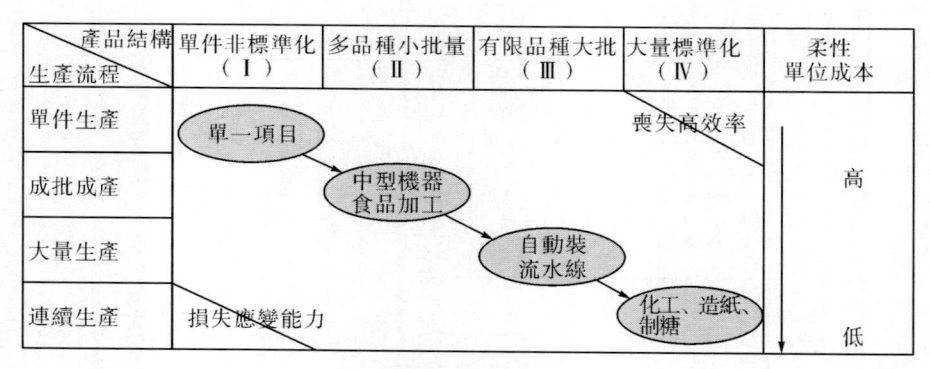

產品結構 生產流程	單件非標準化 （Ⅰ）	多品種小批量 （Ⅱ）	有限品種大批 （Ⅲ）	大量標準化 （Ⅳ）	柔性 單位成本
單件生產	單一項目			喪失高效率	高
成批成產		中型機器 食品加工			
大量生產			自動裝 流水線		
連續生產	損失應變能力			化工、造紙、 制糖	低

圖 5-9　產品—工藝矩陣

5.1.6 「互聯網+」背景下的服務設計

5.1.6.1 「互聯網+」概述

2015 年 7 月 4 日，國務院印發《國務院關於積極推進「互聯網+」行動的指導意見》，「互聯網+」被認為是創新 2.0 下的互聯網發展新形態、新業態，是知識社會創新 2.0 推動下的經濟社會發展新形態演進，目前已上升到國家戰略的層次。

5.1.6.2 服務設計要點

進行產品設計時，一般要考慮四個因素：用戶、情景、過程、對象（即產品本身）。在服務設計的思路裡，產品可以是有形的，也可以是無形的——與用戶發生交互的每個環節都是產品的一部分。此外，還需對用戶的特點、流程的變化和情景的應用多加考慮。

服務設計不僅關注產品本身，也需要將關注點擴展到與用戶發生交互的各個觸點（touch-point）上，用戶體驗的範疇已經從「產品」擴展到「以產品為中心的整個服務過程」，通過形式各樣的觸點與用戶產生聯繫，形成體驗。圖 5-10、圖 5-11、圖 5-12、圖 5-13 是四川大學錦城學院 2012 級學生創業項目「小馬夫」的服務設計。

5　創業營運管理

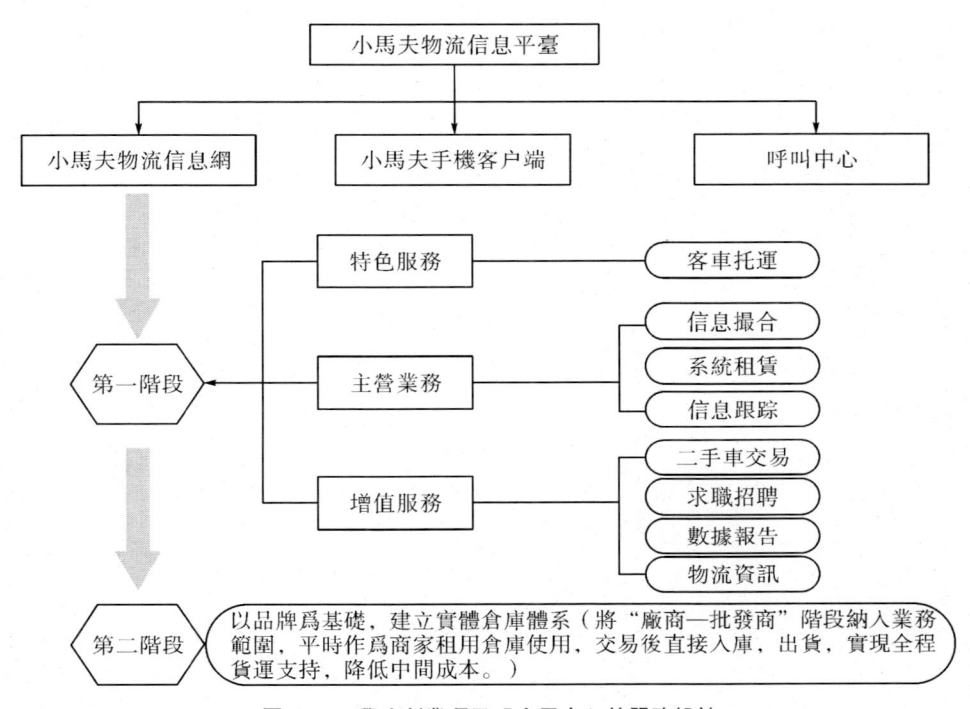

図 5-10　學生創業項目「小馬夫」的服務設計

1. 王某在龍泉批發市場購買了水果1000斤，現需貨車運回犀浦。
2. 王某利用智能手機登陸小馬夫手機客戶端，挑選適合的車型/價格和時間或進行系統自動匹配，確認訂單。
3. 約定貨車準時到達，進行貨物裝車。
4. 貨物到達犀浦，王某再次利用智能手機通過小馬夫客戶端進行確認收貨，通過支付平臺進行轉帳。
5. 車主通過電腦確認交易完成，支付平臺將運輸費轉入其銀行帳號，交易完成。

図 5-11　學生創業項目「小馬夫」的 App 使用流程

創業管理

1. 小馬夫物流信息網代表人與各個客運公司溝通合作事宜，簽訂協議、授權成為客運公司班次信息合法發布平臺。

2. 與貨源方（快遞公司中、專線公司、貨代公司等）溝通合作事宜，簽訂協議、授權成為貨源信息合法發布平臺。

3. 貨源方利用信息平臺選擇客運公司，客運班次，提交貨物信息，確認訂單。

4. 貨源方將貨物運送至始發地客運站配貨點，裝配至客車行李艙，由各輛客車運送至目的配貨點，卸貨，貨源方對接點貨，裝貨上車。

5. 貨源方確認收貨，通過支付平臺支付運輸費用，交易完成。

圖 5-12　學生創業項目「小馬夫」的客車租艙攬貨流程

1. 張某在批發市場進購了一批五金配件，現需一輛大型貨車運送至庫存點。

2. 張某利用小馬夫APP中呼叫中心功能與客服取得聯系。

3. 客服根據客服提供的地址與最近的貨車取得聯系。

4. 通過客服作為中介，車源與貨源自行對接，形成訂單，進行交易。

圖 5-13　學生創業項目「小馬夫」的呼叫中心服務流程

進行服務設計時，圍繞產品在橫向和縱向進行分解，橫向以「與用戶發生聯繫

5　創業營運管理

的時間過程」為坐標軸,縱向以「與用戶接觸的深度」為坐標軸。

1. 從橫向看

(1) 服務前階段

用戶會對整個服務過程存在期待,這個階段需要設計人員進行需求挖掘分析,是彌補用戶期待預期的過程,同時需要引入用戶進入體驗環節,降低用戶對產品學習難度的過程。

(2) 服務中階段

主要是考慮通過產品向用戶傳達信息,是體驗的集中階段,當前設計工作的大部分都集中於此,對產品本身的易用性、視覺設計等等均在這方面考慮。

(3) 服務後階段

用戶會形成相應的使用評價反饋,這部分是下一次服務的有力依據,會由不同的體驗結果產生不同的評價,進而形成不同的後續行為,有短時的結果反饋,也有長期的結果影響。

投射到傳統行業中,海底撈火鍋的等餐環節可視作服務前階段,餐廳提供零食、棋牌游戲、擦皮鞋、美甲等服務,用於安撫用戶,同時讓用戶提前點餐,為順利過渡到用餐的服務中階段做鋪墊;服務後階段包括收集用戶的就餐習慣、建立忠誠用戶檔案(如會員制、優惠券)等,也是為下一輪的服務做準備。

2. 從縱向看

(1) 前端

是指用戶能直接接觸到的前臺部分。

(2) 後端

是為前端部分提供支持的背後後端的區分。如餐廳中,與用戶接觸的服務員是前端,而用戶看不到的大廚是後端。

前後端的區分將體驗概念分拆,前端的設計工作面向用戶,目的是提高用戶的滿意度,需要瞭解用戶的行為習慣和使用情景,不斷深挖用戶需求;而後端設計工作則從企業的角度來考慮,目標是不斷提升企業的生產率、增加收益,需要考慮流程、人員、行業、競爭等等方面的問題。

服務設計原則要求產品設計人員,不僅要考慮用戶的需求,也要考慮到企業的訴求及資源。當前用戶需求已得到業內的高度關注,而如何更好地滿足企業的需求仍有待探索:如何提高後端工作的效率、順暢地銜接前後端工作,如何使信息傳遞更加高效,等等。

5.1.6.3　與互聯網產品結合的服務設計

與互聯網產品結合進行服務設計,可以考慮從五個方面入手:

一是借助實物力量與增加感知渠道:互聯網產品多為虛擬形態,用戶摸不著,只能通過視覺和聽覺來把握,用戶自然會存在心理預期——不安全,尤其是涉及消費時。此時借助實物力量,增加用戶感知渠道。如谷歌眼鏡和移動刷卡支付產品,

創業管理

有效利用互聯網的特點，同時以實物為載體，利用有形對象提升用戶體驗。

二是強化虛擬形象：在互聯網中，用戶是以一個個虛擬的帳號或者模擬人出現的，使用產品的時間是碎片化的，行為是偶發的。對設計人員來說，可以將用戶散落在各個觸點的行為有效組織起來，建立起積分、等級等形式，豐富個人的特點，建立個人信息檔案。

圖5-14是四川大學錦城學院2012級學生創業項目「小馬夫」的形象設計，強化了虛擬的形象，適合在互聯網上進行傳播。

圖5-14 學生創業項目「小馬夫」的形象設計

三是用戶細分：提升產品和服務體驗的基礎。一個互聯網產品往往能滿足用戶的多個需求，而用戶的需求是不斷變化的，有效地進行用戶細分，可以提供更有針對性的服務。

四是延伸服務路徑：服務設計要求我們考慮服務的前階段和後階段，延伸服務路徑就是增加觸點，每增加一個觸點都能帶來一次與用戶接觸、形成體驗的節點。用戶服務路徑向兩端延展得越長，提升體驗的機會也就越多，提高用戶粘性的可能性也越大。如亞馬遜在完成購物流程後，會通過反饋評價問卷瞭解用戶偏好，進而發送精準的商品促銷郵件等。

服務設計不僅追求更為完善產品設計，也要求設計人員具備大局觀、統籌力、創造力和跨界性。以提升產品本身的設計為起點，逐步擴大對設計全局的思考，讓體驗設計更加完整，從而產生更大的價值。

5　創業營運管理

● 5.2　採購和供應商管理

5.2.1　採購的目標和意義

1. 採購的概念和目標

（1）採購的概念

創業者要向市場提供產品或者服務，無論是自制和外包，都需要做好採購和供應商管理，由此，我們需要學習採購和採購管理的相關知識。

採購是指在市場經濟條件下，在商品流通過程中，各企業及個人為獲取商品，對獲取商品的渠道、方式、質量、價格、時間等進行預測、決策，把貨幣資金轉換為商品的交易過程。

（2）採購的目標

採購的目標，可以概括為採購的 5 R，即：在恰當的時間、以合理的價格、恰當的數量、良好的質量、從合適的供應商處採購物料、服務和設備。

採購的時間目標指的是採購必須要滿足企業正常生產和營運的需要，不能滯後，否則會導致企業生產停工待料；採購價格是構成企業生產成本的重要部分，但是不能單純地追求低價格以至於損害採購的質量，計算性價比是綜合考慮這兩個目標的方式；採購數量過多會浪費庫存，過少會導致停工，採購量的確定可以使用經濟訂貨批量，物料需求計劃等來計算後確定，簡單來講，就是能夠滿足需要的成本最低的採購量；採購的質量至少要達到生產合格產品的質量要求，過高的質量會造成質量過剩；最後的供應商的選擇，現代的供應鏈管理理論強調企業和供應鏈的協同關係，也就是企業和供應商之間應該改變傳統的買賣競爭關係，建立起長期戰略合作互信互利的夥伴關係。

2. 採購的意義

採購在企業營運中地位十分重要，它的影響往往最直接、最明顯地反應到成本、質量上，因為購進的零部件和輔助材料一般要占到最終產品銷售價值的 40%～60%。這意味著，在獲得物料方面所做的點滴成本節約對利潤產生的影響，要大於企業其他成本—銷售領域內相同數量的節約給利潤帶來的影響。對於工程公司、商貿公司等企業由於採購、外協的比重大，採購管理的意義就更加重大了。

採購對於新創公司的重要性是不言而喻的，那麼，做好採購的意義體現在哪些方面呢？一是能夠提供穩定的物料流和服務流；二是控制存貨，使存貨投資和損失保持最小；三是能夠保持並提高供應質量；四是加強供應商關係管理，確保供應的連續性；五是以最低的總成本獲得所需的物料和服務；六是同其他職能部門保持牢固的合作關係，確保組織效率。這些意義總結起來，就是能夠提高公司的競爭力。

183

5.2.2 採購管理的定義和目標

1. 採購管理的定義

採購管理是指為了達成生產或銷售計劃，從適當的供應商那裡，在確保質量的前提下，在適當的時間，以適當的價格，購入適當數量的商品所採取的一系列的管理活動。

2. 採購管理的目標

①提供不間斷的物料供應和服務，以便使整個組織正常地運轉。
②使庫存投資和損失保持最低限度。
③保持並提高質量。
④發現或發展有競爭力的供應商。
⑤當條件允許的時候，將所購物資標準化。
⑥以最低的總成本獲得所需的物資和服務。
⑦在企業內部和其他職能部門之間建立和諧而富有效率的工作關係。
⑧以盡量低的管理費用來實現採購目標。
⑨提高公司的競爭地位。

5.2.3 採購流程設計

1. 流程設計

流程設計，是指根據市場需求與企業要求調整企業流程，包括設計、分析和優化流程。流程圖是流程設計的成果，用來顯示特定輸入項目轉換成預期的產出過程中的一系列作業活動。

（1）企業流程設計的前提為遵循環境約束原則

企業在一個特定的環境中營運，必然要受到環境的約束。企業的主要環境約束為政府的法律法規。企業流程設計的前提是必須考慮政府的法律法規，例如健康、安全、環保等因素。因此，企業的產品設計流程中必須增加健康、安全、環保設計，生產流程中必須考慮環保流程。

（2）企業流程設計的核心原則是以顧客滿意為中心原則

企業流程是企業為實現既定目標而開展的系列活動，要以提高產品和服務滿足顧客需要的能力為中心。

2. 採購的流程

採購流程一般包括以下步驟：

（1）確定需求與編製採購計劃

需求的確定是採購環節的初始環節，決策者要回答需要什麼？需要多少？何時需要？需求的確認過程就是採購部門收到採購申請，制訂採購計劃的過程。

5 創業營運管理

（2）供應商選擇和評價

供應商選擇是指搜尋供應源，即對市場上供應商提供的產品進行選擇。一個好的供應商的標準，最根本的就是其產品好。而產品好又表現在：一是產品質量好；二是產品價格合適；三是產品先進、技術含量高、發展前景好；四是產品貨源穩定、供應有保障。這樣的好產品，只有那些有實力的企業才能夠生產出來。供應商評價是指用不同的績效標準來評價分析供應商，以供應商在產品設計上的表現，質量承諾、管理水準、技術能力、成本控制、送貨服務、優化流程和開發產品的技術能力等方面來綜合考核，選出合格供應商的管理過程。

（3）競爭性報價和談判

①競爭性報價：買方向意願合作的供應商發出詢問，當採購量足夠大時，供應商很清楚細節和要求，有能力準確估計生產所需的成本。在充分競爭的市場環境中，有足夠多的合格競爭者，而買方沒有優先考慮的供應商。買方向技術合格的供應商發出競標，而願意合作的供應商則進行報價。

②談判：是價格確定中最複雜也是成本最高的一種方法，供應商需要做到以下幾點才能保證談判的公平性：

以高效率的方式運作；

保持價格與成本的相關性；

不利用單一供應商的優勢；

對應採購商的要求；

能夠進行適當合理的調整；

願意考慮採購商的特殊情況。

（4）擬定並發出訂單

採購方向供應商發出有關貨物的詳細信息和指令。

（5）訂單跟蹤和催單

①訂單跟蹤是對訂單所做的例行跟蹤，以便確保供應商能夠履行其貨物發運的承諾。

②催單是對供應商施加壓力，以便按期履行最初所做出的發運承諾，提前發運貨物或是加快已經延誤的訂單涉及的貨物發運。

（6）驗貨和收貨

①貨物的檢驗

確定檢驗時間和地點（與貨物的性質有關）

②確定檢驗部門及人員

③貨物檢驗（檢驗貨物是否符合合同要求），分為合格和不合格（致命缺陷貨物，嚴重缺陷貨物和輕微缺陷貨物）

④不合格貨物的處理（致命和嚴重缺陷的貨物要求換貨，輕微缺陷的貨物多方協商，視生產和銷售的緊急程度來確定是否可用）

⑤對採購貨物檢驗完畢後，檢驗人員要填寫採購物品驗收報告

⑥收貨

收貨流程：檢驗合格的物料→與供應商協調送貨→與倉庫部門協調收貨→供應商送貨→貨物接收入庫→處理接收問題→填寫貨物入庫清單。

（7）開票和支付貨款

①查詢入庫信息

②準備付款申請單據（付款申請單，合同，物料檢驗單據，物料入庫單據，發票）

③付款審批（由專職人員進行，包括單據的匹配性，五份單據的一致性，單據的規範性，單據的真實性）

④向供應商付款

⑤供應商收款

（8）記錄維護

把採購部門與訂單有關的文件副本進行匯集歸檔，並把其想要保存的信息轉化為相關的記錄。

5.2.4 供應商的選擇

1. 供應商選擇的原則

供應商選擇要本著全面、具體、客觀的總原則，建立和使用一個全面的供應商綜合評價指標體系，對供應商做出全面、具體、客觀的評價。綜合考慮供應商的業績、設備管理、人力資源開發、質量控制、成本控制、技術開發、顧客滿意度、交貨協議等方面可能影響供應鏈合作關係的方面。許多成功企業的實踐經驗表明，做到目標明確、深入細緻的調查研究、全面瞭解每個候選供應商的情況、綜合平衡、擇優選用的開發、選擇供應商的基本要點。一般來說，供應商選擇應遵循以下幾個原則。

（1）目標定位原則

這個原則要求供應商評審人員應當注重對供應商進行考察的廣度和深度，應依據所採購商品的品質特徵、採購數量和品質保證要求去選擇供應商，使建立的採購渠道能夠保證品質要求，減少採購風險，並有利於自己的產品打入目標市場，讓客戶對企業生產的產品充滿信心。選擇的供應商的規模和層次和採購商相當。而且採購時的購買數量不超過供應商產能的50%，反對全額供貨的供應商，最好使同類物料的供應商數量約2~3家，並有主次供應商之分。

（2）優勢互補原則

每個企業都有自己的優勢和劣勢，選擇開發的供應商應當在經營方面和技術能力方面符合企業預期的要求水準，供應商在某些領域應具有比採購方更強的優勢，在日後的配合中才能在一定程度上優勢互補。尤其在建立關鍵、重要零部件的採購

5　創業營運管理

渠道時,更需要對供應商的生產能力、技術水準、優勢所在、長期供貨能力等方面有一個清楚的把握。要清楚地知道之所以選擇這家廠家作為供應商而不是其他廠家,是因為它具有其他廠家沒有的某些優勢。只有那些在經營理念和技術水準符合或達到規定要求的供應商才能成為企業生產經營和日後發展的忠實和堅強的合作夥伴。

(3) 擇優錄用原則

在選擇供應商時,通常先考慮報價、質量以及相應的交貨條件,但是在相同的報價及相同的交貨承諾下,毫無疑問要選擇那些企業形象好,可以給世界知名企業供貨的廠家作為供應商,信譽好的企業更有可能兌現曾許下的承諾。在此必須提醒的是綜合考察、平衡利弊後擇優錄用。

(4) 共同發展原則

如今市場競爭越來越激烈,如果供應商不全力配合企業的發展規劃,企業在實際運作中必然會受到影響。若供應商能以榮辱與共的精神來支持企業的發展,把雙方的利益捆綁在一起,這樣就能對市場的風雲變幻做出更快、更有效的反應,並能以更具競爭力的價位爭奪更大的市場份額。因此,與重要供應商發展供應鏈戰略合作關係也是值得考慮的一種方法。

2. 供應商選擇的步驟

步驟1:分析市場競爭環境(需求、必要性)

分析的目的在於找到針對哪些產品市場開發供應鏈採購合作關係才有效,必須知道現在的產品需求是什麼,產品的類型和特徵是什麼,以確認顧客的需求,確認是否有建立採購合作關係的必要,如果已建立了採購合作關係,則根據需求的變化確認採購合作關係變化的必要性,從而確認供應商選擇的必要性。同時分析現有供應商的現狀,分析、總結企業存在的問題。

步驟2:建立供應商選擇目標

企業必須確定供應商評價選擇程序如何實施,信息流程如何,誰負責,而且必須建立實質性、實際的目標。其中保證產品質量、降低成本是主要目標之一。

步驟3:建立供應商評價選擇標準

供應商評價選擇的指標體系是企業對供應商進行選擇的依據和標準。不同行業、企業、產品需求、不同環境下的供應商評價應是不一樣的。但一般都涉及供應商的業績、設備管理、人力資源開發、質量控制、價格、成本控制、技術開發、顧客滿意度、交貨協議等方面可能影響供應鏈合作關係的方面。

步驟4:建立評價小組

評價小組組員以來自採購、質量、生產、工程、財務等與採購合作關係密切的部門為主,組員必須有團隊合作精神、具有一定的專業技能。評價小組必須同時得到製造商企業和供應商企業最高領導層的支持。

步驟5:供應商參與

一旦企業決定實施供應商評價,評價小組必須與初步選定的供應商取得聯繫,

187

創業管理

以確認他們是否願意與企業建立採購合作關係，是否有獲得更高業績水準的願望。

企業應盡可能早地讓供應商參與到評價的設計過程中來。但由於企業的力量和資源有限，企業只能與少數的、關鍵的供應商保持緊密的合作，所以參與的供應商應是盡量少的。

步驟6：選擇供應商

選擇供應商的一個主要工作是調查、收集有關供應商的生產運作等各方面的信息。在收集供應商信息的基礎上，就可以利用一定的工具和技術方法進行供應商的評價，並可根據供應商的評價結果，採用一定的技術方法來選擇合適的供應商。如果選擇成功，則可開始與供應商實施採購合作關係，如果沒有合適的供應商可選，則返回步驟2重新開始評價選擇。

步驟7：實施採購合作關係

在實施採購合作關係的過程中，市場需求將不斷變化，可以根據實際情況的需要及時修改供應商評價標準，或重新開始供應商評價選擇。在重新選擇供應商的時候，應給予舊供應商足夠的時間適應變化。

5.2.5 供應商分類和合作

1. 供應商的分類

供應商分類是供應商管理的重要部分，一般採用矩陣分類法，從供應市場狀況和對企業的重要程度兩個方面將供應商進行分類，如圖5-15所示：

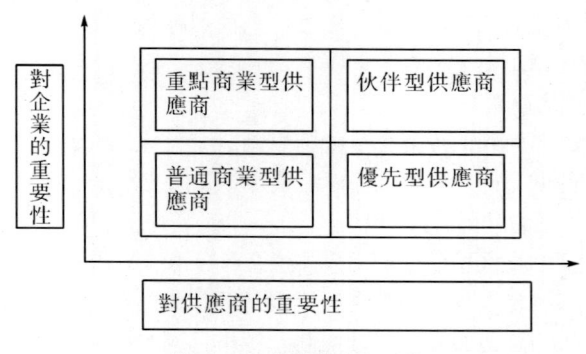

圖5-15 供應商分類矩陣

夥伴型供應商是供需雙方之間的業務對彼此都非常重要，這是企業與供應商之間達成的最高層次的合作關係，是企業必須重點發展的目標；對企業很重要，而對供應商來講無關緊要的稱之為重點商業型供應商，對這類供應商應注意改進和提高；採購業務對企業不很重要，對供應商非常重要，這類供應商稱之為優先型供應商，這是對企業有利的，而且對於這樣的供應商關係不需要大力管理，維持正常的合作即可；對於雙方都不重要的，即為普通型商業供應商，一般是零星採購業務、非重

5 創業營運管理

要物資採購業務或一次性採購業務，這樣的供應商可以隨時退出及更換。

2. 建立供應商合作夥伴關係

（1）建立供應商合作夥伴關係的意義

供應商合作夥伴是指在相互信任的基礎上，供需雙方為了實現共同的目標而採取的共擔風險，共享利益的長期的合作關係。

通過與供應商建立長期合作夥伴關係，可以縮短供應商的供應週期，提高供應的靈活性；可以降低企業的原材料，零部件的質量；可以加強與供應商的溝通，改善訂單處理的過程，提高材料需求準確性；可以共享供應商的技術與革新成果，加快產品開發速度，縮短產品開發週期；可以與供應商共享管理經驗，推動企業整體水準的提高。

（2）供應商合作夥伴關係的分類

戰略性原材料聯盟；

先進技術發展夥伴關係；

供應商早期參與流程設計的技術聯盟。

（3）供應商合作夥伴關係的建立

①首先採購部門要在供應市場調研的基礎上對有關部門採購的物品進行分析，分類，根據預先設定的夥伴關係型供應商要制訂供應商分類模塊，確定夥伴型供應商對象。

②根據對供應商夥伴關係的要求，明確具體的目標及考核指標，制定出達成目標的行動計劃。

③通過供應商會議，供應商訪問等形式對計劃實施進行組織和進度跟進，內容包括對質量、交貨、降低成本、新產品、新技術開發等方面的進行跟蹤考核，定期檢查進度，及時調整行動。

④在公司內部還要通過供應商月度考評，體系審核等機制跟蹤供應商的綜合表現，及時反饋並提出改進要求。

5.3 產品配送和售後服務設計

5.3.1 產品配送設計

5.3.1.1 配送的概念和內涵

國家標準物流術語對配送的定義是：在經濟合理區域範圍內，根據顧客要求，對物品進行揀選、加工、包裝、分割、組配等作業，並按時送達指定地點的物流活動。

那麼，應該如何理解配送的內涵？第一，配送是高水準的送貨，和一般送貨有

創業管理

區別。一般送貨是一種偶然的行為，而配送是一種有確定組織、確定渠道，有一套裝備和管理力量、技術力量，有一套制度的體制形式。所以，配送是高水準送貨形式。第二，配送是「配貨」和「送貨」的有機結合，配送利用有效的分揀、配貨等理貨工作，使送貨達到一定的規模，以利用規模優勢取得較低的送貨成本。如果不進行分揀、配貨，有一件運一件，需要一點送一點，這就會大大增加動力的消耗，使送貨並不優於取貨。所以，追求整個配送的優勢，分揀、配貨等項工作是必不可少的。第三，配送以客戶要求為出發點。

在定義中強調「按顧客的訂貨要求」明確了顧客的主導地位。配送是從顧客利益出發、按顧客要求進行的一種活動，因此，在觀念上必須明確「顧客第一」「質量第一」，配送的地位是服務地位而不是主導地位，應該在滿足顧客利益基礎上取得本企業的利益。

5.3.1.2 配送管理的作用

在配送管理中，有哪些是要點呢？可以從配送的七個功能要素來掌握，即：貨物、客戶、運輸工具、人員、路線、目的地、時間；用一句話串起來，就是按客戶的要求，使用適合的運輸工具，用適合的人員，按合理的路線，將正確的貨物準時送到目的地。

配送管理的作用有以下五方面：一是配送解決了從干線運輸到支線運輸的中轉問題，或者說解決了物流最後一公里的問題，完善和優化了物流系統；二是作為傳統運輸或者倉庫新的增值業務，提高了末端物流的效益；三是由於配送具有的時效性強，服務質量高，可以將客戶的庫存集中在物流企業或者供應商手中，這樣就使得客戶不必要保持大量的庫存，甚至可以使客戶實現低庫存、零庫存，為客戶節約了成本；四是簡化了客戶採購的流程，節約了客戶的時間；五是提高了對客戶的供應保證程度。

5.3.1.3 訂單和配送的流程管理

接收顧客訂單和產品配送的流程見圖 5-16，其流程的要點是：首先，從顧客處接收訂單，需確認訂單的關鍵信息，包括訂貨的名稱、數量和交貨日期，確認顧客信譽，如和顧客簽有可在信用額度內賒銷協議的，應確認顧客信用額度，確認交易形式（如需配送的，顧客自提的）和交易價格；在計算機系統內設定訂單號，並建立或更新顧客檔案；查詢存貨是否足夠，或是否在存貨不足的情況下，能否用替代商品交議，上述兩種情況下可行，則安排發貨及揀選程序，向顧客送貨，並對單證進行處理。庫存不足的情況下，需同顧客協商延期交貨，根據協商的結果選擇延期或重新分配訂單的交貨順序，在極端的情況下，可以考慮取消訂單。

5 創業營運管理

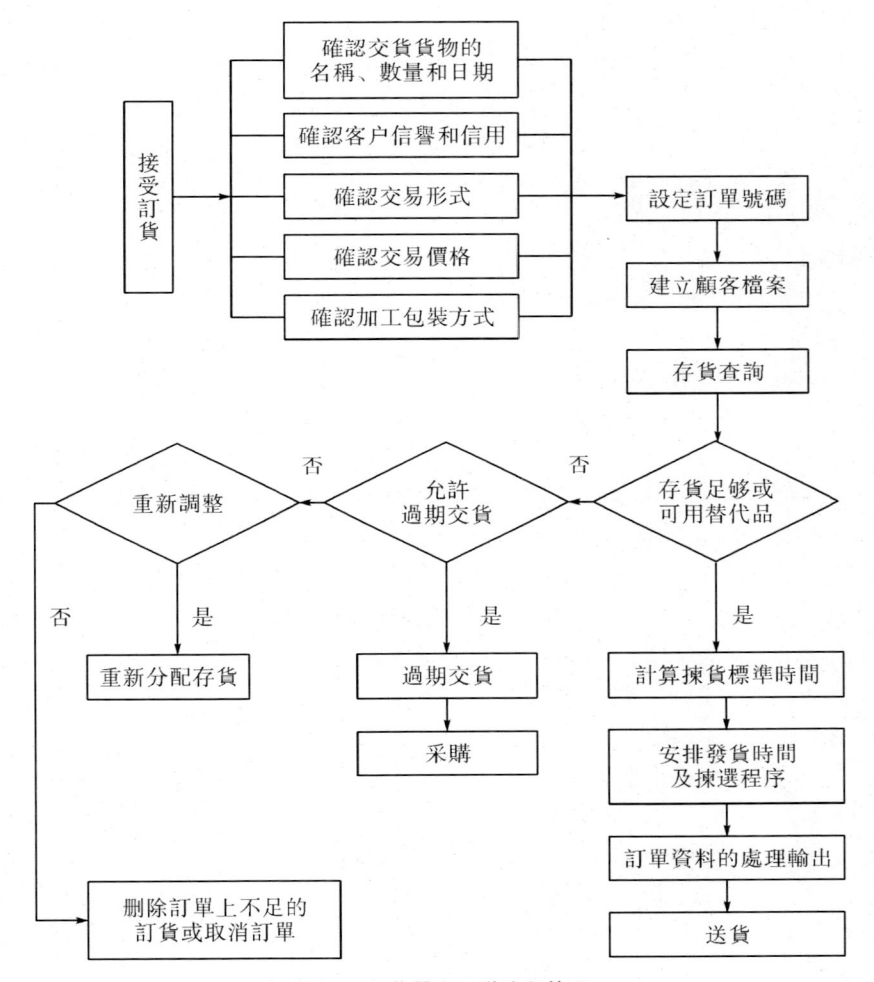

圖 5-16 訂單和配送流程管理

5.3.1.4 配送模式

在創業管理中，創業者會遇到這樣的問題，對於不同的配送需求，企業應該選擇什麼方式去應對？比如，應該選擇配送外包？還是自營配送？這個問題屬於配送模式的選擇，配送模式就是企業對於產品配送所採取的基本戰略和方法。

配送模式有四種基本類型，包括自營配送、共同配送、互用配送和第三方配送四種類型。

（1）自營配送，就是企業物流配送的各個環節由企業自籌並組織管理，實現對企業內部及外部貨物配送的模式。較典型的企業（集團）內自營配送模式，就是連鎖企業的配送。許多連鎖公司或集團基本上都是通過組建自己的配送中心，來完成對內部各場店的統一採購、統一配送和統一結算的。如沃爾瑪超市，紅旗連鎖等公

191

司，就是自營配送的典型例子。

自營配送模式是指企業物流配送的各個環節由企業自身籌建並組織管理，實現對企業內部及外部貨物配送的模式，是目前生產流通或綜合性企業（集團）所廣泛採用的一種配送模式。企業（集團）通過獨立組建配送中心，實現內部各部門、廠、店的物品供應的配送。這種配送模式因為糅合了傳統的「自給自足」的「小農意識」，形成了新型的「大而全」「小而多」，從而造成了社會資源浪費；但是這種配送模式有利於企業供應、生產和銷售的一體化作業，系統化程度相對較高，既可滿足企業內部原材料、半成品及成品的配送需要，又可滿足企業對外進行市場拓展的需求。

（2）共同配送，是物流配送企業之間為了提高配送效率以及實現配送合理化所建立的一種功能互補的配送聯合體。以互惠互利為原則，互相提供便利的物流配送服務的協作型配送模式，也是電子商務發展到目前為止最優的物流配送模式，包括配送的共同化、物流資源利用共同化、物流設施設備利用共同化以及物流管理共同化。共同配送模式是合理化配送的有效措施之一，是企業的橫向聯合、集約協調、求同存異和效益共享，有利於發揮集團型競爭優勢的一種現代管理方法。

從圖 5-17 我們可以看出共同配送的特點和流程，為了幫助大家理解，舉個網上購物的例子，假設企業 A 是上海本地的物流公司，優勢是上海本地的末端物流系統，企業 B 是航空公司，優勢是上海到成都的航空物流，企業 C 是成都本地的物流公司，優勢是成都本地的末端物流，由這三家公司聯合出資來成立一個擁有全部資源配置權力的管理組織協調信息中心，由此組織的配送聯合體，就是共同配送。這樣的組織能夠有效保證從上海到成都的航空—公路聯運的效率和質量。

Ø 電子商務下共同配送的一般流程

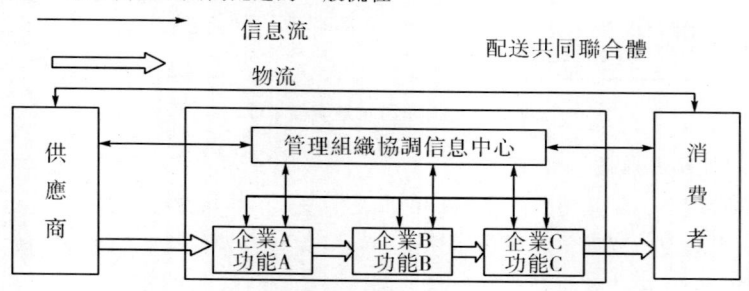

圖 5-17　共同配送模式

（3）互用配送，就是幾個企業為了各自利益，以契約的方式達到某種協議，互用對方的配送系統而進行的配送模式。和共同配送不同的是，互用配送不強調功能互補，沒有成立信息協調中心，在質量和效率上不如前者，但是卻更加靈活。

（4）第三方配送，就是交易雙方把自己需要完成的配送業務委託給第三方來完成的配送模式。第三方配送模式作為有著較新物流理念的產業正在逐步形成，在對

企業的服務中逐步形成了一種戰略關係。隨著 JIT 管理方式的普及，無論是製造企業還是商業企業逐漸把配送業務交由相對獨立的第三方進行管理。第三方配送企業根據採購方的小批量和多批次的要求，按照地域分佈密集情況，決定供應方的取貨順序，並應用一系列的信息技術和物流技術，保證 JIT 取貨和配貨。跟其他配送模式不同，這種新型的物流配送模式主要有以下特點：

 a. 拉動式（回應為基礎）的經營模式；
 b. 小批量、多批次取貨；
 c. 提高生產保障率，減少待料時間；
 d. 減少中間倉儲搬運環節，做到「門對門」的服務，節約倉儲費用和人力、物力；
 e. 產生最佳經濟批量，從而降低運輸成本；
 f. 通過 GPS 全球定位系統及信息反饋系統，保證了 JIT 運輸及運輸安全。

5.3.1.5 配送模式選擇

根據新創企業的特徵，如何合理的選擇不同的配送模式？我們來學習一種決策方法，即矩陣圖決策法。參見圖 5-18，這種方法將配送對企業的重要性和企業的配送能力按從低到高劃分成立四個板塊，例如，A 區是配送對企業重要，企業的配送能力也高，B 區是配送對企業重要，企業的配送能力低。

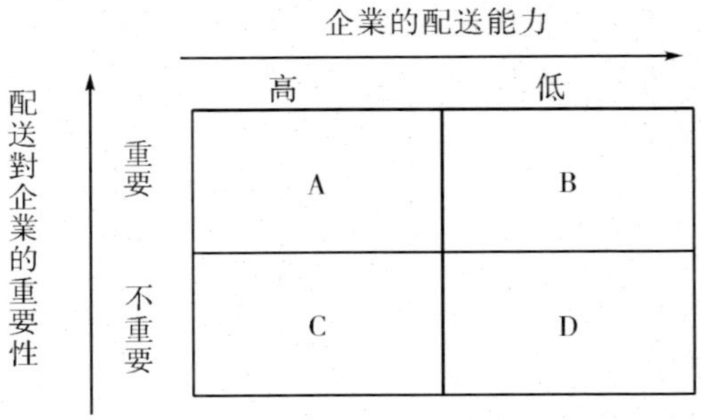

	企業的配送能力 高	企業的配送能力 低
配送對企業的重要性 重要	A	B
配送對企業的重要性 不重要	C	D

圖 5-18 配送模式矩陣圖決策法

那麼，A 區適於採取什麼配送模式？

——自營配送，典型的例子就是連鎖企業的配送。許多連鎖公司或集團基本上都是通過組建自己的配送中心，來完成對內部各場、店的統一採購、統一配送和統一結算。

B 區適於採取什麼配送模式？

——一是有條件的企業一是可以加大投入，提高配送能力，然後選擇自營模式，例如海爾集團。二是採用共同配送模式。三是選擇物流外包，選擇第三方配送。

C 區適於採取什麼配送模式？

——共同配送或者互用配送。

D區適於採取什麼配送模式？
——選擇第三方配送。

5.3.2 售後服務設計

5.3.2.1 售後服務的概念和意義

1. 售後服務的概念

售後服務，就是在商品出售以後所提供的各種服務活動。售後服務已經成為企業保持或擴大市場份額的關鍵措施之一。售後服務的優劣能影響消費者的滿意程度。在購買時，商品的保修、售後服務等有關規定可使顧客擺脫猶豫不決的心理狀態，下定決心購買商品。優質的售後服務可以算是品牌經濟的產物，在市場競爭激烈的今天，隨著消費者維權意識的提高和消費觀念的變化，消費者們不再只關注產品本身，在同類產品的質量與性能都相似的情況下，更願意選擇這些擁有優質售後服務的公司。

2. 做好售後服務的意義

售後服務本身同時也是一種促銷手段，通過售後服務可以提高企業的信譽，擴大產品的市場佔有率，提高推銷工作的效率與效益。掌握售後服務原則，並且在適當的時機向顧客致以感謝函，可以增加你與顧客之間的一種信賴的關係，有利於銷售工作的進一步開展。掌握售後服務的要點，提高自身素質，努力做好售後服務，使售後服務成為再次銷售的開端。在追蹤跟進階段，推銷人員要採取各種形式的配合步驟，通過售後服務來提高企業的信譽，擴大產品的市場佔有率，提高推銷工作的效率及效益。是企業對客戶在購買產品後提供多種形式的服務的總稱，其目的在於提高客戶滿意度，建立客戶忠誠。

現代理念下的售後服務不僅包括產品運送、維修保養、提供零配件、業務諮詢、客戶投訴處理、問題產品召回制、人員培訓以及調換退賠等內容，還包括對現有客戶的關係行銷、傳播企業文化，例如建立客戶資料庫、宣傳企業服務理念、加強客戶接觸、對客戶滿意度進行調查、信息反饋等。

5.3.2.2 售後服務設計的要點

售後服務設計的要點是，充分利用互聯網、物聯網、大數據，主動發現並解決客戶的問題。售後服務管理要實現流程化，信息化。將每一次投訴視為幫助公司改善的一次契機，建立起按項目管理的投訴處理機制。

1. 明確售後服務體系的作用與特性

①售後服務是買方市場條件下企業參與市場競爭的尖銳利器。

②售後服務是保護消費者權益的最後防線。

③售後服務是保持顧客滿意度、忠誠度的有效舉措。

④售後服務是企業擺脫價格大戰的一劑良方。

⑤售後服務是企業可持續發展的必然要求。

所以企業自主建立獨立的售後服務體系是大勢所趨。

2. 售後服務體系設計

①售後服務本身可以產品化，可以明碼標價的和客戶溝通，把原本簡單的服務變成可以量化的產品，可以將其以媒介的形式使其功能化、多元化；

②可以考慮多元化合作方式以委託形式由分站個體自主經營。

3. 售後服務體系的基礎條件

①售後服務需要公司相關機制保證，規劃相應資源投入，應列入成本預算；

②需要階段性提升售後服務能力，需制定相應的培訓機制以及相關資料，以公司為主導輔助各個分點服務水準提高，使其綜合服務能力提高；

③建立在銷售策略以及方向對等的基礎之上。

4. 售後服務體系的基礎要點

①告知：在產品說明書的編輯過程中加入產品設計及服務的理念，對最終客戶直接闡述；

②網上在線即時服務：建立完備的服務性網站，提供相應的終端遠程服務，包括售後服務維修操作手冊，常見問題解答；

③聲訊服務；

④現場服務；

⑤反應速度以及服務效率。

成功的售後服務體系，一定是建立在良好的企業文化以及正確的發展方向的基礎之上的，售後服務體系的建立是一個非常複雜的系統工程，需要大量的人力、財力，如果能夠建立好自身的售後服務體系而又被市場所認可，那這個體系不僅會成為企業核心的競爭力，同時也是企業多元化發展的基礎紐帶。

5.4　案例分析：客戶訂制的「華潤盒子」

「互聯網+」概念持續火熱，傳統行業興奮不已，互聯網行業磨刀霍霍，「互聯網+」無疑將成為推動中國大眾創業、萬眾創新的中堅力量。傳統行業與互聯網行業雙向滲透已成為中國產業升級的重要特徵。

2015 年 4 月，在華潤北京大區品牌戰略發布會上，華潤悅景灣正式推出了 2.0 版的 LOFT——「華潤盒子」，並公布其精裝套餐價格「998 元/平方米，45 天完工」，引起業內關注。之所以稱為 2.0 版 LOFT，「華潤盒子」代表 LOFT 產品的升級，可定制成為產品最大的亮點，亦是其銷售的賣點。

相比於眾籌方式解決客戶定制戶型、低成本置業需求，「華潤盒子」則解決客

創業管理

戶的家裝之需。「華潤盒子」品牌形成來自華潤、愛空間及小米智能家居三方融合，其中，華潤提供房源，愛空間充分吸收「華潤盒子」粉絲建議，進行家裝設計，小米智能則為項目提供定制的 App，可通過手機控制家裡的電子設備。作為「華潤盒子」的首次嘗試，華潤悅景灣 LOFT 產品結合年輕客群及項目層高特點，實現復式結構設計，劃分 8 個獨立空間，覆蓋 8 種戶型，愛空間則針對戶型推出 8 種精裝套餐，每個套餐均可進行二次設計。

由於華潤悅景灣 LOFT 產品全部為毛坯交付，此次與愛空間、小米智能家居合作，華潤為房源銷售打造一步到位解決方案，讓需求引導置業。一方面，「華潤盒子」作用於行銷環節，與項目匹配客群的需求在設計中得到反饋，客戶未置業已認可要的就是這個居住環境；另一方面，8 種精裝套餐可定制，而且客戶亦可要求愛空間按照自己的要求調整套餐內的設計方案，如通往 LOFT 上層的斜坡式樓梯改為旋轉式樓梯，同時可利用斜坡式樓梯二樓走廊下方空間做開放式廚房，擴展空間使用功能。

「華潤盒子」可以說是未開盤先火。在 6 月底 7 月初，華潤悅景灣首推面積在 32~68 平方米的可定制精裝套餐的 LOFT 產品，共 200 多套房源，而在 6 月初，已有 200 多組客戶排號，房源行情不錯。小面積段 LOFT 產品契合青年置業，精裝成本同樣關係到這部分客群購房選擇，華潤引入愛空間，提供精裝套餐定制，即解決 LOFT 產品不易裝修的問題，也將裝修成本降至最低。以 54 平方米房源為例，客戶自己裝修，費用一般在 20 萬~30 萬元，而定制套餐，則只需 10 萬元左右的費用，且保證裝修質量。綜合而言，定制策略釋放於行銷環節，房企為房源銷售贏得了更多籌碼。

請閱讀案例，分析並回答下列問題：
（1）華潤如何借助互聯網+實現客戶定制？
（2）從案例中，我們可以得到什麼樣的產品設計啟發？

實用工具

1. 價值鏈模型
2. 產品設計流程
3. 價值工程
4. 採購流程
5. 供應商分類矩陣
6. 訂單和配送流程
7. 配送模式矩陣

復習思考題

1. 什麼是產品設計的創新性思維？
2. 產品設計的基本流程是什麼？
3. 價值工程的意義和應用價值是什麼？
4. 標準化和模塊化設計各有什麼要點？
5. 採購的目標和意義是哪些？
6. 採購的流程包括哪些步驟？
7. 如何進行有效的供應商評價？
8. 配送的含義是什麼？怎麼理解配送的作用？
9. 什麼是配送模式？如何選擇適宜的配送模式？
10. 售後服務設計的意義和要點是什麼？

章節測試

本章測試題

本章測試題答案

參考資料

1. 卡爾·T. 烏利齊，史蒂文·D. 埃平格. 產品設計與開發 [M]. 5 版. 楊青，呂佳芮，詹舒琳，等譯. 北京：機械工業出版社，2015.

2. 羅伯特·G. 庫珀. 新產品開發流程管理——以市場為驅動 [M]. 4 版. 北京：電子工業出版社，2013.

3. 卡洛斯·梅納，羅姆科·範·霍克，馬丁·克里斯托弗. 戰略採購和供應鏈管理：實踐者的管理筆記 [M]. 張鳳，樊麗娟，譯. 北京：人民郵電出版社，2016.

4. 周雲. 採購成本控制與供應商管理 [M]. 2 版. 北京：機械工業出版社，2014.

5. 付瑋瓊. 圖解商場超市採購與物流配送 [M]. 北京：化學工業出版社，2017.

6. 蘇山. 頂級銷售員內部核心課程——售後攻略 [M]. 北京：北京工業大學出版社，2014.

6　創業人力資源

學習目標

1. 知識學習
(1) 探討創業團隊構成要素
(2) 梳理創業團隊常見類型
(3) 歸納創業團隊構建過程
(4) 選擇創業企業組織架構
(5) 總結創業企業規章制度
2. 能力訓練
(1) 創業團隊成員甄選能力
(2) 創業企業組織架構設計能力
(3) 創業企業規章制度建設能力
3. 素質養成
(1) 團隊協作
(2) 規範管理
(3) 決策思維

章節概要

1. 創業團隊：創業團隊概念、構成要素、常見類型、組建過程
2. 創業組織設計：創業企業組織設計的原則、創業企業組織結構特徵

6　創業人力資源

3. 創業企業基本制度：建章立制的影響因素及具體內容

本章思維導圖

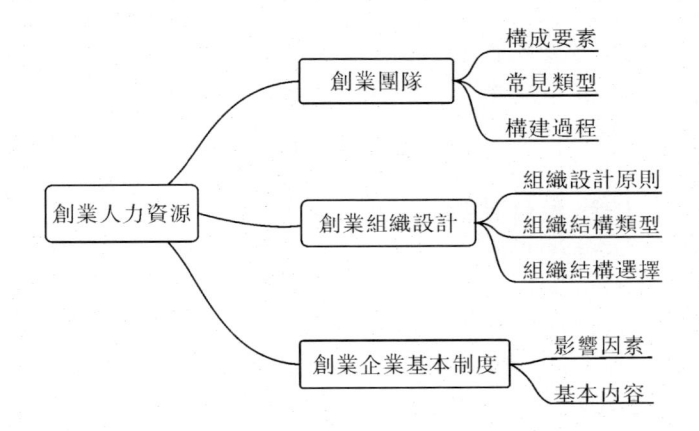

創業人力資源
- 創業團隊
  - 構成要素
  - 常見類型
  - 構建過程
- 創業組織設計
  - 組織設計原則
  - 組織結構類型
  - 組織結構選擇
- 創業企業基本制度
  - 影響因素
  - 基本內容

慕課資源

第 6 章 創業人力資源教學視頻（上）　　第 6 章 創業人力資源教學視頻（下）

本章教學課件

翻轉任務

1. 個人：提前觀看慕課視頻，準備回答課後復習思考題，課堂提問。

2. 團隊：為你的創業企業（或者項目）設計一個組織結構圖並展示。向眾人說明圖中所表示的人物的責任、職責、以及他們之間的報告關係是怎樣的？

創業管理

6.1 創業團隊

　　無論是在傳統的製造業、服務業，還是在現代的高科技產業中，由團隊創業的企業要比個人創業的企業多很多。據美國 20 世紀 60 年代高成長企業的調查顯示，其中有 83.3%屬於團隊創業的形態，這證明團隊創業型企業的成長速度高於個人獨自創業形態。美國馬凱特大學企業家精神研究中心對 2,000 家企業進行研究，發現 94%的高成長企業都是由合夥人共同組建，而且其中 70%以上有三位以上的創建者。特別是在當前高速發展的高科技產業中，創業所要求的能力涵蓋管理、技術、行銷、財務等各個方面，遠不是單個創業者自己能力所及的。沒有團隊的創業並不一定會失敗，但要創建一個沒有團隊而具有高成長性的企業卻極其困難。因此，為了成功的創辦一個企業並使其健康成長，團隊創業就顯得非常必要。

6.1.1 創業團隊構成要素

1. 什麼是創業團隊

　　不同的學者從不同的角度界定了團隊（Team）的定義。路易士（Lewis, 1993）認為，團隊是由一群認同並致力於達成一共同目標的人所組成，這一群人相處愉快並樂於在一起工作，共同為達成高品質的結果而努力。在這個定義中，路易士強調了三個重點：共同目標、工作相處愉快和高品質的結果。蓋茲貝克和史密斯（Katezenbach & Smith, 1993）認為一個團隊是由少數具有「技能互補」的人所組成，他們認同一個共同目標和一個能使他們彼此擔負責任的程序。蓋茲貝克和史密斯也提到了共同目標，並提到了成員「技能互補」和分擔責任的觀點，同時還指出團隊是少數人的集合，保證相互交流的障礙較少，比較容易達成一致，也比較容易形成凝聚力、忠誠感和相互信賴感。但是，團隊必定是以達到一個既定結果為最終目標，共同的目標是團隊區別於其他群體的重要特徵。

　　因此，團隊可以定義為是由少數具有技能互補的人組成，他們認同一個共同目標和一個能使他們彼此擔負責任的程序，並相處愉快，樂於一起工作，共同為達成高品質的結果而努力。團隊就是合理利用每一個成員的知識和技能進行協同工作，解決問題，達到共同的目標的共同體。而創業團隊，就是由少數具有技能互補的創業者組成，他們為了實現共同的創業目標和一個能使他們彼此擔負責任的程序，共同為達成高品質的結果而努力的共同體。

2. 創業團隊五要素

　　創業團隊需具備五個重要的團隊組成要素，稱為 5P。

6　創業人力資源

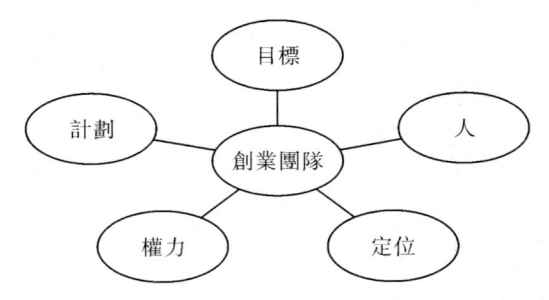

圖 6-1　創業團隊的 5P 模型

(1) 目標（Purpose）

創業團隊應該有一個既定的共同目標，為團隊成員導航，知道要向何處去，沒有目標這個團隊就沒有存在的價值。目標在創業企業的管理中以創業企業的遠景、戰略的形式體現。

(2) 人（People）

人是構成創業團隊最核心的力量。三個及三個以上的人就形成一個群體，當群體有共同奮鬥的目標就形成了團隊。在一個創業團隊中，人力資源是所有創業資源中最活躍、最重要的資源。應充分調動創業者的各種資源和能力，將人力資源進一步轉化為人力資本。

目標是通過人員來實現的，所以人員的選擇是創業團隊中非常重要的一個部分。在一個團隊中可能需要有人出主意，有人定計劃，有人實施。有人協調不同的人一起去工作，還有人去監督創業團隊工作的進展，評價創業團隊最終的貢獻，不同的人通過分工來共同完成創業團隊的目標。在人員選擇方面要考慮人員的能力如何，技能是否互補，人員的經驗如何。

(3) 創業團隊的定位（Place）

創業團隊的定位包含兩層意思：

第一是創業團隊的定位。創業團隊在企業中處於什麼位置，由誰選擇和決定團隊的成員，創業團隊最終應對誰負責，創業團隊採取什麼方式激勵下屬。

第二是個體（創業者）的定位。作為成員在創業團隊中扮演什麼角色，是制定計劃還是具體實施或評估；是大家共同出資，委派某個人參與管理；還是大家共同出資，共同參與管理；或是共同出資，聘請第三方（職業經理人）管理。這體現在創業實體的組織形式上，是合夥企業或是公司制企業。

(4) 權限（Power）

創業團隊當中領導人的權力大小與其團隊的發展階段和創業實體所在行業相關。一般來說，創業團隊越成熟領導者所擁有的權力相應越小，在創業團隊發展的初期階段領導權相對比較集中。高科技實體多數是實行民主的管理方式。

(5) 計劃 (Plan)

計劃的兩層含義：第一是目標最終的實現，需要一系列具體的行動方案，可以把計劃理解成達到目標的具體工作程序。第二是按計劃進行可以保證創業團隊的順利進度。只有在計劃的操作下創業團隊才會一步一步地貼近目標，從而最終實現目標。

創業並非個人的行為表現，沒有團隊的企業也許並不注定會失敗，但要建立一個沒有團隊而具有高潛力的企業卻極其困難。一個喜歡單打獨鬥的創業者固然可以謀生，然而一個團隊的營造者卻能夠創建出一個組織或公司——能夠創造價值並有多種收穫的公司。

6.1.2 創業團隊常見類型

從不同的角度、層次和結構，可以劃分為不同類型的創業團隊，而依據創業團隊的組成者來劃分，創業團隊有星狀創業團隊（Star Team）、網狀創業團隊（Net Team）和從網狀創業團隊中演化而來的虛擬星狀創業團隊（Virtual Star Team）。

1. 星狀創業團隊

一般在團隊中有一個核心人物（Core Leader），充當了領隊的角色。這種團隊在形成之前，一般是核心人物有了創業的想法，然後根據自己的設想進行創業團隊的組織。因此，在團隊形成之前，核心人物已經就團隊組成進行過仔細思考，根據自己的想法選擇相應人員加入團隊。這些加入創業團隊的成員也許是核心人物以前熟悉的人，也有可能是不熟悉的人，但這些團隊成員在企業中更多時候是支持者角色（Supporter）。

這種創業團隊有幾個明顯的特點：

第一，組織結構緊密，向心力強，主導人物在組織中的行為對其他個體影響巨大。

第二，決策程序相對簡單，組織效率較高。

第三，容易形成權力過分集中的局面，從而使決策失誤的風險加大。

第四，當其他團隊成員和主導人物發生衝突時，因為核心主導人物的特殊權威，使其他團隊成員在衝突發生時往往處於被動地位，在衝突較嚴重時，一般都會選擇離開團隊，因而對組織的影響較大。

這種組織的典型例子，如太陽微系統公司（Sun Microsystem）創業當初就是由維諾德·科爾斯勒（Vinod Khmla）確立了多用途開放工作站的概念，接著他找了喬（Joy）和本其托斯民（Bechtolsheim）兩位分別在軟件和硬件方面的專家，和一位具有實際製造經驗和人際技巧的麥克尼里（McNeary），於是組成了 Sun 的創業團隊。

2. 網狀創業團隊

這種創業團隊的成員一般在創業之前都有密切的關係，比如同學、親友、同事、朋友等。一般都是在交往過程中，共同認可某一創業想法，並就創業達成了共識以後，開始共同進行創業。在創業團隊組成時，沒有明確的核心人物，大家根據各自

6 創業人力資源

的特點進行自發的組織角色定位。因此,在企業初創時期,各位成員基本上扮演的是協作者或者夥伴角色(Partner)。

這種創業團隊的特點:團隊沒有明顯的核心,整體結構較為鬆散;組織決策時,一般採取集體決策的方式,通過大量的溝通和討論達成一致意見,因此組織的決策效率相對較低;由於團隊成員在團隊中的地位相似,因此容易在組織中形成多頭領導的局面;當團隊成員之間發生衝突時,一般都採取平等協商、積極解決的態度消除衝突,團隊成員不會輕易離開。但是一旦團隊成員間的衝突升級,使某些團隊成員撤出團隊,就容易導致整個團隊的渙散。

這種創業團隊的典型是微軟的比爾・蓋茨和童年玩伴保羅艾倫,惠普的戴維・帕卡德和他在斯坦福大學的同學比爾・體利特等。多家知名企業的創建多是先由於私人關係和彼此之前就結識,基於一些互動激發出創業點子,然後合夥創業,此類例子比比皆是。

3. 虛擬星狀創業團隊

這種創業團隊是由網狀創業團隊演化而來,基本上是前兩種的中間形態。在團隊中,有一個核心成員,但是該核心成員地位的確立是團隊成員協商的結果,因此核心人物從某種意義上說是整個團隊的代言人,而不是主導型人物,其在團隊中的行為必須充分考慮其他團隊成員的意見,不如星狀創業團隊中的核心主導人物那樣有權威。

表 6-1　　　　　　　　　　　三種類型創業團隊的比較

類型	概念	優點	缺點
星狀	有一個核心主導人物,充當領軍的角色	決策程序簡單、效率較高;組織結構緊密;穩定性較好	易形成權力過分集中的局面;當成員和主導人物衝突嚴重時,往往選擇離開
網狀	由志趣相投的夥伴組成,共同認可某一創業想法,共同進行創業	成員的地位較為平等,有利於溝通和交流;成員關係較密切,較容易達成共識;成員不會輕易離開	結構較為鬆散;決策效率相對較低;容易導致整合團隊的渙散;容易形成多頭領導的局面
虛擬星狀	有一個核心成員,但是該核心成員地位的確立是團隊成員協商的結果	核心成員具有一定威信;既不過度集權,又不過度分散	核心人物的行為必須充分考慮其他成員的意見,不像星狀創業團隊中的核心主導人物那樣有權威

6.1.3 創業團隊構建過程

1. 創業團隊的組建特徵

聯想創始人柳傳志曾說過,「領軍人物好比是阿拉伯數字中的 1,有了這個 1,帶上一個 0,它就是 10,兩個 0 就是 100,三個 0 是 1,000。創業團隊成員選擇的一

創業管理

種平衡方法是，在知識、技能和經驗方面主要關注互補性，而在個人特徵和動機方面則考慮相似性。」通過對大量團隊形成方式的調查，不難發現這些千變萬化的組成方式中蘊含著一些共同的地方，可以將創業團隊的組建特徵總結為以下三點：

（1）補缺性：補缺性是指團隊成員在性格、能力和背景上的互補。團隊成員之間可以有一定的交叉，但又要盡量避免過多的重疊。一般意義上講，一個新創企業的團隊是由它的創始人組織的。而創始人不可能也沒有必要對企業經營中所有的方面都精通，他可能在某些方面存在不足之處，比如行銷或財務，那就有必要利用其他團隊成員或是外部資源來彌補。故如果團隊成員能為創始人起到補充和平衡的作用，並且相互之間也能互補協調，則這樣的團隊對企業才會做出很大的貢獻。

（2）漸進性：並不是所有的新創企業創立之時都要配備完整的團隊，團隊的組建不一定要一步到位，而是可以按照「按需組建、試用磨合」的方式創建。在正式吸收新成員之前，各團隊成員之間最好留有相當一段時間來相互瞭解和磨合。在發展過程中，創業團隊應該清晰企業需要有哪些專業技術、技能和特長？需要進行哪些關鍵工作，採取何種行動？成功的必要條件是什麼？公司的競爭力突出表現在哪裡？需要有什麼樣的外部資源？企業現有的空缺大小及其嚴重程度如何？企業能負擔的極限是多少？企業能否通過增加新董事或尋找外部諮詢顧問來獲得所需的專業技能？這些問題決定了在創業的不同階段面臨不同的任務，而對完成任務的團隊成員各方面的才能也有不同需求，可以逐漸地補充團隊成員並日益完善。

（3）動態性：一開始就擁有一支成功、不變的創業團隊是每個創業企業的夢想，然而這種可能性微乎其微，即使新創企業成功地存活下來，其團隊成員在前幾年的流動率也會非常高。在創業企業發展過程中，由於團隊成員有更好的發展機會，或者團隊成員能力已經不能滿足企業需求，團隊成員也需要主動或被動調整。在團隊組建的時候就應該預見到這種可能的變動，並制訂大家一致認同的團隊成員流動規則。這種規則首先應該體現公司利益至上的原則，每個團隊成員都認可這樣的觀點：當自己能力不再能支撐公司發展需求的時候，可以讓位於更適合的人才。此外，這種原則也應體現公平性，充分肯定原團隊成員的貢獻。承認其股份、任命有相應級別的「虛職」以及合理的經濟補償都是安置團隊成員退出的有效方式。團隊組建的時候應該有較為明晰的股權分配制度，而且應該盡可能地預留一些股份，一部分用來在一定時間內（如1年或3年）根據團隊成員的貢獻大小再次分配；另外一部分預留給外來的團隊成員和重要的員工。

2. 組建創業團隊的基本條件

組建一個健康、有戰鬥力的創業團隊應具備以下條件：

（1）樹立正確的團隊理念

①凝聚力

擁有正確團隊理念的成員相信他們處在一個命運共同體中，共享收益，共擔風險。團隊工作，即作為一個團隊而不是靠個別的「英雄」工作，每個人的工作相互

6 創業人力資源

依賴和支持,依靠事業成功來激勵每個人。

②誠實正直

這是有利於顧客、公司和價值創造的行為準則。它排斥純粹的實用主義或利己主義,拒絕狹隘的個人利益和部門利益。

③為長遠著想

擁有正確團隊理念的成員相信他們正在為企業的長遠利益工作,正在成就一番事業,而不是把企業當作是一個快速致富的工具。沒有人打算現在加入進來,而在困境出現之前或出現時退出而獲利,他們追求的是最終的資本回報及帶來的成就感,而不是當前的收入水準、地位和待遇。

④承諾價值創造

即擁有正確團隊理念的成員承諾為了每個人而使「蛋糕」更大,包括為顧客增加價值,使供應商隨著團隊成功而獲益,為團隊的所有支持者和各種利益相關者謀利。

(2) 確立明確的團隊發展目標

目標在團隊組建過程中具有特殊的價值。一方面,目標是一種有效的激勵因素。如果一個人看清了團隊的未來發展目標,並認為隨著團隊目標的實現,自己可以從中分享到很多的利益,那麼他就會把這個目標當成是自己的目標,並為實現這個目標而奮鬥。從這個意義上講,共同的未來目標是創業團隊克服困難,取得勝利的動力。另一方面,目標是一種有效的協調因素。團隊中各種角色的個性、能力有所不同,但是「步調一致才能取得勝利」。孫子曰:「上下同欲者,勝。」只有真正目標一致、齊心協力的創業團隊才會得到最終的勝利與成功。

(3) 建立責、權、利統一的團隊管理機制

第一,創業團隊內部需要妥善處理各種權力和利益關係

妥善處理創業團隊內部的權力關係。在創業團隊運行過程中,團隊要確定誰適合於從事何種關鍵任務和誰對關鍵任務承擔什麼責任,以使能力和責任的重複最小化。

妥善處理創業團隊內部的利益關係。在設置股權結構的時候,最差的股權架構是均等。在創始的階段,創業公司一般比較草根,合夥人不是特別多。比較合理的架構是三個人。一定要有帶頭大哥,也就是核心股東。股權結構要簡單清晰、資源互補且股東之間相互信任。

創業團隊內部的利益關係還與新創企業的報酬體系有關。一個新創企業的報酬體系不僅包括諸如股權、工資、獎金等金錢報酬,還包括個人成長機會和提高相關技能等方面的因素。每個團隊成員所看重的並不一致,這取決於其個人的價值觀、奮鬥目標和抱負。有些人追求的是長遠的資本收益,而另一些人不想考慮那麼遠,只關心短期收入和職業安全。

由於新創企業的報酬體系十分重要,而且在創業早期階段財力有限,因此要認真研究和設計整個企業生命週期的報酬體系,使之具有吸引力,並且使報酬水準不

受貢獻水準的變化和人員增加的限制，即能夠保證按貢獻付酬和不因人員增加而降低報酬水準。

第二，制訂創業團隊的管理規則

要處理好團隊成員之間的權力和利益關係，創業團隊必須制定相關的管理規則。團隊創業管理規則的制定，要有前瞻性和可操作性，要遵循先粗後細、由近及遠、逐步細化、逐次到位的原則。這樣有利於維持管理規則的相對穩定，而規則的穩定有利於團隊的穩定。

企業的管理規則大致可以分為三個方面：

一是治理層面的規則，主要解決剩餘索取權和剩餘控制權問題。治理層面的規則大致可以分為合夥關係與雇傭關係。在合夥關係下大家都是老板，大家說了算；而在雇傭關係下只有一個老板，一個人說了算。除了利益分配機制和爭端解決機制，還必須建立進入機制和退出機制。沒有出入口的游戲規則是不完整的，因此要約定以後創業者退出的條件和約束，以及股權的轉讓、增股等問題。

二是文化層面的管理規則，主要解決企業的價值認同問題。企業章程和用工合同解決的是經濟契約問題，但作為管理規則它們還是很不完備的。經濟契約不完備的地方要由文化契約來彌補。它包括很多內容，但也可以用「公理」和「天條」這兩個詞簡要地概括。所謂「公理」，就是團隊內部不證自明的東西，它構成團隊成員共同的終極行為依據；所謂「天條」，就是團隊內部任何人都碰不得的東西，它對所有團隊成員都構成一種約束。

三是管理層面的規則，主要解決指揮管理權問題。管理層面的規則最基本的有三條：①平等原則，制度面前人人平等，不能有例外現象；②服從原則，下級服從上級，行動要聽指揮；③等級原則，不能隨意越級指揮，也不能隨意越級請示。這三條原則是秩序的源泉，而秩序是效率的源泉。當然，僅有這三條原則是不夠的，但它們是最基本的，是建立其他管理制度的基礎。

3. 組建創業團隊的程序和方法

創業者在有了創業點子後，可以採用以下方法組建創業團隊。

（1）撰寫出創業計劃書：通過撰寫出創業計劃書，進一步使自己的思路清晰，也為後來的合作夥伴的尋找奠定基礎。

（2）優劣勢分析：認真分析自我，發掘自己的特長，確定自己的不足。創業者首先要對自己正在或即將從事的創業活動有足夠清醒的認識，並使用SWOT（優劣勢）法分析自己的優點、缺點，自己的性格特徵，能力特徵，擁有的知識、人際關係以及資金等方面的情況。

（3）確定合作形式：通過第二步的分析，創業者可以根據自己的情況，選擇有利於實現創業計劃的合作方式，通常是尋找那些能與自己形成優勢互補的創業合作者。

（4）尋求創業合作夥伴：創業者可以通過媒體廣告、親戚朋友介紹、各種招商

6 創業人力資源

洽談會、互聯網等形式尋找自己的創業合作夥伴。

（5）溝通交流，達成創業協議：通過第四步，找到有創業意願的創業者後，雙方還需要就創業計劃、股權分配等具體合作事宜進行深層次、多方位的全面溝通。只有前期的充分溝通和交流，才不會導致正式創業後，迅速出現創業團隊因溝通不夠引起的解體。

（6）落實談判，確定責權利：在雙方充分交流達成一致意見後，創業團隊還需對合夥條款進行談判。

4．創業團隊破裂的五大原因

（1）利益衝突

利益衝突是創業團隊分崩離析的最常見原因，甚至是人類衝突活動最常見的誘因。解決創業團隊成員間的利益衝突既要有智慧，又要有胸懷。團隊要有利益分配的制度，成員有互相包容的氣度。

（2）理念不同

給創業團隊成員意見分歧提供指導方針的方法就是建立並塑造團隊價值觀與團隊文化。道不同難相為謀，道同則齊心協力。所以，團隊價值觀與團隊文化不僅是「旗幟」問題，更是「立場」問題。

（3）性格不合

性格不合往往是創業團隊成員間起摩擦的常見原因。創業團隊成員性格相同時應避免「放大」性格缺陷，走極端；性格不同時應互相理解，理性地進行性格互補。

（4）團隊外的利益誘惑

創業合作往往緣於這是創業團隊成員們當時共同的願景，在很多人嘴裡的「共贏」往往僅是手段而不是目的。要想避免這種團隊外的利益誘惑情況，必須不斷提高團隊的核心競爭力，力求做到以發展吸引力人、以團隊共同願景留住人。

（5）信任缺失

無法想像信任缺失、互相猜忌的團隊成員能同心同德地齊力將事業推進。而要讓合作夥伴互相信任的唯一辦法就是：開誠布公地溝通，做讓對方覺得你值得信賴的事，並經受得住時間的考驗。

● 6.2 創業組織設計

不管創業者所要開創的公司規模如何，它都算是一個全新的生命，它應該具有正常生命體的全部生理機能，生產、銷售、研究開發、售後服務、信息管理、財務控制等功能都是公司所應具有的。可能在創業之初，公司某些部門只有一兩個人，或者會有一人身兼數職的情況，但這些功能卻是不可能少的。為了公司今後的發展，

創業管理

創業者必須進行組織設計，選定適合的組織結構，組建起公司的整體大廈。

企業組織機構指企業內部根據其目標和規模而採取的組織管理形式，即根據分工、層次職能與目標確定需要，而採取的與之相應的管理體制，形象地講就是規定公司內各種分工協作關係的基本框架。這一框架便如人體的骨骼一樣，支撐著公司的生理活動形態，這種固定了責權分配、管理範圍、聯絡路徑的基本框架非常重要。

所以，創業者的新創公司根據分工的原則，也要把公司按工作和業務的需要劃分為不同部門。各個部門隸屬一個經理來掌管、控制、協調或計劃。大的部門可以再細分為子部門，形成多個階層。企業組織是最為關鍵的競爭優勢，要在激烈的競爭環境中獲得成功，企業必須圍繞產品和顧客，搞好企業組織的設計和管理。

6.2.1 創業企業組織設計原則

1. 組織設計的含義與內容

組織設計是對組織活動和組織結構的設計過程，主要是對組織結構的設計。組織設計體現在以下三個方面：

第一，管理者在一定組織中建立起來的最有效的相互關係，是一種合理化及習慣性的工作關係。

第二，組織設計的結果是組織架構形式。

第三，確定組織架構內容：工作職務的專業化；部分劃分；確定直線指揮系統與職能參謀系統的相互關係等方面的工作任務組合；建立職權、指揮系統、控制幅度，集權與分權等人和人相互影響的機制；建立最有效的協調手段。

2. 組織設計的原則

不要以為公司的組織結構不重要。舉一個「開心網」的例子，它本來應該做成中國最大、最好的互聯網平臺，最後成為一個年收入幾千萬的游戲公司。他的創始人在回顧的過程中，認為自己純粹專注於技術，但是忘了在最關鍵的時刻搭建公司的組織結構。還有一個典型例子就是凡客。凡客的口號、宣傳做得非常好，在其上升期，筆者對這個公司是絕對看好的，只要沿著原來的發展思路，再把公司組織結構做好，往前走就非常好了。但是，凡客犯了一個嚴重的錯誤，為了投資人的願望、為了上市，拼命講究公司要有更大的收穫。凡客以前應該賣跟青年時尚相關的所有東西，但是因為組織架構的問題，就沒有了監控，所有東西都開始賣，最後就崩盤了。直到有一天，創始人陳年走到庫房裡，發現什麼都在售賣了，發現不對了，等到發現不對卻已經回不去了。這是什麼概念呢？在公司發展過程中間，組織結構不嚴密以及管理上失控，造成接下來的困難。新創企業組織設計應遵循以下幾個原則：

①精簡原則。根據業務需要設置機構或部門，突出「精」字，以精簡、精干高效。

②任務與目標原則。設置組織機構的根本目標，是為了使企業管理科學化、高

效化。企業不同組織機構擔負著不同任務，離開了目標和任務，機構設置就會陷入盲目性，導致機構設置不足或臃腫。

③分工協作原則。分工合作是要根據管理的專業化要求，按不同的管理方式設置不同的管理機構。為了達到精簡、高效的目標，要把目標、任務進行分類，達到分工粗細適宜，相互協調。

④責權對等原則。所謂責權對等，就是指權利和責任相適應。不能有權無責，也不能有責無權，或者權大責小，責大權小。組織給每個部門、每個人分配任務，要求他們對自己的工作負責，就必須授予他們與責任相應的權利，使他們在履行職責過程中，在自己責任範圍內能夠處理和解決問題。

⑤統一指揮原則。任何組織機構都應分層設置，實行統一計劃，下級必須服從上級指揮。統一指揮要求避免越級指揮、多頭指揮、職責不清的現象。

⑥合理幅度原則。管理的幅度是指一個管理人員直接管理的下屬有多少，也是他直接控制的幅度。研究表明，在組織機構的高層領導中，通常是4~8人；在機構低層領導中為8~15人。在實際操作中，具體需要分析每個管理者的管理幅度的影響因素。隨著知識經濟的到來，知識更新和技術創新的速度越來越快，企業組織結構扁平化、開放化、層次減少、柔性化以及網絡化等趨向於較寬的管理幅度的企業組織機構的創新也已出現。

⑦彈性原則。根據客觀情況的變化實行動態管理。

6.2.2 創業企業組織結構類型

傳統的組織結構通常有以下幾種形式：

1. 直線管理制結構

直線管理制結構的基本框架是將企業內部劃分為幾個垂直管理的層次，從最高管理層到最低管理層按垂直體系進行管理。各管理層負責人直接行使對下屬統一的指揮與管理職能，不專門成立職能機構，一個下屬單位只接受一個上級負責人的指令。直線型結構具有機構簡單、責權分明、決策迅速、指揮及時、工作效率高等優點。但也有缺少專業分工，要求負責人是「全能式」人物，導致領導者管理負擔過重等缺點。從其運行模式看，各個層次在權利、地位方面的等級區別是十分鮮明的，企業內部運行機制主要反應為一種縱向的控制與協調關係。其具體表現為：一是總部是整個企業的最高行政部門，負責企業生產經營決策和生產經營計劃的指揮、實施；二是指令從上到下按照縱向等級關係層層下達，總部通過層層監督、層層負責的形式，對具體指令的執行狀況進行控制。直線管理制結構一般適用於組織處於初創階段、員工人數較少、產品單一、生產工藝簡單的小型企業。直線管理制的結構如圖6-2所示。

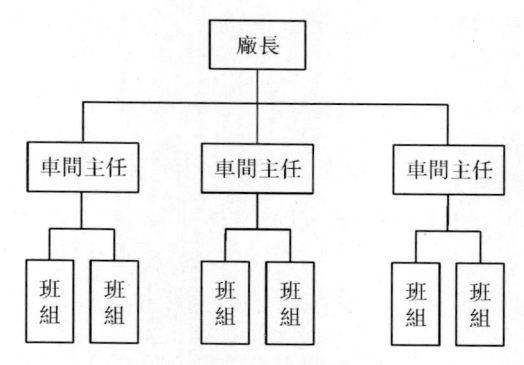

圖 6-2　直線型組織結構示意圖

2. 職能管理制結構

　　職能管理制的基本框架是企業內部按照橫向專業分工的原則，設立若干個專門從事一定專業領域內對上參謀、對下管理的職能管理部門。在大多數企業中，基本的職能機構至少包括科研開發、生產運作、市場行銷、財務、技術與質量保障、人力資源、思想政治工作等部門，或者至少應當承擔上述這些職能。從其運行模式看，職能管理制的最大特點是各級職能機構對下一級單位均有權根據本職能部門的要求下達指令，並監督、控制具體的執行過程。這種結構使企業各級之間的業務聯繫更為直接和具體，有利於專業或職能管理工作的正規化和及時化。但它也存在容易引起多頭領導的指令衝突、控制和協調系統紊亂等缺點。職能制結構適用於規模較大、所處環境複雜且穩定、生產技術難度大同時又要求全面實行標準化的企業組織。職能管理制的結構如圖 6-3 所示。

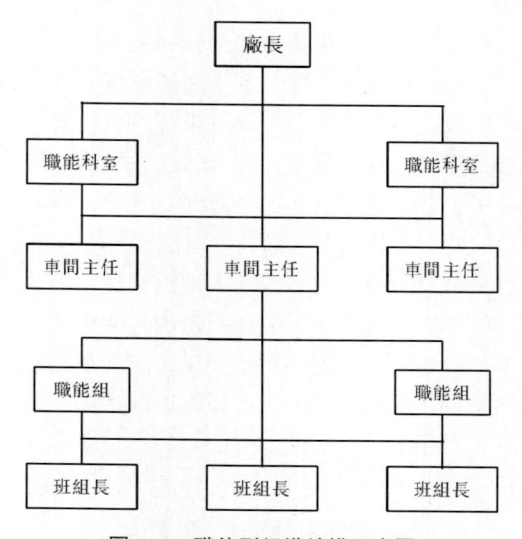

圖 6-3　職能型組織結構示意圖

6 創業人力資源

3. 直線職能制結構

直線職能制是現代較為常見的一種企業結構形式。從職能機構設置上，這種形式包括以下幾種基本類型：顧問性的直線職能制、控制性的直線職能制、服務性的直線職能制、協調性的直線職能制。從其運行模式上看，各級負責人對下屬單位具有全面指揮和領導的權力，對所屬範圍內的工作負有全權處理的責任，職能機構對下一級組織在行政上沒有領導關係，也不擁有發布指令進行指揮的權力，但在各有關專業事務上，則負有對下進行指導的責任，並在職責範圍內可以對下提出業務要求和實施監督控制。直線職能制結構主要適用於簡單穩定的環境、可按標準化技術進行常規型大批量生產的企業。這樣的企業往往規模較大，但只生產少數種類的產品。這種結構還常被處於發展成熟階段的組織所採用。直線職能制的結構如圖 6-4 所示。

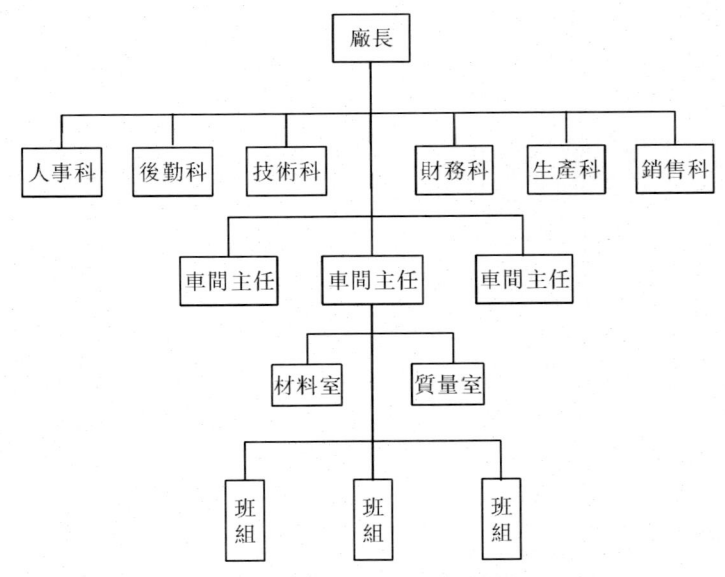

圖 6-4　直線職能型組織結構示意圖

4. 事業部制結構

事業部制組織結構首創於 19 世紀 20 年代，最初是由美國通用汽車公司副總經理斯隆創立，又稱「斯隆模型」。它是在產品部門化基礎上建立起來的。這種類型結構的特點是，組織按地區或所經營的各種產品和事業來劃分部門，各事業部獨立核算、自負盈虧的一種分權管理組織結構。同時，事關大政方針、長遠目標以及一些全局性問題的重大決策集中在總部，以保證企業的統一性。這種組織結構形式最突出的特點是「集中決策，分散經營」，這是在組織領導方式上由集權制向分權制轉化的一種改革。

這種組織結構形式的主要優點是，適應性和穩定性強，有利於組織的最高管理

211

創業管理

者擺脫日常事務而專心致力於組織的戰略決策和長期規劃，有利於調動各事業部的積極性和主動性，並且有利於公司對各事業部的績效進行考評。它的缺點是，由於機構重複，造成了管理人員浪費；由於各個事業部獨立經營，各事業部之間要進行人員互換就比較困難，相互支援較差；各事業部主管人員考慮問題往往從本部門出發，各事業部間獨立的經濟利益會引起相互間激烈的競爭，可能發生內耗；由於分權易造成忽視整個組織的利益、協調較困難的情況，也可能出現架空領導的現象，從而減弱對事業部的控制。

這種組織結構形式適用於產品多樣化和從事多元化經營的組織，也適用於面臨市場環境複雜多變或所處地理位置分散的大型企業和巨型企業。

事業部制組織的結構如圖 6-5 所示。

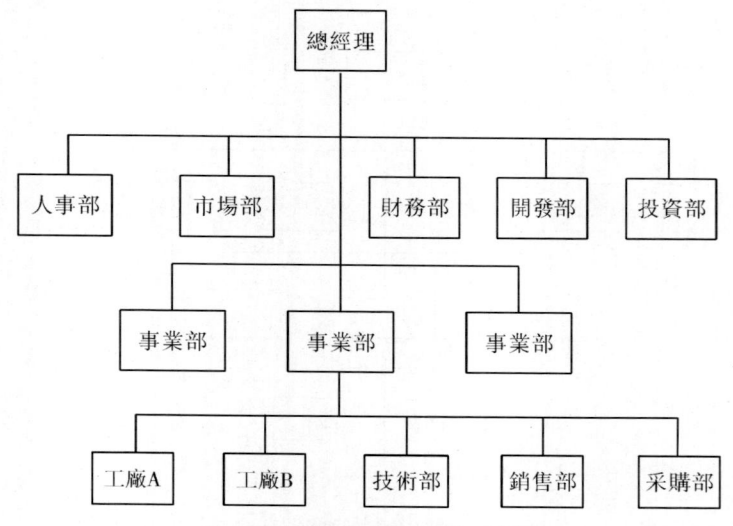

圖 6-5　事業部制組織結構示意圖

5. 其他組織結構類型

（1）矩陣型組織結構

這是一種把按職能劃分的部門同按產品、服務或工程項目劃分的部門結合起來的組織形式。在這種組織中，每個成員既要接受垂直部門的領導，又要在執行某項任務時接受項目負責人的指揮。可以說，矩陣結構是對統一指揮原則的一種有意識的違背。這種結構的主要優點是：靈活性和適應性較強，有利於加強各職能部門之間的協作和配合，並且有利於開發新技術、新產品和激發組織成員的創造性。其主要缺陷是：組織結構穩定性較差，雙重職權關係容易引起衝突，同時還可能導致項目經理過多、機構臃腫的弊端。這種組織結構主要適用於科研、設計、規劃項目等創新性較強的工作或者單位。這種組織形式如圖 6-6 所示。

6　創業人力資源

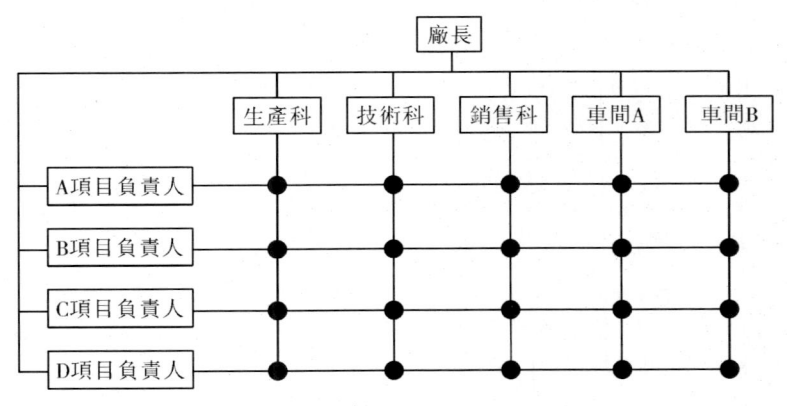

圖 6-6　矩陣制組織結構示意圖

（2）多維立體型組織結構

這種組織結構是矩陣組織結構形式和事業部制組織結構形式的綜合發展。這種結構形式由三種類型的管理系統組成：第一種，按產品（項目或服務）劃分的部門（事業部），是產品利潤中心；第二種，按職能如市場研究、生產、技術、質量管理等劃分的專業參謀機構，是職能利潤中心；第三種，按地區劃分的管理機構，是地區利潤中心。在這種組織結構形式下，每一系統都不能單獨做出決策，而必須由三方代表，通過共同協調才能採取行動。因此，多維立體型組織結構能夠促使每個部門都能從整個組織的全局來考慮問題，從而減少產品、職能、地區各部門之間的矛盾。即使三者之間有摩擦，也比較容易統一和協調。這種類型的組織結構形式最適用於跨國公司或規模巨大的跨地區公司。

（3）控股型組織結構

控股型結構，是在非相關領域開展多元化經營的企業所常用的一種組織結構形式。由於經營業務的非相關或弱相關，大公司不對這些業務經營單位進行直接的管理和控制，而代之以持股控制。這樣，大公司便成為一個持股公司，受其持股的單位不但對具體業務有自主經營權，而且保留獨立的法人地位。

控股型結構是建立在企業間資本參與關係的基礎上。由於資本參與關係的存在，一個企業就對另一個企業持有股權。基於這種持股關係，對那些企業單位持有股權的大公司便成了母公司，被母公司控制和影響的各企業單位則成為子公司或關聯公司。子公司、關聯公司和母公司一道構成了以母公司為核心的企業集團。

母公司亦稱集團公司，處於企業集團的核心層，故稱之為集團的核心企業。集團公司或母公司與它所持股的企業單位之間不是上下級之間的行政管理關係。母公司作為大股東，對持股單位進行產權管理控制的主要手段是：母公司憑藉所掌握的股權向子公司派遣產權代表和董事、監事，通過這些人員在子公司股東會、董事會、監事會中發揮積極作用而影響子公司的經營決策。

213

(4) 網絡型組織結構

網絡型組織是利用現代信息技術手段而建立和發展起來的一種新型組織結構。現代信息技術使企業與外界的聯繫加強了，利用這一有利條件，企業可以重新考慮自身機構的邊界，不斷縮小內部生產經營活動的範圍，相應地擴大與外部單位之間的分工協作。這就產生了一種基於契約關係的新型組織結構形式，即網絡型組織。

這種組織形式的特色是將企業內部各項工作（包括生產、銷售、財務等），通過承包合同交給不同的專門企業去承擔，而總公司只保留為數有限的職員，它的主要工作是制定政策及協調各承包公司的關係。這種結構可使企業減少行政開支，具有較強的應變能力。缺點是總公司對各承包公司控制能力有限。網絡型結構使企業可以利用社會上現有的資源使自己快速發展壯大起來，目前已經成為國際上流行的一種新形式的組織設計。

其組織結構形式如圖6-7所示。

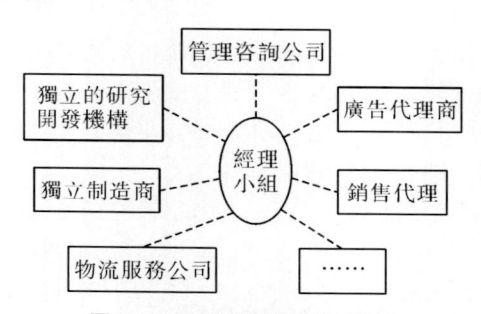

圖6-7 網絡型組織結構示意圖

(5) 項目制架構

隨著時代的發展，組織的邊界越來越模糊。這是新雇主經濟的一大特點，以前是涇渭分明，現在有很多公司開始靈活用工，有很多工作外包，即便在組織內部，「更多是混沌的組織狀態」，經常以項目制的形式架構，由高管帶隊向一個目標邁進，小團隊充分發揮能動性。

在智聯招聘舉辦的「2017中國年度最佳雇主評選」活動中，ofo榮獲「最具智造精神雇主」稱號，它的特性團隊（feature team）廣受贊譽。在項目制的架構中，如用戶增長量等核心指標，以往通常會由一位高管負責，然後進行跨部門協調資源落地操作，但由於每個部門承接的需求太多，在需求交付上不夠及時充分。專人專項的特性團隊能最大化保證結果。特性團隊中成員是全職，並對關鍵目標負責。

在ofo，不少員工都願意加入特性團隊。這種形式的好處是，員工有一個具體而清晰的目標，把所有精力都投入到一件事中，不僅提高了工作效率，而且增強了成就感和歸屬感。ofo的人力行政副總裁左佳說，在ofo的企業文化裡，有一條價值觀叫「極致執行」，速度比完美更重要。特性團隊配備了相應資源，形成閉環作戰單元，讓小團隊自己決策。

6 創業人力資源

特性團隊是跨專業的，面向最終用戶交付完整價值的團隊。為了能夠高效地完成工作，團隊成員通常在一起面對面辦公，緊密合作，專注地一起完成當前任務。為了能夠高效地完成工作，團隊通常有一定的授權，能自主地做出決策，並對結果負責。

(6) 眾創空間

眾創空間是順應創新 2.0 時代用戶創新、開放創新、協同創新、大眾創新趨勢，把握全球創客浪潮興起的機遇，根據互聯網及其應用深入發展、知識社會創新 2.0 環境下的創新創業特點和需求，通過市場化機制、專業化服務和資本化途徑構建的低成本、便利化、全要素、開放式的新型創業公共服務平臺的統稱。

發展眾創空間要充分發揮社會力量作用，有效利用國家自主創新示範區、國家高新區、應用創新園區、科技企業孵化器、高校和科研院所等有利條件，著力發揮政策集成效應，實現創新與創業相結合、線上與線下相結合、孵化與投資相結合，為創業者提供良好的工作空間、網絡空間、社交空間和資源共享空間。

眾創空間具有以下幾個特點：

第一，開放與低成本。面向所有公眾群體開放，採取部分服務免費、部分收費，或者會員服務的制度，為創業者提供相對較低成本的成長環境。

第二，協同與互助。通過沙龍、訓練營、培訓、大賽等活動促進創業者之間的交流和圈子的建立，共同的辦公環境能夠促進創業者之間的互幫互助、相互啓發、資源共享，達到協同進步的目的，通過「聚合」產生「聚變」的效應。

第三，結合。團隊與人才結合，創新與創業結合，線上與線下結合，孵化與投資結合。

第四，便利化。通過提供場地、舉辦活動，能夠方便創業者進行產品展示、觀點分享和項目路演等。此外，還能向初創企業提供其在萌芽期和成長期的便利，比如金融服務、工商註冊、法律法務、補貼政策申請等，幫助其健康而快速地成長。

第五，全要素。提供創業創新活動所必需的材料、設備和設施。

北京、上海、廣州、深圳、杭州、南京、武漢、蘇州、成都等創新創業氛圍較為活躍的地區，順應創新 2.0 時代用戶創新、大眾創新、開放創新、協同創新形勢，逐漸湧現了一大批各具特色的眾創空間。比如上海的新車間、深圳的柴火創客空間、杭州的洋蔥膠囊、南京的創客空間等等。

6.2.3 創業企業組織結構選擇

新企業雖然規模不大，但也需要一個正式的組織結構，以明確組織的任務分工，使每個員工有清晰的角色定位，減少組織中的衝突，提高組織的運行效率。

1. 新創企業的組織結構特徵

對於新創企業的組織與管理，與成熟企業的組織結構和管理方式是不完全一樣的。對於小企業的創業者，在創業初期，需要設計的組織結構，一般來說是比較簡

創業管理

單為好。但是，也有很多創業者，創業啟動資金、技術、市場規模等起步的平臺較高，因此創業管理的平臺也相對較高，從一開始就設計成事業部制的組織結構。而一般的小企業，開始可以設計成直線結構，隨著企業的成長，再逐漸向事業部轉化。

新創企業組織結構呈現以下特徵：結構扁平化，大多只有 1-2 個層級；高度適應性和靈活性；結構呈連環狀而非階梯狀；以客戶和關鍵任務為中心，類似於項目管理；以學習能力、貢獻和影響力而非職位或權力去影響和管理人；初期的管理風格是以工作為中心的領導，以任務為導向的行為。這種領導風格的行為特徵體現在：確認目標、計劃與分配資源、決策、控制進度、審查與評估。

小企業在創業初期，組織結構比較簡單。在經理與員工之間不設置組織結構的障礙，創業者或經理不僅對部門負責人，而且和部門負責人一起面對企業的全體員工及其崗位；創業者或核心管理者通常又是技術或市場等業務員。一般來說，對於製造業，創業初期大致分為幾類部門：第一類是技術部門：技術支持、新產品開發等；第二類是行銷部門：市場開拓與產品銷售，以及行銷策劃、行銷廣告、行銷公關等；第三類是生產部門：原材料採購、產品生產、產品包裝、庫管、生產計劃等；第四類是財務及行政部門：財務管理、人事管理、辦公室等。

對於創業初期的企業管理，常常是處於一個層次，即總經理與各部門中間沒有層次障礙。創業者可以直接深入一線，普通員工可以直接與創業者對話，這是創業初期的必要，這樣容易控制，但也會產生一些漏洞。創業者在創業初期，需要考慮人力成本，常常一人多職，但有些職位是不能兼顧的。比如：出納與採購或銷售人員不能由一人擔任、出納與庫管不能由一人擔任、出納與會計不能由一人擔任、創業者不宜擔任出納。隨著企業的成長，組織結構需要隨著企業的發展而變化。創業家需要使組織創新與技術創新、市場創新、管理創新等相一致、相融合且協調發展，才不至於使新企業過早地老化以致創業失敗。

2. 創業企業組織結構的演變

創業企業的組織結構以適應公司戰略為目標，可以進行以下幾個階段的演變：

第一階段：簡單結構。在公司創建的早期階段，組織的邊界會因創業者和其他少數關係密切的合作者而開始和終結。這樣一個新企業的高層管理團隊所採取的戰略是為了增加銷售量。這個簡單結構是組織結構生命週期的早期階段。

第二階段：部門化。隨著公司規模逐漸變大，創業者發現自己從事著越來越多的行政管理工作，承擔越來越少的創業者的職責。當業務量增長到一定的程度，創業者自己就不能再做出高層的執行決策，而這些決策又是必需的，因此他們就會僱用管理人員：生產經理、市場經理、銷售經理、工程和設計經理、人事經理等等。這些經理監督者被歸為各個部門的、從事某一種相似活動的群體。

第三階段：分支機構。在某一地點，銷售量只能增長到一定程度。存在這樣一些約束：工廠的生產能力、運輸成本、後勤保障問題以及市場本身的限制，這意味著如果公司還要繼續發展，就不得不向其他地方擴張。創業者採取的下一個戰略就

6　創業人力資源

是地理位置的擴張。最初，公司企圖既想管理最初的地點，又想管理新的地點。但是隨著擴張地點以及分支機構和銷路的增加，這就變得不太可能了。因此，公司不得不改變結構以滿足新戰略的需要。新結構要求對同一地理區域的單位進行整合，形成區域性的分支。把這種新結構增加到功能性劃分的結構中去，就是現在被清楚描述的部門。它們都向公司總部報告。

第四階段：多元化分支機構。單一產品的未來增長，就和單一地點的情況一樣，也是一種有限的戰略：對產品的需求會飽和、會失去來自相關產品和市場的機會。多元化對原有的分支機構提出了新的要求，帶來了壓力和緊張以及無效率的現象。最後，新的結構產生了，這就是多元化分支機構。同樣，也會把相似的產品和活動劃分為一組，這樣雇員就不會受到其他產品和服務的負面影響，達到他們的最高生產率。

第五階段：集團公司。這也是最後一種結構，是源於戰略從相關多元化到非相關多元化的改變。當公司介入完全不同於原先從事過的任何業務的領域，原來的結構也會瓦解。原來部門的行政主管人員不瞭解新業務，他們和新的管理人員的觀點也不會相同。因此，沒有理由使得這些不相關的部門組合在一起，因為它們並不共享市場、產品和技術。實際上，最好的做法是讓它們保持獨立，以便獨立衡量它們各自的業績。集團公司正是來自這種戰略的改變，也被稱為控股公司。

3. 變革環境下的創業新組織

移動互聯網已經成為這個時代的基礎設施，在馬斯洛需求層次理論中，除了空氣、水、食物等最基礎的生存需求外，移動互聯網已經成為人們的基礎需求層次之一。

而互聯網背後核心的原理和本質就是「連接」。百度完成了人與信息的連接，騰訊完成了人與人的連接，阿里巴巴完成了人與商品的連接，像滴滴、大眾點評、美團，是完成了人與服務的連接等等。在新型的組織當中，組織應該是以強目標為導向，依靠強連接的模式進行高效的業務協同。

在變革環境的背景中，創業企業的組織管理呈現四大特徵：連接、敏捷、智慧、賦能。

（1）連接

一是在組織內部，如何通過互聯網把組織變成連接型的組織。主要有兩方面，一方面，在移動互聯網時代，企業通過硬件、通過智能終端、通過 3G、4G、WiFi，構建了即時連接的虛擬網絡，任何時間、地點、人與人都可以實現連接，這是一種全新的革命。另一方面，通過互聯網的方式，實現一種全新的連接方式是社會化連接的方式。即通過互聯網的方式，構建企業內部社會化連接，如果人與人是動態的、多元的、交互的連接，那麼組織中的信息到達率就會更高，組織的效率也會更高。

未來企業組織一定會呈現兩個形態，一是物理形態，依然有公司、辦公室、桌椅板凳，這種物理形態最大的弊端是有時間、空間的限制；另一種是讓組織虛擬化，就像彼此之間通過微信聯繫，這就是虛擬化的連接。

虛擬化的連接，完成了組織的兩個革命，讓組織重新具備彈性，讓組織更加扁平化。

創業管理

（2）敏捷

通過連接給企業帶來最重要的價值，就是讓組織變得足夠敏捷。如果突破時間和空間的限制，企業的生產、企業的行銷、企業的決策與管理等方面都將實現高效和敏捷。

通過連接讓組織扁平化，讓組織具備柔性，這帶來一個非常重要的價值是，能讓組織實現信息對稱。信息的高度對稱，使得組織裡就像安裝了路燈，「犯罪現象」減少，組織內的扯皮、推諉現象減少。此外，組織掌握信息更全面，做事結果更精準，效率自然提升。

（3）智慧

企業組織一定要具備智能，並且一定是數據型的組織，通過數據去提高企業的效率和效能，通過效率和效能的提升，提高企業的效益。NBA 為什麼比 CBA 好，核心是這支球隊是典型的數據化球隊，派誰上場，誰下場，是通過數據化來提供科學的參考意見，而不是教練一個人拍腦袋，憑感覺做出的決定。

（4）賦能

賦能型組織最大的特點，就是要打破組織的邊界，從垂直邊界上，組織要有彈性、扁平化、減少管理層次，增加管理幅度，減少決策鏈條，提高管理效率。從橫向邊界上，組織要有柔性、虛擬化。圍繞組織目標的實現，快速進行團隊的虛擬化組合，實現高效資源配置。

● 6.3 創業企業基本制度

6.3.1 建章立制的影響因素

很多創業公司領導人以及創業團隊成員都會陷入一個誤區：認為創業公司可以不完全像大型企業那樣建立完善各種規章制度。很多人去小公司工作就是因為小公司自由不受約束。其實對創業公司而言，建立制度、何時進行流程和制度的規範化、如何建立等等問題都是非常重要的。

1. 商業成長關鍵驅動力

通過分析創業公司，我們發現：在多大規模的時候開始進行流程和制度的規範化，這個並沒有統一的標準。因為不同的創業公司在規模、結構、管理團隊風格、業務複雜度和核心人員能力上都存在一定的差異。但無論是什麼類型的企業，制度和流程規範化的最終目的是為了讓企業更有效地成長。是否建立規範化制度和流程的重要影響因素是創業公司的商業成長關鍵驅動力，或商業模式的核心要素。

例如，以一家 10 人的 IT 創業公司和一家 100 人的零售服務企業為例，IT 公司的商業成長關鍵驅動力在於創新力，在於產品開發和人員的激勵，所以制度和流程的規範化可能不會在一開始就成為重點，過於規範的制度和流程反倒可能會限制員

6 創業人力資源

工的創造性。而零售服務型企業的關鍵驅動力則是圍繞著銷售能力設置關鍵業績指標，在於評價服務的質量和流程以及人員的能力，所以相對於IT公司來說，其制度和流程的規範化可能會早一點地進入管理者的戰略視野。

一旦我們對成長關鍵驅動力有了準確的理解，那麼該在什麼時候進行流程和制度的規範化的問題也就迎刃而解。比如對於新興的電子商務平臺公司來說，其核心的商業成長驅動力在於優秀的線下物流體驗，那麼從一開始，包括信息化平臺在內的供應鏈管理制度與流程，成為這類企業關注的重點，這些要從開始就要做到規範化。

2. 企業生命週期

企業進入成熟期一般規模較大，市場份額較高，不太容易因為競爭對手而斷送命運了。成熟期的企業相比初創期的企業最顯著的特徵是：為了適應企業成長的需要，逐步建立起一套管理體系；企業要在逐步建立這套體系的同時還得確保業務增長。

企業在成長過程中逐步建立自身的管理體系是走向正規化和組織化的過程。初創期基本上建立了企業營運的框架，還談不上管理，這一運作體系完全依靠創業者和團隊成員通過人與人的協調來完成，並沒有成文的規定和慣例，需要不斷耗費人力、物力來進行組織、協調、跟蹤。比如招聘，可能創業者覺得某人不錯，那就增加這個人吧。這是很隨意和臨時性的，初創期企業往往還沒有形成一整套的招聘流程、考核標準、薪酬設計等。

當在初創期完成了管理體系金字塔的基石，確立了市場定位、產品，也獲得了財務、技術、人力等雄厚的資源，伴隨業務發展越來越快，這種簡單隨意的方式就會顯出低效、無規矩的弊病。這時就需要逐漸建立一套管理系統，把計劃、組織、控制以及人才培養納入整個公司框架中。這部分管理系統建立起來後，下面的運行系統就能規範化和流程化。在這個管理體系金字塔的最上端是企業文化、願景等，它統領整個公司的發展方向，起著指明燈的作用（見圖6-8）。

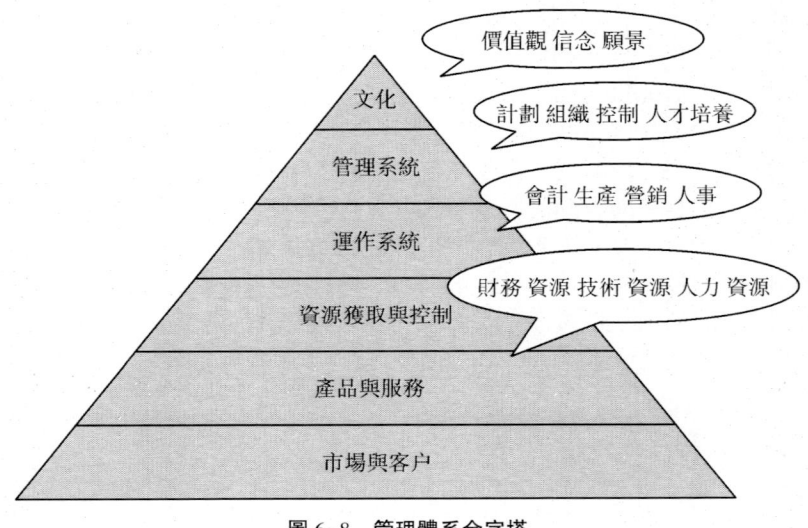

圖6-8 管理體系金字塔

創業管理

管理體系建設的核心內容有兩大方面。

一方面是逐步建立事務運行的流程，讓流程規範化和標準化。建立流程是什麼意思？大家可以回想當初大學新生報到時的過程：交驗錄取通知書、審核身分證、辦理學生卡、拍照、分配宿舍等就是一系列事件有順序聯繫在一起的流程。這一年你是被師兄、師姐帶去走了一遍報到流程，第二年你可以完全複製這樣的流程迎接師弟、師妹，每年周而復始；同時一個系的迎新過程還能複製到所有院系，這就是流程的規範化和標準化。這個流程的標準化是需要經過一定階段的：首先是瞎做、亂做階段，其次歸納總結，然後形成成文的規定，接著公司上下不斷宣傳貫徹，最後實施、調整才得以成型。

另一方面是組織設計逐步正規化。企業初創時一人分飾多角，職能相互交叉，在客戶那裡的接口很少，如諮詢、下單購買、開發票、投訴等都由一個對應接口來完成。而隨著業務的發展，企業內部開始慢慢地分出行銷、客服、財務等部門，各司其職，客戶不同的訴求可以對接不同的部門，形成部門設置的體系。

另外，一個創業公司在不同的階段對於制度和流程的建立有不同的側重點。在企業的初創期、發展期、成熟期各個不同階段，每個階段的任務不一樣，對制度的要求也不同。

在初創階段的核心任務是最大程度地激勵員工、開發產品和吸引潛在顧客，聚焦於「創新式成長」，關鍵在於創業團隊的「人治」，所以制度和流程的規範化可能主要存在於基本的公司制度，比方說研發制度、生產流程、管理制度等。

在生存立足階段，聚焦於「引導式成長」。關鍵在於固化完善核心流程和制度，特別是關於質量管理和人力資源管理等方面的制度和流程。

在成功階段，則聚焦於追求持續的增長，在這個階段，公司開始有了清晰的組織結構，有了各種功能業務部門，所以制度和流程將著眼於如何更有效地發揮每個部門的協調效應，會更注重於像組織流程、風險管理、行銷管理等。

由於公司的創始人一般都會在早期對公司採取較大的控制，所以他們對成功的自信，對戰略方向的把握，對員工的激勵等對於創業公司的早期生存是非常重要的成功因素。這樣便於實施創始人的願景，更快地捕捉瞬間即逝的商業機會，更好地執行既定的計劃。但一旦太控制就有可能遏制了公司內部其他員工創造性的發揮，打擊到核心人員的創新激情，但是也有可能由於創始人的一意孤行，導致整個公司的發展停滯。因此，創業團隊隨著公司的發展和業務的壯大，創始人主要負責確保公司戰略方向的正確和執行的有效。而涉及日常營運的事務，則可通過建立規範化的制度和流程進行管理。制度的建立是基於企業管理的需要，以目標為導向。對於創業型企業，其早期目標非常明顯，就是在存活中尋求發展。

6.3.2 建章立制基本內容

對於新創企業來說，涉及日常營運的事務，可通過建立規範化的制度和流程進行管理。

6　創業人力資源

新創辦公司的管理制度以簡單適用為原則。創業期企業主要是抓好人和財兩個方面。人事管理方面，制定考勤制度、獎懲條例、薪資方案等制度。財務方面，制定報銷制度、現金流量、制定預算、核算和控制成本等制度。另外，還包括行政管理制度，如：請假制度、會議制度、匯報制度；公司的銷售制度、員工行為手冊等。如果是生產製造型企業，還應該制定安全生產作業制度等。

1. 明確崗位職責

工作分析是人力資源管理工作的起點，它通過對企業內部的工作崗位進行全面的評價，使得創業者對於企業內部的工作流程、崗位職責可以全面地把握，在此基礎上，無論是後續的人力資源工作，還是企業的其他戰略活動，都將有所依據。

在創業之初，為了在市場中生存下來，企業員工也比較少，此時工作分析並沒有太大的必要，只有到了企業初步獲得發展，才需要進一步吸收新的員工，企業內部需要為之建立規範的管理制度的時候，工作分析就必不可少了。此時，工作分析也為企業規範化管理提供了一個良好的開端。

一般來說，工作分析是一個較為繁瑣的過程，需要遵照以下幾個步驟進行。

首先是收集與工作分析相關的資料。這是瞭解工作性質和後續分析的一手資料。相關的工作分析資料包括現有的公司章程、組織結構、生產狀況、工作流程、辦事細則等。很多時候，新創企業已有的資料往往非常粗糙，或者根本談不上有什麼成型的書面材料。因此，創業者可以借助這一機會，幫助工作分析人員進行有效的職位調查，對組織的各個職位進行全方面的瞭解。在收集資料過程中，需要注意的是，創業者必須對於企業內部重要的工作崗位，例如高科技企業內部的技術研發崗位，或者市場開拓部門的崗位傾註更多的精力，因為這些崗位對於企業戰略的支持作用更為顯著，創業者應當把對相應的崗位分析做得更精細些。

其次是整理和分析相關信息。基於所收集的資料和信息，分析人員需要對於各個崗位的特徵和員工素質要求做出全面說明。信息整理結果也應當及時反饋給在職人員以及主管人員進行核對，一方面減少可能出現的偏差，另一方面也有助於獲得員工對工作分析結果的理解和接受。

最後是撰寫工作說明書。這是將相關信息整理歸納後得到的正式崗位分析結果。工作說明書需要指出具體崗位的任職資格、工作範圍、工作條件、權限以及任職者所應具備的知識技能。正式的工作說明書將直接用於員工的招募聘用、培訓、績效考核等工作中。因此，工作說明書應當撰寫規範，以便於未來的工作中參考。

2. 新員工招聘

根據崗位分析的結果，創業者對企業內部哪些崗位需要增添新的員工，哪些工作流程需要增設崗位都有了確定的認識，為了填補空缺職位，企業就需要招募合適的員工。員工招募和雇傭的同時也是企業自身展示人力資源競爭優勢的機會，這對於創業型企業來說尤為重要，能夠招募到優秀的員工也意味著企業在市場上具有良好的組織形象和優良的成長性。

在員工招募方面，存在的一個討論是企業應當從企業招募還是從外部招募來填

創業管理

補空缺？事實上，在創業成長的過程中，很多情況下，創業者會發現企業所要完成的工作越來越多，所需要的人也越來越多，這樣從內部進行招募往往難以滿足企業發展需要，外部招募就成為一種必要的員工招聘手段。通常，創業者和可以選擇的外部招募渠道包括：廣告招聘、人才招聘會、校園招聘、就業服務機構招聘、網絡招聘、推薦和自薦。

當前網絡招聘對於新創企業來講不失為一種好的選擇。和報紙雜志廣告、招聘洽談會、人才獵取相比，網上招聘具有覆蓋面廣、無地域性限制、針對性強、宣傳溝通方便、省時且費用較低、可以不斷使用、適用面廣等特點，這些正好適合新創企業自身的特點。

此外，對於新創企業來講，在自身實力有限的情況下，一定要慎重選擇自己的招聘方法。如情景模擬技術，包括無領導小組討論、公文包測試、工作樣本、演講和商業游戲等，一般用於中高級經理人員的選拔，費時且成本高，對評價者要求較高，一般不適合新創企業。

3. 員工培訓

企業招募員工後，為了使得員工能夠適應崗位的要求，常常需要通過一定的方式來培養員工的工作能力。在成熟的大企業中，員工培訓是人力資源管理部門的重要工作內容。通常人力資源管理部門需要制定出周密可行的計劃，組織較有規模的正規培訓，並進行培訓效果評估。顯然，這一類型的培訓對於新創企業來說不具有很強的實用性。一方面，新創企業的成長速度很快，市場環境也更為複雜，有很多複雜的管理事務急需人手來處理，如果招募的員工必須經過一定的時間才能夠上崗，將會影響企業的工作進程；另一方面，這種規範的培訓制度所需成本也較高，新創企業往往不願意承擔。因此，在新創企業中，員工的培訓往往是通過靈活機動的方式來實現。

在新創企業吸收新的員工之後，創業者或者人事主管往往會讓新員工在一些老員工的帶領下進行工作崗位訓練，通過老員工的指引，新員工可以較快掌握工作中所需要的技巧，同時也可以較快融入企業的文化氛圍中去。這種培訓方式有時候也成為非制度化的培訓。這類培訓的成本會遠遠低於一般正式的培訓或講座，但缺點在於不夠規範，有時候會流於形式，不利於培養員工嚴謹的工作作風。因此，隨著企業的成長壯大，應當及時引入規範化的培訓。

4. 績效管理

在創業初期，對於員工的績效管理可能並非很嚴格，創業者或者高層管理團隊成員可能根據自身的主觀感受，對員工的績效狀況進行考評。隨著企業的進一步發展，員工的管理也必須走上正軌。如何正確地評價員工成為員工考核、激勵的重要依據，也是影響企業內在凝聚力的重要因素。對於新創企業來說，創業者應當思考，在現階段的發展中，企業需要什麼程度的績效考核，是否有必要進行複雜、太過正式的績效考核？人員績效考評可以分為定性分析和定量分析兩個方面，在企業創建初期，對於管理和決策人員主要應當以定性的方法進行考評，可以從德、能、勤、

6 創業人力資源

績四個方面進行，對於生產、銷售人員主要以定量的方法進行考評，以定性方法為輔，用與績效（或成果）相聯繫的數量指標對相關人員進行考評。

對於創業初期的企業，員工的考評結果主要作為任職與獎勵的依據，最主要的是作為發放薪酬的依據，考評結果需要反饋給被考評者。對於業績突出者，應當公開獎勵。但對於特殊崗位或特殊人，創業者需要採取一定程度的差別靈活對待，比如，對待才能高但業績不好的人員需要認真分析查找原因。

5. 薪酬福利制度

薪酬管理是人力資源管理中最難的一個環節，一方面是員工都希望自己獲得企業的認可，得到較高的收入；另一方面企業需要降低成本，追求最大人力資本回報。如果企業在薪酬制度中能充分體現這兩方面的因素，將有利於提高員工的工作積極性，促進企業進入發展的良性循環。

總體來看，初創企業的薪酬設計採取如下原則：①高工資、低福利的原則；②簡明、實用原則；③增加激勵力度；④建立績效工資制度。

企業內部可以分為技術高度密集型崗位、部門和一般經營、服務型兩類。兩者在工薪制度上將有所區別：技術高度密集型崗位，企業對所招募的員工有比較強的依賴性，所以為了招募到技術人才，在薪酬設計上必須考慮企業的長遠發展目標和相對的穩定性。為此，應採取靈活的組合方式，如直接給股份、高薪加高福利等。

對於一般經營、服務型部門和崗位，應採用崗位、級別的等級工薪制度。該項制度建立得越早越好。根據企業的崗位需求和實際能力，以及員工的實際能力和水準，有目的地定崗、定員和定級、定薪。員工進入企業後擁有明確的個人定位及發展目標，崗位的變化與薪水具有必然的聯繫。

企業管理者要對做出傑出貢獻的員工給予激勵，不能採用在原崗位直接加薪的簡單方法；而應採用一次性獎勵或升職加薪的方法。

同時薪酬設計要注意兩個方面的問題：①避免差距過大。差距過大是指優秀員工與普通員工之間的報酬差異大於工作本身的差異，也有可能是干同等工作的員工之間存在著較大的差異。前者的差異過大有助於穩定優秀員工，後者的差異過大會造成員工的不滿。②避免差距過小。差異過小是指優秀員工與普通員工之間的報酬差異小於工作本身的差異，這會引起優秀員工的不滿。在薪酬制度的完善中，要有一個公平的評估體系。如果沒有公平的評估體系，薪酬制度也就成了形同虛設。在公司制定薪酬、報酬時所遵循的原則是「論功定酬」，也就是員工有機會通過不斷提高業績水準及對公司的貢獻而獲得加薪。在「論功定酬」中，對員工進行公平、公開、公正的績效評價與考核至關重要。同時評估也要因人而異，真正做到「以人為本」。

6. 激勵機制

（1）目標激勵和精神激勵。對於初創企業來說，由於企業對資金的需求巨大，創業者們多數是由共同的理想追求和價值觀而走到一起開始創業的，所以在激勵制度中，目標激勵和精神激勵的比重要大於物質激勵的比重。

創業管理

新創企業的人才特別是高科技人才往往有強烈的事業心和成就動機，希望在自己專業的方面有所建樹，對於他們來說，提升專業領域裡的成就、名聲以及相應的學術地位很可能比物質利益需求更高。因此，對這些人才的精神激勵特別是事業激勵就是要創造一切機會和條件保證他們能施展才華。同時，創業初期的企業還要正確運用情感激勵，培養企業人才對企業的忠誠和信任，包括人才的尊重、理解和支持、信任與寬容、關心與體貼。在新創企業中，由於對人才的運用通常是跨部門、綜合性的，因此，企業要充分認識並承認人才的價值，充分承認他們的勞動。

（2）薪酬激勵。新創企業一般具有較大的風險，因此可以在物質激勵中引入風險機制，主要可以採用股權、期權激勵機制。

企業收益分配中除了貨幣收入形式外，還可以實行股權、期權分配機制，其具體做法有：第一種是收入股份化。在考核的基礎上，企業經營者將自己的部分收益轉化為企業股份；第二種是設置管理股。讓經營者以企業股份的形式享受企業經營收益；第三種是設置股份期權，使企業員工享有在未來某一時期，按照確定價格購買企業一定股份的權利；第四種是技術人才的技術專利、專有技術可以作為出資的一種形式入股，採用這種方式還可以保證創業企業的資金處於比較充足的狀態。

● 6.4 案例分析：小米和真功夫的創業團隊

小米是近幾年一個成功地與用戶保持零距離的互聯網+組織的一個典型案例。小米公司於 2010 年的 4 月底成立，在不到五年的時間裡，從 MIUI 開始到小米手機的推出，再到今天的智能家電的佈局，小米公司已經成為中國互聯網創新企業的標杆。

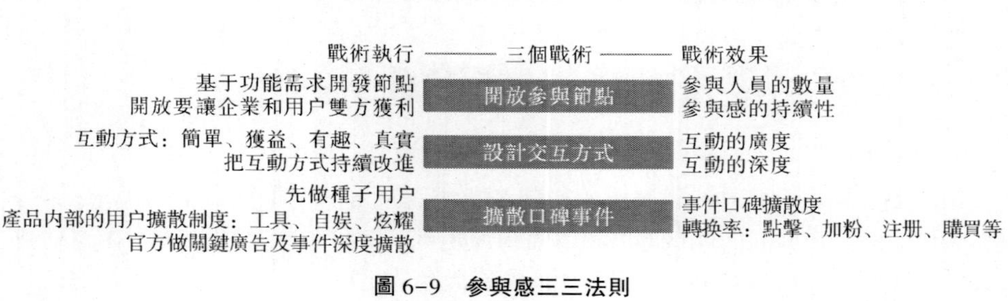

參與感三三法則

戰略執行	三個戰略	戰略效果
祇做一個 做到第一	【做爆品】的產品戰略	海量的用戶規模 公司資源的聚焦
互動的廣度 互動的深度	【做粉絲】的用戶戰略	信任度 用戶關係的強弱
內容質量：有用、情感、互動 引導用戶創造內容	【做自媒體】的產品戰略	內容傳播的速度 內容傳播的深度

戰術執行	三個戰術	戰術效果
基於功能需求開發節點 開放要讓企業和用戶雙方獲利	開放參與節點	參與人員的數量 參與感的持續性
互動方式：簡單、獲益、有趣、真實 把互動方式持續改進	設計交互方式	互動的廣度 互動的深度
先做種子用戶 產品內部的用戶擴散制度：工具、自娛、炫耀 官方做關鍵廣告及事件深度擴散	擴散口碑事件	事件口碑擴散度 轉換率：點擊、加粉、注冊、購買等

圖 6-9　參與感三三法則

6　創業人力資源

在《參與感》的三三法則當中，小米提出了明確的三個戰略。「做爆品」「做粉絲」「做自媒體」。圍繞著這三個戰略，又構建了三個戰術，「開放參與節點」「設計交互方式」和「擴散口碑事件」。基於此，小米圍繞著怎麼與用戶做朋友，怎麼樣充分地讓用戶參與企業經營決策中，構建了它與用戶保持零距離的一個扁平化的組織架構。

小米採取了非常扁平的三層組織架構，也就是以小米的核心的合夥人的團隊，作為最高的一級管理層次。中間就是各個主管，而最底下就是員工，由員工直接面對用戶。小米的合夥人我們也可以看一下，從今天來看吸收了雨果‧巴拉、陳彤等等加入之後，正式構建了圍繞小米生態體系的一個合夥人核心管理團隊。由黎萬強領導的電子商務的營運、行銷、推廣的團隊，由周光平領導的硬件和BSP的團隊，由黃江吉領導的路由器和雲服務的團隊，以及由洪鋒領導的MIUI的團隊，和王川領導的小米盒子和小米電視的團隊，以及劉德領導的小米手機的工業設計和生態鏈，包括雨果巴拉領導的國際業務和安卓戰略合作團隊，以及陳彤領導的小米內容和投資營運的團隊。這樣一個團隊，下面直接對接的，就是一些核心的中層部門經理，那麼再由中層帶著幾個直接的員工，構成了這樣的一個由合夥人，中層到員工的三層扁平化的組織結構。小米為了做到能夠真正地跟用戶零距離，構建了一個充分挖掘用戶需求，充分與用戶進行參與互動的一個基層員工和用戶做朋友的被稱為「爆扁爽」的組織機制。

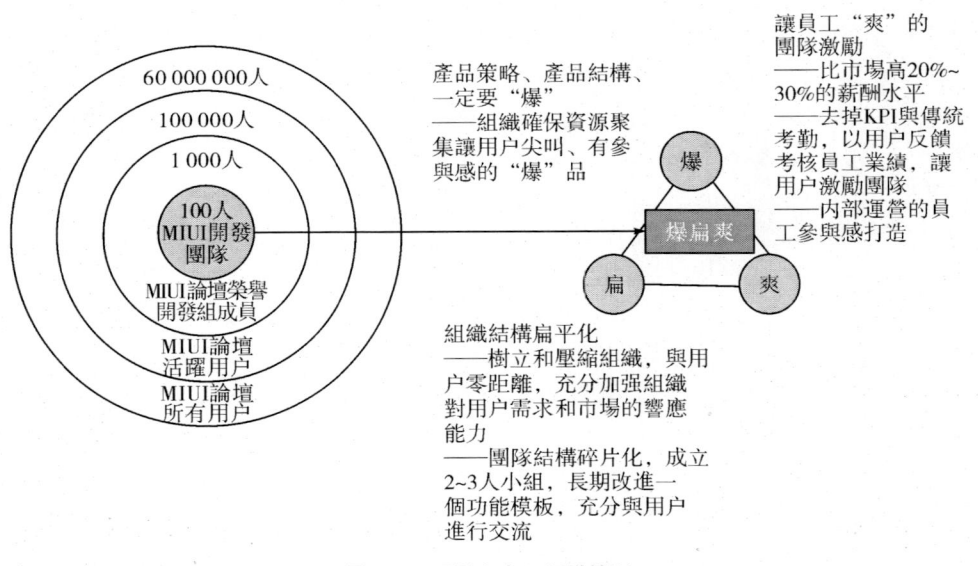

圖 6-10 「爆扁爽」組織機制

「爆」強調產品策略、產品機構一定要爆，而整個組織就要確保所有的資源能夠聚焦在讓用戶尖叫、有參與感的爆品打造。「扁」指的是由於用戶的需求是非常

225

創業管理

分散，非常碎片化的，因此組織結構一定是壓扁的。通過梳理和壓縮組織，與用戶真正保持零距離，充分加強組織對於用戶需求和市場的分析能力，通過圍繞著用戶的需求，把團隊結構也碎片化。比如說成立一個2~3人小組，長期跟蹤和改進一個功能模塊，由工程師直接跟用戶進行交流，並及時進行回應。然後根據用戶需求和反饋來改善，長期進行功能模塊的完善和改進。「爽」就是要讓員工感覺非常爽的激勵機制。小米的激勵機制是這樣來設定的。首先，採取比市場高20%~30%的薪酬水準。其次，去掉過去傳統企業在用的KPI、考勤等等這樣的一些過程性的考核手段。把員工的業績激勵，業績考核和用戶的反饋直接掛勾，以用戶的反饋來考核員工的業績，讓用戶來激勵團隊。

在整個爆扁爽的體系當中，也充分設計了一個能夠在內部營運的過程當中，讓員工參與進行的這樣一種組織機制。也可以說，正是由於小米採取的這樣一種與它的三三法則、三三戰略、參與感戰略匹配的扁平化的和爆扁爽的組織機制，才充分實現了小米如此輝煌的業績。

資料來源：小米式組織架構案例分析. 易觀天馬雲商，2015.4

案例思考：

1. 試分析小米公司互聯網+扁平化組織結構的特點。
2. 試評價小米公司的「爆爽扁」組織機制。

真功夫創立於1990年，目前是中國最大的中式快餐連鎖品牌，門店遍布全國50多個城市，門店近千家。但如果不是股權紛爭，真功夫可能比現在發展得更快。

1990年，潘宇海在東莞創業，開辦168蒸品屋。1994年，潘宇海的姐姐潘敏峰與姐夫蔡達標與潘宇海合作開店，潘宇海占50%，蔡達標占25%，潘敏峰占25%。隨著公司從「168蒸品店」到「雙種子公司」，最後到「真功夫」，這種股權設計並沒有改變。

直到2006年，蔡達標和潘敏峰協議離婚，潘敏峰放棄了自己的25%的股權給蔡達標，潘宇海與蔡達標兩人的股權也由此變成了50：50。

2007年「真功夫」引入了兩家風險投資基金，謀求上市。「真功夫」在蔡達標的主持下，開始推行去「家族化」的內部管理改革，以職業經理人替代原來的部分家族管理人員，這些人基本上都是由蔡總授職授權，潘宇海被架空，二人的矛盾公開化。

再後來，潘宇海不滿被邊緣化，狀告蔡達標，蔡達標因挪用公司資產被捕，資本方退出，再後來潘宇海重新掌舵，公司重新起航。

雖然真功夫的股權之爭暫時告一段落，但是卻錯失了中式快餐發展的黃金時期，股權之爭的幾年，開店數量幾近停滯，IPO也隨之泡湯。假設沒有股權紛爭，真功夫在國內完全有可能和肯德基、麥當勞一較高下。

說到股權分配，另一個值得討論的便是海底撈的例子。

6　創業人力資源

1994 年，四個要好的年輕人在四川簡陽開設了一家只有 4 張桌子的小火鍋店，這就是海底撈的第一家店，4 個人各占 25% 的股份。後來，這四個年輕人結成了兩對夫妻，兩家人各占 50% 股份。

隨著企業的發展，張勇逐漸成為公司領袖，幾乎所有大事難事都是張勇拿主意，他認為另外 3 個股東跟不上企業的發展，先後讓他們離開企業只做股東。張勇最早先讓自己的太太離開，並於 2004 年辭退了施永宏的太太。又於 2007 年，在海底撈步入快速發展的時候，張勇比較強勢地讓施永宏退出了公司管理，還以原始出資額的價格從施永宏夫婦的手中購買了 18% 的股權，張勇夫婦成了海底撈的絕對控股股東。

海底撈以通過內部回購的方式，解決了股權均分的創業者天花板的問題，這一方面得益於海底撈從一開始就是張勇為主、施永宏為輔，形成了張勇是核心股東的事實；另一方面也得益於施永宏的大度、豁達與忍讓。這一股權分配的改革避開了可能的股東矛盾的風險，將海底撈從家族企業管理轉向標準化流程的企業管理，奠定其未來的發展，成為整個餐飲業學習的標杆和各路資本追逐的「香餑餑」。

資料來源：真功夫 VS 海底撈：最差股權結構公司的不同命運. 聚英商道，2016.9

案例思考：
1. 創業企業為什麼要做股權結構設計？
2. 一個好的企業在股權方面至少應該具備哪些特點？

實用工具

1. 創業團隊 5P 模型
2. 管理體系金字塔

復習思考題

1. 簡述創業團隊的五大要素。
2. 簡述創業團隊的類型有哪幾種。
3. 簡述創業團隊破裂的原因。
4. 簡述新創企業組織結構的特徵。
5. 請從創業團隊組建的角度分析原西天取經團隊的成功之處。
6. 為一個創業企業或你的商業計劃，設計一個「理想的」高層管理團隊。
7. 角色扮演練習：從一家大公司中招募高層管理團隊成員，說服這些人加入你的團隊。
8. 請為你的創業企業設計員工激勵制度。

章節測試

本章測試題

本章測試題答案

參考資料

［1］朱恒源，餘佳. 創業八講［M］. 北京：機械工業出版社，2016.

［2］《經理人》雜誌著，周凌峰點評. 重新定義創業［M］. 北京：北京聯合出版公司，2016.

［3］孫志超. 創業第一年：如何讓公司活下來［M］. 北京：中國發展出版社，2016.

［4］李俊，秦澤峰. 創業管理［M］. 北京：北京大學出版社，2016.

［5］劉興亮，張小平. 創業3.0時代：共享定義未來［M］. 北京：電子工業出版社，2017.

［6］成旺坤. 創業者要懂的23堂人力資源管理課［M］. 北京：人民郵電出版社，2016.

［7］陳向東. 做最好的創業團隊［M］. 北京：中信出版社，2016.

［8］韋慧民，潘清泉. 創業團隊及其信任發展研究［M］. 北京：經濟科學出版社，2015.

［9］陳剛. 創業團隊風險決策［M］. 北京：知識產權出版社，2015.

［10］曾義偉，榮拓創作室. 成功創業團隊要克服的101個難題［M］. 北京：機械工業出版社，2015.

［11］張微. 精益招聘：打造最強悍創業團隊［M］. 北京：人民郵電出版社，2015.

［12］劉康成. 「蛋生」——一個創業團隊從無到有的邏輯［M］. 北京：世界圖書出版公司，2016.

7　創業財務與融資

學習目標

1. 知識學習
(1) 理解企業營運與財務報表的關係；
(2) 掌握創業企業各種預算的編製技巧與方法；
(3) 瞭解企業的風險及其控制策略；
(4) 掌握銀行借款融資及股權融資的相關理論與方法及流程；
(5) 掌握創業企業的多輪股權融資及創業股東控制權爭奪技巧；
(6) 瞭解創業企業掛牌、上市相關問題。

2. 能力訓練
(1) 報表分析能力
(2) 預算編製能力
(3) 籌資決策能力

3. 素質養成
(1) 培養創業者的財務意識
(2) 培養創業者的預算習慣
(3) 培養創業者的資本市場意識

章節概要

1. 企業營運與財務報表

創業管理

2. 創業財務計劃
3. 創業融資計劃

本章思維導圖

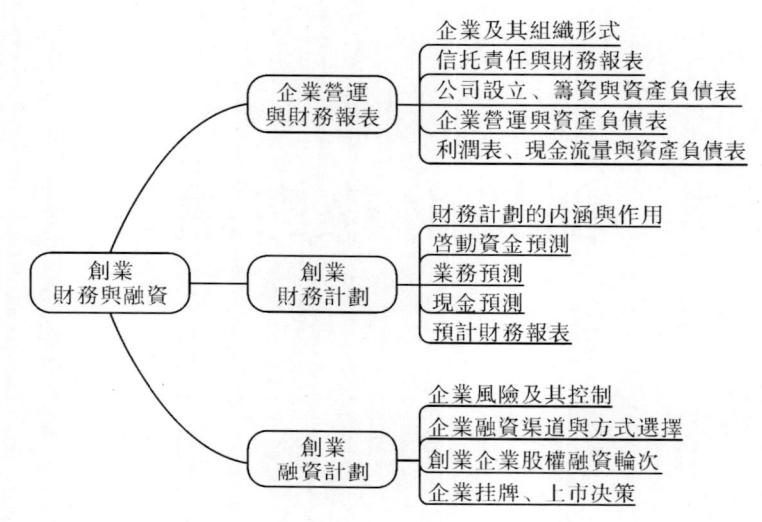

創業財務與融資
- 企業營運與財務報表
  - 企業及其組織形式
  - 信托責任與財務報表
  - 公司設立、籌資與資產負債表
  - 企業營運與資產負債表
  - 利潤表、現金流量與資產負債表
- 創業財務計劃
  - 財務計劃的內涵與作用
  - 啟動資金預測
  - 業務預測
  - 現金預測
  - 預計財務報表
- 創業融資計劃
  - 企業風險及其控制
  - 企業融資渠道與方式選擇
  - 創業企業股權融資輪次
  - 企業挂牌、上市決策

慕課資源

第 7 章 創業財務與融資教學視頻（上）　　第 7 章 創業財務與融資教學視頻（中）

第 7 章 創業財務與融資教學視頻（下）　　本章教學課件

翻轉任務

線上任務：按小組學習上述教材相關章節、觀看相關視頻及閱讀案例；
線下任務：按小組以 PPT 的形式分析案例並回答同學們和老師提出的問題。

7　創業財務與融資

7.1　企業營運與財務報表

科爾（Cole，1965）指出：「創業就是發起、維持和發展以利潤為導向的企業的有目的性的行為。」根據該定義，創業者在創業的過程中，必須要有一個載體——企業，依附於這個載體，創業者對自己擁有的資源或通過努力對能夠擁有的資源進行優化整合，從而創造出更大經濟或社會價值。那麼，什麼是企業？其組織形式是怎樣的呢？

7.1.1　企業及其組織形式

企業一般是指以盈利為目的，運用各種生產要素（土地、勞動力、資本、技術和企業家才能等），向市場提供商品或服務，實行自主經營、自負盈虧、獨立核算的法人或其他社會經濟組織。

企業組織形式是指企業存在的形態和類型；根據市場經濟的要求，現代企業的組織形式按照財產的組織形式和所承擔的法律責任的不同，可以將企業劃分為：獨資企業、合夥制企業和公司制企業三種形式。

獨資企業，即個人出資經營、歸個人所有和控制、由個人承擔經營風險和享有全部經營收益的企業；依照《獨資企業法》，在中國境內設立，以獨資經營方式經營的獨資企業有無限的經濟責任，破產時借方可以扣留業主的個人財產。主要盛行於零售業、手工業、農業、林業、漁業、服務業和家庭作坊等。

合夥企業是指由各合夥人訂立合夥協議，共同出資，共同經營，共同享有收益，共擔風險，並對企業債務承擔無限連帶責任的營利性組織；合夥企業分為普通合夥企業和有限合夥企業。合夥企業一般無法人資格，不繳納企業所得稅，繳納個人所得稅。

公司制企業是指按照法律規定，由法定人數以上的投資者（或股東）出資建立、自主經營、自負盈虧、具有法人資格的經濟組織。中國目前的公司制企業有有限責任公司和股份有限公司兩種形式：①有限責任公司：由 50 個以下股東出資設立；有限責任公司的股東，以其認繳的出資額為限對公司承擔責任；只有一個自然人或一個法人股東的有限責任公司稱為一人有限責任公司；一人有限責任公司的股東不能證明公司財產獨立於股東自己財產的，應當對公司債務承擔連帶責任；股東應以其認繳的出資額為限對公司承擔責任。②股份有限公司：股份有限公司是全部資本分為等額股份，股東及其認購的股份為限對公司承擔責任的企業法人；設立股份有限公司，需 2 人以上 200 人以下為發起人；股東應以其認購的股份為限對公司承擔責任。

鑒於公司制企業的普遍性以及為了講解的便利，我們後面主要是以公司制企業為例，講解創業企業財務與融資。

7.1.2 信託責任與財務報表

一旦創業者與自己的創業夥伴們成立一個公司以後，彼此之間就成為利益相關者了，隨後，隨著各輪融資輪次的展開、金融機構的介入等，會有越來越多的利益相關者加入。創業企業的管理者作為公司的實際控制人，對這些利益相關者就負有信託責任[1]，信託責任除了「看管責任（Stewardship）」以外，還包括「報告責任（Accountability）」，即管理者必須定期編製財務報表，向利益相關者解釋自己「看管責任」的履行情況，如圖7-1所示。

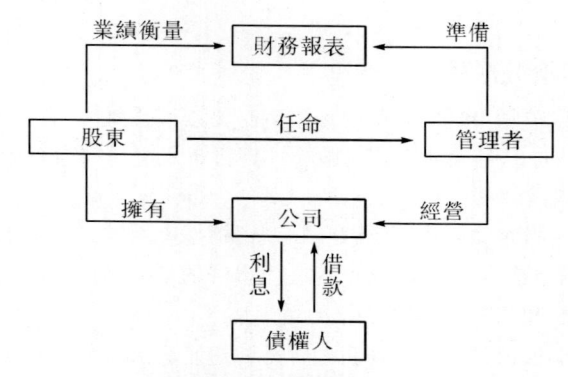

```
            業績衡量                準備
    ┌─────────────→ 財務報表 ←─────────┐
    │                                  │
   股東 ──────任命──────→ 管理者
    │                                  │
    └──擁有──→ 公司 ←──經營──┘
                ↑ ↑
              利│ │借
              息│ │款
                ↓ │
              債權人
```

圖7-1　信託責任與財務報表

對創業者來說，編製財務報表是履行對「其他利益相關者」的信託責任的一項重要組成內容（如股東及債權人）；當然，編製財務報表，也給創業者利用報表信息進行經營決策提供了很好的決策依據。那麼，什麼是財務報表呢？它包括哪些內容？

財務報表是對企業財務狀況、經營成果和現金流量的結構性表述。財務報表至少應當包括下列組成部分：①資產負債表；②利潤表；③現金流量表；④所有者權益（或股東權益，下同）變動表；⑤附註。財務報表按財務報表編報期間的不同，可以分為中期財務報表和年度財務報表。中期財務報表是以短於一個完整會計年度的報告期間為基礎編製的財務報表，包括月報、季報和半年報等。

會計作為一種商業語言，它是以貨幣為主要計量單位，運用專門的方法，對企業、機關單位或其他經濟組織的經濟活動進行連續、系統、全面地反應和監督的一項經濟管理活動。也就是說，企業的任何生產經營活動，都會對財務報表產生這樣或者那樣的影響。我們首先看看「公司設立」會對財務報表產生什麼樣的影響？

---

[1] 信託責任是指受託人對委託人/受益人負有的、嚴格按委託人的意願（而不是受託人）進行財產管理的責任。一旦委託人和受託人之間的信託關係成立，受託人就負有信託責任。信託關係由委託人、受託人、受益人三方面的權利義務構成，這種權利義務關係圍繞信託財產的管理和分配而展開。在管理和分配的過程當中，受託人不得使自己的利益與其責任相衝突，不得以受託人的地位謀取利益（除非委託人同意）。

7.1.3 公司設立、籌資與資產負債表

由於現在我們開公司實行的是認繳制而不是實繳制，所以理論上 0 元錢可以成立公司；但是，公司是一個法人實體，所謂的法人，我們可以簡單理解為法律意義上的「人」，與現實中的人一樣，它可以擁有自己的財產，並且獨立承擔民事責任。

在一個有限責任公司或股份有限公司中，它的財產首先來自股東們的投入資金。這部分資金一旦投入，便轉化為了這個「法人」的財產，不再屬於股東，這部分資金一方面形成「法人」的資產，另一方面形成股東的權益，即權益資本。

資產和股東權益的關係是什麼呢？當這個「法人」產生收益時，各位股東根據其投入的份額，獲取相應的收益；當這個「法人」破產時，各位股東也只是基於原來投入的金額，承擔相應的有限責任，和股東們自身的財產沒有任何關係。

從一個生產製造業企業來講，股東們投入的資金首先需要購買原材料、機器設備等，因此部分資金便從銀行存款變成了存貨、固定資產等。因此，隨著生產經營，這個「法人」擁有的資產結構也發生了變化，從剛開始全部為現金資產，轉化為了現金、存貨、固定資產的資產結構。

資產和負債的關係是什麼呢？隨著這個「法人」生產經營的擴大，股東們投入的資金不夠用了，怎麼辦？因此，這個「法人」想了個辦法，從其他人手裡借錢來擴大營運，到期會給這些人支付借款利息。於是，借來的這筆錢，一方面形成了「法人」的負債，另一方面「法人」通過借來的錢購買更多原材料和固定資產，進而形成自身的資產。

綜上，一個公司制的「法人」就是靠股東投入和負債借款來維持日常的營運，並按照資金運用情況編製資產、負債和所有者權益的結構變化，向股東和債權人呈現，這就是資產負債表。

資產負債表是指反應企業在某一特定日期財務狀況的報表。它反應企業在某一特定日期所擁有或控制的經濟資源、所承擔的現時義務和所有者對淨資產的要求權。資產負債表採用帳戶式結構，報表分為左右兩方，左方列示資產各項目，反應全部資產的分佈及存在形態；右方列示負債和所有者權益各項目，反應全部負債和所有者權益的內容及構成情況，如圖 7-2 所示。資產負債表左右雙方平衡，資產總計等於負債和所有者權益總計，即「資產 = 負債 + 所有者權益」。

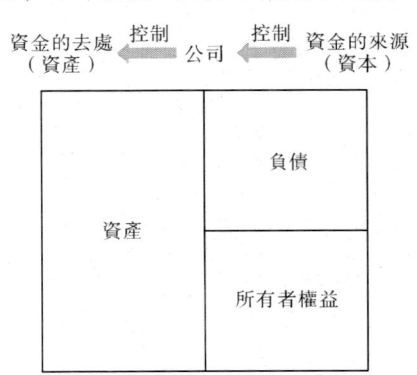

圖 7-2　資產負債表的基本結構

創業管理

業務1：甲乙兩人分別出資80萬元和10萬元，成立A有限責任公司，A公司以公司的名義，向銀行短期借款10萬元，年利息10%。

資產負債表右邊包括負債和所有者權益，它反應企業資本的來源：負債融資和所有者權益，通俗來講，企業現在有了100萬元，其中，10萬元是從銀行借的，是要付利息的（年利息是10%），另外90萬元，是甲和乙兩個股東出資的，這個不用付利息，但他們有權分配企業賺取的利潤。

一旦資金籌集完成，A企業就對這100萬元的資金擁有了控制權，就可以使用這些資金進行生產經營了，隨著生產經營活動的進行，這100萬元貨幣資金就會轉變為各種類型的資產，如固定資產、存貨、應收帳款等。所以我們常常說，資產負債表左邊表示資金的去處。

資產負債表左邊反應的是企業的資產結構，資產負債表的右邊反應的是企業的資本結構，資本等於資產，資本控制企業，企業控制資產。具體關係如圖7-3所示。

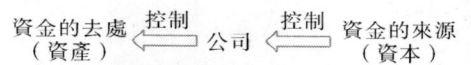

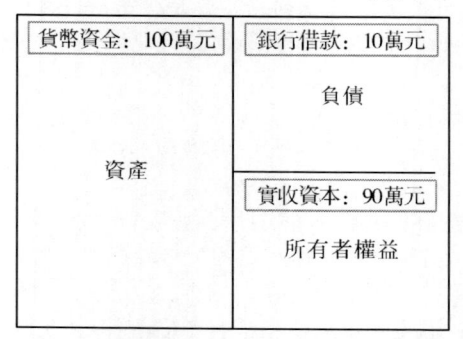

圖7-3　企業設立、籌資及對資產負債表的影響

7.1.4　企業營運與資產負債表

企業常規經濟業務如下表7-1所示（為了簡化起見，我們暫不考慮各種稅費）：

表7-1　　　　　　　　　企業常規業務及其描述

業務編號	業務描述
業務2	A公司以貨幣資金40萬元購買固定資產
業務3	A公司以貨幣資金20萬元購買存貨以用於銷售
業務4	A公司以15萬元現銷一半存貨
業務5	A公司以15萬元賒銷一半存貨
業務6	A公司繳納1萬元的水電費

7 創業財務與融資

表7-1(續)

業務編號	業務描述
業務7	A公司支付5萬元的廣告費
業務8	A公司支付利息1萬元
業務9	A公司引入風險投資100萬元,占股10%

業務2:A公司以貨幣資金60萬元購買固定資產。

這個業務的本質是企業用貨幣資金這種資產交換為固定資產這種資產,僅僅是資產形態的一種轉換,只影響了資產負債表的左邊,即資產結構,資產負債表的變化如圖7-4所示。

貨幣資金:40萬元	短期借款:10萬元
固定資產:60萬元	實收資本:90萬元

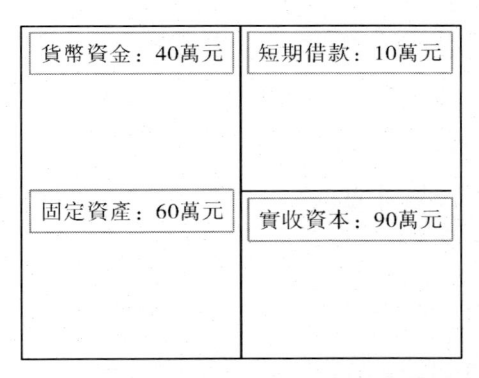

圖7-4　固定資產投資業務對資產負債表的影響

業務3:A公司以貨幣資金20萬元購買存貨以用於銷售。

這個業務的本質是企業用貨幣資金這種資產交換為存貨這種資產,同業務2一樣,僅僅是資產形態的一種轉換,只影響了資產負債表的左邊,即資產結構,資產負債表的變化如圖7-5所示。

貨幣資金:20萬元	短期借款:10萬元
存　　貨:20萬元	
固定資產:60萬元	實收資本:90萬元

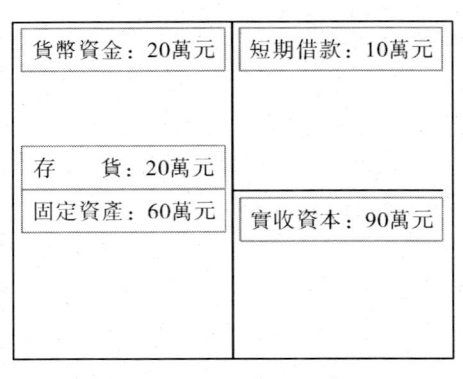

圖7-5　存貨採購業務對資產負債表的影響

創業管理

業務4：A公司以15萬元現銷一半存貨。

這樣業務的本質是，企業耗費了10萬元的存貨（資產的一種形態），取得了15萬元的貨幣資金（資產的一種形態），很明顯，該項交易導致了企業資產的增加了5萬元。根據公式「資產＝負債+所有者權益」，所以我們可以得到如下的公式：

資產的增加＝負債的增加+所有者權益的增加

該項業務並沒有導致負債的變化，所以，該項業務導致了所有者權益的增加了5萬元，它是怎麼增加的呢？

我們知道，利潤是指企業在一定會計期間的經營成果，是一種收穫。如果企業實現了利潤，表明企業的所有者權益將增加，業績得到了提升；反之，如果企業發生了虧損（即利潤為負數），表明企業的所有者權益將減少，業績下滑了。從數值上看，利潤就是收入減去費用之後的淨額。所以，所有者權益的增加是因為企業花費了10萬元的成本，取得了15萬元的收入，從而導致所有者權益的其中一個科目——未分配利潤，增加了5萬元。所以上面的公式可以繼續修改為：

資產的增加＝負債的增加+收入－費用

資產負債表的變化如圖7-6所示。

貨幣資金：35萬元	短期借款：10萬元
存　　貨：10萬元	
固定資產：60萬元	實收資本：90萬元
	未分配利潤：5萬元

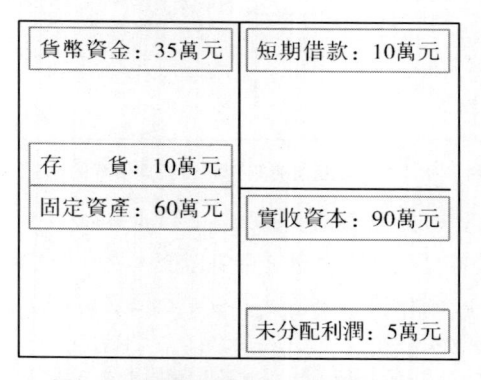

圖7-6　現銷業務對資產負債表的影響

業務5：A公司以15萬元賒銷一半存貨。

該項業務與業務4比較雷同，差別在於銷售取得的不是貨幣資金，而是應收帳款；所謂應收帳款，是指企業在正常的經營過程中因銷售商品、產品、提供勞務等業務，應向購買單位收取的款項，包括應由購買單位或接受勞務單位負擔的稅金、代購買方墊付的各種運雜費等。應收帳款是伴隨企業的銷售行為發生而形成的一項債權。資產負債表的變化如圖7-7所示。

7　創業財務與融資

```
┌─────────────────────┬─────────────────────┐
│ 貨幣資金：35萬元     │ 短期借款：10萬元     │
│                     │                     │
│ 存    貨：15萬元     │                     │
│ 存    貨：0萬元      │                     │
│ 固定資產：60萬元     │ 實收資本：90萬元     │
│                     │                     │
│                     │                     │
│                     │ 未分配利潤：10萬元   │
└─────────────────────┴─────────────────────┘
```

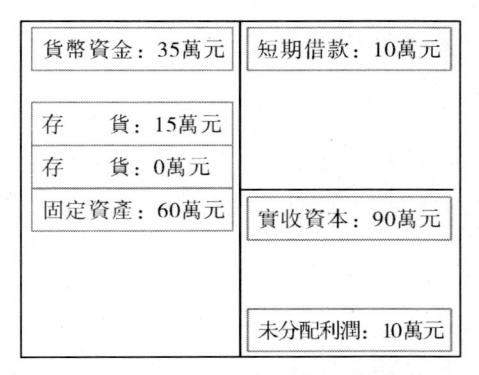

圖 7-7　賒銷業務對資產負債表的影響

業務 6：A 公司繳納 1 萬元的水電費。

該項業務類似於業務 3——採購存貨，只不過這個地方購買的不是存貨而是服務，所以該項業務不是資產的交換，而是資產的耗費。我們知道，費用是企業在日常活動中發生的會導致所有者權益減少的、與向所有者分配利潤無關的經濟利益的總流出。所以該項業務導致貨幣資金減少 1 萬元，同時企業的所有者權益科目——未分配利潤，減少 1 萬元，如圖 7-8 所示。

```
┌─────────────────────┬─────────────────────┐
│ 貨幣資金：34萬元     │ 短期借款：10萬元     │
│                     │                     │
│ 存    貨：15萬元     │                     │
│ 存    貨：0萬元      │                     │
│ 固定資產：60萬元     │ 實收資本：90萬元     │
│                     │                     │
│                     │                     │
│                     │ 未分配利潤：9萬元    │
└─────────────────────┴─────────────────────┘
```

圖 7-8　購買水電服務對資產負債表的影響

業務 7：A 公司支付 5 萬元的廣告費。

該項業務類似於業務 6，這個地方購買了廣告服務，所以是資產的耗費。該項業務導致貨幣資金減少 5 萬元，同時，企業的所有者權益科目——未分配利潤，減少 5 萬元，如圖 7-9 所示。

237

```
┌─────────────────────┬─────────────────────┐
│ 貨幣資金：29萬元    │ 短期借款：10萬元    │
│                     │                     │
│ 存    貨：15萬元    │                     │
│ 存    貨：0萬元     │                     │
│                     ├─────────────────────┤
│ 固定資產：60萬元    │ 實收資本：90萬元    │
│                     │                     │
│                     │                     │
│                     ├─────────────────────┤
│                     │ 未分配利潤：4萬元   │
└─────────────────────┴─────────────────────┘
```

圖 7-9　購買廣告服務對資產負債表的影響

業務 8：A 公司支付利息 1 萬元。

該業務的本質是，銀行讓渡了 10 萬元貨幣資金的使用權而收取的費用，對銀行來講，就是收取的利息，對公司來講，就是支付的財務費用；所謂財務費用，就是指企業為籌集生產經營所需資金等而發生的費用。所以該項業務導致企業的貨幣資金減少 1 萬元，同時企業的所有者權益科目——未分配利潤，減少 1 萬元，見圖 7-10 所示。

```
┌─────────────────────┬─────────────────────┐
│ 貨幣資金：28萬元    │ 短期借款：10萬元    │
│                     │                     │
│ 存    貨：15萬元    │                     │
│ 存    貨：0萬元     │                     │
│                     ├─────────────────────┤
│ 固定資產：60萬元    │ 實收資本：90萬元    │
│                     │                     │
│                     │                     │
│                     ├─────────────────────┤
│                     │ 未分配利潤：3萬元   │
└─────────────────────┴─────────────────────┘
```

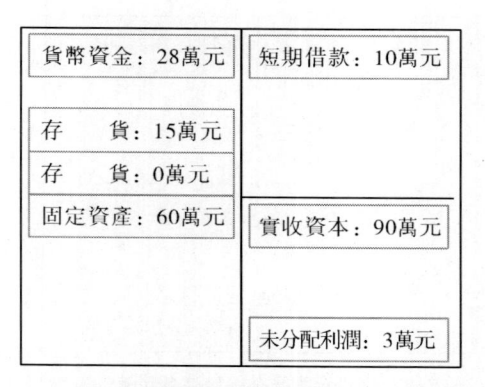

圖 7-10　支付利息費用對資產負債表的影響

業務 9：A 公司引入風險投資 100 萬元，占股 10%。

A 公司引入風險投資 100 萬元，占股 10%，公司原有實收資本 90 萬，也就占 90%，所以，新的實收資本應該是 90/90% = 100 萬元，也就是說，風險投資的 100 萬元，10 萬元計入實收資本增加，另外的 90 萬元，計入資本公積，供所有的股東按持股比例享有的權益。所謂資本公積是指投資者或者他人投入到企業、所有權歸屬於投資者、並且投入金額上超過法定資本部分的資本。所以該項業務導致企業的貨幣資金增加 100 萬元，同時企業的所有者權益科目——實收資本增加 10 萬元，所有者權益科目——資本公積增加 90 萬元，見圖 7-11 所示。

7　創業財務與融資

```
┌─────────────────────┬─────────────────────┐
│ 貨幣資金：125萬元    │ 短期借款：10萬元     │
│                     │                     │
│ 存　　貨：15萬元     │                     │
│ 存　　貨：0萬元      │                     │
│ 固定資產：60萬元     │ 實收資本：100萬元    │
│                     │ 資本公積：90萬元     │
│                     │ 未分配利潤：4萬元    │
└─────────────────────┴─────────────────────┘
```

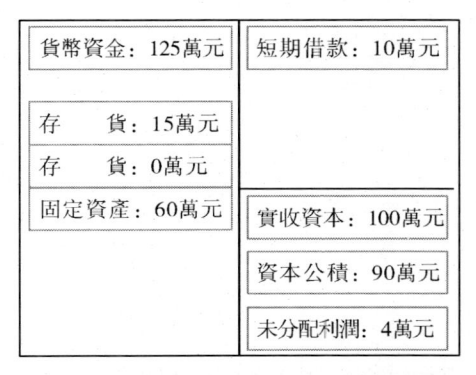

圖 7-11　引入新的投資者對資產負債表的影響

7.1.5　利潤表、現金流量表與資產負債表

我們知道，資產負債表是指反應企業在某一特定日期財務狀況的報表，是一個靜態（因為只反應某個時點的財務狀況）的報表。正如前面所述，由於現在我們開公司實行的是認繳制而不是實繳制，所以理論上0元可以成立公司（現在註冊公司營業執照是免費的，不收取任何費用。0元註冊公司是一種比喻）；可以這樣講，企業成立的時候，所有的資產（包括貨幣資金）為0萬元，負債和所有者權益也為0萬元。但是，通過9筆業務，企業的資產負債表就變動為圖7-11所示的樣子。

為了使使用者通過比較不同時點資產負債表的數據，掌握企業財務狀況的變動情況及發展趨勢，企業需要提供比較資產負債表，資產負債表還就各項目再分為「年初餘額」和「期末餘額」兩欄分別填列。

在資產負債表的這些科目的變化裡面，利益相關者（包括創業者自身）比較關注兩個變化：一是未分配利潤的變化，另外一個是貨幣資金的變化。

7.1.5.1　利潤表與資產負債表

我們知道，公司是一個盈利組織，不是慈善機構。前面我們論述了創業企業的管理者作為公司的實際控制人，對利益相關者負有信託責任，信託責任包括「看管責任」和「報告責任」；所謂看管責任，就是管理者首先要保證公司資產安全、完整，並且還要努力工作，保證公司增值。未分配利潤變化的過程，其實就是公司增值的過程，所以，利益相關者很希望具體瞭解「未分配利潤」這個科目變化的過程，這就需要我們編製另外一張報表——利潤表（也叫損益表）。

所謂利潤表，是反應企業在一定會計期間的經營成果的報表。常見的利潤表結構主要有單步式和多步式兩種。在中國，企業利潤表採用的基本上是多步式結構，即通過對當期的收入、費用、支出項目按性質加以歸類，按利潤形成的主要環節列示一些中間性利潤指標，分步計算當期淨利潤（其變化就是未分配利潤的變化）。

利潤表的具體格式見表7-2所示。

239

表7-2　　　　　　　　　　　利潤表　　　　　　　　　　會企02表

編製單位：　　　　　　　　　　年　　月　　　　　　　　　　單位：元

項目	本期金額	上期金額
一、營業收入		
減：營業成本		
稅金及附加		
銷售費用		
管理費用		
財務費用		
資產減值損失		
加：公允價值變動收益（損失以「-」號填列）		
投資收益（損失以「-」號填列）		
其中：對聯營企業和合營企業的投資收益		
二、營業利潤（虧損以「-」號填列）		
加：營業外收入		
減：營業外支出		
其中：非流動資產處置損失		
三、利潤總額（虧損總額以「-」號填列）		
減：所得稅費用		
四、淨利潤（淨虧損以「-」號填列）		
五、每股收益：		
（一）基本每股收益		
（二）稀釋每股收益		

　　那麼，A公司的「未分配利潤」從0萬元變為3萬元，具體變化過程是怎樣的呢？

　　從業務1到業務9，只有業務4、業務5、業務6、業務7、業務8影響收入，或者影響成本或者費用，其他項目，僅僅涉及資產負債表的科目。具體來講，業務4、業務5導致收入增加30萬元，成本增加20萬元；業務6、業務7、業務8分別導致管理費用、銷售費用和財務費用增加1萬元、5萬元和1萬元；如果不考慮稅收因素，具體這5筆業務對利潤表的影響如圖7-12所示。

7 創業財務與融資

一、主營業務收入：	30 萬元
減：主營業務成本：	20 萬元
減：稅金及附加：	0 萬元
二、主營業務利潤：	10 萬元
減：管理費用：	1 萬元
財務費用：	1 萬元
銷售費用：	5 萬元
三、營業利潤：	3 萬元
加：投資收益：	0 萬元
加：營業外收入：	0 萬元
減：營業外支出：	0 萬元
四、利潤總額：	3 萬元
減：所得稅費用：	0 萬元
五、淨利潤（未分配利潤）：	3 萬元

圖 7-12　企業營運對利潤表的影響

最後的「淨利潤」為 3 萬元，也就是資產負債表裡面的「未分配利潤」（假如不計提盈餘公積、不分配股利的話），由此可見，利潤表清晰的反應了資產負債表的「未分配利潤」科目的變化過程。

7.1.5.2　現金流量表與資產負債表

利潤對企業來講，就是相當於人的胖瘦問題，我們經常說，現金為王（Cash is the king），最主要的原因是企業有利潤，並不代表有現金，現金流對企業來講，就如同企業的血液，一旦企業現金流斷了，那麼企業就破產清算了。所以，利益相關者除了關注「未分配利潤」的變化以外，還比較關注「貨幣資金」科目的變化。那麼，如何反應「貨幣資金」的變化過程呢？我們主要是通過現金流量表來反應的。

所謂現金流量表，是指反應企業在一定會計期間現金和現金等價物[1]流入和流出的報表。從編製原則上看，現金流量表按照收付實現制[2]原則編製，將權責發生制[3]下的盈利信息調整為收付實現制度下的現金流量信息，便於信息使用者瞭解企

---

[1]　現金，是指企業庫存現金以及可以隨時用於支付的存款。不能隨時用於支付的存款不屬於現金。現金等價物，是指企業持有的期限短、流動性強、易於轉換為已知金額現金、價值變動風險很小的投資；期限短，一般是指從購買日起三個月內到期。現金等價物通常包括三個月內到期的債券投資等。權益性投資變現的金額通常不確定，因而不屬於現金等價物。企業應當根據具體情況，確定現金等價物的範圍，一經確定不得隨意變更。

[2]　收付實現制又稱現金制或實收實付制是以現金收到或付出為標準，來記錄收入的實現和費用的發生。按照收付實現制，收入和費用的歸屬期間將與現金收支行為的發生與否，緊密地聯繫在一起。換言之，現金收支行為是在其發生的期間全部記作收入和費用，而不考慮與現金收支行為相連的經濟業務實質上是否發生。

[3]　權責發生制又稱應收應付制、應計制，該原則要求企業的會計核算應當以權責發生制為基礎。凡是當期已經實現的收入和已經發生或應當負擔的費用，不論款項是否收付，都應作為本期的收入和費用；凡是不屬於本期的收入和費用，即使款項已經在當期收付，也不應作為本期的收入和費用。

業淨利潤的質量。通過現金流量表，報表使用者能夠瞭解現金流量的影響因素，評價企業的支付能力、償債能力和週轉能力，預測企業未來現金流量，為其決策提供有力依據。

現金流量表分為正表和補充資料兩部分。正表部分，從內容上看，現金流量表被劃分為經營活動、投資活動和籌資活動三個部分，每類活動又分為各具體項目，這些項目從不同角度反應企業業務活動的現金流入與流出，彌補了資產負債表和利潤表提供信息的不足。現金流量表的具體格式見表 7-3 所示。

表 7-3　　　　　　　　　　　　　　現金流量表
編製單位：　　　　　　　　　　　年　月　　　　　　　　　　　　　單位：元

項目	本期金額	上期金額
一、經營活動產生的現金流量：		
銷售商品、提供勞務收到的現金		
收到的稅費返還		
收到其他與經營活動有關的現金		
經營活動現金流入小計		
購買商品、接受勞務支付的現金		
支付給職工以及為職工支付的現金		
支付的各項稅費		
支付其他與經營活動有關的現金		
經營活動現金流出小計		
經營活動產生的現金流量淨額		
二、投資活動產生的現金流量：		
收回投資收到的現金		
取得投資收益收到的現金		
處置固定資產、無形資產和其他長期資產收回的現金淨額		
處置子公司及其他營業單位收到的現金淨額		
收到其他與投資活動有關的現金		
投資活動現金流入小計		
購建固定資產、無形資產和其他長期資產支付的現金		
投資支付的現金		
取得子公司及其他營業單位支付的現金淨額		
支付其他與投資活動有關的現金		
投資活動現金流出小計		
投資活動產生的現金流量淨額		
三、籌資活動產生的現金流量：		
吸收投資收到的現金		

7 創業財務與融資

表7-3(續)

項目	本期金額	上期金額
取得借款收到的現金		
收到其他與籌資活動有關的現金		
籌資活動現金流入小計		
償還債務支付的現金		
分配股利、利潤或償付利息支付的現金		
支付其他與籌資活動有關的現金		
籌資活動現金流出小計		
籌資活動產生的現金流量淨額		
四、匯率變動對現金及現金等價物的影響		
五、現金及現金等價物淨增加額		
加：期初現金及現金等價物餘額		
六、期末現金及現金等價物餘額		

除此以外，企業應當採用間接法在現金流量表附註中披露將淨利潤調節為經營活動現金流量的信息，作為現金流量表補充資料（格式略）。

那麼，A公司的「貨幣資金」從0萬元變為128萬元，具體變化過程是怎樣的呢？

從業務1到業務9，只有業務5不涉及現金的收入或者支出，其他8筆業務都會對現金流量表產生影響。具體來講，業務3、業務4、業務6、業務7屬於經營活動產生的現金流量；業務1、業務8和業務9屬於籌資活動產生的現金流；業務2屬於投資活動產生的現金流量。如果不考慮稅收因素，具體這8筆業務對現金流量表的影響如圖7-13所示。

經營活動產生的現金流量：	
現金流入：	15 萬元
現金流出：	26 萬元
淨現金流量：	-11 萬元
投資活動產生的現金流量：	
現金流入：	0 萬元
現金流出：	60 萬元
淨現金流量：	-60 萬元
籌資活動產生的現金流量：	
現金流入：	200 萬元
現金流出：	1 萬元
淨現金流量：	199 萬元
現金及現金等價物：	**128 萬元**

圖7-13 企業營運對現金流量表的影響

創業管理

從圖7-13可以看出，現金及現金等價物的變化為128萬元，剛好與資產負債表中「貨幣資金」的變化一樣。另外，我們也發現，這個A公司經營活動產生的現金流量淨額為-11萬元，但利潤表顯示該企業的淨利潤為3萬元，所以我們所說企業的利潤「含金量」不高。另外，投資活動產生的現金流量淨額也為負數，所以，企業要保持現金流量不中斷的話，籌資活動產生的現金流金額必須為正數，否則，經過一段時間，企業的現金流量就會消耗殆盡。

● 7.2 創業財務計劃

古人講：「兵馬未動，糧草先行。」這其實就是對事情的計劃。對創業者來說，編製詳細的財務計劃，對創業是否成功尤為關鍵。

創業投資人在捕捉到創業機會後，在分析其市場環境等條件的基礎上形成目標項目，接下來就要對目標項目進行可行性分析，在「產品和服務」章節我們研究了目標項目的技術可行性，在財務計劃這章，我們將分析目標項目的財務可行性，這主要是通過編製財務計劃的方式實現的。

7.2.1 財務計劃的內涵與作用

財務計劃編製的目的就是對項目實施需要的財務資源進行預測和計劃，結合市場等其他分析，對項目實施後的收入、成本費用和現金等進行預測、分析，最終形成項目的預計報表（包括預計資產負債表、預計利潤表和預計現金流量表），以此為基礎，對項目的財務可行性進行分析和評價。另外，資金緊張是創業企業的共同問題，創業企業通過財務計劃的編製，也可以提高資金的使用效率。最後，編製財務計劃也為投資人和債權人提供了決策的重要依據。那麼，什麼是財務計劃？它包括哪些內容呢？

財務計劃是一系列專門反應企業未來一定預算期內預計財務狀況和經營成果以及現金收支等價值指標的各種預算的總稱。

財務計劃包括：①啟動資金預算；②業務預算（包括：收入、成本、生產、費用預算等）；③現金預算；④預計報表（包括：預計利潤表、預計資產負債表、預計現金流量表編製）。

7.2.2 啟動資金預測

當創業者根據自己的創業構想，形成企業創辦的一些具體方案後，一個企業藍圖由此產生，但如果要將這個紙面上的企業變為現實，我們還需要啟動資金。

7 創業財務與融資

7.2.2.1 啓動資金的含義及內容

啓動資金是創業企業為使項目達到設計的生產能力，開展正常經營而需投入的全部資金。包括支付場地（土地和建築）、辦公家具、機器設備、原材料和庫存商品、營業執照和許可證、開業前廣告和促銷、工資以及水電費和電話費等費用的資金。

總體來說，啓動資金包括建設投資和流動資金投資兩項內容。

建設投資，是指在建設期內按一定生產經營規模和建設內容進行的投資，具體包括固定資產投資、無形資產投資和其他資產投資三項內容。固定資產投資，是指項目用於購置或安裝固定資產應當發生的投資。固定資產原值與固定資產投資之間的關係為：固定資產原值＝固定資產投資＋建設期資本化利息。無形資產投資，是指項目用於取得無形資產應當發生的投資。其他資產投資，是指建設投資中除固定資產投資和無形資產投資以外的投資，包括生產準備和開辦費。

流動資金投資，是指創業企業投產前後分次或者一次性投放於流動資產項目的投資增加額，又稱為墊支流動資金或者營運資金投資。動資金的內容及相互關係見圖7-14。

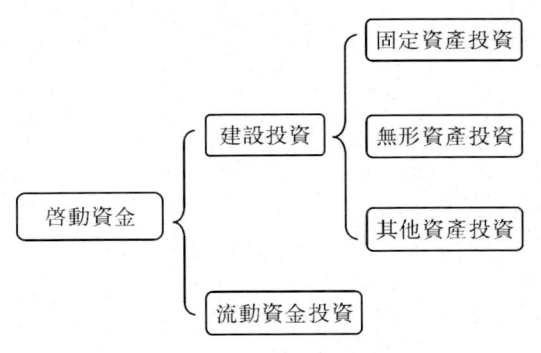

圖7-14　啓動資金內容

7.2.2.2 項目計算期

項目計算期是指項目從投資建設開始到最終清理結束整個過程的全部時間，包括建設期和營運期（具體又包括投產期和達產期）。

其中，建設期是指項目資金正式投入開始至項目簡稱投產為止所需要的時間，建設期的第一年稱為建設起點，建設期的最後一年年末稱為投產日，從投產日到終結點之間的時間間隔稱為營運期。

一般而言，項目計算期越長，其所面臨的不確定性因素越多，從而風險也越大，投資者要求的報酬可能會越高。具體關係如圖7-15所示。

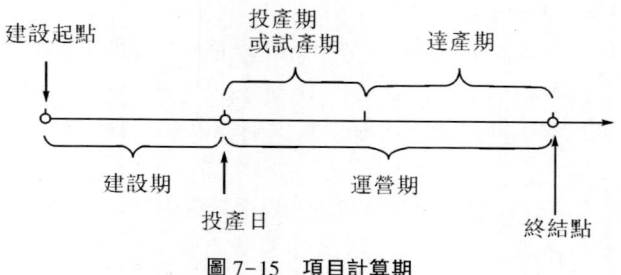

圖 7-15 項目計算期

7.2.2.3 啟動資金預算

在瞭解了啟動資金的含義及內容後，我們現在接著研究創業企業如何編製啟動資金預算。編製啟動資金預算比較複雜的是固定資產預算和流動資金預算。固定資產預算包括：企業用地和建築、辦公家具和機器設備等；流動資金預算包括：原材料和成品庫存、促銷、工資、租金、保險和其他費用。下面分別說明這兩種預算的編製。

1. 企業用地和建築

根據新修訂《公司法》第二十三條規定，設立有限責任公司，應當具備的條件之一是「有公司住所」。也就是辦企業或者開公司，都需要有適用的場地和建築。也許是用來開工廠的整個建築，也許只是一個小工作間，也許只需要租一個鋪面。創業者根據自己要創辦企業的特性，就可以確定需要什麼樣的場地和建築時，一般來說選擇有如下三個：新建建築；買現成的建築；租一棟樓或者其中一部分。

三種方式各有優缺點，具體見表 7-4。

表 7-4　　　　　　　　　　各類場地及其優缺點

場地選擇	優點與缺點
新建建築	如果你的企業對場地和建築有特殊要求，最好建造新的房子，但這需要大量的資金和時間。
買房	如果你能在優越的地點找到合適的建築，則買現成的建築既簡便又快捷。但現成的房子往往需要經過改造才能適合企業的需要，而且需要花大量的資金。
租房	租房比造房和買房所需啟動資金要少，這樣做也更靈活。如果是租房，當您需要改變企業地點時，就會容易得多。不過租房不像自己有房那麼安穩，而且你也得花錢進行裝修才能使用。

2. 機器設備

機器設備是指您的企業需要的所有機器、工具、工作設施、車輛、辦公家具等。對於製造商和一些服務行業，在機器設備上的投資往往金額巨大，所以選擇正確的設備類型就顯得非常重要，創業者要慎重考慮需要哪些設備，並把它們編入啟動資金預算。

7 創業財務與融資

3. 流動資金墊支預測

一般來說,企業開張後要運轉一段時間才能有銷售收入,比如製造商在銷售之前必須先把產品生產出來形成產成品;服務企業在開始提供服務之前要購買原材料及其他用品;零售商或者批發商在銷售之前必須先進貨。另外,創業企業在攬來顧客之前還必須採用各種方式進行廣告宣傳和促銷。創業者必須明白,在你獲得第一筆收入之前,你必須在很多方面墊支流動資金,具體包括:購買並儲存原材料和成品;應收帳款或者票據;促銷;工資;租金;保險和許多其他費用等。

有的企業需要足夠的流動資金來支付6個月的全部費用,也有的企業只需要支付3個月的費用。您必須預測,在獲得銷售收入之前,您的企業能夠支撐多久。一般而言,剛開始的時候銷售並不順利,因此,您的流動資金要計劃得富裕些。

7.2.3 業務預測

7.2.3.1 銷售收入、成本及稅金預測

在創業階段預測銷售收入和成本與其說是一門學問,不如說是一種藝術。許多創業者抱怨:建立具有任何準確度的預測都會花費大量時間,這些時間原可以用於銷售。但是,作為創業者您必須明白:如果您不能提供一套嚴密的預測的話,很少會有投資者投錢給您;更重要的是,合理的財務預測會幫助您制定和運行各種計劃,有助於公司的成功。

在創業計劃書的產品(服務)計劃和行銷計劃中已經說明了價格與成本以及銷售量預測,以此為基礎,我們只要將預計的售價和單位產品成本乘以預計的銷售量,就可以得到預計的銷售收入和銷售成本,兩者相減就是預計毛利潤,用預計毛利潤除以預計的銷售收入即可得到預計毛利率。

對於生產型創業企業來講,單位產品成本預算是直接材料預算、直接人工預算、製造費用預算的匯總。單位產品的有關數據,來至直接材料預算直接人工預算和製造費用預算。稅金及附加主要包括:消費稅、資源稅、城市維護建設稅、教育費附加、地方教育費附加[地方教育費附加=(增值稅+營業稅+消費稅)×2%]。

一般來說,應立足於市場研究、行業銷售情況以及一些試銷經驗,可以利用諸如通過國民經濟發展預測、市場預測和本企業銷售成績動態預測等方法取得,以及運用購買動機調查、銷售人員意見匯總、專家諮詢、時間序列分析等多種預測技巧。對新創企業來說,總要經過一段時間的經營,銷售收入才能達到一定的規模,這一點並不奇怪。有的月份,推動銷售收入增長所付出的成本可能不成比例地升高,這是由特定時間的特定環境決定的。

創業企業在實際編製銷售預算時,應分別按產品的名稱、數量、金額、銷售地區和銷售對象等項目加以編製,如表7-5所示,目的是便於掌握原理。

創業管理

表 7-5　　　　　　　　　銷售收入及銷售成本預測

月份	1	2	3	4	5	6	7	8	9	10	11	12	全年
預計銷售量													
單位售價													
銷售收入													
單位產品成本													
銷售成本													
毛利率													
營業稅金及附件													

7.2.3.2 採購或者生產預測

採購或者生產預算是在預算期產品銷售數量、期末存量和生產數量的預算。依據「以銷定產」的原則，採購或者生產預算是在銷售預算的基礎上編製的，其主要內容有銷售量、期初和期末存貨、生產量。實際工作中，企業應根據各種產品預計的銷售量分別編製各種產品的採購或者生產預算。由於企業的採購或者生產和銷售不能做到「同步同量」，必須設置一定的存貨，以保證均衡生產。因此，預算期間必須具備有充足的產品以供銷售外，還應考慮預算期初存貨和期末存貨等因素。

產品的採購或者生產量與銷售量之間的關係，可按下面的公式計算：

預計採購量(或者生產量) = 預計銷售量+預計期末存貨−預計期初存貨

根據銷售預算確定的預計銷售量，結合產成品的期初結存量和預計期末結存量編製採購或者生產預算，如表 7-6 所示。

表 7-6　　　　　　　　　採購或者生產預測表

月度	1	2	3	4	5	6	7	8	9	10	11	12	全年
預計銷售量													
加：預計期末存貨													
合計													
減：預計期初存貨													
預計採購（或者生產）量													

7.2.3.3 銷售及管理費用預測

企業取得收入，就會發生成本，除此以外，還會發生銷售費用、管理費用和財務費用（一般來說，如果有借款，就會有財務費用，一般創業企業的借款成本比較高，可以按 10%左右的利率來計算，所以財務費用的預算比較簡單），所以我們下面著重講解銷售費用及管理費用的預算。

銷售費用預算，是指為了實現銷售預算所需支付的費用預算。它以銷售預算為

7 創業財務與融資

基礎,分析銷售收入、銷售利潤和銷售費用的關係,力求實現銷售費用的最有效使用。管理費用預算是企業一般費用的預算。在編製管理費用預算時,要分析企業的業務成績和一般經濟狀況,務必做到費用合理化。

預測成本時你應該遵循以下幾條:①由於廣告和行銷成本總是超出預期,你應該加倍進行預計;②由於法律/保險/許可費用沒有經驗可參考,而且總是超出預期,可用3倍進行預計;③對第1年的全部成本費用應按月進行預算,每一筆支出都不可遺漏,必須仔細加以評估,以保證將增長的支出記錄在恰當的月份。例如,應當想到,隨著業務的拓展,企業增雇新增的銷售人員或者業務代表,諸如交通費、委託費、銷售應酬費等銷售支出就會有所增加。起步階段,甚至銷售的成本費用佔銷售收入的百分比也會增加,因為多一份訂單,也許要更多的銷售電話促成,當企業尚不為人所知時更是如此。

一般來說,銷售費用包括:銷售人員工資、廣告費、包裝運輸費、折舊費、保管費、通信費、交通費等;具體的銷售費用預算表如表7-7所示。

表 7-7 銷售及管理費用預測表

項目	1	2	3	4	5	6	7	8	9	10	11	12	全年
1. 銷售人員工資													
2. 廣告費													
3. 包裝運輸費													
4. 折舊費													
5. 保管費													
6. 通信費													
7. 交通費													
合計													

管理費用包括:折舊費、管理人員薪酬、福利費、保險費、辦公費、租金、公共費用支出(水電煤氣費)、電話費/通信費、法律/保險/許可費等。具體的管理費用預算表如表7-8所示。

表 7-8 管理費用預測表

項目	1	2	3	4	5	6	7	8	9	10	11	12	全年
1. 折舊費													
2. 管理人員薪酬													
3. 福利費													
4. 保險費													
5. 辦公費													
6. 租金													

表7-8(續)

項目	1	2	3	4	5	6	7	8	9	10	11	12	全年
7. 公共費用支出（水電煤氣費）													
8. 電話費/通信費													
9. 法律/保險/許可費													
合計													

對於固定資產比較多的企業，最好編製固定資產折舊明細表，對生產用、管理用和銷售用固定資產分類進行計算和統計，見表7-9所示。這三類固定資產折舊對應的費用為製造費用（構成產品生產成本）、管理費用和銷售費用。

表 7-9　　　　　　　　　　固定資產折舊明細表

類型	1	2	3	4	5	6	7	8	9	10	11	12	全年
工具和設備													
機動車輛													
辦公家具													
店鋪													
工廠建築													
電子設備													
土地													
合　計													

在計算固定資產折舊時，折舊方法根據實際情況（如行業特點、資產特性）選擇直線折舊法、加速折舊法等；折舊年限的確定很關鍵，中國稅法對固定資產的最低折舊年限做了具體規定，見表7-10所示。

表 7-10　　　　　　　　　　固定資產折舊的最低年限

固定資產類型	最低年限
房屋、建築物	20 年
飛機、火車、輪船、機器、機械和其他生產設備	10 年
與生產經營有關的器具、工具、家具等	5 年
飛機、火車、輪船以外的運輸工具	4 年
電子設備	3 年

7.2.4　現金預測

很多人常常講「現金為王」這句話，意思是現金對企業來講很關鍵；對創業者

來講，一段時間企業沒有利潤也沒有關係，但現金就是企業的血液，一旦現金流量中斷，企業就可能死亡。

7.2.4.1 現金預測的含義及作用

現金預測以各項業務預測和資本預測為基礎，反應各預算期的收入款項和支出款項，並作對比說明。編製現金預算的目的在於：當資金不足時籌措資金，資金多餘時及時處理現金餘額，並且提供現金收支的控制限額，發揮現金管理的作用。

7.2.4.2 現金預測的編製

現金預算的內容包括：現金收入、現金支出、現金多餘或不足、資金的籌集和運用。現金預算表見下表 7-11。

（1）「現金收入」：包括期初現金餘額和預算期現金收入。期初「現金餘額」，是在編製預算時預計的；「銷貨現金收入」的數據來自銷售預算（這裡包含增值稅銷項稅）；「可供使用現金」是期初餘額與本期現金收入之和。

（2）「現金支出」：包括預算期的各項現金支出。對生產性企業來講，「直接材料」「直接人工」「製造費用」「銷售及管理費用」的數據來源於直接材料預算、直接人工預算、製造費用預算和銷售及管理費用。此外，還包括所得稅、購置設備、股利分配等現金支出，有關的數據分別來自另行編製的專門預算。對商貿型企業來講，就沒有「直接材料」「直接人工」「製造費用」預算，而是用採購商品支出的現金來代替（這裡包含增值稅進項稅）。

（3）「現金多餘或不足」：列示現金收入合計與現金支出合計的差額。差額為正，說明收大於支，現金有多餘，可用於償還過去向銀行取得的借款，或者用於短期投資；差額為負，說明支大於收，現金不足，要向銀行取得新的借款。

（4）借款額＝最低現金餘額＋現金不足額。一般按「每期期初借入，每期期末歸還」來預計利息。還款後，仍須保持最低現金餘額，否則，只能部分歸還借款。

表 7-11　　　　　　　　　　現金預測表

月度	1	2	3	4	5	6	7	8	9	10	11	12	全年
期初現金餘額													
加：銷貨現金收入													
可供使用的現金													
減各項支出：													
直接材料													
直接人工													
製造費用													
銷售及管理費用													
所得稅													
購買設備													

表7-11(續)

月度	1	2	3	4	5	6	7	8	9	10	11	12	全年
股利													
支出合計													
現金多餘或不足													
向銀行借款													
還銀行借款													
短期借款利息													
長期借款利息													
期末現金餘額													

7.2.5 預計財務報表

在完成業務預算和現金預算以後，接下來我們就可以編製預計利潤表、預計資產負債表和預計現金流量表了。

7.2.5.1 預計利潤表

預計利潤表是整個預算過程的一個重要環節，是反應企業預算期內全部生產經營活動的財務狀況和最終成果的預算。又可以稱為「預計損益表」，是總預算中的一張關鍵表。

通過預計利潤表的編製，一方面創業者可以通過預計利潤表來檢查經營方面的盈利性，在不同的經營計劃中進行取捨；另一方面，創業者應根據預計利潤表制定經營目標，保持對經營活動的控制。同時，預計利潤表也是投資者判斷創業項目是否可行，決定是否投資的重要依據。

預計利潤表的基本格式如表7-12，其編製依據主要是銷售預算，產品成本預算等前述各預算，具體見表中說明。

一般來說，投資者要求看到企業經營頭三年的盈利規劃。除了編製第1年度按與統計的預計利潤表外，還要對第2年、第3年的損溢進行評估；另外，為了便於之後的項目財務可行性評估，我們建議對5年營運期的利潤表進行評估。第1年的表中項目數量可以由以上方法估算，同時對於第一年，還可以計算每一項目與銷售額的百分比，這些百分比可以用來估算第2、3、4、5年度的收入、成本費用等（銷售百分比法）。有時候，創業者可能會遇到一些新創企業直到第2年度或者第3年度才開始盈利的情況，這往往是由於業務的性質以及企業啟動成本所決定的。例如，服務型企業，用較短的時間就可以進入盈利階段，而高科技企業以及需要對產品及設備大量投入的企業，則可能需要較長的時間才能盈利。在制定原始計劃的過程中，堅持謹慎性原則最為重要。計算估計的經營成本時，保守的估計，贏得理性的收益，將為新創企業的成功前景奠定信用基礎。

7 創業財務與融資

表 7-12　　　　　　　　　　　　預計利潤表

編製單位：　　　　　　　　　　年　月　　　　　　　　　　　　單位：元

項目	行次	本月數	本年累計數
一、營業收入	1		數據來自銷售預算
減：營業成本	2		數據來自產品成本預算
稅金及附加	3		數據來自銷售收入、成本及稅金預算
銷售費用	4		數據來自銷售及管理費用預算
管理費用	5		數據來自銷售及管理費用預算
財務費用	6		數據來自現金預算
資產減值損失	7		數據來自公司預計值
加：公允價值變動淨收益	8		數據來自公司預計值
投資收益	9		數據來自公司預計值
二、營業利潤	11		
營業外收入	12		數據來自公司預計值
減：營業外支出	13		數據來自公司預計值
其中：非流動資產處置淨損失	14		數據來自公司預計值
三、利潤總額	15		
減：所得稅費用（稅率25%）	16		數據來自現金預算
四、淨利潤	17		
五、每股收益：	18		股份有限公司填列
基本每股收益	19		股份有限公司填列
稀釋每股收益	20		股份有限公司填列

編製說明：

（1）第一年的預計利潤表要按月編製；

（2）除了編製第1年的預計利潤表外，還要對第2~5年的預計利潤表進行評估。

7.2.5.2　預計資產負債表

創業企業也應編製預計的資產負債表，描述新創企業在首年經營後的年末狀況。為了使其中的數據合理，預計資產負債表的製作必須利用預計利潤表和預計現金流量表，並與他們保持一致。

預計資產負債表是依據當前的實際資產負債表和全面預算中的其他預算所提供的資料編製而成的，反應企業預算期末財務狀況的總括性預算，預計資產負債表的格式見表 7-13 所示。

預計資產負債表可以為企業管理當局提供會計期末企業預期財務狀況的信息，它有助於管理當局預測未來期間的經營狀況，並採取適當的改進措施。

253

表 7-13　　　　　　　　　　　預計資產負債表
編製單位：　　　　　　　　　　　年　　月　　　　　　　　　　　　　　單位：元

資產	年初數	期末數（數據來源）
貨幣資金		現金預算
應收帳款		銷售預算
減：壞帳準備		
應收帳款淨額		
存貨		生產或採購預算
其中：原材料		生產或採購預算
產成品		生產或採購預算
包裝物		生產或採購預算
待攤費用		啓動資金預算
流動資產合計		
固定資產原值		啓動資金預算
減：累計折舊		銷售及管理費用預算
固定資產淨值		
在建工程		
固定資產合計		
資產總計		
負債及所有者權益		
短期借款		現金預算表
應付帳款		採購或者生產預算
應交稅金		銷售預算
應付職工薪酬		組織與人力資源
一年內到期長期負債		
流動負債合計		
長期借款		現金預算表、資金籌集表
長期應付款		
長期負債合計		
負債合計		
實收資本（或者股本）		資金籌集表
資本公積		
盈餘公積		預計利潤表及分配表
未分配利潤		預計利潤表
所有者權益合計		
負債及所有者權益合計		

7 創業財務與融資

編製說明：

(1) 第一年的預計資產負債表要按月編製；

(2) 除了編製第 1 年的預計資產負債表外，還要對第 2~5 年的資產負債表進行評估。

7.2.5.3 預計現金流量表

創業者應當明了，利潤並不等於現金流量。利潤是從銷售收入中扣除支出後的餘額，而現金流量則是真實的現金流入與現金流出的差額。只有當真實的償付行為發生時，才會有現金數額的增減。銷售收入不等於現金，因為銷售收入可能只是應計收入，一個月之內可能還拿不到實實在在的現金，況且並不是每一張費用票據都需要立刻的現金支出。所以，若果現金流量出現明顯的虧空，僅用利潤這個指標來評估新創企業是否成功，就可能導致錯誤的結論。

所以，對創業者來講，對現金流量像對利潤一樣進行逐月評估是非常重要的，因為一個盈利的企業也會由於現金的短缺而破產。這也就要編製預計現金流量表，見下表 7-14。

現金流量預計表中的數據大部分來自預計利潤表，但要根據現金可能變化的時間進行適當的調整。在創業初期，經營活動和投資產生的現金流入量小於流出量，導致經營和投資活動產生的現金淨流量為負，創業者就需要借入現金，或者保證銀行帳戶中有足夠的現金來保證衝銷高出的支出額，這個時候現金流量的狀況是：經營活動產生的現金淨流量為負，投資活動產生的現金淨流量為負，籌資活動產生的現金淨流量為正。創業企業進入正軌，達到穩定增長階段的時候，經營活動產生的現金淨流量為正，這個時候就可以考慮進行擴大投資，或者歸還一部分銀行借款，這個時候的現金流量表現為：經營活動產生的現金淨流量為正，投資活動產生的現金淨流量為負，籌資活動產生的現金淨流量為負。

表 7-14   預計現金流量表

編製單位：　　　　　　　　　　年　月　　　　　　　　　　單位：萬元

項目	行次	上年度	本年度（數據來源）上期金額
一、經營活動產生的現金流量：			
銷售商品、提供勞務收到的現金			銷售收入、成本及稅金預算
收到的稅費返還			公司預估值
收到其他與經營活動有關的現金			公司預估值
經營活動現金流入小計			
購買商品、接受勞務支付的現金			銷售收入、成本及稅金預算
支付給職工以及為職工支付的現金			
支付的各項稅費			銷售收入、成本及稅金預算

255

表7-14(續)

項目	行次	上年度	本年度（數據來源）上期金額
支付其他與經營活動有關的現金			公司預估值
經營活動現金流出小計			
經營活動產生的現金流量淨額			
二、投資活動產生的現金流量：			
收回投資收到的現金			公司預估值
取得投資收益收到的現金			公司預估值
處置固定資產、無形資產和其他長期資產收回的現金淨額			公司預估值
收到其他與投資活動有關的現金			公司預估值
投資活動現金流入小計			
購建固定資產、無形資產和其他長期資產支付的現金			啓動資金預算與現金預算
投資支付的現金			啓動資金預算與現金預算
支付其他與投資活動有關的現金			公司預估值
投資活動現金流出小計			
投資活動產生的現金流量淨額			
三、籌資活動產生的現金流量：			
吸收投資收到的現金			啓動資金預算與現金預算
取得借款收到的現金			啓動資金預算與現金預算
收到其他與籌資活動有關的現金			公司預估值
籌資活動現金流入小計			
償還債務支付的現金			現金預算
分配股利、利潤或償付利息支付的現金			現金預算
支付其他與籌資活動有關的現金			公司預估值
籌資活動現金流出小計			
籌資活動產生的現金流量淨額			
四、匯率變動對現金及現金等價物的影響			公司預估值
五、現金及現金等價物淨增加額			預計資產負債表
加：期初現金及現金等價物餘額			預計資產負債表
五、期末現金及現金等價物餘額			預計資產負債表

編製說明：

①第一年的預計現金流量表要按月編製；

②除了編製第1年的預計現金流量表外，還要對第2~5年的預計現金流量表進行評估。

7 創業財務與融資

7.3 創業融資計劃

馬雲創業時創辦的第一個小企業叫「海博翻譯社」，他曾經回憶說：「為了向銀行借 3 萬元，發票、家具都拿去抵押了，花了 3 個月時間，也沒有向銀行借到這筆錢，我那時想，如果有一家銀行能夠做這樣的事情，就能夠幫助很多人成功」。所以，對創業者來講，再好的創業方案如果沒有資金支持，也只能是鏡花水月。

創業者有了比較好的創業方案以後，就需要制定比較詳細的融資計劃。融資，就是資金籌集，涉及的問題主要有融資的渠道與方式，融資方式選擇等問題。但是，融資方式選擇會影響企業的資金成本，另外，最重要的是，融資方式的選擇會影響企業的財務風險，而風險的控制對創業企業來講是頭等大事。

7.3.1 企業風險及其控制

7.3.1.1 風險概述

創業者在經營管理企業的過程中，會面臨各種不確定性，也就是企業經營會面臨商業風險。所謂商業風險，是指企業在各項財務活動中，由於各種難以預料或難以控制因素的作用，使企業的實際收益與預期收益發生背離，從而蒙受損失的可能性；商業風險按誘發因素可以分為經營風險和財務風險。

經營風險，又稱為營業風險，是指未來營業利潤（即息稅前利潤，EBIT）的波動程度；經營風險主要是由企業的投資決策引起的，即企業的資產結構決定了它所面臨的經營風險的大小；經營風險的變化具有行業特性和時間特性，即經營風險隨行業和時間變化而變化；經營風險的主要影響因素有：產品需求的變化、售價的變化、投入成本的變化、企業調整產出價格的能力、固定成本比重等因素。

財務風險，又稱為籌資風險，它是企業在為取得財務槓桿利益而利用負債籌集資金時，增加了破產風險以及普通股每股收益（EPS）大幅度變動的不確定性所帶來的風險。財務風險是由企業的籌資結構引起的；如果企業不借債，完全通過權益方式融資，就不會存在財務風險，只有經營風險。財務風險的主要影響因素有：債務額度及其在總資本種的比重（資本結構）、債務利息、經營風險即息稅前利潤的高低、債務到期日的長短、資產流動性的強弱和臨時籌資能力等。

7.3.1.2 風險搭配策略

商業風險包括經營風險和財務風險，企業在風險管理的時候，必須合理搭配經營風險與財務風險，以便將企業的總的商業風險控制在合理的水準，我們以經營風險為縱軸，財務風險為橫軸，設定「高」和「低」兩個刻度值，則企業的風險搭配有四種策略，如圖 7-16 所示。

257

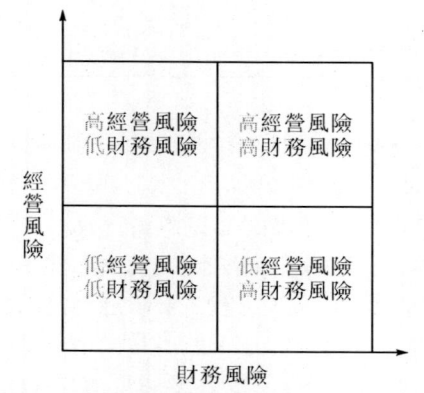

```
          ↑
       經  │  高經營風險    高經營風險
       營  │  低財務風險    高財務風險
       風  │
       險  │  低經營風險    低經營風險
          │  低財務風險    高財務風險
          └──────────────────→
                  財務風險
```

圖 7-16　經營風險與財務風險的不同組合

策略一：「高」經營風險與「高」財務風險。

總體風險很高：經營風險很高又主要通過借款籌集資金。這種搭配符和風險投資者的要求：他們只需要投入很小的權益資本，就可以開始冒險活動。如果僥幸成功，投資人可以獲得極高的收益；如果失敗了，他們只損失很小的權益資本。他們運用投資組合在總體上獲得很高回報，不計較個別項目的完全失敗。

這種搭配不符合債權人的要求：他們投入了絕大部分的資金，讓企業去從事風險巨大的投資。如果僥幸成功，他們只得到以利息為基礎的有限回報，大部分收益歸於權益投資人；如果失敗，他們將無法收回本金。

這種搭配會因找不到債權人而無法實現：例如，一個初創的高科技公司，假設能夠通過借款取得大部分資金，其破產的概率很大，而成功的可能性很小。

策略二：「高」經營風險與「低」財務風險。

經營風險很高，但主要使用權益籌資，較少使用或不使用負債籌資，這種搭配具有中等程度的總體風險，對於權益投資人有較高的風險，也會有較高的預期報酬；權益資本主要由專門從事高風險投資的專業投資機構提供。債權人的風險很小，通常可接受不超過清算資產價值的債務。是一種可以同時符合股東和債權人期望的現實搭配，例如，一個初創的高科技公司，主要使用權益籌資，較少使用或不使用負債籌資。

策略三：「低」經營風險與「高」財務風險。

對於權益投資人來說，經營風險低，投資資本回報率也低。權益投資人願意提高負債權益比例來用別人的錢賺錢，因此可以接受這種風險搭配；對於債權人來說，經營風險低的企業有穩定的經營現金流入，可以為償債提供保障，願意為其提供較多的貸款。這種搭配具有中等程度的總體風險，是一種可以同時符合股東和債權人期望的現實搭配。例如：一個成熟的公用企業，大量使用借款籌資。

策略四：「低」經營風險與「低」財務風險。

對於債權人來說，這是一個理想的資本結構，可以放心為它提供貸款。公司有

7 創業財務與融資

穩定的現金流,並且債務不多,償還債務有較好的保障。權益投資人很難認同這種搭配,其投資資本報酬率和財務槓桿都較低,自然權益報酬率也不會高。這種資本結構的企業是理想的收購對象。這種搭配具有很低的總體風險,不符合權益投資人的期望,是一種不現實的搭配。例如:一個成熟的公用企業,只借入很少的債務資本。

7.3.1.3 創業企業風險分析及融資方式選擇

近幾年,創業熱潮席捲各地,但統計數據顯示,中國中小企業的平均壽命為2.5年,創業公司平均壽命小於2年。

創業失敗率為什麼這麼高?筆者認為原因之一就是創業者沒有充分認識自身企業面臨的風險或者風險搭配出現了問題。創業企業由於剛剛成立,行業狀況、法律環境等不是很熟悉,產品或者服務還有待市場檢驗,各種規章制度也不是很健全,宏觀環境的波動很容易對創業企業造成很大的影響,所以我們說創業企業的經營風險比較高。在這種情況下,為了控制企業的總體風險,財務風險必須要控制在很低的水準,對創業企業來說,也就是銀行借款必須要控制在很低的水準,否則財務風險會增加,導致企業總體風險失控。

例如:有如下兩個企業:A公司和B公司,總資產都是100萬元,所處行業相同、資產結構相同,只是兩個企業的資本結構不同,具體如圖7-17所示。

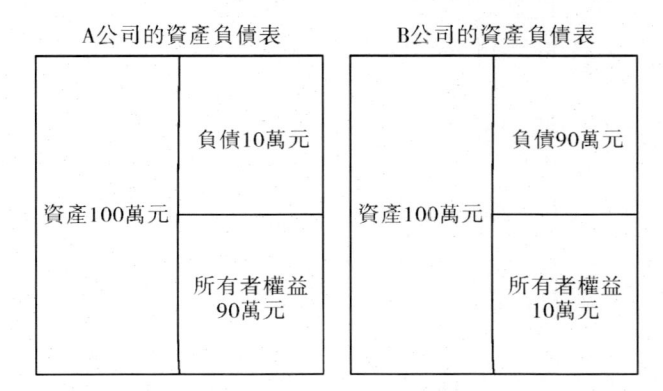

圖 7-17 A 公司與 B 公司的資產負債表

假設 A 公司和 B 公司利用 100 萬元的資產都能創造相同的息稅前利潤,例如 20%,另外,年利息為 10%,則,

A 公司的淨資產收益率 = 淨利潤/所有者權益 = (100×20% – 10×10%)×(1 – 25%)/90 = 28.15%

B 公司的淨資產收益率 = 淨利潤/所有者權益 = (100×20% – 90×10%)×(1 – 25%)/10 = 82.50%

這時,B 公司由於負債較多,財務槓桿較大,因而最終的淨資產收益率遠遠高於 A 公司。

創業管理

但是，企業營運資產進行生產經營，可能盈利，也可能虧本，假如企業運用這些資產沒有盈利，反而產生-50%的息稅前利潤虧損，則，

A 公司的資產還剩下 50 萬元，負債為 10 萬元，所有者權益只剩下 40 萬元了，雖然虧損，但 A 公司並沒有破產清算。

B 公司的情況就很不妙了，因為如果虧損50%的話，B 公司的資產還剩下 50 萬元，負債仍然還有 90 萬元，所有者權益為-40 萬元，B 公司已經「資不抵債」，需要破產清算了。

所以，負債既能產生財務槓桿收益，也能帶來財務槓桿風險。

由此可見，創業企業必須適度負債，但創業初期企業經營活動創造的現金流量水準有限，急需籌資活動產生的現金流，在這個時候，企業最好採用股權融資籌集資金，即原有股東投資或者引入風險投資都是不錯的選擇，因為這樣可以降低財務風險。

7.3.2 企業融資渠道與方式選擇

7.3.2.1 融資渠道與方式

籌資渠道主要解決向誰籌資的問題，而籌資方式主要解決在籌資渠道既定的情況下，採用什麼最合適的手段來籌集資金。

我們在「第一節 企業營運與財務報表」章節中，介紹了資產負債表的結構，並且指出，資產負債表右邊是資本結構，反應了企業資金的來源，一般來說，資金的來源有兩種：債務資金來源和權益資金來源，這兩種來源形成了資產負債表的負債和所有者權益。就負債融資和權益融資來講，還包括很多具體的形式，例如負債融資包括：銀行借款、企業債券、融資租賃、短期融資券及應收帳款貼現等。企業常見的籌資渠道、籌資方式及其組合如表 7-15 所示。

表 7-15　　　　　　企業融資渠道與方式及其配合

融資方式＼融資渠道	財政資金	法人資金	銀行資金	非銀行金融機構的資金	公眾資金	境外資金
以參股方式進行股權融資	√	√	√	√	√	√
公開發行股票融資		√		√	√	√
公開發行債券融資		√		√	√	√
信貸融資			√			√
票據融資		√	√	√		√
委託貸款融資		√		√		√
發行短期融資券融資			√	√		√
信託融資				√		√
國債貼息	√					
風險投資		√		√	√	√

7 創業財務與融資

企業發展從成立開始，經過不斷的發展，一般會經過不同的階段，這就是企業的生命週期，如圖7-18所示。

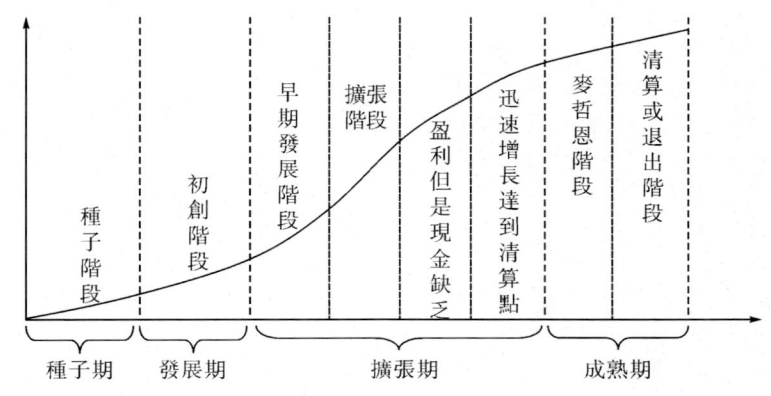

圖7-18 企業生命週期

（階段：種子階段、初創階段、早期發展階段、擴張階段、盈利但是現金缺乏、迅速增長達到清算點、麥哲恩階段、清算或退出階段；時期：種子期、發展期、擴張期、成熟期）

企業在不同的階段，採用的融資方式也是不同的，如圖7-19所示。

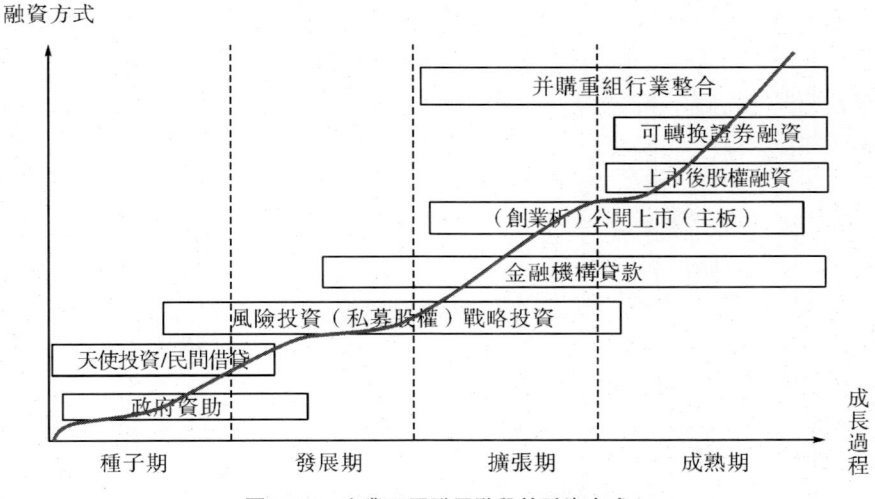

圖7-19 企業不同發展階段的融資方式

（融資方式：政府資助、天使投資/民間借貸、風險投資（私募股權）戰略投資、金融機構貸款、（創業板）公開上市（主板）、上市後股權融資、可轉換證券融資、并購重組行業整合；成長過程：種子期、發展期、擴張期、成熟期）

當前中國經濟進入了「新常態」，「互聯網+」的興起產生了很多新業態，技術和金融的創新產生了很多新的融資方式，同時傳統的融資方式還在繼續起著主導作用，下面，我們以創業企業的成長發展過程為框架，介紹一些對創業企業比較有用的融資方式：①互聯網金融背景下的新融資模式；②銀行借款；③股權融資。

261

7.3.2.2 互聯網金融背景下的新融資模式

1. P2P 網絡借貸

P2P 網絡借貸是互聯網上個人對個人的直接貸款模式，P2P 的本質是一種債權市場，P2P 平臺在借款時會對資金需求方的發展前景，財務管理情況等經營信息進行考察，如到達平臺的標準則可進一步利用互聯網這個平臺通過貸款的方式把資金的需求方和擁有資金且有理財投資願望的投資者聯繫起來。由於中國互聯網金融發展尚不成熟，國內當前的 P2P 模式和國外也有所不同，國外的 P2P 網貸平臺只是作為一種信息仲介，更多的作用只是在線上尋找投資人和資金需求人由投融資雙方自由組合。國內的 P2P 平臺除了少數單一線上的純信用模式，更多的是線下線上結合，並結合平臺自身特點形成了多種業務模式。中國當前比較具有代表性的 P2P 平臺有人人貸、有利網、陸金所等。

2. 互聯網眾籌融資

眾籌又稱大眾籌資，是指利用互聯網通過提前團購或預購的形式向多數人募集小額資金來支持資金需求方的某個項目或者產品，然後以實物、作品或者股權等作為投資回報的一種籌措項目資金的模式。通過這種模式理論上任何資金不足的創業者如小企業和個人都可以通過這種平臺向社會公眾展示自己產品或項目的創意和優勢，以爭取公眾的支持，獲得資金援助。眾籌這種模式一定程度上消除了機構融資和傳統創業者之間的許多障礙。中國當前約有 365 家眾籌平臺，但有 70% 到 80% 的市場份額都被阿里的淘寶眾籌和京東眾籌這兩大巨頭所佔有。除此之外還有一些比較具有代表性的眾籌平臺如「紅嶺創投」，「點名時間」等。

7.3.2.3 銀行借款融資

1. 銀行借款的含義及分類

銀行借款是指企業向銀行或其他非銀行金融機構借入的、需要還本付息的款項，包括償還期限超過 1 年的長期借款和不足 1 年的短期借款；主要用於企業購建固定資產和滿足流動資金週轉的需要。

銀行借款的分類有很多，主要有：按用途不同可以分為固定資產投資貸款、更新改造貸款、科技開發和新產品試製貸款；按貸款提供者不同可以分為政策性銀行、商業銀行和其他金融機構；按是否有擔保可以分為抵押貸款和信用貸款；按償還方式可以分為到期一次償還和分期償還貸款。

2. 銀行借款流程

對中小企業來講（也適用於創業企業），銀行借款一般流程如下：

①企業向銀行提出流動資金貸款申請，並提供企業和擔保主體（如有必要）的相關材料。②簽署借款合同和相關擔保合同。③企業的貸款申請經銀行審批通過後，銀行與企業需要簽訂所有相關法律性文件。④按照約定條件落實擔保、完善擔保手續。根據銀行的審批條件和簽署的擔保合同，如果需要企業提供擔保，則需進一步落實第三方保證、抵押、質押等具體的擔保措施，並辦妥抵押登記、質押交付

7 創業財務與融資

（或登記）等有關擔保手續，若需辦理公證的還需履行公證手續等。⑤發放貸款。在全部手續辦妥後，銀行將及時向企業辦理貸款發放，企業可以按照事先約定的貸款用途合理支配貸款資金。

3. 需準備的相關資料

辦理銀行借款時，不同的銀行要求的資料大體相同，但也有一些區別，一般來講，下列資料是必須的：①營業執照、稅務登記證、最近三個月的對公流水，以及反應企業經營的個人銀行流水、辦公場地租用合同或者房產產權證、特殊經營許可證、企業財務報表等；②股份制企業還需提供 2/3 以上股東同意貸款的決議書；③法人代表還需提供其身分證、地址證明材料、和最近半年的居住證明。

4. 銀行借款注意事項

當前，企業申請貸款，其貸款機構對企業主和企業都有一定的要求，所以，創業者在申請申請貸款需要注意如下事項：

（1）維護好企業信用

企業申請貸款的時候，貸款機構也會視察借款企業的信用情況，而企業的信用主要表現在四個方面：銀行信用：企業與銀行業務往來中是否有欠款、欠息行為；商業信用：企業在合同履行、應付帳款債務上守信；財務信用：在財務報表上是否弄虛作假；納稅信用：是否根據相關規定納稅。

（2）選擇合適的貸款機構

因為不同貸款機構的要求不一樣，所以企業選擇貸款機構時，應結合自身條件多找幾家機構進行對比，看看哪家貸款機構更適合自己，這樣可保證順利獲貸。

（3）確定好貸款額度

企業申請貸款的時候，一定要根據自己的錢需求確定好貸款額度。因為，若貸款額度過低，肯定會制約企業發展；不過，若貸款額度過高，不但會增加貸款成本，而且會造成金錢浪費。

（4）按時還本付息

企業申請貸款成功獲貸後，企業主一定要記得每月按時足額還款，否則，出現逾期對企業和企業主的信用記錄都會受到嚴重的影響。

5. 銀行借款融資的優缺點

（1）銀行借款融資具有如下的優點

①借款籌資速度快。企業利用長期借款籌資，一般所需時間較短，程序較為簡單，可以快速獲得現金。由於企業與銀行直接打交道，可根據企業資金的需求狀況提出要求，而且因為企業經常性地與銀行交往，彼此相互瞭解，對借款合同的有關條款內容和要求也相對熟悉，從而能避免許多不必要的麻煩。

②借款成本較低。利用長期借款籌資，其利息可在所得稅前列支，故可減少企業實際負擔的成本，因此比股票籌資的成本要低得多；與債券相比，借款利率一般低於債券利率。此外，由於借款是在借款企業與銀行之間直接商定。因而大大減少

創業管理

了交易成本。

③借款彈性較大。在借款時，企業與銀行直接商定貸款的時間、數額和利率等；在用款期間，企業如因財務狀況發生某些變化，亦可與銀行再行協商，變更借款數量及還款期限等。

④企業利用借款籌資，與債券一樣可以發揮財務槓桿的作用。

⑤易於企業保守商業秘密。向銀行辦理借款，可以避免向公眾提供公開的商業信息，因而也有利於減少財務秘密的披露，對保守商業秘密有好處。

（2）銀行借款融資的缺點

①籌資風險較高。借款通常有固定的利息負擔和固定的償付期限，企業的償付壓力很大，故借款企業的籌資風險較高。

②限制條件較多。銀行為了保證貸款的安全性，對借款的使用附加了許多約束條件，這可能會影響到企業以後的籌資和投資活動。

③籌資數量有限。一般不如股票、債券那樣可以一次籌集到大筆資金。

7.3.2.4 股權融資

1. 註冊資本和實收資本

一般來講，企業資產負債表的所有者權益部分有四個科目：實收資本（有限責任公司適用）或者股本（股份有限公司適用）、資本公積、盈餘公積和未分配利潤。實收資本是指投資者按照企業章程或合同、協議的約定，實際投入企業的資本，即企業收到的各投資者根據合同、協議、章程規定實際交納的資本數額。

另外，在企業的營業執照上面，通常有企業的註冊資本是多少的描述，那麼，什麼是註冊資本，它與實收資本又有什麼區別呢？

註冊資本是工商管理的術語，是法律上對公司註冊的登記要求。是企業的一種償債責任與能力的認定，企業需要向工商行政管理機關登記註冊的資本總額，並且在一定時間內完成註冊資本的投入。有限責任公司的註冊資本為在公司登記機關登記的全體股東認繳的出資額。法律、行政法規以及國務院決定對有限責任公司註冊資本實繳、註冊資本最低限額另有規定的，從其規定。

由此可見，實收資本與註冊資本除了以上的區別以外，在金額上還是有一定的區別；新公司法中註冊資金採取認繳制的，即約定時間的分期付款，註冊資本在一般公司註冊時可能小於實收資本；新公司法中註冊資金採取實繳制的，繳納的註冊資金就是實收資本，也是如實登記的。

在公司註冊時，企業需要慎重選擇註冊資本，當企業發展之後進行相應的註冊資本的變更。而且也要注意在一段時間內的實收資本等於註冊資金，保證註冊資本與實收資本的一致性。

2. 股本、股份與股票

對股份有限公司來講，如果採取發起設立方式設立的，註冊資本為在公司登記機關登記的全體發起人認購的股本總額；如果採取募集方式設立的，註冊資本為在

7　創業財務與融資

公司登記機關登記的實收股本總額；法律、行政法規以及國務院決定對股份有限公司註冊資本實繳、註冊資本最低限額另有規定的，從其規定。

我們一般將股份有限公司的實收資本叫作股本，如果將股本劃分為相等的份額，每一份叫作股份，股東認購股本的時候，一般是按份認購的，同時取得股票；所謂股票是股份公司發行的所有權憑證，是股份公司為籌集資金而發行給各個股東作為持股憑證並借以取得股息和紅利的一種有價證券。

3. 股票的分類

股票的分類，分為以下 7 大類，每大類歸為多個小類。

①按上市地點分為 A 股、B 股、H 股、S 股、N 股。

A 股：指境內的公司發行，供境內機構、組織或個人（不含臺、港、澳投資者）以人民幣認購和交易的普通股股票。

B 股：指那些在中國大陸註冊、在中國大陸上市的特種股票。

H 股：指國有企業在香港上市的股票。

S 股：指那生產或者經營在中國大陸，註冊地在新加坡或者其他國家和地區，但是在新加坡交易所上市掛牌的企業股票。

N 股：在中國大陸註冊、在紐約上市的外資股票。

②按板塊分為行業、概念、地區。

行業：根據行業大類分，如煤炭、紡織、醫藥等。

概念：根據權重、熱點、特色題材劃分的，如一帶一路、雄安新區等。

地區：根據身分直轄市區域劃分的。如湖北板塊、廣東板塊等。

③按股票在持有者分為國家股、法人股、個人股三種。

國家股：是指以國有資產向有限公司投資形成的股權。

法人股：是指企業法人或具有法人資格的事業單位和社會團體，以其依法可支配的資產，向股份有限公司非上市流通股權部分投資所形成的股份。

個人股：是指公民個人以自己的合法財產投資於股份制企業的股份。

④按股東的權利可分為普通股、優先股及兩者的混合等多種。

普通股：是隨著企業利潤變動而變動的一種股份，是股份公司資本構成中最普通、最基本的股份，是股份企業資金的基礎部分。

優先股：指在利潤分紅及剩餘財產分配的權利方面，優先於普通股。

混合股：指在股息分配方面優先和在剩餘財產分配方面劣後的兩種權利混合起來的股票。

⑤股票按票面形式可分為有面額、無面額及有記名、無記名四種。

有面額：指在股票票面上記載一定金額的股票。

無面額：指在股票票面上沒有記載金額的股票。

有記名：指在股票票面和股份公司的股東名冊上記載股東姓名的股票。

無記名：與有記名相對應。

265

⑥按享受投票權益可分為單權、多權及無權三種。

單權股：指每張股票僅有一份表決權的股票稱單權股票。

多權股：與單權股相對應。

無權股：即無表決權股股票，指根據法律和公司章程的規定，對股份有限公司的經營管理事務不享有表決權的股票。

⑦其他，如紅籌股、藍籌股、ST股、中概股、成長股等按性質分。

4. 普通股及其特點

(1) 普通股的定義

普通股是隨著企業利潤變動而變動的一種股份，是股份公司資本構成中最普通、最基本的股份，是股份企業資金的基礎部分。

普通股的基本特點是其投資收益（股息和分紅）不是在購買時約定，而是事後根據股票發行公司的經營業績來確定。公司的經營業績好，普通股的收益就高；反之，若經營業績差，普通股的收益就低。普通股是股份公司資本構成中最重要、最基本的股份，亦是風險最大的一種股份，但又是股票中最基本、最常見的一種。在中國上交所與深交所上市的股票都是普通股。

(2) 普通股的特點

一般可把普通股的特點概括為如下四點：

①持有普通股的股東有權獲得股利，但必須是在公司支付了債息和優先股的股息之後才能分得。普通股的股利是不固定的，一般視公司淨利潤的多少而定。當公司經營有方，利潤不斷遞增時普通股能夠比優先股多分得股利，股利率甚至可以超過50%；但趕上公司經營不善的年頭，也可能連一分錢都得不到，甚至可能連本也賠掉。

②當公司因破產或結業而進行清算時，普通股東有權分得公司剩餘資產，但普通股東必須在公司的債權人、優先股股東之後才能分得財產，財產多時多分，少時少分，沒有則只能作罷。由此可見，普通股東與公司的命運更加息息相關，榮辱與共。當公司獲得暴利時，普通股東是主要的受益者；而當公司虧損時，他們又是主要的受損者。

③普通股東一般都擁有發言權和表決權，即有權就公司重大問題進行發言和投票表決。普通股東持有一股便有一股的投票權，持有兩股者便有兩股的投票權。任何普通股東都有資格參加公司最高級會議——每年一次的股東大會，但如果不願參加，也可以委託代理人來行使其投票權。

④普通股東一般具有優先認股權，即當公司增發新普通股時，現有股東有權優先（可能還以低價）購買新發行的股票，以保持其對企業所有權的原百分比不變，從而維持其在公司中的權益。比如某公司原有1萬股普通股，而你擁有100股，占1%，現在公司決定增發10%的普通股，即增發1,000股，那麼你就有權以低於市價的價格購買其中1%即10股，以便保持你持有股票的比例不變。

7 創業財務與融資

綜上所述，由普通股的前兩個特點不難看出，普通股的股利和剩餘資產分配可能大起大落，因此，普通股東所擔的風險最大。既然如此，普通股東當然也就更關心公司的經營狀況和發展前景，而普通股的後兩個特性恰恰使這一願望變成現實——即提供和保證了普通股東關心公司經營狀況與發展前景的權力的手段。

7.3.2.5 股權融資與股權轉讓

股權對於一個企業是很重要的，比如一個企業誰的股權最多誰說話就更有分量，股權可以轉讓買賣等，也可以融資，那麼股權融資和股權轉讓分別是什麼意思，有什麼區別呢？

股權融資是指企業的股東願意讓出部分企業所有權，通過企業增資的方式引進新的股東的融資方式，總股本同時增加。股權融資所獲得的資金，企業無須還本付息，但新股東將與老股東同樣分享企業的贏利與增長。股權轉讓是股東行使股權經常而普遍的方式，中國《公司法》規定股東有權通過法定方式轉讓其全部出資或者部分出資。

創業者需要明白的是，股權融資通常是企業融資的一種方式，企業引入資金做大公司的盤子，投資人取得公司股權成為公司的新股東（法律上稱為「增資入股」）；而股權轉讓可以簡單理解為股東的套現，股權轉讓的收益歸屬於股東而不是公司。

7.3.3 創業企業股權融資輪次

7.3.3.1 股權融資輪次

一家成功的公司在它上市前，可能需要經歷四到五輪甚至更多輪的股權融資。第一輪融資即天使輪，主要由天使投資者出資，融資規模通常從 200 萬元到 2,000 萬元人民幣不等，公司則給出 10% 左右的股權。接下來會有 VC 跟進，早期風投通常會投資 2,000 萬元人民幣以上，公司則給出 20% 到 30% 的股權。然後是後續擴張，規模從 5,000 萬元到數億元人民幣不等，每輪讓出 10% 左右，直到公司上市。下面簡要介紹各輪次融資：

1. 種子輪融資

該輪融資額度一般是 10 萬~100 萬元人民幣。融資成功的關鍵是想法和創始人，初創期的項目可能只是一個好的想法以及對企業未來的規劃的藍圖，產品或服務只停留在概念或 DEMO 階段，需要投入資金才能啟動。

此階段天使投資人和投資機構一般更傾向於投自己熟悉的人、朋友介紹的人，或者在行業內有一定知名度的大咖、大牛。總之如果不是自己瞭解的人，關鍵還是看個人背景，作為一名草根創業者，你幾乎沒有機會獲得種子輪融資。「3F」是你唯一的選擇，即 Family、Friend、Fool。

2. 天使輪融資

融資額度一般是 100 萬~1,000 萬元人民幣。投資一般來源於天使投資人、天使

創業管理

投資機構（Angel Investment）[①]。

一個較高 B 格的核心團隊，建立了較可信的商業模式，產品初具雛形，有的甚至累積了一些種子用戶，取得了一部分可以證明其商業模式的用戶數據。

這個階段投資人仍然更重視創始人及團隊的資歷背景；高學歷或者 BAT 背景創業者的成功率更高；天使輪拿到錢之後要做的一般是通過局部市場驗證商業模式。

3. A 輪融資

融資額度一般是 1,000 萬~1 億元人民幣，資金來源一般是專業的風險投資機構（Venture Capital）[②]。

該階段的公司已經具有較完善的產品，公司業務順利營運，擁有一定數量的核心用戶。雖然此階段的公司很可能無法做到收支平衡，但是其盈利模式清晰完整，可已通過較豐富的用戶數據驗證，在其領域內擁有領先地位或口碑。融資的目的是迅速擴張，複製成功模式。

這個階段投資人更關注整個團隊的執行力，同時也開始關注公司業務的市場前景了。

4. B 輪融資

融資額度一般在 2 億元人民幣以上。資金來源一般是大多是上一輪的風險投資機構跟投、新的風投機構加入、私募股權投資機構（PE, Private Equity）[③] 加入。

公司已經通過上輪融資獲得快速發展，應用場景和覆蓋人群已經很明確，在行業或領域內已經形成一定優勢，商業模式已經被證明沒有任何問題，甚至已經開始盈利。但是可能需要進一步搶占市場、展開新業務、拓寬新領域，以鞏固其行業領先地位，因此需要更多資金。新 VC、PE 加入，天使退出。

此時投資人更看重商業模式的應用場景及覆蓋人群。

5. C 輪融資

融資額度一般在 10 億元人民幣以上，資金來源主要是 PE，有些之前的 VC 也會選擇跟投。

這個階段公司已經非常成熟，擁有很大的用戶規模，具備了很強的盈利能力。並在行業內有很大的影響力，至少是行業內前三。但可能還需要進一步整合行業資源，（一般都是持續擴展市場，與主要競爭對手燒錢爭奪市場）為上市做準備。

---

① 天使投資（Angel Investment），是權益資本投資的一種形式，是指富有的個人出資協助具有專門技術或獨特概念的原創項目或小型初創企業，進行一次性的前期投資。天使投資人可以是單獨的一個人，也可以是合夥機構或公司。

② 所謂風險投資，簡稱 VC（Venture Capital），是指由職業金融家投入到新興的、迅速發展的、有巨大競爭潛力的企業中的一種權益資本。

③ 私募股權投資（PE）是指通過私募基金對非上市公司進行的權益性投資。在交易實施過程中，PE 會附帶考慮將來的退出機制，即通過公司首次公開發行股票（IPO）、兼併與收購（M&A）或管理層回購（MBO）等方式退出獲利。簡單地講，PE 投資就是 PE 投資者尋找優秀的高成長性的未上市公司，註資其中，獲得其一定比例的股份，推動公司發展、上市，此後通過轉讓股權獲利。

7 創業財務與融資

在這個階段盈利能力很重要，但是如果你的市場佔有率夠高，即使不盈利一樣會被機構搶投。除了 PE、VC 之外，戰略投資人也開始投資佈局，比如騰訊系阿里系。一般來講 C 輪是公司上市前的最後一輪融資，主要作用是為了給上市定價。

6. D 輪、E 輪、F 輪融資

這些輪次的融資都是 C 輪融資的升級版，一般被稱為 Pre-IPO 輪次。處於該階段的公司已經獲得自我造血的能力或者已經占據市場的較大份額成為寡頭，需要資金推動公司業績以達到上市標準，一般來說，選擇 D 輪及之後 N 輪融資的公司一般都是體量大、燒錢搶市場的超級型項目，如滴滴、餓了麼、OFO、摩拜單車等。

上述的任何一個輪次如果沒有達到階段性目標、估值沒有出現大的翻倍甚至數倍的情況下，一般以同一輪次加數字的形式稱呼。

7.3.3.2 股權融資輪次與股權稀釋

投資人增資入股將會同比減少所有股東原有的股權比例，這是通常意義上大家說的融資導致的股權稀釋。例如：天使輪融資 100 萬元，讓出公司 10% 股權，那麼原股東的股權都要等比稀釋為 100%－10%＝90%，如果公司有二位創始股東，分別持有 70% 和 30% 股權，融資後就變成了 70%×90%＝63% 和 30%×90%＝27%，剩餘 10% 為投資人股權。

假如某創業企業原來有甲與乙兩位原始股東，分別持股 90% 和 10%。以後每輪融資稀釋 20% 的股權，則經過多輪融資到 IPO 時，股權稀釋如表 7-16 所示。

表 7-16　　　　　　　　融資輪次與股權稀釋表

股權人	公司初創期	天使加入前期權	天使加入後	A 輪融資	B 輪融資	C 輪融資	IPO
		20%	20%	20%	20%	20%	20%
甲	90%	72.00%	57.60%	46.08%	34.56%	27.65%	22.12%
乙	10%	8.00%	6.40%	5.12%	3.84%	3.07%	2.46%
期權池		20.00%	16.00%	12.80%	9.60%	7.68%	6.14%
天使投資			20.00%	16.00%	12.00%	9.60%	7.68%
A 輪投資				20.00%	20.00%	16.00%	12.80%
B 輪投資					20.00%	16.00%	12.80%
C 輪投資						20.00%	16.00%
IPO							20.00%

不同輪次的融資規模沒有統一的劃分標準，至於每輪出讓股份多少雖然也沒有定論，但還是有規律的：

種子輪有一定的特殊性，通常專家都不建議種子輪出讓太多股份，因為日後的融資之路還很漫長，如果股權結構不合理，那麼融資就玩兒不下去了。一般建議是不要在種子輪融資，當然如果你能融到的話，說明你很有魅力。

天使輪和 Pre-A 通常在 10%~20% 之間（A 輪：通常 10%~20%，B 輪、C 輪通常 10%~15%；D 輪、E 輪通常不超過 10%），最多到 30%，如果有投資人要求 35%，可是是因為你的項目太好了！除非是天文數字，不然寧可日子過得緊一點，千萬別同意。

7.3.3.3 創始股東控制權爭奪

前海人壽的姚正華狙擊萬科實質是公司控制權的爭奪，鑒於萬科是房地產的龍頭，王石又是公眾人物，王石事件喚起了企業家對公司控制權的興趣和重視。

談到公司控制權，就要談公司的股東會、董事會。創始股東在公司的股東會或董事會，能夠有控制權，則意味著他對公司有控制權。股東會是企業的最高決策機構，股東會表決是按照股東所持有的表決權的比例表決的，即創始股東在股東會擁有 50% 以上表決權，就控制公司的股東會。這在企業發展的早期很容易實現，隨著公司的不斷的融資，創始股東的股權就會變成 50% 以下，此時創始人通過維護公司控制權的方式有但不限於以下八種方式：

1. 行動一致原則

即創始股東和小股東簽署一個一致行動協議，某個事項在股東會上進行表決的時候，小股東跟創始股東的意見一致，即按同樣的形式行使表決權，創始股東贊成決議，小股東也贊成。換句話說就是，大股東喊：兄弟們聽我的，有事兄弟們一起上。這是一致行動協議。

2. 表決權委託

具體做法：由小股東出授權委託書於創始人，把小股東持有的股權的表決權授予創始股東行使。便於形成一致意見。也就是小股東出於自願或非自願，出於信任或非信任，把表決權委託於大股東。

3. 持股平臺

把小股東的股權裝在一個持股實體，如有限合夥，或有限責任公司，由創始股東來成為有限合夥唯一的普通合夥人或執行事務合夥人。如持股實體是公司，就讓創始股東成為該公司的法定代表人和唯一的執行董事。

4. AB 股制度

在境外，A 類股份就是一股一票，B 類股份就是一股 10 票，創始股東可以拿 B 類股份。京東的劉強東、百度的李彥宏，通過 AB 股增大自己在股東會的表決權。在境內因為我們的法律不容許有 AB 股，我們可以變通，有限公司可以同股不同權。我們就在有限公司章程中約定各個股東的表決權比例，這也能夠達到這一目的。

5. 一票否決權

公司法第 43 條規定：修改公司章程，增加減少註冊資本，公司的分立、合併、以及變更公司的形式，需要經過三分之二以上表決權多數才能通過。

我們在此基礎上，可以將重大事項擴大，如公司重大的對外投資、分紅、公司的預算、決算、重大的人事任免，包括公司的股權激勵計劃可以將重大事項擴大，

7 創業財務與融資

如公司重大的對外投資、上市計劃、包括公司董事會的席位改變、董事會成員的任免等這類重大的事情，創始股東都可以有一票否決權，以保證他對重大事件的控制力。

6. 代持

對於不太熟悉的合作夥伴或者員工，可以採取簽股權代持協議的方式，以保證創始大股東對公司的控制權。待時機成熟，再將代持股權轉化成註冊股權。

7. 對賭

所謂對賭即企業在融資的時候，創始股東跟投資者簽協議，創始股東會跟投資者約定，投資者按照某個價格投到公司、占一定的股權比例，如果公司未來某一年的業績或者某一年的產品銷售量、或出貨量、或用戶數量，完成一定的指標，投資人轉讓股權於創始股東。相應地，如果沒有達標，創始股東就會給投資人無償轉讓股權以補償投資人。

對賭的條款實踐當中一旦觸發，創始股東往往會需要轉讓數額不小的股份給投資人，他在公司的股份的數量就極大地減少。

張蘭離開俏江南董事會就是對賭失敗的結果，導致張蘭失去對俏江南的控制權。故公司創始人應避免跟投資人做出這種對賭的安排。

8. 控制公司董事會

董事會公司的執行機構，創始人如能夠委派或者提名董事會的多數成員，這對公司控制權意義重大。

董事會成員的委派是由股東按照在公司的股權比例委派，這也是可以做出改變的，創始股東可以直接和其他的股東約定，由他持有的股權的數量，即他持有的股權的數量可能不到公司股權的 50%，但他有權力委派董事會裡面的多數成員，並且將這一約定寫到公司的章程裡面去。

7.3.4 企業掛牌、上市決策

公司上市，也叫 IPO，即首次公開募股 Initial Public Offerings（IPO）指企業通過證券交易所首次公開向投資者增發股票，以期募集用於企業發展資金的過程。縱觀歷史，世界知名大企業，幾乎都是通過上市融資，進行資本運作，實現一次又一次規模的裂變，躋身世界 500 強，被敬仰、被談論、被模仿！

所以，企業上市與前面多輪次的股權融資在資金籌集這個層面來講，其實是一樣的，都是為了籌集企業發展所需資金，但企業上市還有很多其他原因，在具體介紹掛牌、上市之前，首先介紹一些基本概念。

7.3.4.1 場內交易與場外交易

簡單地說，場內交易就是指買賣雙方在交易所內進行交易，場外交易即是買賣雙方在交易所以外的市場進行交易。場外市場規模遠大於場內市場，但場內市場更

具權威性和規範性。

目前國內由證監會批准設立的證券交易所只有兩家,上海證券交易所和深圳證券交易所。在上交所和深交所進行的交易即為場內交易。

新三板全稱為「全國中小企業股份轉讓系統」,不屬於證券交易所,因此在新三板市場進行的交易即為場外交易,類似的場外交易還有,前海股權交易中心、廣州股權交易中心、上股交E板等,這些都屬於場外市場。

7.3.4.2 上市與掛牌

一般情況下,上市是指符合條件的股份有限公司在證券交易所內公首次公開發行股票的行為;在中國,只有在上海證券交易所和深圳證券交易所內進行股票買賣的公司,才是真正意義上的上市公司。而在股權交易所或新三板內首次公開轉讓股份的行為只能稱為掛牌。掛牌的作用跟上市幾乎是一樣的,但因為規模和交易即時性的問題,在各方面不會像上市那麼突出。同時,掛牌所花費的時間和費用也比上市要少很多,掛牌與上市的區別如表7-17所示。

表7-17　　　　　　　　　　　　上市與掛牌的區別

方式	交易場所	投資者	交易機制
上市	證券交易所	機構投資者和個人投資者	即時競價
掛牌	新三板、股權交易中心	機構投資者	協議轉讓+做市轉讓

對於中國資本市場,無知者太多,以至於股權掛牌被理解成上市。在證券交易所上市的門檻要遠高於在股權交易所和新三板掛牌,為了獲取更好的廣告效應和獲得更多的融資,很多中小企業只能選擇到股權交易所掛牌或到新三板掛牌,而不是上市。所以,在新三板市場上只有「掛牌」一說,實質上並沒有「上市」。

7.3.4.3 企業上市動因分析

1. 公司的角度

首先,股票上市發行後,公司估值迅速成數倍提升,企業價值在資本市場中也迅速提升,有利於公司擴大生產規模,提高市場競爭力,達到盈利效果,這樣又會達到提升股價的效果,從而形成良性循環,實現多方共贏;其次,上市有利於規範公司的規章制度、組織架構,有的甚至是對公司進行徹底地改頭換面,打破傳統管理模式和經營機制,公司受公眾監督,有利於科學化管理,對公司發展來說大有益處;再者,擴大知名度,增加在同類競品中的優勢,獲得消費者的信任,買你的產品也更加放心一些;最後,上市後,獲得持續融資的能力,能獲取大量低成本資金,不用歸還,用來做企業想做的事。企業資金短缺了,可以通過增發的手段段時間內獲得大量的資金,用於緩解公司短期困境。

2. 創始人及投資方的角度

無論對於投資人還是創始人來說,股票上市後,企業估值提升,股東憑藉手中

7　創業財務與融資

的股份都實現了手中資產迅速增值。並且上市後，股票的流動性從以往較低的狀態迅速轉換成無限制性的快速流通，直白地說，通過上市可以簡單地將手中的股票折現，對於創始人來說，實現個人財富的巨大增長，對於投資人來說，套現的巨大收益再轉向下一個投資目標，這就是槓桿賺錢，普通人口中所謂的錢生錢。

3. 政府角度

地方政府推動企業上市已經成為普遍的一種現象，具體的例子有很多，為了地方經濟，為了地方品牌，為了地方人民，為了地方綜合競爭力等等，大家都明白，具體就不說了。

7.3.4.4　國內資本市場掛牌、上市條件

我們主要介紹目前國內主板、中小板上市條件、創業板上市條件和新三板掛牌條件，具體如表7-18所示。

表7-18　　　　　　　　　　依法設立且合法存續的股份有限公司

項目	新三板	創業板	主板（中小板）
主體資格	非上市公眾公司	依法設立且合法存續的股份有限公司	依法設立且合法存續的股份有限公司
經營年限	存續滿2年有限責任公司按原帳面淨資產值折股整改的，存續期間可從有限責任公司成立之日起計算	持續經營時間在3年以上	持續經營時間在3年以上
盈利要求	具有穩定、持續經營能力（無具體財務指標要求）	最近兩年連續盈利，最近兩年淨利潤累計不少於1,000萬元且持續增長。（或）最近1年盈利，且淨利潤不少於500萬元，最近1年營業收入不少於5,000萬元，最近2年營業收入增長率均不低於30%	最近三個會計年度淨利潤均為正數且累計超過3,000萬元，最近3個會計年度經營活動產生的現金流量淨額累計超過人民幣5,000萬元；或者最近3個會計年度營業收入累計超過人民幣3億元，最近一期不存在未彌補虧損
資產要求	無限制	最近一期末淨資產不少於2000萬元，且不存在未彌補虧損	最近一期末無形資產（扣除土地使用權、水面養殖權和採礦權等後）佔淨資產的比例不高於20%
主營業務	業務明確、突出	最近兩年內沒有發生重大變化	最近三年內沒有發生重大變化
實際控制人	無限制（股東數不能超過200人）	最近兩年內未發生變更	最近三年內未發生變更

表7-18(續)

項目	新三板	創業板	主板（中小板）
董事及管理層	無限制	發行人最近2年內董事、高級管理人員均未發生重大變化，實際控制人未發生變更。高管不能最近3年內受到中國證監會行政處罰，或者最近一年內受到證券交易所公開譴責	發行人最近3年內董事、高級管理人員沒有發生重大變化，實際控制人未發生變更。高管不能最近36個月內受到中國證監會行政處罰，或者最近12個月內受到證券交易所公開譴責
成長性及創新能力	不限於高新技術企業（向非高新技術企業開放）	「兩高六新」企業（即成長性高、科技含量高；新經濟、新服務、新農業、新材料、新能源和新商業）	無限制
備案或審核	備案制	審核制	審核制

7.3.4.5 企業上市流程

公司申請上市，要經過一定的程序和階段。

1. 企業自我評價階段

首先判別企業規模和成績狀況：假如淨利潤在3,000萬元以上且最近三年主營業務收入增長率在年均30%以上，能夠上創業板；假如淨利潤在5,000萬元以上，能夠上中小板。這些數不是硬性目標，但有很強的參閱意義。假如估計一兩年後能夠到達這個目標，那從現在就著手預備上市是比較適宜的。

其次要看行業：是不是限制性行業，行業的毛利水準，企業在行業中是否佔有龍頭位置或許有一定的競賽優勢，行業是不是有成長性……

再次看企業的歷史沿革：出資、股權之類的是不是清晰，民營企業是不是觸及集體企業改制問題，實踐操控人最近三年是否發作過變更……

然後看經營：是否依靠大客戶或許單一商場，抗風險才能如何，是否依靠關聯交易，有沒有同業競賽，如企業能有點技術含量最好，專利、商標、土地、房子權屬是不是清楚，上市募來錢預備投什麼項目……

還有合法性：最近三年是否受過嚴重處分，包含稅收、環保、土地、社保、海關等等各個方面。

還有許多條件，具體的能夠看《首次公開發行股票並上市管理辦法》和《首次公開發行股票並在創業板上市管理暫行辦法》。

2. 實際操作階段

①聘任三家仲介服務組織：證券公司（或許叫券商、投行）、會計師事務所、律師事務所，這三家是法定的仲介服務組織，其間以券商為首，承當保薦和承銷使命，會計師擔任上市審計，律師擔任上市相關法律問題。找對了人，這是要害中的要害。好券商也許貴，但能夠大大降低花冤枉錢的可能性，再說投行的收費中絕大

7 創業財務與融資

部分是上市後才給的，不上市不用給，所以一定要選好投行團隊。

②仲介組織做開始盡職查詢，發現存在的嚴重問題，斷定改制和上市計劃。

③企業改制。公司由有限責任公司改制為股份有限公司，改制進程中會計師出審計報告，一般還會再找個評價組織出財物評價報告。

④教導存案和布告。改制完成並斷定券商今後，券商作為上市教導組織和公司一起向當地證監局報送上市教導存案文件，並定時報送教導進程總結文件。教導存案後，公司要在當地報紙上登報布告。這個程序正式向外界宣告，公司進入上市的預備流程。

⑤仲介組織出場做細緻的盡職查詢。依據上市條件要求，對公司的各個方面進行查詢，發現存在的不標準的方面，提出整改主張。這個進程一向繼續到向證監會報送上市申報資料曾經。

⑥募投項目可行性研究報告編製和存案、環評。同券商洽談斷定上市募來的錢預備投什麼項目，然後延聘有資質的工程諮詢單位編製項目可行性研究報告，然後向當地發改委或許經委之類主管建設項目出資的部分請求項目存案，再向當地環保部分請求環境影響評價批覆。這個進程是包含在第 5 項作業的時間裡的。

⑦向觸及公司經營的一切政府主管機關，比如國稅、地稅、工商、環保、土地、海關、勞動和社保部分請求出具最近三年無嚴重違法行為的證明。這也是與第 5 項同步的。假如是污染職業及相關企業，需求做上市環保核對。

⑧教導完畢後請求當地證監局檢驗。

⑨盡職調查後形成上市請求文件，主要是招股闡明書等，報送中國證監會。

⑩證監會審閱，初審員、部位會、發審會都經過後，證監會出具核准發行並上市的批文。

⑪發行。向組織出資者、散戶發行股票。

⑫向證券交易所請求發行的股票上市。

● 7.4 案例分析：摩拜「賤賣」的背後

1. 事件回放

據第一財經報導，2018 年 4 月 3 日晚 9 點，摩拜股東大會在北京東三環邊上的嘉里中心舉行，在 2 個小時後，最終的投票結果剛剛過法律認定的投票數，摩拜被美團以 27 億美元拿下。交易細則是，美團點評出 16 億美元的現金，加 11 億美元的美團點評股票。A、B 輪投資人及創始團隊以 7.5 億美元現金股權退出。摩拜單車此前已經挪用 60 多億元用戶押金，並拖欠供應商約 10 億元，加起來超過 10 億美元。

摩拜 CEO 王曉峰在今天股東大會上的發言，有點讓人落淚：「規則就是規則，

創業管理

投票就是投票，如果大家做了這個決定，希望大家不要後悔」。據知情人爆料，最後的投票結果剛剛超過法定的投票數。王曉峰在昨晚結果出來後做總結，他無奈地說：「自己的態度其實一直都是堅持公司獨立發展，但胳膊擰不過大腿，在中國創業公司永遠繞不開各種巨頭。」

摩拜的創始團隊在這場博弈中，幾乎手無縛雞之力。第一財經報導稱，摩拜管理團隊在整個體系內沒有否決權（veto），當所有優先股股東的股權中超過50%，重大事項就可以生效，4月3日晚的摩拜股東會博弈就在於此。而在早先接受媒體採訪的時候，摩拜的創始人兼總裁胡瑋煒就稱，資本是助推你的，但最後你都得還回去。

美團董事長王興某日凌晨發了一條飯否稱：「摩拜是少有的真正的中國原創，是難得的有設計感的品牌，有著巨大的社會價值，將和美團一起開創更輝煌的未來。」4月4日，美團王興發布內部信，宣布美團和摩拜簽署全資收購協議，摩拜將正式加入美團。摩拜將繼續保持獨立品牌、獨立營運，摩拜的管理團隊將保持不變，王曉峰將繼續擔任CEO，胡瑋煒將繼續擔任總裁，夏一平將繼續擔任CTO，王興將擔任董事長。

2. 摩拜的融資之路

在這之前，摩拜已經完成累計11次融資，總金額在20億美元左右。但共享單車一直缺乏有效的盈利模式，外加激烈的市場競爭，這讓共享單車成為一場「燒錢大戰」。

融資時間	融資輪次	融資金額	投資方
2015.03	天使輪	146萬人民幣	李斌（領投）
2015.10	A輪	300萬美元	愉悅資本
2016.08	B輪	數千萬美元	熊貓資本、愉悅資本、創新工場
2016.08	B+輪	數千萬美元	祥峰投資、創先工場
2016.09	C輪	1億美元	紅杉資本中國、高瓴資本
2016.10	C+輪	5,500萬美元	高瓴資本、華平投資、騰訊、紅杉資本中國、啓明投資、貝塔斯曼亞洲投資基金
2017.01	D輪	2.15億美元	騰訊、弘卓資本、華平投資、攜程、華住酒店集團、TPG德太資本、紅杉資本中國、啓明投資、愉悅資本、貝塔斯曼亞洲投資基金、熊貓資本、祥峰資本、創新工場、鴻海集團、永柏資本、高瓴資本
2017.01	戰略投資	億元及以上美元	富士康、華興資本
2017.02	D+輪	億元及以上美元	淡馬錫、高瓴資本
2017.06	E輪	6億美元	騰訊、交銀國際、弘卓資本、TPG德太資本、紅杉資本中國、法拉龍資本、工銀國際、華興資本
2017.11	戰略投資	未透露	高通
2018.01	戰略投資	10億美元	未透露

7　創業財務與融資

相關媒體給出的爆料是，摩拜的早期投資方和創始團隊均早已套現出局，消息傳出前，胡瑋煒就開始清退自己在摩拜的股份。一個沒有經過摩拜方確認的消息是，有知情人士曾在 2018 年 1 月向 36 氪透露，「目前胡瑋煒在摩拜占股 9 個點左右，CEO 王曉峰比她要少一到兩個點」，該知情人士說，從 2017 年年底開始，摩拜一直在找包括美團、滴滴和國內的各大政府基金，尋求融資或者是收購，「也找了一些國外的大的基金，據說對方希望整合摩拜的資產後打包賣給有需求的大公司，但是前提是摩拜的創始團隊全部出局」。

3. 摩拜的財務報表

根據摩拜單車的財務報表，摩拜去年 12 月的收入只有 1.1 億元，去掉 5.65 億元銷售成本、1.46 億元管理支出以及 0.8 億元減值損失，當月虧損高達 6.81 億元。這種持續虧損的情況下，摩拜的股東放棄了支持，對很多股東而言，只想套現離場，離開這場往裡扔錢但看不到盈利希望的共享單車戰事。

摩拜 CEO 王曉峰：「稍微讓我有點欣慰的是，團隊和公司還沒有把大家的錢虧光，還有點小的收益。」「好多股東也糾結問我的意見，坦率說如果公司獨立發展有著非常大的機會，也有挑戰，但是我沒辦法……我相信投資機構有自己的業務判斷。」摩拜 CEO 王曉峰言語間透著一股無力左右局面的無奈，他說本來摩拜是有機會成為一家國際化公司的。

問題：

1. 怎麼理解摩拜的創始人兼總裁胡瑋煒所說的「資本是助推你的，但最後你都得還回去」這句話？作為創業者，您怎麼看待股權投資？

2. 美團董事長王興說：「摩拜是少有的真正的中國原創，是難得的有設計感的品牌，有著巨大的社會價值，將和美團一起開創更輝煌的未來。」您覺得美團併購摩拜的深層次原因是什麼？

3. 摩拜 CEO 王曉峰說：「自己的態度其實一直都是堅持公司獨立發展，但胳膊擰不過大腿，在中國創業公司永遠繞不開各種巨頭。」如果您是企業的創始人，您應該採用什麼措施保持對公司的控制權？

實用工具

1. 預計資本負債表
2. 預計利潤表
3. 預計現金流量表
4. 啟動資金預測表
5. 業務預測表（系列）
6. 融資輪次與股權稀釋表

復習思考題

1. 通過資產負債表，報表使用者可以瞭解哪方面的信息？
2. 通過利潤表，報表使用者可以瞭解哪方面的信息？
3. 通過現金流量表，報表使用者可以瞭解哪方面的信息？
4. 負債融資可能會增加企業的財務風險，同時也會帶來財務槓桿收益，創業企業應該如何控制企業的風險？
5. 企業上市決策應該考慮哪些因素？

章節測試

本章測試題

本章測試題答案

參考資料

[1] 左仁淑. 創業學教程：理論與實務 [M]. 北京：電子工業出版社，2014.

[2] 中國註冊會計師協會. 會計 [M]. 北京：中國財政經濟出版社，2017.

[3] 中國註冊會計師協會. 財務成本管理 [M]. 北京：中國財政經濟出版社，2017.

[4] 中國註冊會計師協會. 公司戰略與風險管理 [M]. 北京：中國財政經濟出版社，2017.

[5] 孫茂竹. 管理會計學 [M]. 7版. 北京：中國人民大學出版社，2015.

8　創業計劃書

學習目標

1. 知識學習
(1) 創業計劃書在創業活動中的意義
(2) 創業計劃書的基本結構
(3) 創業計劃書的寫作技巧
(4) 創業路演的目的和意義
2. 能力訓練
(1) 寫出一份規範的創業計劃書
(2) 將創業計劃書轉換為各種版本
(3) 熟練地進行創業路演
3. 素質訓練
(1) 團隊合作能力—合作完成創業計劃書
(2) 說服能力—說服投資人認同創業項目

章節概要

1. 創業計劃書概述：理解創業計劃書在創業過程中的意義
2. 創業計劃書的基本結構：提供基本的創業計劃書寫作結構
3. 創業計劃書的寫作技巧：值得注意的各項創業計劃書寫作要點
4. 路演計劃書設計：如何在路演活動中合理運用創業計劃書

創業管理

本章思維導圖

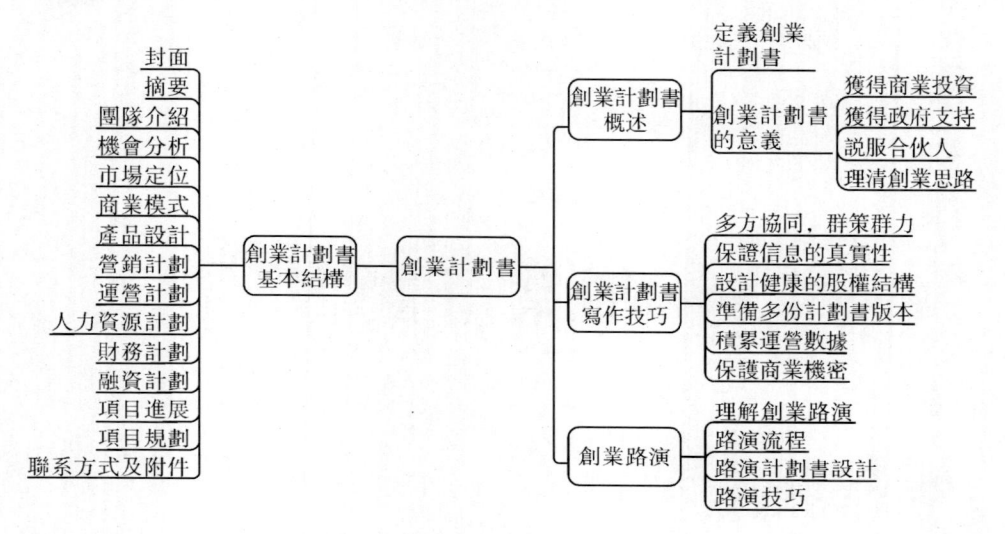

```
                          ┌─ 定義創業計劃書
              ┌─ 創業計劃書 ┤                      ┌─ 獲得商業投資
              │   概述     │                      ├─ 獲得政府支持
              │           └─ 創業計劃書 ──────────┤
              │              的意義                ├─ 說服合伙人
              │                                    └─ 理清創業思路
              │
封面          │                                    ┌─ 多方協同，群策群力
摘要          │                                    ├─ 保證信息的真實性
團隊介紹      │                                    ├─ 設計健康的股權結構
機會分析      │           ┌─ 創業計劃書 ──────────┤
市場定位      │           │   寫作技巧              ├─ 準備多份計劃書版本
商業模式 ─ 創業計劃書 ─ 創業計劃書                 ├─ 積累運營數據
產品設計    基本結構      │                        └─ 保護商業機密
營銷計劃      │
運營計劃      │                                    ┌─ 理解創業路演
人力資源計劃  │           │                        ├─ 路演流程
財務計劃      │           └─ 創業路演 ────────────┤
融資計劃      │                                    ├─ 路演計劃書設計
項目進展      │                                    └─ 路演技巧
項目規劃      │
聯系方式及附件
```

慕課資源

第 8 章 創業計劃書教學視頻（上）　　第 8 章 創業計劃書教學視頻（下）

本章教學課件

翻轉任務

1. 個人任務：觀看慕課視頻，準備在課堂中回答問題。
2. 團隊任務：為創業項目設計創業計劃書，並在課堂中以路演的形式進行展示。

8 創業計劃書

8.1 創業計劃書概述

8.1.1 定義創業計劃書

創業計劃書，也被稱為商業計劃書，在目前的創業市場中常常被簡稱為 BP（Business Proposal）。自現代化的金融體系日漸成熟，創業計劃書作為一種幫助創業者獲取投資的重要工具，就開始被廣泛運用開來。目前，隨著創業投資模式的發展，在各個行業和領域中，創業計劃書已經成為創業者在接觸投資人之前，必須事前準備好的一項重要的文書材料。

那麼，何為創業計劃書？從定義上講，創業計劃書是創業者或企業家出於獲取經營資金和資源的目的，根據合理的格式和內容而撰寫的，向讀者全面介紹公司和項目運作情況，闡述產品、市場、競爭、風險等發展前景和融資要求的文本材料。由於創業計劃書的本質在於吸引投資，因此在文本中，應當反應幾乎一切投資人感興趣的內容，這也意味著：創業計劃書的撰寫應當是以受眾需求為核心，而不是根據創業者自身的主觀意願來寫的。

隨著創業理念的發展，創業計劃書也不再拘泥於其原本使命，開拓了許多新的用途。在接觸政府部門、尋求關鍵合夥人、打通重要渠道時，如果創業團隊中沒有知名人士，則很難快速說服對方。這時，如果有一份精心準備的創業計劃書，展示獨特的商業模式和創業價值，則更容易打動對方，獲取重要資源，幫助企業快速成長。

因此，除了基本的創業素養，創業者也應當具備將想法落實到紙面、寫出漂亮的創業計劃書，以此獲得投資人青睞的能力。安達信公司於 2002 年進行的一項調查證明：相對於沒有創業計劃書的企業，擁有創業計劃書的企業的融資成功率要高出 100%。隨著「大眾創業、萬眾創新」浪潮的來臨，越來越多的草根創業者開始借鑑科學的創業方法，自然也開始重視創業計劃書的重要作用。

8.1.2 創業計劃書的意義

不論是對內還是對外，創業計劃書都具備重要的意義。因此，對於不同的讀者，創業計劃書產生的價值也是不同的，具體來說，其價值可分為：

1. 獲得商業投資

獲得來自風險投資人的支持，這是創業計劃書最關鍵、最原始的使命之一。對投資人來說，看一份創業計劃書，就如同和一個人交流，怎樣在這份文檔中體現出內容和風度，對創業者來說是一種挑戰——要知道，不同的投資人，其社會閱歷、思維方式、投資訴求、風格偏好等都有很大不同，這也要求創業者根據不同投資人的獨特訴求，準備多個版本的創業計劃書以備用。

創業管理

　　值得一提的是，許多人認為投資人能提供的僅僅是資金支持，但事實並非如此。對投資人而言，除了提供資金，還能提供許多寶貴的社會和商業資源來幫助創業項目快速發展，如供應商、銷售渠道、合作夥伴、關鍵技術、用戶數據等，意義重大。舉例來說，一個為在線旅遊平臺提供第三方服務的創業項目，如果能夠得到紅杉資本（曾投資途牛網、客路旅行等項目）的投資，其意義絕不僅僅只是獲得了經濟支持而已。

　　2. 獲得政府支持

　　在創業大潮的背景下，各地政府也愈加重視創業對國民經濟的巨大意義，也更加致力於打造理想的創業環境。許多城市的地方政府在制定創業扶持政策時，往往會投資建設創業園區和孵化器，為創業者們提供啟動資金、辦公場地、能源等必要的硬件基礎，稅收減免、快速審批、住房補貼等政策優惠，以及一系列第三方服務。

　　但政府的支持並不是無條件的，事實上，各個地區的政府對本地的產業發展都有清晰的規劃，在選擇扶持對象時，往往更偏向於符合地區產業規劃、能夠帶動本地就業、提升地區影響力、帶來稅收和環保收益的項目。這也要求創業者在撰寫提供給政府部門的創業計劃書時，必須突出以上內容，以說服政府並獲得扶持。

　　3. 說服合夥人

　　這裡說的合夥人，不是創業公司雇傭的員工，而是與創始人同甘共苦、分擔風險的關鍵成員。優秀的合夥人能夠發揮巨大的作用：有的合夥人自帶大量經費進入團隊、有的合夥人掌握了核心技術、有的合夥人對市場和渠道非常熟悉、有的合夥人經營著高價值的人脈資源……對初創企業來說，這些都是無比寶貴的資產。

　　然而，優秀的合夥人往往也是其他企業爭取的對象，如何說服合夥人加入？這就是創業計劃書的意義所在了。對合夥人來說，放棄當前的事業成為創業成員，要麼是需求經濟回報，要麼是尋求個人成就，要麼是追求自我實現——無論是哪一種，都需要創業者根據合夥人的訴求，去針對性地設計創業計劃書的內容。

　　4. 理清創業思路

　　從另一個方面來講，撰寫創業計劃書也並不是為創業者增加額外的工作負擔。創業計劃書涉及企業的戰略、環境、產品、行銷、財務、人力資源、股權結構、發展規劃等方方面面，設計創業計劃書，也是對創業計劃進行審視和反思的過程，能夠加深對項目的理解，提醒創業者注意關鍵問題，變相提高創業成功率。設計出內容翔實、邏輯嚴謹的創業計劃書，本身也是創業團隊能力的體現。

　　除了以上幾點以外，創業計劃書也能在其他許多場合發揮作用。在許多行業裡，相對於需求不穩定、機制不健全的創業公司，供應商更願意與成熟的大客戶合作。如果創業者能夠拿出一份翔實的創業計劃書，則能夠展示自身的能力和嚴謹態度，提高對方的合作意願，最終達成商業目標。

8.2 創業計劃書的基本結構

創業計劃書沒有所謂的標準格式，應該根據讀者訴求和使用場合的不同而加以調整，有時創業者自己的風格也會對創業計劃書的格式造成影響。因此，參照了多位創業者和天使投資人的意見，本章節將提供一個在線下詳談時使用的創業計劃書基本結構，供參考使用。但無論如何，創業計劃書都必須明確地告知讀者四個信息（尤其是投資人）：創業的原因是什麼？解決方案是什麼？項目進度如何？當前的資金和資源需求有哪些？

為此，我們建議創業計劃書以如下的結構進行設計：

表 8-1　　　　　　　　　　創業計劃書基本結構

1	封面	10	營運計劃
2	目錄	11	人力資源計劃
3	摘要	12	財務計劃
4	團隊介紹	13	融資方案
5	機會分析	14	項目進展
6	市場定位	15	發展規劃
7	商業模式	16	聯繫方式
8	產品設計	17	附件
9	行銷計劃		

下面，就該結構中的重要環節進行詳細說明。

8.2.1 封面

封面是讀者首先看到的部分，但同時也是許多創業者忽略的部分。實際上，作為創業計劃書的門面，封面的意義非凡，甚至在某些場合，投資人僅憑藉封面的信息就對創業團隊產生濃厚的興趣，從而促使合作的產生。

佈局整潔、內容清晰的計劃書封面，既能表達必要的信息，又能展示作者的審美，還可以激發繼續閱讀的慾望。作為典型的商業文書，創業計劃書的封面非常忌諱花哨的裝飾和繁多的文字，應當盡可能採取有力、乾淨的簡潔式佈局，展現創業團隊的商業素養。如果創業者在事前已經為創業品牌進行了 VI（視覺識別系統）設計，則務必將 VI 元素運用於封面設計中。

封面的內容不宜過多，通常包括企業名稱、品牌 LOGO、完稿時間等，如有需要，也可添加聯繫方式、版本號、「商業計劃書」字樣等，但最關鍵的，則是品牌口號。以「小馬夫捷運」項目為例，該創業計劃書在封面上寫出了「最實惠的城際

創業管理

物流解決商」這句品牌口號，用最簡潔的語言告知了投資人該項目的市場定位，既為雙方節省了大量時間，又體現了精練的歸納能力，給讀者以精心準備的感覺，無形中提高了對創業者的評價。通常，封面上的這句品牌口號不超過15個字。

圖 8-1　「小馬夫」創業計劃書封面

8.2.2　摘要

摘要是對整個創業計劃的濃縮，涵蓋了計劃書中重要的基本內容。可以認為，在很多情況下，摘要都是整個計劃書最重要的部分，其原因在於投資人們通常受限於時間和精力，不可能將每份計劃書都從頭到尾精讀一遍。根據調查，一位專業的投資人一般不會花超過5分鐘的時間去閱讀一份商業計劃書，對創業者來說，這意味著巨大的挑戰：如何在極短的時間內讓投資人瞭解項目的關鍵內容？

這就是摘要的重要意義。投資人通常會通過瀏覽摘要來快速瞭解項目，只有當他們被打動了，才會接著翻下去，繼續閱讀其他部分，也就是說，如果摘要寫不好，就算後面的內容再精彩，也難以讓投資人對方案感興趣。因此，摘要忌諱面面俱到，而應當力求精練，只展示結論而不展現論證過程，多用數據而少用敘述，用短語代替完整語句。尤其是在介紹創業項目時，務必把全部信息歸納到一句話當中，如果無法做到，很可能會被投資人認為是缺乏邏輯，或者商業模式太複雜。整個摘要應當盡可能壓縮到一頁以內，如果是PPT版本，也不應超過兩頁幻燈片。

建議在摘要中陳列以下內容：

1. 項目簡介（用一句話來描述項目的業務模式）
2. 團隊介紹（核心成員及職位）
3. 商業模式（主要寫產品和盈利模式）
4. 競爭優勢（用數據列出比競爭對手優秀之處）
5. 當前狀況（當前用戶量、月流水或銷量、市場份額等指標）
6. 投資回報（簡單的收入預測、回報的方式和時間）
7. 資金需求（融資金額，融資方式，出讓股權）

8.2.3　團隊介紹

許多初次創業者在寫創業計劃書時，很容易犯一個錯誤，那就是過於強調產品和業務模式，卻忽略了對創業團隊的展示。這樣的做法並不合理，因為對許多投資

8　創業計劃書

人來說，創業團隊成員本身就是重要的加分項，團隊中是否有專業人士，也經常成為確保融資成功的重要保證。試想，如果創業者在團隊介紹中羅列了該領域的頂尖學者和科學家，這必然將極大地提高投資人對創業項目的樂觀程度。

為此，創業者必須重視團隊介紹在吸引投資中的重要性。一份漂亮的團隊介紹並不需要列出太多成員，只需要展示核心團隊的3-6人就足夠了。以下是推薦在這部分展示的內容：

（1）照片。盡可能選擇正裝照，至少也應當是商務休閒裝；在大多數情況下，不推薦使用生活照或者藝術照。

（2）履歷。主要分為學歷和工作經歷。學歷並不總是越高越好，專業與崗位對口可能更重要；同理，在創業領域深耕多年的工作經歷是典型的加分項。

（3）成就。可以適當列出成員在各自領域取得的成就。營運經理經營過的社區、學者發表過的論文和科研成果、IT工程師開發過的互聯網產品、財務人員取得的證書、學生獲得過的競賽獎項，都能讓投資人高看一眼，並強化他們的信心。

（4）項目職責。各成員在項目中主要負責的工作。

8.2.4　機會分析

幾乎一切商業策劃都要求設計者對當前環境進行充分的分析，創業計劃書也不例外。環境分析是整個創業計劃書的基礎，創業者需要通過對整個市場環境進行深度思考，並從中找到切實的證據證明當前正是進入市場的最佳時機。如果太早，就可能會在高昂的市場教育成本下成為「烈士」；太晚，則會被競爭對手卡住位置、難以發展。

為此，環境分析必須回答以下問題：該領域的市場機會在哪裡？該機會的增長潛力有多大？市場上有哪些利好和利空因素？創業公司具備的優勢和劣勢有哪些？創業者需要用翔實的數據說明以上問題。

基於這一點，推薦使用完整的市場環境分析模型來展開本節描述。一個理想的、適用於創業計劃書的環境分析需包含以下內容（具體方法可參考本書「創業新機會」章節相關內容）：

（1）宏觀環境。建議用PEST分析法展開，即政治、經濟、社會、技術這幾個子環境。創業者應當翔實分析當前大環境下的各種趨勢，並指出創業團隊應當如何趨利避害、找到生存和發展的空間。

（2）微觀環境。建議討論行業、競爭、公眾、供應商、中間商、第三方服務商等子環境。創業者需要在這部分中指出該行業的特徵和態勢，探究行業與市場的關係變遷，預測未來的發展方向，以此來證明創業項目的合理性。

（3）目標市場。主要對創業企業想要接觸的顧客群體進行分析。在這裡，要指出顧客是誰、顧客群體規模、顧客購買動機和購買力、心理和行為特徵變遷、未來趨勢等關鍵信息。可以借助市場細分中的地理、人口、心理、行為細分來討論。

創業管理

由於環境分析涵蓋的內容眾多，這部分應當占據相對較大的篇幅，但也並非總是如此。如果創業者試圖接觸的投資人對本行業瞭解不多，則篇幅可相對較長；若投資人對該行業有深入研究、或已經投過多個該行業的項目，則不需寫得太長，列出關鍵因素，證明你對市場的深刻理解就足夠了。

8.2.5 市場定位

這部分可以看成是對機會分析的總結。「市場定位」指的是，創業項目在其目標受眾心目中占據的獨特位置。為了更精確地設計市場定位，有必要整合在機會分析中探討的關鍵內容，將其整理為「市場痛點」，引導出相應的「市場需求」，為市場定位找出重要依據。

「痛點」一詞可以理解為「當前市場上未被滿足的、競爭對手未能解決的需求」，準確地指出市場痛點，是對市場深刻理解的能力體現，也是打動投資人的重要理由。在結構上，這部分內容可以與機會分析部分進行合併，但若單獨提出，則能夠起到提醒讀者的作用，節約閱讀時間。

指出市場痛點的意義在於引出市場需求，以設計創業項目的市場定位。為此，以在線成人教育市場為例，建議參考如下方式展開本節討論：

表 8-2　　　　　　　　　　市場定位分析示例

市場痛點		市場需求	
痛點 A	用戶工作太忙，空閒時間少，難以系統地學習知識	需求 A	一款能利用碎片化時間進行學習的產品
痛點 B	線上無人督促，在學習時動力不足、難以集中精力	需求 B	一款能激發用戶持續高效學習的產品
痛點 C	市場上同類產品的體驗不佳，用戶容易半途而廢	需求 C	一款新奇、有趣、用戶黏性高的產品
市場定位：有趣又有料的互聯網碎片化時間學習工具			

通過對痛點的分析，就可以明確創業項目的定位，為之後的商業模式設計打下基礎。至此，整個創業方案就有了立足點，引出後面的內容也就順理成章了。

8.2.6 商業模式

商業模式的意義在於告訴投資人，創業團隊將如何解決上一部分中提出的痛點。許多創業者常犯的錯誤就是僅僅介紹創業公司提供的產品和服務，而不去細講產品是如何在滿足市場需求的同時，又能夠創造利潤的。為此，建議參考本書「創業商業模式」中提出的九要素模型來展開論述（詳細內容請參考相應章節）：

表 8-3　　　　　　　　　　商業模式九要素模型

1. 客戶細分	2. 價值主張	3. 渠道通路
4. 客戶關係	5. 收入來源	6. 核心資源
7. 關鍵業務	8. 合作夥伴	9. 成本結構

在市場需求的基礎上，商業模式必須設計得絲絲入扣、邏輯嚴謹，因此商業模式需要進行長期反覆的打磨和修改，並在產品測試的基礎上進行調整和優化。商業模式也是投資人們最常發問、質疑的部分，這也對創業者提出了較大的挑戰。

關於商業模式，投資人最關心的問題有以下幾點：

（1）收入問題：收入從何而來？何時能產生收入？關鍵業務的成長性如何？有哪些影響收入的關鍵因素？

（2）成本問題：固定和可變成本分別有哪些？成本分別於何時產生？需要投入多少成本才能產生收入？決定成本的關鍵因素有哪些？

（3）執行問題：整個商業模式中，最難執行的部分在哪裡？如何保障執行力？

推薦創業者們提前就這些問題做好充足的準備。

8.2.7　產品設計

若能夠通過出色的商業模式設計打動投資人，則產品就更容易被理解了。為此，創業者需要在這部分寫清楚有關產品設計的主要內容，說明產品的主要價值和工業原理，介紹開發和管理思路。如果創業項目屬於實體經濟，則有必要提供產品展示。

簡單來說，為了讓讀者更明確地看懂產品，應當在這裡陳述如下內容：

（1）產品介紹：提供產品展示圖，說明產品功能與特點，用數據化的方式對產品進行評價。

（2）品牌設計：展示品牌標示，詮釋品牌內涵，明確品牌定位。

（3）包裝設計：提供多個角度的包裝設計圖。

（4）新產品開發：說明新產品、新功能的開發方式及思路。

（5）專利：闡述產品已經獲得的專利證明。

出於明確展現產品優勢的目的，建議在介紹產品設計後，找出市場上與產品形成競爭關係者，做一個競品對比，其意義在於向讀者說明：為什麼顧客會選擇本企業的產品，而不是同類競爭對手的產品。

除非創業者選擇的項目屬於破壞式創新，否則建議創業者們一定要重視對競爭對手的分析——如果忽略這部分，或者寫得不夠深入，容易被投資人懷疑創業者的能力和項目的真實性。事實上，投資人們更傾向那些在市場上存在競爭對手，但能夠做得比對手更好的項目。

為此，在本節中以如下（或類似的）方式將企業產品與競品進行直觀對比：

表 8-4　　　　　　　　　　競品對比參考

品名	特徵	優勢	劣勢
競品 A			
競品 B			
……			
本品			

這部分內容應當盡可能內容翔實，並以數據為主要論據，做到公正客觀。對競爭對手的貶低，不僅容易被投資人看破，同時也是對自己的不負責。

8.2.8　行銷計劃

在企業營運中，行銷職能承擔了許多獨特而重要的工作，而作為一家創業公司，將創業期的行銷計劃寫入創業計劃書中，不僅能讓投資人明確基本的行銷規劃，也能使創業者重新反思行銷問題，實現最高效的價值產出。

完整的行銷規劃是一個複雜而又龐大的體系，因此一般情況下，投資人不會仔細看完整個計劃，但需要明確其中的重點問題。為此，建議在計劃書中按照如下方式展示行銷計劃中的重要內容：

（1）市場定位策略。結合之前章節相關內容，通過對市場定位策略進行闡述，投資人可理解創業者試圖實現其市場地位的具體路徑。為達到這一目標，創業者需在此寫出企業試圖定位的目標人群，也就是在商業模式中指出的目標市場。更重要的是，創業者需要說明企業選擇定位的具體方式，比如一家具有技術優勢的創業公司，可選擇產品差異化進行定位；而一家強調用戶體驗的公司，則能以服務差異化作為市場定位。

（2）產品組合及定價策略。產品是市場行銷的核心，因此在設計整體行銷規劃中，必須結合產品的實際狀況。然而，我們在第五章裡已經著重強調了關於產品的一些主要決策，因此在這一部分可從另一個角度闡述產品策略，那就是產品組合。創業者需要在此展示創業公司推出的產品組合概況，包括產品線、產品項目、相關產品深度數據等等，以及各產品線或產品項目的上線時間。另外，建議在此寫出基本的產品組合定價策略，這主要是用於展示如何運用不同的產品定價實現各產品功能定位。至於其他更細緻的價格調整策略，則沒有必要在此環節一一展示。

（3）行銷渠道策略。從產品生產環節到最終消費者，需要用一條精準的渠道通路將其連接起來，這就是所謂的行銷渠道。通過展現行銷渠道策略，可使投資人理解創業項目的渠道體系，增強說服程度。為此，需要在此部分寫明直接和間接渠道的選擇、渠道長度與寬度、典型渠道參與者等關鍵內容，以及公司儲備的渠道管理人員。

（4）傳播策略。通過合適的策略組合來傳播產品和品牌，在創業初期尤為重要，因此在計劃書中也有必要指出基本的傳播策略來展示創業者的思考深度。具體

8 創業計劃書

而言，創業者需要寫出基本的整體傳播思路就已足夠，並不需要過於深入。比如，可以在計劃書中談到使用的傳播方式有哪些（比如人員推銷、電視廣告投放、網絡自媒體營運等），但不用詳細寫出具體的執行方案（比如廣告創意、活動方案、媒體流量採買計劃等）。

創業者還需要根據創業項目的特點和行業特徵來調整行銷計劃的寫法。在某些情況下，行銷計劃會顯得非常重要，從而成為投資人重點關注的焦點，比如一家創業公司的商業模式核心為通過前期大量投資來快速占領市場，那麼行銷計劃的重要性甚至可能會超過產品本身。

8.2.9 營運計劃

營運計劃能夠體現一家企業基本的營運管理辦法，也是體現對創業項目的思考是否足夠細緻的重要指標。營運計劃細節繁多，涉及多方面的問題考慮，因此在創業計劃書中不需將所有營運細節全部展示出來，只需要列出對投資人有吸引力的部分就足夠了。

（1）產品設計方案。由於在商業模式和行銷計劃中都提到了與產品相關的問題，並有一個單獨的章節來介紹產品設計，這裡只需從產品的標準化、模塊化設計、產品工藝展示這幾個方面來說就足夠了。需要注意的是，如果是生產型的創業項目，則需要對該部分涉及的數據進行脫敏化處理來達到保密作用。

（2）採購與供應體系。創業企業需要保證穩定的採購以滿足持續發現的目標，為此需要在此部分展示採購的基本流程、供應商選擇、供應商合作方式等關鍵內容，以此來提高創業項目的可操作性；同樣的，此處也需要展現創業者對產品配送和售後服務的關鍵環節設計，比如配送模式、保修政策、投訴處理、客戶信息反饋機制等。

除此以外，創業者還需根據自身所處的行業特點來針對性地添加相關營運信息，比如一家以內容營運為主的互聯網創業企業，就需要對內容的採集、提煉、輸出等相關環節進行大體的介紹。

8.2.10 人力資源計劃

縱觀各領域、各行業裡的創業企業，團隊創業占據了絕大部分，這也使得人力資源計劃在創業計劃書裡占據了重要意義。創業人力資源包含了對原始創業團隊和創業企業員工兩方面的管理，並且對投資人而言，創業公司的人力資源策略體現了其成員能力分佈、成長潛力、未來潛在風險等關鍵信息，因此在計劃書中也應該體現相應的重點內容。

（1）組織結構。通過觀察組織結構，可以瞭解該企業內部的基本管理形態是怎樣的，以及企業的關鍵負責人有哪些，相關部門之間的關係等。建議創業者在此添

創業管理

加完整的企業組織結構圖，寫清各層級之間的關係和工作方式，以及關鍵崗位的具體人員等。

（2）企業制度設計。對人力資源的具體管理方式決定了創業企業對人才的利用效率，這也是為什麼需要在此部分交代企業制度中的關鍵內容。一般而言，投資人會對崗位職責、員工招聘（包括招聘方式、招聘條件、招聘崗位等）、員工培訓（培訓措施和培訓內容）、績效管理（包括考核內容評價方式）、薪酬福利制度、激勵機制等感興趣，為此創業者需要以合理的方式將上述資料展現在計劃書當中。

由於人力資源計劃內容龐大、細節繁多，創業者需要具備一定的歸納能力，將其中最關鍵信息充分展示出來。

8.2.11 財務計劃

為體現創業公司的財務狀況，創業者需要認真思考公司的財務問題，並將關鍵信息整理至本章節中。某種意義上，財務計劃是創業計劃書中最複雜的部分之一，因為一個創業公司的財務人員不僅要精通各種財務知識，更要對公司整體的經營策略有充分而全面的瞭解，才能提出有針對性的財務方案，幫助企業解決財務問題，並讓投資人看到創業團隊的嚴謹作風。

為此，需要在財務計劃中體現的關鍵內容如下：

（1）啟動資金預算。啟動資金是創業項目落地實施的重要保障因素，為此創業者需要說明在企業發展初期的經費預算——這也對投資人的投資決策有重要的參考意義。需要注意的是，創業者應當在計劃書中說明保證項目落地實施的啟動資金和保障項目在一段時間內穩定發展的營運資金，這些都會影響投資人對項目資金需求的判斷。

（2）業務預測。根據對市場的預測，創業者需要預估項目在一段時間內的銷售成果，以幫助投資人判斷項目的發展前景。雖然實際上，大多數創業者都很難精確估計創業期企業的銷售狀況，但創業者依然需要基於對市場的調查和判斷，並結合在營運計劃和行銷計劃中對成本和價格的分析，來提出一個大致可靠的銷售、採購或生產預測——這不僅有助於投資人的投資決策，更能展示創業者對市場和行業的理解程度。

（3）現金流預測。由於現金流與企業的生存能力關係密切，創業者也需要展示企業對現金的管理能力。為此，可設計現金預測表，在其中展示現金收入、現金支出、現金差額及借款額等多個現金流數據，以體現企業應對現金流變化的具體方案。

（4）預計財務報表。結合以上內容，創業者需要將各種預計的財務數據進行整合，並以財務報表的方式輸出，提供整體的財務分析依據。一般來說，在此部分需提供預計利潤表、預計資產負債表和預計現金流量表，並注意各報表之間數據的匹配性。

另外，如果項目已經落地營運一段時間，則可以提供過往的財務數據而非預測數據。然而，由於財務數據的高度敏感性，創業者需要謹慎地展示其中的關鍵指標，

並在公開場合對其進行脫敏化處理。

8.2.12 融資計劃

要想讓達成融資目標，則必須讓投資人瞭解創業者的融資要求。融資計劃的意義就在於此：通過閱讀本節，投資人能夠充分理解創業者為實現其商業模式和營運計劃而產生的融資需求，以及投資人能夠獲得的資金和股權收益。

在融資計劃中，需要重點突出的部分有：

（1）融資需求。在這部分中需要說明，為順利實現創業項目而需要的資金量。需要注意的是，這裡除了創業啟動資金，還需要說明為了保證創業企業在一段時間內的正常運轉而需要提前準備好的資金。投資界普遍認為，一個創業企業提前準備好在將來18至24個月內的營運資金是比較合理的。

（2）融資方案。在這裡需要指出創業者為解決資金問題而運用的各種融資渠道。在這裡需盡可能將各種渠道提供的資金額度寫清楚，比如多少金額由自籌完成、多少由合夥人集資、能申請多少國家和政府創業基金、還有多少需要由天使或風險投資人解決。

（3）股權結構。在創業計劃書中有必要交代創業企業的股權結構，包括持股人員和股份比例，可讓投資人理解對企業具有控制力的角色。一個健康的股權結構，是衡量創業者基本的基本標準之一。

（4）風險融資額度及出讓股權。創業者需要向投資人說明，意圖通過風險融資獲得的資金額度以及為此出讓的企業股權份額。為了吸引投資人的支持，創業者需要出讓適當的公司股權份額，以匹配由此而獲取的資金。另外對天使輪的企業來說，若投資人能夠接受此條件，則可計算出該公司的風投估值，公式為「公司估值＝風險融資額度/出讓股權」。

（5）資金用途。風險融資的用途是投資人主要關注點之一，因為創業者需要用相應的數據來證明，前面提出的風險融資額度並不是信口開河。創業者可從長期的固定資產投資（如土地、建築、設備、工具等）和短期的流動性投資（如材料、人工、物流、行銷、能源、備用金等）來闡明資金用途，若能寫得足夠細緻，則不僅能打消投資人的顧慮，也能為創業者塑造「考慮周全」的正面形象。這部分內容可以參考在經營計劃中涉及的財務報表來撰寫。

（6）資本退出方式。資本退出是投資人獲取投資回報的最後一步，因此，創業者也有必要為投資人考慮合適的退出方式。不需要將所有的退出方式都列出來，而應當結合項目的前景和發展規劃，針對性地提出一兩種合理的退出方案。

（7）過往融資經歷。非天使輪融資的企業，可視情況在這一章最後列舉出過往的融資經歷，供投資人參考並為公司估值。在這種情況下，建議在附件中添加企業最近的財務年報。

8.2.13 項目進展和發展規劃

為展示有力的證據、增強計劃書說服力，可在這部分中體現出來。在許多情況下，本章節的內容是至關重要的，尤其是創業團隊默默無聞，或項目本身是以後期營運為主要競爭力的互聯網產品的時候。

以下內容能夠比較理想地展現當前的項目進展：

（1）投資狀況

當前已經對項目進行的投資，可根據實際情況來寫。該內容可展示創業者的創業決心，以及對項目的前期營運能力。

（2）客戶狀況

當前創業項目已經獲得的市場成績，比如客戶量、平均消費額、購買頻率等。如果針對 B 端市場，則可列出關鍵大客戶；如果是互聯網企業，可列出 DAU、註冊用戶數量、用戶付費率等指標。

（3）其他工作狀況

開發 App、進行市場調查、獲得合作意願等，在項目尚未正式開展的情況下也可以作為實施依據列出。當然，如果項目已經開始營運，以上信息就不必展示了。

對項目未來的發展規劃則意味著創業者對項目的未來的戰略思考。由於風險投資的本質，投資人更加偏向回報較高的項目，期望創業者將項目盡可能做大，甚至一定程度上的野心也是可以容忍的。為此，對於那些想要拿到大筆投資的創業者而言，需要以行業第一或第二為目標，規劃企業在未來的發展戰略。

從時間上講，發展規劃可分為短期、中期、長期三個階段，當然也可以劃分為前期和後期兩個階段，如圖 8-2 所示。

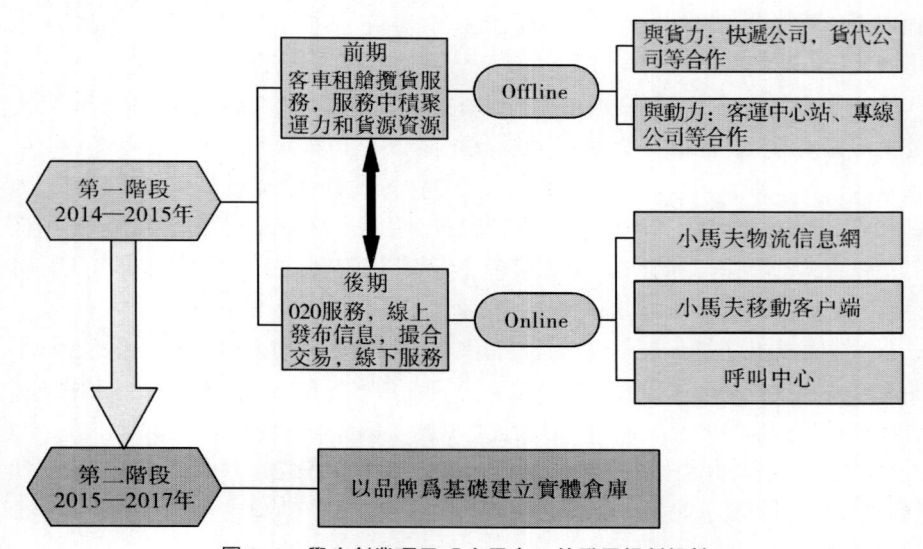

圖 8-2　學生創業項目「小馬夫」的發展規劃設計

8　創業計劃書

a. 短期規劃。短期規劃的內容應主要集中在解決企業生存初期面臨的問題，包括產品優化、行銷推廣、團隊構建等關鍵問題。

b. 中期規劃。著眼於提高競爭力，中期規劃可主要聚焦於如何從競爭環境中脫穎而出這一問題，比如如何擴展產品品類、豐富產品功能等。

c. 長期規劃。這部分更注重於整個企業對長遠發展的思考，因此可以適當宏觀一些，比如打造品牌生態圈、跨領域戰略投資等。

圖8-2是四川大學錦城學院2012級學生創業項目「小馬夫」的發展規劃設計，結構清晰，條理性強，可以作為參照模版。一般來講，在發展規劃中主要闡述清楚短期規劃就足夠了，在項目初始階段，創業者及投資人是很難預判行業未來的具體發展模式的，因此中長期規劃點到為止即可，不用過於詳細。

8.2.14　聯繫方式和附件

若投資人被創業計劃書打動，則會有進一步接觸創業者的動機。如果創業計劃書是通過郵件投遞或者他人代送的，則需要在最後附上相關的聯繫方式，方便雙方聯絡。任何合適的聯繫方式都是可以的，包括電話號碼、微信號、網站地址、微博和公號連結，以及相應的二維碼。

同時，不要忘記在計劃書的末尾加上附件，並在其中添加如下內容：

（1）市場調查報告

如果在項目實施前進行過市場調查，則可以把相應的調查方法和結論在此處展示，以展示創業立項的可靠性。

（2）項目風險報告

創業項目必然伴隨著風險，所以創業者也應當坦誠地指出項目面臨的各項風險，以及應對措施。可深刻探討市場（競爭和顧客）、政策（宏觀政策與法律環境）、財務（以資金鏈為主）、管理（人員失職）、災害（自然和人為）、質量（對顧客的危害）風險等角度詳細說明。這部分內容也可直接放在計劃書的正文裡。

（3）知識產權證明

如果創業團隊取得了相應的知識產權和專利證明，則可將證書以附件形式放在最後，展示團隊的專業能力。

（4）創業者經歷及相關新聞報導

如果創業成員有非常精彩的個人經歷，或接受過社會媒體的新聞報導，也可在此展示，起到錦上添花的作用。

（5）財務報表

對於已經開始營運的，特別是處於A輪及之後階段的創業項目，有必要將財務報表作為重要參照物放在附件裡。

（6）技術資料

如果有必要，可將產品的部分技術細節在此展示。注意，出於保護創業成果的

293

目的，盡量不要將核心技術全盤托出。

(7) 競品分析報告

作為競品對比的延伸，可以列出完整的分析報告以增加說服力。

以上，則是一般創業計劃書的基本格式。在撰寫結束後，創業者需以嚴格的標準對全文進行反覆的修改和優化，以此提高計劃書的品質。另外，在修改的時候也需要有所取捨，將精力集中於那些最重要的部分，而不是面面俱到、內容臃腫。

● 8.3 創業計劃書的寫作技巧

作為一種特殊的商業文本，對初次創業者來說，創業計劃書的寫作並不是件容易的事。即使對計劃書的基本結構有所瞭解，但若缺乏一些重要的寫作經驗，則難以讓計劃書發揮應有的效果。為此，筆者結合了多位創業者和天使投資人的意見，整理了一些對初學者來說非常有用的重要經驗，供讀者學習。

8.3.1 多方協同，群策群力

出於各種原因，許多創業者要麼獨自設計創業計劃書，或者交由第三方處理，這種做法是不負責任的。考慮到創業計劃書的重要意義，創業團隊需以項目管理的態度來對待計劃書的撰寫。因此，在理想情況下，創業者需集合眾多力量來完善計劃書，以求盡善盡美。

以下人員是擬定創業計劃書的主要角色：

(1) 企業創始人

創始人是撰寫創業計劃書的最主要角色，並需要負責主要部分。通常情況下，創始人都是計劃書的執筆者，需要對整個計劃書的結構進行設計。在一些關鍵問題上，創始人也需要具備決策和統籌能力，比如公司發展戰略、股權分配、融資條件等。另外，創始人也需要分配其他人員對創業計劃書的相關內容進行加工。

(2) 關鍵合夥人

創業核心團隊中的其他成員，特別是身處關鍵崗位者，則必須對計劃書中的具體部分提出自己的意見。比如，產品和營運人員需不斷反思和完善商業模式的設計，市場人員需做好競品和用戶分析，財務人員需做好預算和各類報表，技術人員則需講清關鍵技術邏輯，等等。除此以外，團隊的核心成員也需要進行多次討論，就整體的戰略方向達成共識。

(3) 外部專家

若能在創業初期就獲得有力的外部專家支持，則能讓團隊少走彎路，大大提高工作效率。不同領域的專家能夠從技術、市場、管理、關鍵資源等多方面為創業者

提供重要的支持，他們也能夠為創業計劃書中的關鍵內容提出建議。一些創業平臺機構的專家，甚至風險投資人自己，也願意幫助有潛力的創業者修改計劃書的格式和規範。

因此，在創作創業計劃書時應當群策群力，切忌單打獨鬥。有些創業者過於關注具體工作而讓顧問代筆計劃書，以此來應付投資人，其結果往往是信息傳達不到位，難以引起對方興趣。

8.3.2 保證信息的真實性

出於獲取高額回報的目的，投資人自然更願意投資那些具有良好的預期發展和投資回報的項目，某些創業者也由此產生了弄虛作假的想法，以此來獲取高額投資。他們通過修改財務和用戶數據，營造出產品受到追捧的假象；或是在沒有依據的情況下胡亂編造市場數據，惡意貶低競爭對手，對企業前景誇誇其談；甚至編造不存在的團隊成員和人脈關係，誇大自己的成就和經歷，將不成熟的技術條件吹得天衣無縫。

在很多年前，國內創業投資環境尚不成熟時，編造虛假的信息確實幫助一些人蒙混過關，拿到了可觀的融資。但在如今，整個創業產業鏈已經趨於成熟，相對早期的投資人來說，當代的投資人和投資機構在選擇項目時也理性得多，因此對創業者提供的各項數據，也會以更嚴格的眼光去審視。一旦發現不恰當或不明確之處，則會不斷追問和求證，讓弄虛作假者難以招架。

造假的另一個壞處，則是損害創業者在投資人心中的印象，對今後的融資帶來更大的困難。在現實的創投界，許多資深投資人由於常常與相關企業和從業者接觸，往往對行業的現狀和未來有非常深入的瞭解，比許多創業者還有過之而無不及，若是想要在市場前景上做手腳，則很容易被他們一眼看穿。與許多行業不同，風險投資圈其實非常小眾，投資家們在各種正式或非正式的場合下，也會「分享」某些無良創業者的行為。因此，一次弄虛作假的後果，很可能是被投資圈集體「拉黑」，承受個人信用崩塌的嚴重後果。

因此，創業者需帶著實事求是的態度來撰寫創業計劃書，既不作假關鍵數據，也不隱瞞潛在風險。要知道，完全沒有風險的創業項目是不存在的，誠懇地指出該項目的風險，再針對性地提出解決方案，非但不會嚇阻投資人，反而會為自己創造「踏實、真誠」的形象，有利於雙方進一步合作。

8.3.3 設計健康的股權結構

對於初次創業者來說，一個非常容易被忽略的問題，則是創業公司的股權結構。在投資人看來，股權結構意味著對公司的控制權，而由於許多創業者在這一問題上缺乏考慮，致使投資人們面對不合理的股權結構紛紛搖頭，不敢貿然介入。在筆者

創業管理

接觸過的眾多創業方案（特別是學生創業方案）中，許多團隊都不加思考地讓創業成員們均分股份，這是非常不可取的。要知道，按照公司法的規定，公司的普通決議需要半數以上的表決權通過，而特別決議則需要三分之二以上的表決權。混亂的股權結構會顯著影響公司的運行效率，甚至導致夥伴反目，對創業成果帶來嚴重傷害，如圖 8-3 所示。

創業公司 α 股權結構

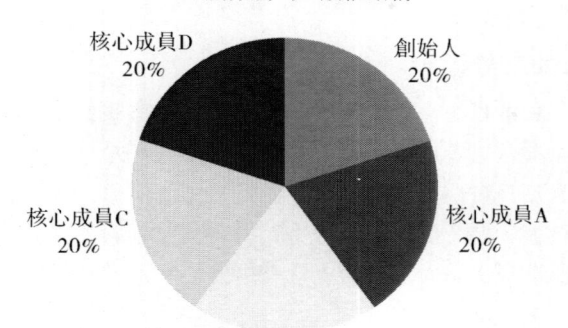

- 核心成員D 20%
- 創始人 20%
- 核心成員A 20%
- 核心成員B 20%
- 核心成員C 20%

圖 8-3　最差的創業公司股權結構

從圖 8-3 可以看出，創業公司 α 由創始人和其他 4 位核心成員共同創立，但由於各種各樣的原因，幾位合夥人選擇均分公司股權，即各自持股 20%。乍一看這種安排非常公平，但實質上卻埋下了巨大隱患：一旦各位成員想法不一致，就會立馬陷入誰也說服不了誰的尷尬境地——若是遇到有關整體戰略的重大決策，這樣的矛盾將會迅速激化，輕則拖延發展效率，重則摧毀整個創業項目。

從另一方面來講，一個成功的創業公司，通常不會僅僅進行一輪（種子輪或天使輪）融資，隨著事業的進步和發展，還會經歷 A 輪、B 輪、C 輪、直到 IPO 等多次後續融資。由於每次融資都會稀釋原始股份，事實上削弱創始人對公司的控制權，比如在剛才的例子中，某風險投資機構對 α 進行投資並部分持股，再通過股權交易的形式慢慢擴大股權份額，最終徹底將創業團隊邊緣化，也是有可能的。因此，一個明智的創業者有必要在創業初期就設置一個有利於未來發展的股權結構。

在第七章中，我們學習了有關創始人維護公司實際控制權的種種方式。結合這些內容，創業者可以參考以下方案，在創業計劃書中展示一個安全的股權結構示意圖：

(1) 保證基本持股安全線

根據持股比例，大股東對公司的控制力有所差異，其中控股 67% 以上被稱為絕對控制（擁有特別決議權）、51% 以上被稱為相對控制（擁有普通決議權）、34% 以上被稱為消極防禦（擁有重大決議一票否決權）。通常情況下，建議創業公司有一個能夠一錘定音的最終決策者（一般是公司創始人），因此在考慮到未來融資會造

8 創業計劃書

成的股權稀釋，應當在公司創立時，讓此決策者持有經過精確計算過的、相對較高的股份。比如，公司計劃在未來進行 3 次融資，每次融資出讓 10% 股份（事實上，建議每次融資出讓股份不超過 20%），則決策者擁有的原始股份額度需超過 $\dfrac{51\%}{(100\%+110\%)^3} \approx 67\%$ 以上，才可以在 3 次融資後依然保證對公司的相對控制。這一方法的缺點在於要求創始人在創業初期就拿出相當大一筆資金（中國公司法要求股東會議按照股東出資比例實行表決權），對於經濟能力較差的創業者來說有一定難度。

這一方案體現在創業計劃書中的股權結構如圖 8-4 所示。

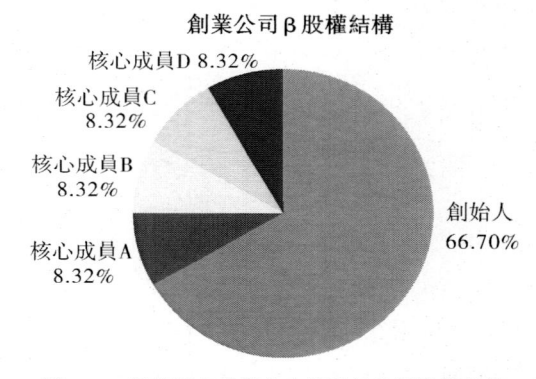

創業公司 β 股權結構

核心成員D 8.32%
核心成員C 8.32%
核心成員B 8.32%
核心成員A 8.32%
創始人 66.70%

圖 8-4　保證基本持股安全線時的公司股權結構

（2）通過公司章程確保控制權

如果創業團隊無法就安全持股比例達成一致，或者創始人無法拿出相應的資金，則可以退而求其次，通過在公司章程中增加相應的保障性措施來保證決策人對公司的控制力。在這種情況下，公司章程中可約定投票權委託機制，即要求數位指定的股東，將其通過股份得到的投票權委託給一位特定的股東，即主要決策人，使其投票權比例達到理想程度。或者要求特定股東同意一致行動人協議，這樣可保證當股東們意見不一致時，這些股東會跟隨一致行動人來進行投票。這一方法的缺點在於由於實際上違反了上市相關規章制度（中國 A 股股市嚴格要求同股同權，而這一方法導致的卻是同股不同權），所以在公司後期進行 IPO 時遇到一些障礙。

在此約定下，公司的股權結構嚴格來說沒有明確限制。

（3）通過平臺進行間接持股

如果創業者想通過員工持股計劃來進行激勵，同時保證對公司的控制力，則可以採取這種方案。在此情況下，公司本身除了主要決策人以外，其他股份均有一家有限合夥企業持有，該有限合夥企業的普通合夥人（擁有企業代表權和管理權）為創業公司創始人，其他所有股東，包括需要激勵的員工為有限合夥人（僅擁有出資權、分紅權和股份增值權）。有限合夥企業持創業公司的主要股份，但由於有限合

夥企業的實際控制人本身為創業公司創始人，也就由此實現了對公司的掌控。這種方案的好處眾多，比如公司股權結構更健康、關鍵員工得到股份激勵、實現內部融資、降低股權紛爭風險、減少稅賦成本（少交納企業所得稅）、同時也更能夠讓投資人安心。缺點在於操作複雜，需要額外的營運成本。

這種方案將導致創業計劃書中的股權結構圖呈現如下結構（圖8-5）：

創業公司Ω股權結構

創始人 5%
有限合夥企業 95%

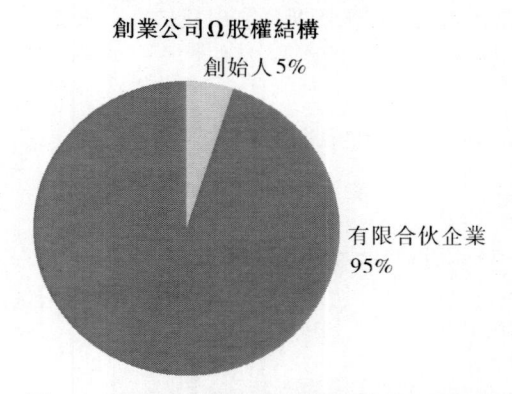

圖8-5　通過平臺間接持股的創業公司股權結構

另外，在此有限合夥企業中，創業公司Ω的創始人是其唯一普通合夥人，其他核心成員為有限合夥人，並根據他們的出資比例進行股權劃分。

（4）設計雙重股權結構

如果公司在境外成立，或者打算在境外上市，則可以選擇這種方案。雙重股權結構又稱為AB股，即公司同時發行A股和B股兩種股份，A股面向社會公眾發行，每股擁有1份投票權；B股面向企業內部控制者發行，每股擁有多份（通常是10份）投票權。A股和B股在經濟收益上保持一致，但由於B股擁有壓倒性的投票權優勢，因此公司可在募集資金的同時，牢牢地控制住公司的決策權，並且幾乎沒有惡意收購的威脅。然而這種方案存在一些缺陷，主要是由於剝奪了控制權而降低了投資人的投資意願，並且不能在境內使用——為了保護中小投資者，中國公司法嚴格要求上市公司「同股同權」（港交所也是如此），因此有此打算的創業公司，只能轉向納斯達克這樣的國外股市。

由於這種股權結構導致的同股不同權，故不提供參考股權結構示意圖。

總之，創業者需根據自身條件，設置適宜公司發展的股權結構。另外，不建議創業公司在早期就以對賭協議的形式拉攏投資人——早期的創業項目通常商業模式還不夠清晰，產品也未能打磨至極致水準，經營風險程度是比較高的；創業者可能會因為對賭協議中的考核要求而做出一些不利於長期經營的短期決策，而且一旦沒有達到要求，則會大量損失對公司的控制權。

8 創業計劃書

8.3.4 準備多份計劃書版本

創業計劃書具有很強的功能性，但根據場合的不同，其形式也應當有所差異。為圖省事而只製作一份創業計劃書，不僅無法充分發揮其作用，還會對閱讀者造成諸多閱讀障礙——試想，把一份幾十頁的創業計劃書寄送給從未謀面、時間緊張的投資人，他會有興趣讀完嗎？

因此，創業者需根據創業計劃書使用場合的特徵，針對性地設計多個版本，以滿足不同閱讀者的需求。在此，建議根據以下常見場景來設計不同版本的創業計劃書：

（1）一般面談

在一些創業平臺舉辦的線下活動中，創業者有機會直接與投資人見面，在這種場合下，創業者大概有10到20分鐘時間與其進行交流，為此應當盡可能將整個計劃書壓縮為20頁以內的文本，進行簡單的裝飾和塑封。當然，創業者也需要對計劃書的完整內容了然於胸，以應對可能出現的各類提問。

（2）電子郵件

投資人的日常工作之一就是查閱電子郵件，從中挑選出有潛力的項目進行進一步接觸。通常投資人不會在一封郵件花費超過5分鐘時間，因此需要創業者將計劃書高度精練為15~20頁左右的電子文檔（最好是PPT這類便於編輯和展示的文件格式）。

（3）詳談

如果投資人邀請你前往詳談，則意味著他對你的項目感興趣，想要獲取更多細節資訊。這時，則需要準備完全版本的創業計劃書，並根據投資人的喜好，針對性地突出其中的重點內容。要記住，即使是在詳談的情況下創業計劃書也並不是越長越好，而應當適當取捨。

（4）路演

作為一種略帶表演性質的商務活動，主辦方分配給每個創業項目的時間很短，通常只有幾分鐘，要在如此緊張的時間裡講清楚項目的主要梗概，是一件非常有挑戰的事情，要求創業者具有極強的歸納能力。關於路演的詳細問題，可參考下一小節的具體分析。

另外，創業者可能也需要根據投資人或投資機構的偏好，針對性地去修改創業計劃書。

8.3.5 累積營運數據

在這一輪創業熱潮剛剛到來的2013年左右，出於對優秀項目的渴求，許多投資機構都曾採用過「廣撒網」的方式來爭取創業者，造就了一段時間的創業「黃金期」。當時，由於創業環境及相關理念尚不成熟，一些投資機構並不會太過慎重地

創業管理

考察創業項目的質量，甚至敢於投資自己都不熟悉的領域，而在極端情況下，也出現過創業項目還未正式實施，創業者僅憑一份創業計劃書就拿到巨額融資的案例。

然而近年來，全球經濟下行導致投資人們不得不更加謹慎地做出投資決策；從另一方面講，與某些騙取融資的投機者交往的經歷，也讓他們變得更加理智。因此，如今的投資人往往會用相當嚴格的目光來審視創業者，過濾掉不良項目，降低投資風險。為此，創業者需要準備充分的證據，來證明項目的可行性，這也就是為什麼創業者們應當盡可能在接觸投資人前，為項目累積足夠的數據——畢竟，事實的說服力是最強的。

創業者們應當根據項目所處的行業特徵來準備數據資料。比如，對於一家互聯網企業來說，用戶量與用戶增量、付費用戶轉化率、日度/月度活躍用戶、平均付費金額、重複購買率、顧客流失率、應用商店排名、媒體報導次數、獲獎次數等營運數據需要被重點整理，並通過數據趨勢，分析出支撐產品發展的結論，以此來打動投資人。另外，創業者也應當適當提供一些財務數據分析，來證明盈利模式的可行性及公司長期發展的可能性。

也就是說，過去那種僅憑藉創業計劃書就拿到投資的情況，在可見的將來會越來越少。從這一角度講，創業者與其挖空心思設計漂亮而華麗的商業計劃書，不如踏踏實實地落實項目營運，用最小的成本快速測試產品、驗證想法、累積種子用戶，再通過這些事實來打動投資人。

8.3.6 保護商業機密

出於長期合作的考慮，投資人通常期望創業者如實地提供各類相關資料，甚至也會親自驗證這些資料的真實性。對創業者來說，這是一個兩難的問題：隱瞞信息，則會降低投資慾望，不利於今後的發展；如實公布，則擔心商業機密被剽竊，遭受無謂的損失。扎克伯格在創立臉書（Facebook）時，也是先從同學處打聽到了創意，再結合自身的技術能力，搶先同學一步做出了產品，這種備受爭議的行為也讓公司在很長一段時間裡深陷官司。

有此前車之鑒，再加上市場上相互抄襲的不良風氣，創業者們的擔憂的確是有道理的。然而在創業市場上，創意本身並不是稀缺資源，事實上絕大多數創業的想法都早已被前人提出或實踐，只是由於各種主觀或客觀因素導致其未能成功。在投資人看來，相對於創意本身，創業團隊的執行能力才是更重要的考核因素；僅將創意作為核心競爭力的創業者，多數情況下是難以獲得成功的。

因此，任何一個對團隊執行能力有充分信心的創業者，都不需要過分擔心創意被抄襲的問題——要知道，任何一個創意都有保質期，只要團隊動作夠快，就能夠在市場中拔得頭籌。對於比較核心的機密數據，則可以通過兩種方法來避險：

（1）數據脫敏化

通過選擇性地隱藏關鍵資源、模式和技術信息，防止公司的核心機密外泄。這

一方法主要適用於路演階段，由於路演參與者眾多（包括投資人和其他創業路演者），信息洩露的可能性相對較大，因此創業者需要格外注意審查在路演時使用的創業計劃書是否存在敏感數據的問題。

（2）簽署保密協議

如果投資人對創業團隊感興趣，並期望進一步詳談時，可要求對方簽署保密協議，以避免不必要的麻煩。因此，在詳談中使用的創業計劃書是需要包含一些核心數據的，創業者也應當防止該版本的計劃書流入社會當中。

8.4 創業路演

8.4.1 理解創業路演

路演是一項歷史悠久的活動，在全球商業史中扮演了重要的角色。歷史上最著名的路演活動之一，就是15世紀的義大利航海家哥倫布在探索東方大陸前，在歐洲列國進行的融資活動。哥倫布懷揣發現新大陸的願景，向歐洲各國民眾傳播著「從東方帶回香料和黃金」的理想，在艱難的融資之路上，通過不斷優化路演方案，最終打動了西班牙國王費迪南二世，拿到巨額投資，發現了美洲大陸，成為歷史上最成功的創業者之一。

與此同時，頻繁的商業交流也推動了路演的發展。在17世紀，全球第一家股票交易所於荷蘭建成以後，證券交易逐漸成為正常的市場行為。出於推廣證券發行的目的，券商們往往需要費盡心思去接近潛在證券投資者，但當時的大眾媒體尚不發達，進行廣泛傳播的成本很高，限制了券商與投資人的交流。為此，券商們不得不採取另一種做法：他們通過一些銀行家的幫助，將一些具備資格的投資機構聚集起來，向他們宣講項目、推介理念、演示產品、並推動雙方進一步合作，最終形成證券交易的初級市場。在早期，這種帶有表演色彩的活動通常都選擇在人口稠密的廣場或大道等公眾場所，這就是「路演」（Roadshow）一詞的由來。

時至今日，路演作為一種行之有效的宣傳手段，早已在各行各業的許多傳播活動中得以運用。在創業投資領域，由於郵寄創業計劃書的局限性，創業者和投資人需要線下的公共平臺來進行面對面的接觸，路演也就有了用武之地。在創業投資的路演環境下，創業者需要在有限的時間內讓投資人看懂並看好創業項目，投資人需要快速評價並做出是否繼續接觸創業者的決策，這也使得創業路演與其他路演形式相比，有很大的不同。

其他類型的路演，如商品展銷活動、證券交易會或影視作品首映式等，其主要目標在於達成交易、促進商品銷售。而對創業者來說，則切不可將路演的目標定位為「獲得融資」，其緣由在於一個創業項目能夠獲得的展示時間非常有限，想要在

創業管理

短時間內說服投資人進行投資，在絕大多數情況下是不現實的；對於投資人來說，也需要投入相當的時間和精力去進一步瞭解項目，因此也不會在路演現場就武斷地做出投資決策。從這一角度講，創業路演的目標應當為「引起投資人興趣，促成進一步詳談」，並將達成合作的最終目標交給之後的詳談來實現。

8.4.2 路演流程

目前國內外大多數路演活動均是由地方政府或大型創投平臺舉辦的，在流程和要求上也基本大同小異。在活動前，主辦方會對創業項目和投資機構進行基本的篩選，挑選出符合要求者，並發函邀請其參與——這裡的「符合要求」，主要指的是與活動主題相關的項目，比如某次以「大數據技術與運用」為主題的路演活動，基本上也只會有數據挖掘、大數據分析、數據安全、信息精準投送等領域的創業項目會收到邀請函，對於投資機構來說也是如此。

在路演活動中，主辦方會根據活動流程和項目數量進行相應的時間安排，通常一個項目能夠利用的演示時間為 5 至 20 分鐘（大多數情況下為 6 分鐘，10 分鐘以上比較少見），這也對創業者的演講能力有一定要求。一次活動可分為以下幾個階段：

（1）介紹階段。在創業者登臺演講前，活動主持人通常會對創業項目進行一個簡短的介紹，讓投資人們有一個初步的認識。雖然只有寥寥數秒，但恰到好處的介紹也能起到正面作用，舉例來說，某投資人正試圖涉足跨境電商行業，聽到下一個登臺項目剛好屬於本領域，則自然會集中精神，做好記錄準備。因此，如果條件允許，創業者最好事前與主持人進行溝通，並讓其以最佳的方式來介紹創業項目。

（2）路演階段。對創業者而言，最關鍵的環節則是路演階段，因為這關係到路演的成功與否。這一過程的細節眾多，在後面的小節中將會進行更加具體的描述。

（3）提問階段。如果時間不是特別緊張，主持人會邀請臺下的投資機構代表就創業路演進行提問。通常這一環節不會超過 5 分鐘，但提問的內容可能有許多變數，需要創業者進行充分的準備。

（4）意向階段。路演活動中，主辦方不會要求投資機構直接進行投資決策，取而代之的，是展示投資意向。「投資意向」指的是，投資人們參考創業項目的融資需求，對每個項目輪流舉牌，展示他們願意對其投資的額度。務必注意，這並不是說投資人一定會對項目進行投資，而是向創業者發出一個信號，暗示進一步詳談的意願。大多數情況下，一個項目可能會收穫多個投資機構的投資意向，但投資意向最高者，通常具有最強的詳談意願，也是適宜創業者首先接觸的對象。

另外，在路演活動結束後，投資人們一般不會立即離場，因此創業者需要抓住機會與意向投資人面對面接觸，互留聯繫方式，商議進一步洽談事宜。

8　創業計劃書

8.4.3　路演計劃書設計

雖然路演確有其表演性質，但對於真正想要獲得機會的創業者，則必須掌握相應的技巧。為了方便展示，演講時使用的創業計劃書一般為 PPT、Keynote、Prezi 等演示文件格式，通常不超過 12 頁，要求圖文並茂，字數越少越好。不同於詳談版本的計劃書，路演版本需對內容進行取捨，只展示關鍵內容，絕不可面面俱到。務必記住：路演的意義在於引起對方興趣、獲得詳談機會，而不是一股腦地把所有信息都交代給對方。

因此，以 6 分鐘路演為例，以下內容不推薦在路演中詳細展示：

（1）市場環境分析。雖然市場分析很重要，但臺下的投資人們無一不是久經商場的老將，對市場環境的敏感程度，比創業者自身只高不低，實在是沒有班門弄斧的必要。另外，完整的環境分析內容非常複雜，也不是短短數分鐘能夠講清楚的，如果表述中有不清楚之處，也容易引起投資人的質疑，徒增變數。

（2）行銷、營運、人力資源、財務管理計劃。由於體系複雜，每一個部分都包含巨大的信息量（比如行銷組合構建、產品生產計劃、人員激勵體系、各類財務報表等），不可能在短時間內達到理想的表述效果，尤其是一些敏感的財務指標（機密技術、關鍵人員的財務數據等），不僅難以講清，而且也有洩密的風險。

（3）附件。在上一節中已經指出，路演活動現場人員複雜，創業者需要隨時留意洩露重要情報的風險，因此不必展示商業技術機密。而其他附件內容的優先級並不高，沒有必要擠出時間細講，重要之處一筆帶過即可。

從另一方面講，以下內容是值得在路演中詳細展示的：

（1）團隊介紹。在投資人看來，優秀的團隊本身就是強大的競爭力，因此自帶「主角光環」的團隊可抽出時間，專門展示其關鍵成員，然而即使如此，也不推薦在團隊介紹上花過多的時間。

（2）市場定位。作為市場分析的精華，準確地指出市場痛點，可讓投資人們認可創業者對項目的理解程度，也可對接下來需要細講的商業模式打下基礎。在分析定位時，建議從調查報告中提取出關鍵數據來增強說服力——如果情況允許，最好將數據轉化為圖表的形式。

（3）商業模式。商業模式介紹是路演任務的重中之重，值得花大量時間進行設計，並將關鍵部分濃縮為 2~3 頁的演示內容。建議結合商業模式九要素模型，按照客戶細分、價值主張、渠道通路、客戶關係、收入來源、核心資源、關鍵業務、合作夥伴、成本結構的方式，快速而精確地進行闡述。如果商業模式不夠清晰可靠，不僅會讓對方懷疑創業者的能力，更可能動搖項目的基礎，遭受打擊和質疑。

（4）產品介紹。這部分的意義在於總結商業模式，展示產品樣品，並向投資人指出一個關鍵信息：為什麼顧客會選擇我們，而非競爭對手。同樣，這裡最好列舉

部分數據對比，但也要注意保密問題。

（5）融資計劃。無論時間有多緊張，都必須講清楚融資事宜，特別是融資額度和出讓股份額度，否則投資人無法給出投資意願。這裡也需要提及資金用途，至於股權結構則不需太詳細，用一張圖列出股權分配方式即可。

（6）項目進展。任何已經落實的工作都能夠增強投資人的決心，因此需盡可能將當前各項工作推進情況展示出來（包括獲得的獎項和榮譽）。涉及數據的內容，可設計為趨勢圖來增強說服力。

建議在開頭第一頁寫上一句關於創業項目的最簡潔的描述，如同詳談版本的創業計劃書封面那樣；在最後一頁向觀眾致謝，並寫上一句話的企業願景。

創業者不必完全嚴格按照特定流程來進行路演，對相關內容也可根據情況進行適當修改或調整。如果在反覆修改和練習後還剩餘一些可用的時間，則可以挑選經營計劃中的重點部分加以描述。

8.4.4　路演技巧

以下技巧是在長期的路演實踐中總結而來，適合創業新手參考的一些路演技巧：

（1）適當的穿著。許多初次創業者會選擇穿著正裝參加路演活動，但這其實並不合適。路演實際上帶有一定的表演性質，全套正裝給人一種嚴肅而呆板的感覺，影響路演效果。最適宜路演活動的裝束應當是休閒商務裝，既不會太散漫，也沒有正裝的壓迫感。不過凡事也有例外，如果是文化類的創業項目，也可以選擇相應文化代表的服飾作為裝束。

（2）用圖表和數據代替文字。路演演示文檔的最大忌諱，就是鋪天蓋地的文字，對創業者來說，如何用圖表和數據代替文字，非常值得深思。在修改演示文檔時，應當盡可能將較長的句子改為短句和詞語，將涉及數據的地方盡量以圖表來展示，做到數據可視化。

（3）學會講故事。講到市場痛點時，盡可能不要滔滔不絕地念流水帳，而應當運用「講故事」的方法，巧妙地引起聽眾的興趣。舉例來說，雷軍在發布MIUI8系統時，用一句「閱讀時來了條消息，回還是不回？」，不僅讓聽眾立即認識了新系統的優點，還令人印象非常深刻。另一個例子則是蘋果公司的MacBook Air發布會上，喬布斯從一個信封裡把苗條的新型電腦抽了出來，這個簡單的動作贏得滿堂喝彩。

（4）現場產品演示。如果條件允許，最好在介紹商業模式的時候，在現場對投資人進行產品演示；如果是互聯網產品，則需要提前確定路演現場的演示設備能夠連接網絡。請注意，產品演示雖然能大大提高說服力，但也不能耽誤太長時間。

（5）提前對投資人做功課。要想提高成功率，則創業者務必在路演活動開始前，對即將參加的投資人和投資機構做一些調查，包括該機構的投資額度、專注領域以及投資歷史等關鍵信息。如果有比較滿意的機構，則務必驗證項目的融資額度

8　創業計劃書

與該機構的投資能力是否匹配，並保證項目所處的正是其擅長的領域，最好確保該機構沒有投資過你的競爭對手。

（6）物料準備。如果主辦方允許，創業者可以準備多份簡版的創業計劃書（比如之前提到的郵寄版本）提供給現場的投資人，實現更好的路演效果。創業者也需要提前設計並製作好名片，在活動結束時發放給有投資意向的投資人。

● 8.5　案例分析：創業計劃書範文

封面示例：

傾醇花瓣酒

創業計劃書

Pure beauty
傾·醇
品味花香　傾国傾醇

－－向女性傳遞愛意的定情純釀－－

貴州花酒坊有限責任公司（籌）

305

創業管理

目錄示例：

目錄

1. 摘要 …………………………………………………………… 3
2. 團隊介紹 ……………………………………………………… 4
3. 機會分析 ……………………………………………………… 6
4. 市場定位 ……………………………………………………… 9
5. 商業模式 ……………………………………………………… 10
6. 產品設計 ……………………………………………………… 16
7. 行銷計劃 ……………………………………………………… 19
8. 營運計劃 ……………………………………………………… 21
9. 人力資源計劃 ………………………………………………… 23
10. 財務計劃 …………………………………………………… 25
11. 融資計劃 …………………………………………………… 27
12. 項目發展規劃 ……………………………………………… 29
附件 ……………………………………………………………

（備註：因篇幅有限，在此只列舉了要點）

正文示例：

1. 摘要

項目簡介——
　　該項目由貴州花酒坊有限責任公司經營，其核心是基於女性市場的民族特色工藝酒項目，產品為向女性傳遞愛意的定情純釀。

團隊成員——
　　·以傳承民族文化和養生技藝為己任、來自貴州黔西南苗族布依族自治州的青年駱俟抒承（布依族）為首席技術官的創業團隊。

商業模式——
　　·生產及銷售以「傾·醇」為主品牌的系列女性花瓣酒。
　　·以餐飲場所、娛樂場所、商場及終端消費者為主要銷售對象，通過產品銷售及特許經營獲取利潤。

競爭優勢——
　　·獨特的布依族花瓣酒釀造工藝，擁有技術專利，並申請商標。

8　創業計劃書

> ・曾獲得過 2014 年大學生品牌策劃大賽總決賽（臺灣）冠軍。
> **當前狀況——**
> ・已完成產品研發與試營運，目標區域為貴州省黔南州各市縣。
> ・試營運期間，年銷售額約為 80 萬元。
> **投資回報——**
> 當年預計營業收入為 450 萬元，預計前三年每年投資回報率在 20%～23% 左右。
> **資金需求——**
> 需要進行 300 萬元的風險融資，條件為出讓 15% 公司原始股份。

2. 團隊介紹

陳雨晴（女），四川大學錦城學院 2012 級市場行銷專業，任首席執行官 CEO。

駱佚抒承（布依族），四川大學錦城學院 2012 級市場行銷專業，任首席技術官 CTO。

代健，四川大學錦城學院 2012 級市場行銷專業，任首席財務官 CFO。

諶雪銀（女），四川大學錦城學院 2012 級市場行銷專業，任首席行銷總監 CMO。

（備註：因篇幅有限，此處略去創業團隊成員的履歷、資源和技能特長，略去團隊組織架構、略去團隊文化與合作精神等文字）

3. 機會分析

這裡，將對本項目市場環境中的一些關鍵點進行簡要分析。
政治環境——
高端酒發展受阻：自 2013 年過後，隨著國家對三公消費的進一步限制，高端酒

創業管理

精飲料（尤其是白酒）在各種餐飲場合中的現身次數越來越小，可見高端酒在此環境下，發展相當困難。但從另一方面講，小酒品牌卻迎來了發展的契機，特別是針對普通消費者的中小品牌，更是處於發展的風口階段。

品牌地方化：出於扶持本地企業的訴求，全國各地方政府均提出了對本地品牌的支持政策，如貴州政府出抬的《貴州省「萬名大學生創業計劃」實施方案》。在此條件下，大學生創業品牌可獲得來自政府部門的大力支持，減少其項目落地實施的難度。

經濟環境──

經濟發展降溫：整個 2014 年，全國經濟處於一個緩慢降溫的狀態，不僅 GDP 增速降至歷史最低的 7.4%，CPI 增幅也降低至 2.0%，PPI 下降至 -1.9%，意味著經濟不景氣、消費疲軟。這種經濟環境對創業品牌構成了一些不利因素，小品牌需要更加努力才能爭取生存空間。

女性購買力增強：2014 年的國內女性消費市場呈現出欣欣向榮的姿態。根據一份經濟學人智庫的研究，91% 的中國城市女性已經成為家庭收入的來源之一，並在至少五大類產品（化妝品、服飾、食品、母嬰用品、家居用品）上擁有甚於男性的話語權。這意味著女性正在構成一個購買潛力巨大的市場。

社會環境──

一方面對過量飲酒的抵制：就主流輿論來看，由於多年來對酒精危害的宣傳，普遍民眾對過量飲酒持負面態度。從另一方面講，由於酒文化深深植根於中華文化的基因中，民眾並不會對酒類飲料表示徹底的對立情緒，而這有助於酒類品牌的正常發展。

宴會飲酒需求下降：受政治環境影響，在創新擴散的作用下，消費者對各類酒精飲料的需求也呈現出下降的趨勢，少飲甚至不飲酒的觀點開始被社會接受。對小酒品牌來說，這是一個有一定負面意義的情況。

技術環境──

白酒品類創新不足：近年來，白酒領域並沒有出現太多的創新點。雖然有類似江小白這類小酒品牌出現，但就釀造工藝來講，未能有顯著的創新。這是白酒行業同質化競爭的一個縮影，但若是能打破這一慣例，則很可能創造有競爭力的差異化定位。

互聯網發展迅速：隨著互聯網的飛速發展和普及，網絡正在成為下一個關聯著無數用戶的窗口。籠絡相當數量的網絡用戶，可以為企業奠定成功的基礎，並以更高的效率進行客戶開發和行銷工作。

競爭環境──

目前，與目標市場（女性市場）相關的競爭對手如下：

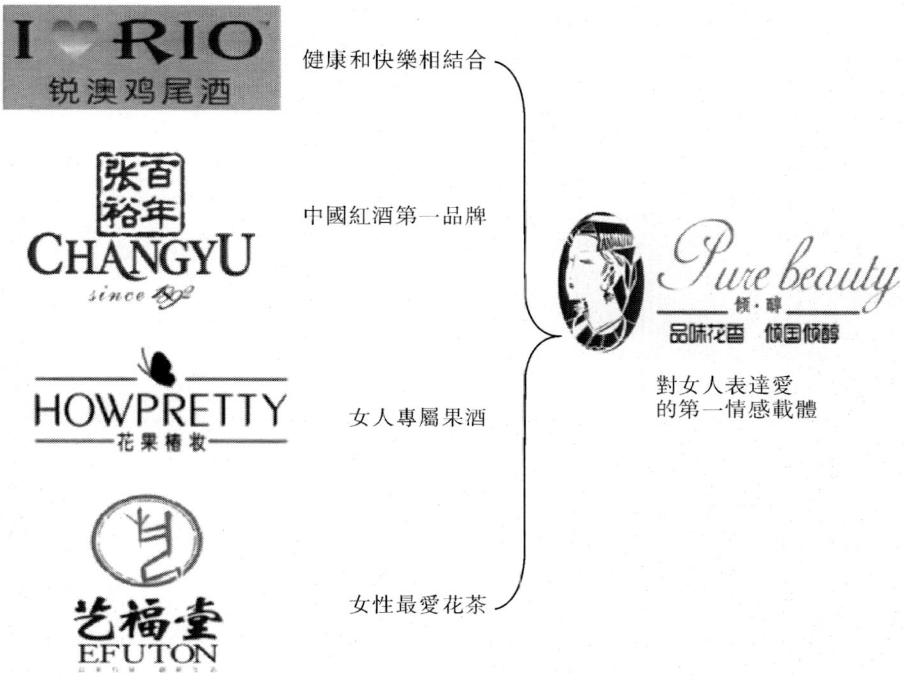

8 創業計劃書

- I ♥ RIO 銳澳雞尾酒 —— 健康和快樂相結合
- 張裕百年 CHANGYU since 1892 —— 中國紅酒第一品牌
- HOWPRETTY 花果椿妝 —— 女人專屬果酒
- 藝福堂 EFUTON —— 女性最愛花茶

Pure beauty 傾‧醇 品味花香 傾国傾醇 —— 對女人表達愛的第一情感載體

（備註：此處略去競爭者分析的詳細數據）

以上競爭者，均將女性歸類為其目標市場，但「女性表達愛的情感載體」這一定位，還是一個市場空缺，這有利於傾‧醇品牌的發展。

可以看出，白酒行業的競爭已經形成了一片紅海，在殘酷的競爭面前，傳統的小酒廠只能創新，只能進行差異化品牌定位。把花瓣酒定位為對女人表達愛的第一情感載體的做法，將跳出紅海，面對一片廣闊的藍海。

（備註：因篇幅有限，此處略去生命週期、「五力模型」「SWOT 分析」「波士頓矩陣」「GE 矩陣」等市場機會分析工具的應用，略去蒂蒙斯機會評價指標體系等量化評估工具的應用，具體寫法請參照教材第 2 章創業機會分析）

4. 市場定位

市場細分——

按照主次關係，將創業項目選擇的目標市場分解如下：

目標市場		客戶特徵	典型需求描述
主要目標市場	現在：20~50歲中產階級女性	有一定的經濟和教育基礎，熱衷於社交，對酒類產品有一定瞭解，以社交網絡為主要信息渠道	期望在傳遞愛意的場合時，能買到一款能為女性量身打造的酒精飲料
	潛在：更廣泛意義上的成年女性	特徵更為廣泛的愛好社交的女性	同上
次要目標市場	現在：20~50歲中產階級男性	有一定的經濟和教育基礎，熱衷於社交，對酒類產品有一定瞭解，以社交網絡為主要信息渠道	期望在對女性傳遞愛意的場合時，能送出一款為女性量身打造的酒精飲料作為禮物
	潛在：暫無		
其他目標客戶	現在：中高端商超、KTV、餐飲場所、活動策劃公司	吸引中高端客戶，其市場定位與本產品相匹配，商品定價普遍不會太低	需求與賣場定位相匹配的、能夠提高客戶下單率的高質量產品
	潛在：各類企業採購部門	在城市地區，中型規模以上，需要為企業員工提供員工福利	需求一款理想的用於婦女節、母親節等日期的女性員工福利

目標市場選擇——

傾醇酒選擇的目標市場以女性為主。具體來說，其典型特徵如下：

- 地理維度——生活於全國一線至三線（前期主要以都勻市、成都市、貴陽市為主）城市
- 人口維度——20至50歲的中產階級女性
- 心理維度——社交愛好者
- 行為維度——有過飲酒經歷，以社交群體為主要信息源

另外，各類中高端商超、娛樂場所、餐飲場所等，屬於本產品的B端受眾。

目標市場定位——

基於以上環境分析，可整理出當前酒類市場的部分痛點及需求，並根據以上特徵，總結出適合該項目的市場定位，如下表所示：

市場痛點		市場需求	
痛點A	對女性用戶來說，專注於女性市場的酒類產品選擇很少	需求A	一款專為女性用戶設計的酒類飲料，極大地降低酒精副作用
痛點B	當前酒類的定位多為自己飲用，沒有滿足女性的贈禮需求	需求B	一款用於傳遞愛意的禮品酒
痛點C	市場上同類產品設計雷同，沒有創新點，難以引起購買興趣	需求C	一款採用新穎的布依族花瓣酒工藝製作的酒
市場定位：對女性表達愛的首選情感載體			

5. 商業模式

行銷計劃——（依據第七章市場細分，在此省略）

8 創業計劃書

價值主張——

結合諸多因素，現將本項目的價值主張總結如下：

C 端市場價值主張

價值要素	價值主張
價格	相對同類產品較高的性價比
功能性	不影響健康，不產生顯著副作用
主動型問題	表達愛意、傳遞情感的首選載體
被動型問題	展示獨特的鑒賞和審美能力，提升個人社交身分
附加價值	易於購買

B 端市場價值主張

價值要素	價值主張
品牌效應	帶動門店或企業的品牌形象提升
擴展市場	提高對中高端女性用戶的吸引力
增加銷售	提高有女性的客戶群體的下單率
解決問題	解決企業在典型節日時的員工福利問題

渠道通路——

綜合以上信息，結合消費者購買決策過程與組織購買決策過程模型，一個高效的接觸顧客的渠道通路如下所示：

C 端市場渠道通路

渠道階段	渠道選擇
問題認知	雜志、樓宇、地鐵、報刊、主流視頻網站等廣告投放，商超廣告投放及銷售人員推銷
信息搜集	官方雙微（微博、微信公號）
評價與選擇	線下商超、官方雙微
購買	線下商超、官方天貓及京東平臺、微網店
購後行為	短信回訪、雙微營運、媒體投放購後廣告

B 端市場渠道通路

渠道階段	渠道選擇
問題識別	人員地推、糖酒會和婚博會、行業雜志廣告投放
需求說明	電話訪問、專職行銷人員接觸
評價與選擇	專職行銷人員接觸
簽訂合約	專職行銷人員接觸
績效評價	電話及郵件回訪、專職行銷人員接觸

創業管理

客戶關係——

根據產品特徵，可將消費者按照以下三個維度劃分為不同的顧客類型：

- 消費頻率——月均購買產品兩次以上者，可歸類於高價值顧客
- 消費金額——月均消費金額在400元以上者，可歸類於高價值顧客
- 傳播頻次——月均口碑傳播品牌兩次以上者，可歸類於高價值顧客

同理，組織客戶的重要性劃分維度為：

- 採購頻率——平均每月進行一次以上採購者，可視為高價值客戶
- 採購金額——平均每月採購金額在4萬元以上者，可視為高價值客戶
- 合作意願——願意配合本企業進行活動推廣、願意優先推薦本產品者，可視為高價值客戶

對於以上高價值客戶，本企業將按照如下方式發展雙方客戶關係：

關係類別	對象	維護方式
優先選擇關係	C端消費者	建立定期信息推送機制，優先提供新品推廣和促銷信息，通過品牌營運將其發展為品牌忠實顧客，鼓勵其進行口碑傳播
合作夥伴	B端客戶	提供功能折扣獎勵，雙方共享客戶信息，針對市場進行新產品研發創新，共同進行市場開發，建立長期供求關係

收入來源——

根據產品特性與顧客類型，本項目的收入來源整理如下：

收入來源	收入方式	收入產生節點	重要性
終端消費者	直接購買	初期	主要
零售終端（商超、KTV、餐飲場所等）	採購	初期	主要
公司採購部門	採購	初期	次要
活動策劃公司（如婚慶）	採購	中期	次要
獨立經營實體	特許經營費	後期	次要

核心資源——

目前，企業已經擁有的核心資源如下：

資源名稱	描述	支持因素
實體資產	廠房、設施、運輸工具與銷售網絡	地處貴州黔西南布依族苗族自治州的生產資源及已經建立的銷售網絡
知識資產	品牌與專利	已進行商標註冊、已申請相關釀造工藝專利
人力資產	技術工人與管理團隊	擁有熟練的釀造工匠，以及一支成熟的行銷團隊

與此同時，企業還缺乏的核心資源如下：

8 創業計劃書

資源名稱	描述	獲取方式
實體資產	更大規模的生產與銷售條件	併購本地中小型酒廠、建立銷售團隊來建設銷售渠道
金融資產	現金流動性	融資

關鍵業務——

本企業主要業務可按照價值鏈體系，整理如下：

活動類型	價值鏈類型	作業鏈類型	保障措施
重點活動	市場研究	環境調研	成立市場部門，定期進行市場調研活動
		行業調研	
		顧客調研	
		數據分析	
	產品開發	產品設計	成立產品部門，根據信息反饋進行定期產品升級和新產品開發
		價值工程	
		標準化設計	
		模塊化設計	
		工藝設計	
	採購	編製採購計劃	設置採購部門，負責日常生產資料的採購和管理工作
		供應商評估	
		報價與談判	
		訂單驗收	
		庫管	
	製造	生產計劃	產品部門成立生產團隊，按照生產計劃對生產工作負責；同時與合格代工廠合作，提高生產效率
		生產作業	
		產品檢驗	
		包裝	
		物流	
	新媒體營運	客戶信息管理	在市場部門中成立一支營運團隊，負責品牌的網絡營運
		日常信息發布	
		客戶反饋處理	
		活動規劃	
		數據採集	
	推廣	整合行銷計劃	在市場部門中成立一支推廣團隊，負責產品的市場推廣；同時與廣告代理商合作，提高推廣效果
		人員地推	
		廣告投放	
		公關	
		贊助	
	渠道管理	渠道建設計劃	在市場部門中成立一支渠道管理團隊，負責渠道工作；同時與地區代理商合作，提高績效
		渠道網絡建設	
		渠道績效管理	
		渠道成員維護	
	售後服務	大客戶跟蹤服務	在市場部門中成立一支售後團隊，負責售後服務處理
		投訴及問題處理	
		信息存檔	

創業管理

活動類型	價值鏈類型	作業鏈類型	保障措施
輔助活動	人力資源管理	崗位設計	成立人力資源部門，負責企業的人力資源事宜
		人員招聘	
		績效管理	
		培訓與福利	
		激勵與薪酬制度	
	技術研發	技術論證	在產品部門中成立一支科研團隊，負責新的釀造技術研發；同時與高校合作，開展技術研發
		技術測試	
		標準化	
		技術運用	
	財務管理	報表編製	成立財務部門，負責一切財務活動
		財務預測	
		融資設計	
	行政後勤	計劃編製	成立後勤管理部門，負責一切後勤工作
		信息傳遞	
		文書管理	
		財產管理	
		員工生活管理	
		安全管理	

重要合作——

為保證企業的順利營運，將關鍵業務與資源合作者整理如下：

要素	來源	潛在合作者	合作方式	合作風險
關鍵業務	自營業務：絕大多數業務	高校、代工廠、大區代理商、廣告4A	訂單、協議、校企合作等	合作者無法達到期望值（行動遲緩、技術不達標、違背協議等）
	需夥伴提供業務：技術研發、製造、渠道管理、推廣			
核心資源	自有資源：實體、知識、人力資源	天使投資人、風投、中小型酒廠	投資、建立平臺、併購等	
	需夥伴提供資源：實體、金融			

成本結構——

本企業主要成本結構及應對措施如下：

成本類型	成本評估	控制方案
固定資產	高成本	減少企業直接設備投資，在初期多採用合作生產的方式來降低壓力
貨幣資本	高成本	減少負債率較高的借貸方案，通過風險融資來提供初期流動性
生產	高成本	合理化生產計劃，減少庫存和浪費，通過規模化降低成本，優化產品組合結構
研發	中成本	通過資源合作的方式（如共享知識產權）降低研發成本
行銷	高成本	數據化管理，減少廣告浪費，整合供應鏈形成渠道一體化
人力	中成本	嚴格控制崗位、建設企業文化，提高員工工作效率

6. 產品設計

產品介紹——

本企業的產品組合如下圖所示。

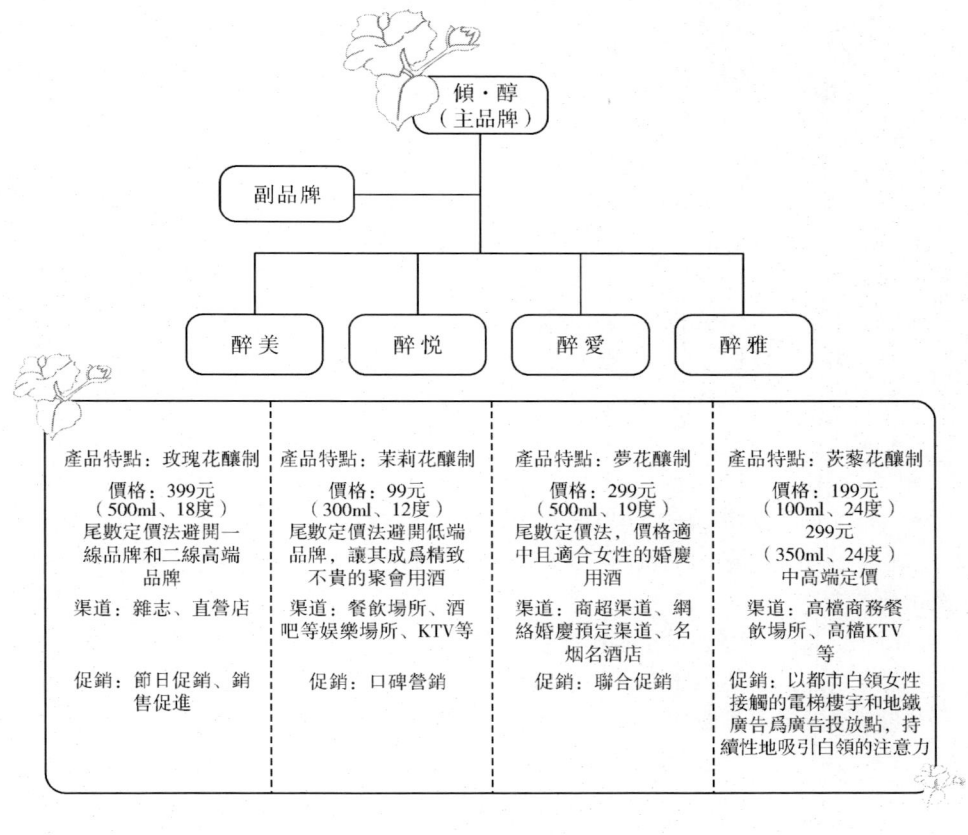

```
                    傾·醇
                   （主品牌）
                      │
                    副品牌
                      │
        ┌─────────┬────────┬────────┐
       醉美       醉悅     醉愛      醉雅
```

產品特點：玫瑰花釀制	產品特點：茉莉花釀制	產品特點：夢花釀制	產品特點：茨藜花釀制
價格：399元（500ml、18度）尾數定價法避開一線品牌和二線高端品牌	價格：99元（300ml、12度）尾數定價法避開低端品牌，讓其成爲精致不貴的聚會用酒	價格：299元（500ml、19度）尾數定價法，價格適中且適合女性的婚慶用酒	價格：199元（100ml、24度）299元（350ml、24度）中高端定價
渠道：雜志、直營店	渠道：餐飲場所、酒吧等娛樂場所、KTV等	渠道：商超渠道、網絡婚慶預定渠道、名烟名酒店	渠道：高檔商務餐飲場所、高檔KTV等
促銷：節日促銷、銷售促進	促銷：口碑營銷	促銷：聯合促銷	促銷：以都市白領女性接觸的電梯樓宇和地鐵廣告爲廣告投放點，持續性地吸引白領的注意力

其中：

傾醇·醉愛：傳遞愛情的第一載體　　　　　　　（前期主推）

傾醇·醉美：提倡愛自己的「每日一飲」的飲酒理念培養（後續跟進）

傾醇·醉悅：閨蜜、親人的愛的傳遞　　　　　（待開發，進一步跟進）

傾醇·醉雅：商務用酒　　　　　　　　　　　（待開發，進一步跟進）

創業管理

品牌 LOGO 設計——

- 中文「傾·醇」來源和用意：「傾」字表示女子傾國傾城的美麗，「醇」字替代「酒」字降低了女性對「酒」字的敏感程度，同時突出了花瓣酒的產品特性。
- 英文「pure beauty」來源和用意：「pure beauty」成為中文傾醇品牌的昇華，傳遞的是傾醇帶給每一位女性的美，以及傾醇追求的美。
- 人頭像的來源和用意：以布依族女子的頭像剪影而成，除了傳遞布依族的文化，同時代表了女性這一目標消費群體。

品牌核心價值：傾醇，只給最愛。

核心價值解讀：

- 只：「只」表達出專一、唯一、專注，非你莫屬的情感傳遞。
- 給：「給」是指傾醇鎖定以愛情為主打的送禮酒市場，成為每一個男人傳遞給自己心愛的女人的愛的載體，傳達給消費者的理念就是喜歡自己心愛的女人，就應該用傾醇表達。
- 最愛：最愛不僅僅是指將傾醇送給最愛的女人，同時最愛音同「醉愛」，突出了花瓣酒的產品特性和微醺不醉的女性品酒理念。

包裝設計（產品外觀）——

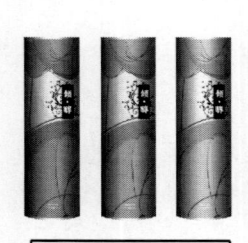

↑次要包裝設計

←首要包裝設計

品牌傳播設計（海報）——

倾\醇\·\醉\爱
献给你最爱的女人

（備註：因篇幅有限，此處略去產品設計說明、專利設計圖、產品功能介紹等內容）

7. 行銷計劃

產品策略——

在創業前期，將以傾醇·醉愛和傾醇·醉美兩款產品作為主要生產和銷售對象。具體來講：

醉愛產品作為禮品定位，主要採用茨梨花和玫瑰花釀制19度，500ml的禮品裝作為標準規格，以玫瑰紅和高貴紫兩種顏色作為主要包裝色。其產品訴求為：以酒帶花，表達男女之愛。

醉美產品作為獨飲、功能、收藏酒，主要採用18度，500ml裝作為標準規格，產品包裝以高貴的紫色為主。其產品訴求為：倡導獨飲、享受生活、收藏品；讓女人學會獨處，寵愛自己的生活理念；每天來一杯，美麗多一點。

定價策略——

兩種產品均採取尾數定價法，其中醉愛玫瑰紅款定價199元，高貴紫款定價299元；醉美定價399元。採用此種定價，醉愛系列可填補男女贈禮市場100-300元市場空白，而醉美系列可避開一線及二線高端品牌。

渠道策略——

對於各產品線，均採用線上+線下的方式進行渠道建設。其中，線上渠道主要由企業自主營運，直接面向終端消費者；線下渠道主要以聯合經銷商的方式進行。

線上渠道

- 天貓旗艦店：於天貓平臺建設傾·醇品牌旗艦店。
- 京東專賣店：於京東平臺建設傾·醇官方旗艦店。
- 微店：建設微信平臺訂貨渠道。
- 官方網站：在官網設置直接訂購連結。

線下渠道

- 餐飲場所：建設一、二、三線城市（主要為都勻市、成都市和貴陽市）品牌餐飲場所渠道。
- KTV：類似餐飲場所，於中高端KTV建設銷售渠道。
- 商超：類似餐飲場所，選擇中高端賣場建設渠道。
- 大區代理：招募城市代理商，進一步拓展本地化銷售渠道。
- 直銷渠道：建設一支銷售團隊，建立企業與活動策劃公司這一渠道。

推廣策略——

按照線上/線下的方式建立推廣體系。

線上推廣

- 雙微推廣：設置官方企業微博號以及官方微信公眾號，除了雙微日常營運，還需要購買微博關鍵詞、微信朋友圈廣告等。

8　創業計劃書

• 視頻網站推廣：以愛奇藝視頻站為主要推廣渠道，購買 15S 視頻貼片和搜索頁面信息流廣告，並定期投放原生廣告。

線下推廣

• 紙媒推廣：在《瑞麗》《昕薇》等女性雜志上投放品牌廣告，設計企業介紹、產品介紹、企業微博微信二維碼和天貓店鋪地址等信息。

• 戶外推廣：在主要城市 CBD 及附近樓宇、地鐵等媒介投放品牌廣告，展示產品和品牌信息，提高知名度。

綜合來看，2015 年全年傾·醇行銷推廣進度如下：

傾醇行銷推廣進度甘特圖

任務	項目	時間	時間推進（2015）											
			1	2	3	4	5	6	7	8	9	10	11	12
1	雙微推廣	1－12 月												
2	瑞麗雜志	1－6 月												
3	地鐵廣告	1－2 月												
4	情人節活動	2 月 14 日		2.14										
5	愛奇藝廣告	4－7 月												
6	樓宇廣告	4－9 月												
7	母親節活動	5 月 12 日					5.12							
8	昕薇雜志	7－12 月												
9	七夕節活動	七月初七								7.7				

（備註：因篇幅有限，此處略去行銷策劃的具體內容，可以作為附件放到創業計劃書的後面）

8. 營運計劃

採購體系設計——

公司對原材料的採購將嚴格遵守以下流程：

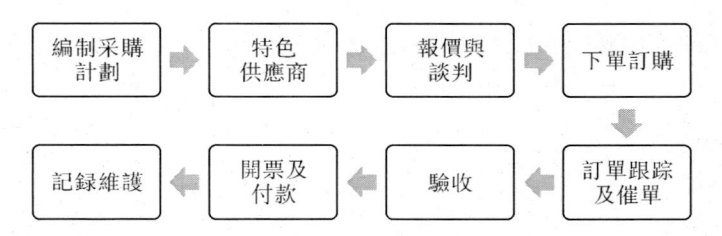

編制採購計劃 → 特色供應商 → 報價與談判 → 下單訂購 → 訂單跟踪及催單 → 驗收 → 開票及付款 → 記錄維護

質量監控措施——

多重產地認證

創業管理

- 原料產地認證：對原材料的源頭產地進行跟蹤考察，確保正品。
- 種植標準認證：對原材料的種植標準進行認定。
- 基地資質認證：對培育原材料的種植基地進行認證。

多重檢測程序

- 包括田頭檢測、入庫檢測、加工檢測、成品檢測、出庫檢測、運輸檢測、終端檢測等多項檢測程序，確保產品質量合格。

多項指標檢測

- 對農殘、藥殘、致病菌等九項主要檢測指標以及200多項其他安全指標進行檢測。

（備註：由於商業秘密和篇幅需要，在此略去關於產品設計的詳細技術資料，相關寫法請參考第5章「創業營運管理」中與產品工藝設計相關內容）

9. 人力資源計劃

組織結構圖——

本公司的組織結構設置如圖所示：

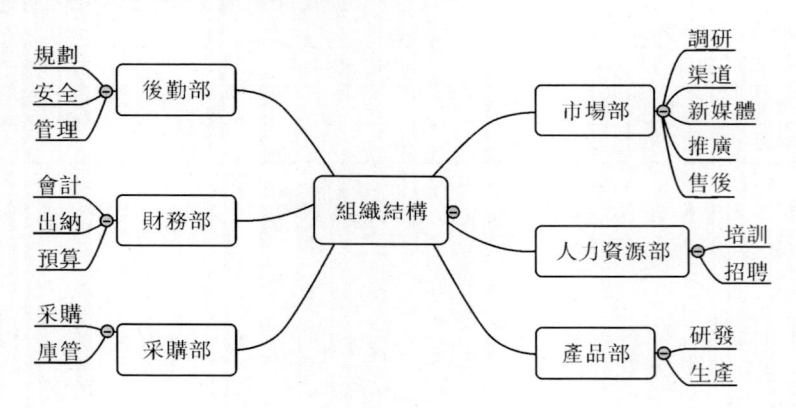

```
規劃
安全      ── 後勤部 ─┐                         ┌── 調研
管理                 │                          ├── 渠道
                     │            ┌─ 市場部 ───┼── 新媒體
會計                 │            │             ├── 推廣
出納      ── 財務部 ─┼─ 組織結構 ─┤             └── 售後
預算                 │            │
                     │            ├─ 人力資源部 ─┬── 培訓
採購                 │            │              └── 招聘
庫管      ── 採購部 ─┘            │
                                  └─ 產品部 ────┬── 研發
                                                 └── 生產
```

崗位需求——

為保證組織正常營運，需對崗位進行相應設置，如下表所示：

部門	崗位	職責概述	需求人數	來源
市場部	首席執行官	負責總體戰略制定、宏觀規劃及控制	1	內部
	行銷總監	負責市場分析、數據調研、廣告投放等工作	1	內部
	渠道專員	負責線下渠道開拓、線下渠道關係維護	4	內部及外聘
	新媒體營運	負責線上渠道的營運和維護	2	內部及外聘
	售前及售後	負責網店的售前及售後工作	3	內部及外聘

8 創業計劃書

部門	崗位	職責概述	需求人數	來源
人力資源部	人力資源總監	負責人員招聘、培訓、績效考核等工作	1	內部
產品部	產品總監	負責生產計劃安排、生產質量管理、生產安全管理等	1	內部
	研發顧問	負責新產品和新技術研發	1	外聘
	生產專員	負責產品的生產工作	4	外聘
採購部	採購經歷	負責生產資料的採購工作	1	內部
	庫管	負責庫存管理	1	外聘
財務部	財務總監	負責財務審核、預算規劃、融資規劃等	1	內部
	會計	負責會計工作	1	內部及外聘
	出納	負責出納工作	1	內部及外聘
後勤部	後勤主任	負責設備管理、文書管理、檔案管理等工作	1	內部

培訓機制——

公司的培訓制度主要包含三部分，分別為：

● 入職培訓——入職培訓將會對公司、任職崗位、基本操作等進行完整的介紹及講解說明，培訓按到座率、筆記完成度、作業完成度、日常工作效率及職員互評、老師評價進行評測。

● 在職培訓——通過在職培訓增加經理和員工解除的機會，方便彼此的溝通，互相學習，建立彼此的信任基礎和溝通渠道，讓培訓成為經理和員工溝通的方式。

● 專題培訓——人力資源部門根據公司目前的情況，採用相關使用培訓。

考核機制——

● 年度考核——年中將5、6月表現合併至6月末進行年中考核。年終將11、12月兩月表現合併至12月進行年終考核。

● 月度考核——將工作完成度、加班率、績效、職員互評納入考核點，各占百分之二十五的比率，最後將比率加上績效乘100%，得出績點，績點最高者有月度薪資獎勵。

激勵機制——

● 獎金制度——對於達標及超額完成績效標準的員工，按照比例給予一定的現金獎勵。

● 愛心互助基金——鼓勵員工每月捐出收入的一部分進入此基金，用以幫助生活遇到困難的員工。

● 股份激勵——當遇到對公司發展有重大幫助的潛在員工時，可以高薪+期權的形式，鼓勵該員工加入。

10. 財務計劃

啓動資金預算——

為順利推進前面陳述的各項計劃，需要進行更大力度的投資。總的來說，為滿足第一年的順利營運，需要的啓動資金如下表所示：

編製單位：貴州花酒坊休閒娛樂公司　　　　　　　　　　　　　　　　　　單位：元

項目	數量	單價	金額	說明
工廠租金	1年	62,000	62,000	已裝修
生產費用	1年	800,000	800,000	已有設備
工資及福利			740,000	
水電保險維修費	12月	500	6,000	
能源費用	12月	30,000	360,000	
備用金			90,000	應付突發事件
行銷費用	12月		1,350,000	
總計			3,408,000	

註：由於公司目前已開始正常經營，因此諸多固定資產不需額外採購，可直接使用。

收入預測——

若經營順利，那麼前三年的應收預測如下表所示：

編製單位：貴州花酒坊休閒娛樂公司　　　　　　　　　　　　　　　　　　單位：元

收入項目	第一年	第二年	第三年
網絡直營渠道	1,640,000	1,968,000	2,263,200
經銷渠道	2,000,000	2,460,000	2,874,000
公司直銷渠道	560,000	672,000	772,800
特許經營費	0	0	200,000
	4,200,000	5,100,000	6,110,000

（備註：出於商業秘密和篇幅需要，此處略去「資產負債表」「現金流量表」「利潤表」等相關報表和「盈虧平衡分析」等相關財務分析指標。相關報表和指標的要求及格式，請參考第七章「創業財務與融資」中，關於「業務預測」「現金預測」和「預計財務報表」的相關內容。）

11. 融資計劃

融資需求——

如前面所述，為保證創業計劃正式實施，需要至少保證一定時間內的營運資金。由於第一年的啓動資金為 3,408,000 元，保險起見，需準備至少 1 年的營運資金，因此當前資金需求為 3,408,000 元。

融資方案——

當前的資金解決方案如下：

資金來源	金額（萬元）
國家及地方政府創業扶持基金	20
公司當前儲備金	40
風險融資	300
總計	360

如上圖所述，公司初期需融資 360 萬元，該資金將主要用於產品生產和研發、行銷渠道建設和廣告投放、人員工資發放、設備更新和維護等項目。

<u>為獲取 300 萬元風險融資，公司願意出讓 15% 原始股份。</u>

股權結構——

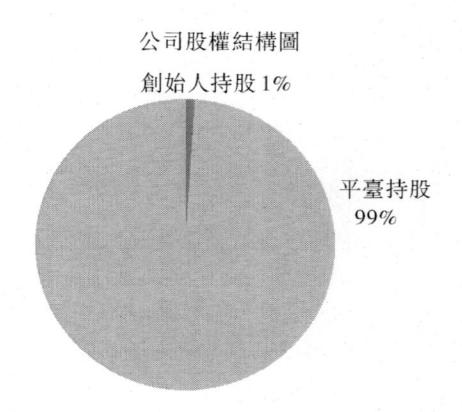

公司股權結構圖
創始人持股 1%
平臺持股 99%

本公司原始股中的 1% 由創始人持股，其餘 99% 通過持股平臺間接持股。該持股平臺為一家有限合夥企業，由本公司創始人及幾位核心成員共同創建，但創始人為該有限合夥人的唯一普通合夥人。

該持股平臺的股權比例按照幾位成員的出資比例進行分配（出於保密原因，該持股平臺相關信息不公開）。另外，在天使輪及之後的融資活動中，均以出讓本公司原始股的形式進行融資。

資本退出方式——

投資人可考慮的退出機制如下：

- 股權轉讓——公司股東之間可互相自由轉讓全部或部分股權。若需要轉讓給股東之外的人，則需要其他股東過半數表決同意。
- 股權回購——股東可向公司提出回購其股權的要求，公司也可向股東提出回購股權的請求。
- IPO——目前，公司計劃在 5 年後進行 IPO，屆時可實現風險資本的正常退出。

（備註：因篇幅有限，在此略去融資渠道的比較分析、融資輪次規劃等內容）

12. 項目發展規劃

項目進展——

目前，該項目已經順利落地實施，通過小範圍的市場經營，驗證了公司產品的可行性。目前已經進行的投資如下：

1. 租賃了占地 700 平方米的廠房、倉庫和附屬辦公場所，已經進行了充分裝修。
2. 投資了必要的生產、倉儲和物流設備。
3. 建立了本地的一些基本銷售渠道。
4. 進行了產品開發、商標設計與註冊、用戶調研、商業模式驗證等前期工作。
4. 採購了必要的辦公設備。
5. 在未進行大規模地推，以及未進行任何廣告投放的情況下，試營運期間銷售額為 80 萬元。

項目發展規劃——

- 短期規劃（3 年內）——優化產品、擴充產品組合、擴大公司規模、創造基本的品牌形象。
- 中期規劃（3~5 年）——創造顯著的品牌差異化，在「女性酒」領域成長為行業龍頭，完善整個產品組合，實現差異化定位，為 IPO 做準備。
- 長期規劃（5 年以上）——實現 IPO，並嘗試將競爭優勢延伸至其他可行的領域。

8 創業計劃書

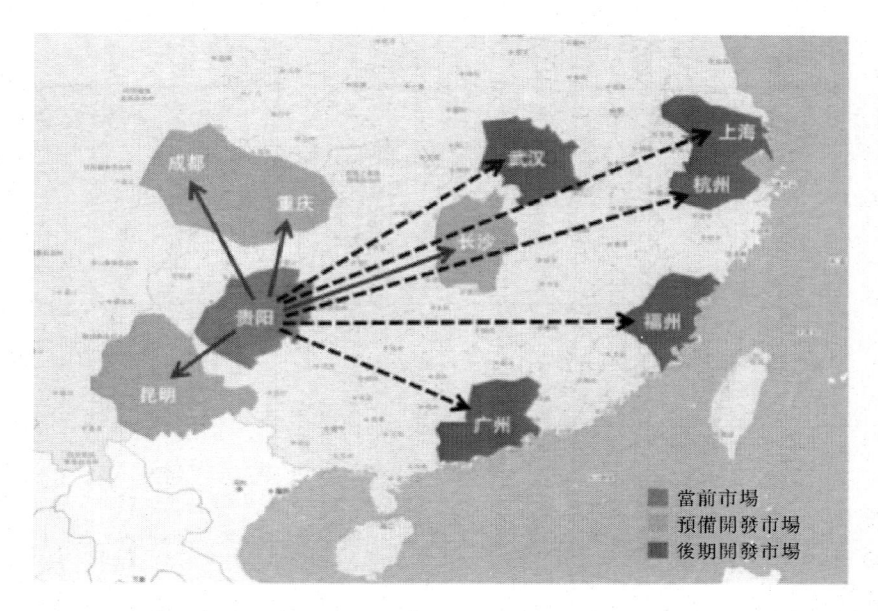

(備註：因篇幅有限，在此略去創業風險預測與規避措施等內容)

附件

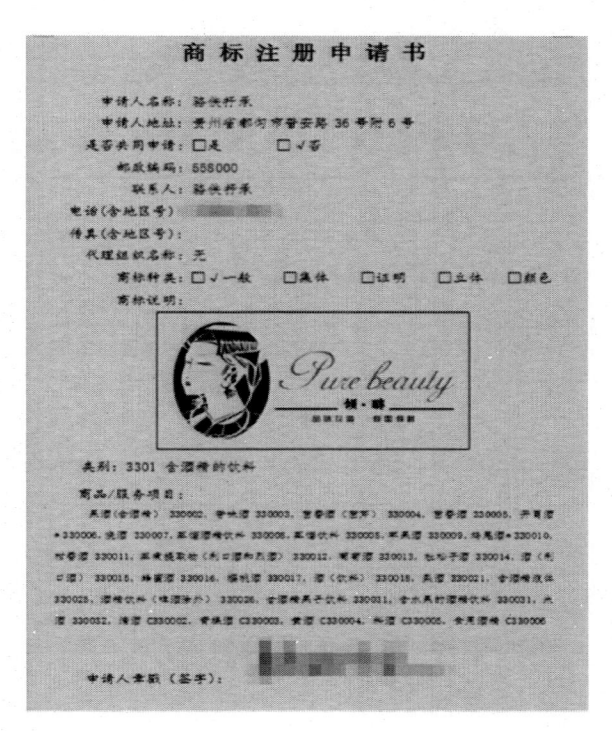

(備註：附件可以是很多正文中沒有包括的材料，由於篇幅有限，在此只列舉一例)

實用工具

創業計劃書基本結構

復習思考題

1. 創業計劃書的作用有哪些？
2. 一份完整的創業計劃書應當包含哪些主要部分？
3. 創業計劃書的經營計劃應當包含哪些內容？
4. 為什麼要在創業計劃書中指出當前項目的實施進展情況？
5. 創業計劃書的編製應當由哪些角色參與？
6. 為實現理想的股權結構，創業者可以使用的股權分配方案有哪些？其各自的優缺點有哪些？
7. 如何在創業計劃書中保護商業機密？
8. 為應對不同場合，創業計劃書應當有哪些版本？
9. 與完整版本相比，路演時演示用的創業計劃書應盡可能省略哪些內容？
10. 路演時，應當如何分配時間？

章節測試

本章測試題　　　　　　　　本章測試題答案

參考資料

1. 本・霍洛維茨. 創業維艱 [M]. 北京：中信出版社，2015.
2. 埃里克・萊斯. 精益創業 [M]. 北京：中信出版社，2012.
3. 布萊克・馬斯特斯. 從0到1 [M]. 北京：中信出版社，2015.
4. 本杰明・格雷厄姆. 聰明的投資者 [M]. 北京：人民郵電出版社，2011.
5. 知乎團隊. 創業時，我們在知乎聊什麼？ [M]. 北京：中信出版社，2014.

附錄　期末測試題及答案

期末測試題卷一　　期末測試題卷一答案

期末測試題卷二　　期末測試題卷二答案

期末測試題卷三　　期末測試題卷三答案

期末測試題卷四　　期末測試題卷四答案

期末測試題卷五　　期末測試題卷五答案

期末測試題卷六　　期末測試題卷六答案

國家圖書館出版品預行編目（CIP）資料

創業管理：慕課與翻轉課堂 / 左仁淑 主編. -- 第一版.
-- 臺北市：財經錢線文化, 2019.05
　　面；　公分
POD版

ISBN 978-957-680-342-0(平裝)

1.創業 2.企業管理

494.1　　　　　　　　　　　　　　　　108007225

書　　名：	創業管理：慕課與翻轉課堂
作　　者：	左仁淑 主編
發 行 人：	黃振庭
出 版 者：	財經錢線文化事業有限公司
發 行 者：	財經錢線文化事業有限公司
E - m a i l：	sonbookservice@gmail.com
粉 絲 頁：	網　址：
地　　址：	台北市中正區重慶南路一段六十一號八樓 815 室
	8F.-815, No.61, Sec. 1, Chongqing S. Rd., Zhongzheng Dist., Taipei City 100, Taiwan (R.O.C.)
電　　話：	(02)2370-3310　傳　真：(02) 2370-3210
總 經 銷：	紅螞蟻圖書有限公司
地　　址：	台北市內湖區舊宗路二段 121 巷 19 號
電　　話：	02-2795-3656 傳真：02-2795-4100　網址：
印　　刷：	京峯彩色印刷有限公司（京峰數位）

本書版權為西南財經大學出版社所有授權崧博出版事業股份有限公司獨家發行電子書及繁體書繁體字版。若有其他相關權利及授權需求請與本公司聯繫。

定　　價：550元
發行日期：2019 年 05 月第一版
◎ 本書以 POD 印製發行